高等教育公共基础类"十四五"系列规划教材

高等数学

（上册·第三版）

四川大学数学学院 编

编写人员　张加劲　陈　丽　何志蓉
　　　　　高　波　罗　伟　周　杨

图书在版编目（CIP）数据

高等数学．上册 / 四川大学数学学院编．-- 3 版．
-- 成都：四川大学出版社，2024.6（2025.7重印）．--
ISBN 978-7-5690-6969-3

Ⅰ．013

中国国家版本馆CIP数据核字第20240BE544号

书　　名：	高等数学·上册
	Gaodeng Shuxue · Shangce
编　　者：	四川大学数学学院
丛 书 名：	高等教育公共基础类"十四五"系列规划教材

丛书策划：李志勇　王　睿
选题策划：王　睿
责任编辑：王　睿
责任校对：胡晓燕
装帧设计：墨创文化
责任印制：李金兰

出版发行：四川大学出版社有限责任公司
　　　　　地址：成都市一环路南一段24号（610065）
　　　　　电话：（028）85408311（发行部）、85400276（总编室）
　　　　　电子邮箱：scupress@vip.163.com
　　　　　网址：https://press.scu.edu.cn
印前制作：四川胜翔数码印务设计有限公司
印刷装订：四川省平轩印务有限公司

成品尺寸：185mm×260mm
印　　张：19.5
字　　数：475千字
版　　次：2012年8月 第1版
　　　　　2024年7月 第3版
印　　次：2025年7月 第2次印刷
定　　价：58.00元

扫码获取数字资源

四川大学出版社
微信公众号

本社图书如有印装质量问题，请联系发行部调换

版权所有 ◆ 侵权必究

前　言

为了使本教材更符合综合性大学本科理工类专业高等数学课程的教学要求,进一步提高教学质量,我们在第二版的基础上进行了修订.新版仍保持了原书体系完整、简明扼要、深入浅出、便于自学的特点.本次修订分为三个方面:一是对内容顺序作了一些调整,如将微分方程部分调整到上册最后一章,将空间解析几何与向量代数调整到下册第1章.二是对每章的总复习题进行了充实,并将其分成了A、B两组,A组是基础题,B组是提高题.三是校正了第二版的错漏和不妥之处.

本教材为四川大学立项建设教材,分为上、下两册.上册包括极限与连续性、导数与微分、微分中值定理与导数的应用、不定积分、定积分、微分方程,下册包括空间解析几何与向量代数、多元函数微分学、重积分及其应用、曲线积分与曲面积分、无穷级数.

由于不同专业对于数学知识的要求不尽相同,本教材中加"*"号的内容和习题可根据需要自行选用.

四川大学数学学院及四川大学出版社对此次修订给予了很大的帮助.在使用本教材第二版的过程中,很多任课老师提出了宝贵的建议,对提高本教材的质量起到了很大的作用.

本教材的修订具体分工为:第1章、第2章及全书统稿由张加劲负责,第3章、第4章、第5章由陈丽负责,第6章、第11章由何志蓉负责,第7章、第8章由高波负责,第9章由罗伟、周杨负责,第10章由罗伟负责。

本教材的责任编辑是四川大学出版社的毕潜和王睿老师.他们为本书第三版的出版做了许多深入细致的工作,为提高本书的质量付出了艰辛的劳动,在此向他们表示衷心的感谢.

限于编者的水平,本书中的错误和不妥之处仍在所难免,请广大教师及读者继续给予批评指正。

编　者
2024年6月

目 录

第1章 极限与连续性 ……………………………………………………………… (1)

  §1.1 函 数 ……………………………………………………………………… (1)

    §1.1.1 函数的基本概念 …………………………………………………… (1)

    §1.1.2 函数的初等性质 …………………………………………………… (3)

    §1.1.3 函数的初等运算 …………………………………………………… (5)

    §1.1.4 初等函数 …………………………………………………………… (8)

  §1.2 数列的极限 ………………………………………………………………… (11)

    §1.2.1 数列极限的概念 …………………………………………………… (11)

    §1.2.2 收敛数列的性质 …………………………………………………… (15)

    §1.2.3 收敛数列的四则运算 ……………………………………………… (16)

    §1.2.4 数列收敛的判别法 ………………………………………………… (18)

    §1.2.5 子数列的收敛性 …………………………………………………… (22)

  §1.3 函数的极限 ………………………………………………………………… (27)

    §1.3.1 函数极限的概念 …………………………………………………… (27)

    §1.3.2 收敛函数的性质 …………………………………………………… (32)

    §1.3.3 收敛函数的运算法则 ……………………………………………… (34)

    §1.3.4 函数极限与数列极限的关系 ……………………………………… (36)

    §1.3.5 函数收敛的判别准则 ……………………………………………… (38)

  §1.4 无穷小量与无穷大量 ……………………………………………………… (42)

  §1.5 函数的连续性 ……………………………………………………………… (48)

    §1.5.1 函数的连续性 ……………………………………………………… (48)

    §1.5.2 函数的间断点 ……………………………………………………… (50)

    §1.5.3 初等函数的连续性 ………………………………………………… (52)

    §1.5.4 在闭区间上连续函数的性质 ……………………………………… (55)

第2章 导数与微分 ……………………………………………………………… (67)

  §2.1 导数概念 …………………………………………………………………… (67)

    §2.1.1 引例 ………………………………………………………………… (67)

    §2.1.2 导数的定义 ………………………………………………………… (68)

    §2.1.3 反函数的求导法则 ………………………………………………… (69)

    §2.1.4 基本初等函数求导公式 …………………………………………… (70)

    §2.1.5 单侧导数 …………………………………………………………… (72)

§2.1.6 导数的几何意义 …………………………………………………… (73)
§2.2 导数的四则运算和复合运算 ……………………………………………… (75)
　§2.2.1 导数的四则运算 …………………………………………………… (75)
　§2.2.2 复合函数的求导法则 ……………………………………………… (77)
§2.3 高阶导数 …………………………………………………………………… (80)
§2.4 隐函数的导数和由参数方程所确定的函数的导数 ……………………… (85)
　§2.4.1 隐函数求导 ………………………………………………………… (85)
　§2.4.2 由参数方程所确定的函数的导数 ………………………………… (88)
　§2.4.3 相关变化率 ………………………………………………………… (90)
§2.5 函数的微分 ………………………………………………………………… (92)
　§2.5.1 微分的定义 ………………………………………………………… (92)
　§2.5.2 微分的基本公式和运算法则 ……………………………………… (93)
　§2.5.3 微分的几何意义 …………………………………………………… (95)
　§2.5.4 微分在近似计算中的应用 ………………………………………… (95)

第3章 微分中值定理与导数的应用 …………………………………………… (102)
§3.1 微分中值定理 ……………………………………………………………… (102)
　§3.1.1 费马引理、罗尔定理 ……………………………………………… (102)
　§3.1.2 拉格朗日中值定理 ………………………………………………… (104)
　§3.1.3 柯西中值定理 ……………………………………………………… (106)
§3.2 洛必达法则 ………………………………………………………………… (107)
§3.3 泰勒公式 …………………………………………………………………… (115)
§3.4 函数的单调性与曲线的凹凸性 …………………………………………… (121)
　§3.4.1 函数的单调性 ……………………………………………………… (121)
　§3.4.2 曲线的凹凸性与拐点 ……………………………………………… (123)
§3.5 函数的渐近线和函数曲线 ………………………………………………… (126)
　§3.5.1 函数的渐近线 ……………………………………………………… (126)
　§3.5.2 直角坐标系下函数曲线的作法 …………………………………… (127)
　*§3.5.3 极坐标系下函数的曲线 …………………………………………… (129)
　*§3.5.4 参数方程决定的曲线 ……………………………………………… (131)
§3.6 极值和导数的应用 ………………………………………………………… (134)
　§3.6.1 函数的极值 ………………………………………………………… (134)
　§3.6.2 最大值、最小值问题 ……………………………………………… (137)
　§3.6.3 利用函数的单调性、凹凸性证明一些基本不等式 ……………… (138)
　§3.6.4 由函数单调性讨论方程 $f(x)=0$ 根的个数 ……………………… (139)
*§3.7 曲率 ………………………………………………………………………… (141)
　§3.7.1 弧微分 ……………………………………………………………… (142)
　§3.7.2 曲率及其计算公式 ………………………………………………… (143)
　§3.7.3 曲率圆与曲率半径 ………………………………………………… (144)
*§3.8 方程的近似解 ……………………………………………………………… (146)

§3.8.1 二分法 ……………………………………………………………… (146)
§3.8.2 切线法(也称牛顿切线法) ……………………………………… (147)

第4章 不定积分 ……………………………………………………………… (155)
§4.1 不定积分的概念和运算法则 ………………………………………… (155)
§4.1.1 不定积分的概念 ……………………………………………… (155)
§4.1.2 基本积分公式与不定积分的性质 …………………………… (157)
§4.2 积分法 ………………………………………………………………… (159)
§4.2.1 第一类换元法 ………………………………………………… (159)
§4.2.2 第二类换元法 ………………………………………………… (163)
§4.2.3 分部积分法 …………………………………………………… (167)
§4.3 几种特殊类型函数的积分 …………………………………………… (170)
§4.3.1 有理函数的积分 ……………………………………………… (170)
§4.3.2 三角函数有理式的积分 ……………………………………… (173)
§4.3.3 简单无理函数的积分 ………………………………………… (175)

第5章 定积分 ………………………………………………………………… (181)
§5.1 基本概念和性质 ……………………………………………………… (181)
§5.1.1 问题的提出 …………………………………………………… (181)
§5.1.2 定积分的定义 ………………………………………………… (182)
§5.1.3 定积分的性质与中值定理 …………………………………… (184)
§5.2 微积分基本公式 ……………………………………………………… (188)
§5.2.1 积分上限函数及其导数 ……………………………………… (188)
§5.2.2 牛顿—莱布尼茨公式 ………………………………………… (190)
§5.3 定积分的积分法 ……………………………………………………… (193)
§5.3.1 定积分的换元法 ……………………………………………… (193)
§5.3.2 定积分的分部积分法 ………………………………………… (196)
§5.4 广义积分 ……………………………………………………………… (200)
§5.4.1 无穷限的广义积分 …………………………………………… (200)
§5.4.2 无界函数的广义积分 ………………………………………… (202)
§5.4.3 广义积分的审敛法与Γ—函数 ……………………………… (204)
§5.5 定积分的应用 ………………………………………………………… (207)
§5.5.1 定积分的元素法(微元法) …………………………………… (207)
§5.5.2 平面图形的面积 ……………………………………………… (208)
§5.5.3 体积 …………………………………………………………… (210)
§5.5.4 平面曲线的弧长 ……………………………………………… (212)
* §5.5.5 物理中的应用 ………………………………………………… (215)

第6章 微分方程 ……………………………………………………………… (224)
§6.1 微分方程的基本概念 ………………………………………………… (224)
§6.1.1 微分方程基本概念 …………………………………………… (224)
§6.1.2 微分方程解的存在性 ………………………………………… (227)

§6.2 一阶微分方程 ………………………………………………………………… (228)
　§6.2.1 可分离变量的微分方程 ……………………………………………… (228)
　§6.2.2 一阶线性微分方程 …………………………………………………… (232)
§6.3 二阶微分方程 ………………………………………………………………… (237)
　§6.3.1 特殊二阶微分方程 …………………………………………………… (238)
　§6.3.2 二阶线性微分方程 …………………………………………………… (243)
　§6.3.3 二阶常系数线性微分方程 …………………………………………… (245)
附录1 Mathematica 与微积分计算简介 …………………………………………… (262)
附录2 几种常用平面曲线 …………………………………………………………… (265)
附录3 基本初等函数图像与性质 …………………………………………………… (268)
附录4 三角函数公式 ………………………………………………………………… (271)
附录5 希腊字母表 …………………………………………………………………… (272)
习题参考答案 ………………………………………………………………………… (273)

第 1 章　极限与连续性

客观世界的一切事物，小至粒子，大至宇宙，始终都在运动和变化着，当 17 世纪上半叶笛卡儿(Descartes)把变量引入数学后，客观世界运动现象就有可能用数学来加以描述了，这种描述方法的基础就是函数. 17 世纪下半叶，由于函数概念的产生及科学技术发展的需要，在前人工作的基础上，经过牛顿(Newton)和莱布尼茨(Leibniz)的努力，一门新的数学分支产生了，这就是微积分学. 微积分学是继欧几里得(Euclid)几何之后，数学中最重要的一个创造.

作为讨论微积分的准备，本章将介绍函数、极限和连续性这些基本概念，并着重阐释函数极限这个重要的微积分的分析工具.

§1.1　函　数

在自然现象或科学技术过程中，往往会同时遇到两个或多个变量，这些变量不是孤立地在变化，而是互相联系、互相依赖且遵循一定的规律变化着，这种规律在数值上表现为一个变量的值常常取决于另一个变量的值. 例如，水达到沸点的温度取决于海拔(当海拔升高时沸点下降)，你的存款额在一年中的增长取决于本金及银行的利率等.

在数学上，变量间互相联系、互相依赖的对应规律称为函数关系，简称函数. 函数是用数学术语来描述现实世界的主要工具. 函数是微积分的主要研究对象. 本节主要介绍函数的基本概念、函数的初等性质及运算等.

§1.1.1　函数的基本概念

1. 函数概念

函数是中学熟知的概念，所谓函数 f 是指：设有非空数集 X 与实数集 $\mathbf{R}$，X 是 $\mathbf{R}$ 的非空子集，f 是一个从 X 到 $\mathbf{R}$ 的确定的对应规律，如果对数集 X 中的每一个数 x，按照对应规律 f，实数集 $\mathbf{R}$ 中有唯一一个数 y 与之相对应，则称 f 是从数集 X 到 $\mathbf{R}$ 的**函数**，记为 $f: X \to \mathbf{R}$.

函数 f 在 x 点的值记为 $y = f(x)$. 这里，x 称为**自变量**，y 称为**因变量**，X 称为函数 f 的**定义域**，记为 D_f.

当 x 取遍 X 中一切数时，与它对应的 y 组成数集，记为 $f(X) = \{y \mid y = f(x), x \in$

X},称为函数的**值域**,显然 $f(X) \subseteq \mathbf{R}$. 值域也记作 R_f.

几点说明如下:

(1) 为了使用方便,将符号"$f:X \to \mathbf{R}$"记为"$y=f(x)$",或说"$f(x)$ 是 x 的函数(值)".

(2) 符号 $y=f(x)$ 表示两个数集间的一种对应关系,因此也可以用 $y=F(x)$, $y=\varphi(x)$ 等表示,但一个函数在讨论中应取定一种记法;同一问题中涉及多个函数时,则应取不同的符号分别表示它们各自的对应规律,以避免混淆.

(3) 用 $y=f(x)$ 表示一个函数时,f 所代表的对应规律已完全确定,对应于 $x=x_0$ 的函数值记为 $f(x_0)$ 或 $y|_{x=x_0}$.

例如,设 $y=f(x)=\sqrt{4-x^2}$,它在 $x=0$, $x=-1$ 的函数值为
$$y|_{x=0}=f(0)=\sqrt{4-0^2}=2, \quad y|_{x=-1}=f(-1)=\sqrt{4-(-1)^2}=\sqrt{3}.$$

2. 函数表示法

根据实际问题的需要,函数通常可以采用三种方法表示,即解析法、图像法及表格法.

把两个变量之间的函数关系直接用数学式子表出,并注明函数的定义域的表示法称为**解析法**(也称公式法),高等数学中所涉及的函数大多用此法表出,如 $y=\sqrt{4-x^2}$.

在实际问题中有时需要用几个式子表示一个函数. 如果函数在不同的范围内用不同的式子表示,这样的函数称为**分段函数**.

例1 通常离地面越高气温越低,按照地球的中纬度地区平均大气状态,国际上规定了标准大气压. 根据这个规定,温度 T 与高度 h(km)的变化规律为
$$T=\begin{cases} 15-6.5h, & 0 \leqslant h < 11, \\ -56.5, & 11 \leqslant h \leqslant 80, \end{cases}$$
式中,温度的单位是摄氏度(℃). 随着高度的增加,气温逐渐下降,但高度超过 11 km 而在 80 km 以下时,气温保持在 -56.5℃,这一高度的大气层叫做同温层(如图 1.1 所示).

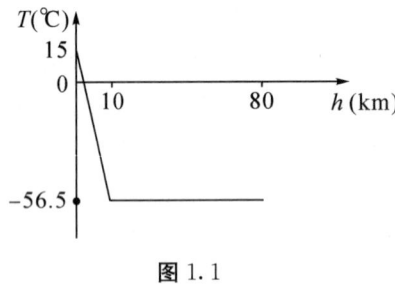

图 1.1

对分段函数求函数值时,不同点的函数值应代入相应范围的式子中去. 如要问 6 km 高空处气温是多少?这时 $h=6<11$,故应代入第一个式子中去求,得
$$T=15-6.5 \times 6=-24(℃).$$
而如果要求 15 km 处高空的气温,应该用第二个式子来计算,这时温度是 -56.5℃.

例2 "$\forall x>0$,对应 $y=1$;当 $x=0$,对应 $y=0$;$\forall x<0$,对应 $y=-1$". 显然对任意 $x \in \mathbf{R}$,都对应唯一一个 y,y 是关于 x 的一个函数,记为 $y=\operatorname{sgn}x$,即

$$y = \begin{cases} -1, & x < 0, \\ 0, & x = 0, \\ 1, & x > 0. \end{cases}$$

因为 $\forall x \in \mathbf{R}$，总有 $|x| = x\,\mathrm{sgn}\,x$，该函数称为**符号函数**.

例3 图1.2表示的变量 x 与 y 之间具有"$\forall x \in \mathbf{R}$，对应的 y 是不超过 x 的最大整数"的关系，显然 $\forall x \in \mathbf{R}$ 都对应唯一一个 y，y 是关于 x 的一个函数，该函数称为**取整函数**，记为 $y = [x]$. 而 $(x) = x - [x]$ 称为 x 的小数部分. 如

$$[2.5] = 2,\ [3] = 3,\ [-\pi] = -4;\ (2.5) = 0.5,\ (3) = 0,\ (-\pi) = 4 - \pi.$$

注：$[x] \leqslant x < [x] + 1,\ 0 \leqslant (x) < 1$.

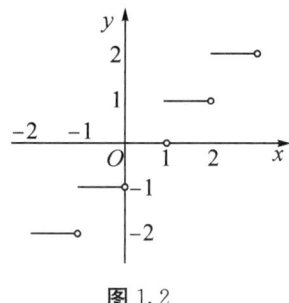

图 1.2

例4 在研究某物体的摩擦系数实验中，测得摩擦力 F 与添加砝码质量 m 的关系如下表，则该表也反映了变量 m 与变量 F 的函数关系，这类诸如定义域是有理数集或其子集（离散集合）的函数称为**离散函数**.

m(g)	0	100	200	300	400	500
F(N)	0.31	0.55	0.82	1.06	1.29	1.53

数列 $\{x_n\}$ 可以看做自变量为正整数 n 的一个函数 $x_n = f(n)$ ($n = 1, 2, 3, \cdots$)，由于它的定义域为全体正整数，因此数列也是离散函数.

实际问题中，如果无法确定函数的解析表达式时，通常采用图像法或表格法来表达函数，如心电图、股票行情图及物理、化学实验测试数据表格等.

§1.1.2 函数的初等性质

为研究函数的变化需要，这里有必要简单地回顾一下中学介绍过的函数的几种初等性质.

1. 函数的单调性

函数 $y = f(x),\ x \in X$. 若 $\forall x_1, x_2 \in X$，当 $x_1 < x_2$ 时，有 $f(x_1) \leqslant f(x_2)$（或 $f(x_1) \geqslant f(x_2)$），则称 $y = f(x)$ 在 X 上**单调增加**（或**单调减少**），用符号"↗"（或"↘"）表示.

如果 $\forall x_1, x_2 \in X$，当 $x_1 < x_2$ 时，有 $f(x_1) < f(x_2)$（或 $f(x_1) > f(x_2)$），则称 $y = f(x)$ 在 X 上**严格单调增加**（或**严格单调减少**）.

单调增加（或严格单调增加）的函数与单调减少（或严格单调减少）的函数，统称为**单调**

函数.

如果 X 是区间,则此区间称为函数 $f(x)$ 的**单调区间**.

2. 函数的有界性

函数 $y=f(x)$, $x\in X$. 若 $\exists$(存在)数 B,满足 $f(x)\leqslant B$, $x\in X$,则称函数 $y=f(x)$ 在数集 X **有上界**. 若存在数 A,满足 $f(x)\geqslant A$, $x\in X$,则称函数 $y=f(x)$ 在数集 X **有下界**.

函数在 X 上有上(下)界必有无穷多个上(下)界.

如果函数的图形能介于两条平行线 $y=A$ 和 $y=B$ 之间(或 $y=\pm M$ 之间),函数就是**有界**的;否则就是**无界**的.

函数 $y=\dfrac{1}{x}$ 在 $(-\delta,0)$ 与 $(0,\delta)$ 内都是无界的. 但在任何不包含原点的闭区间 $[a,b]$ 上是有界的(如图 1.3 所示).

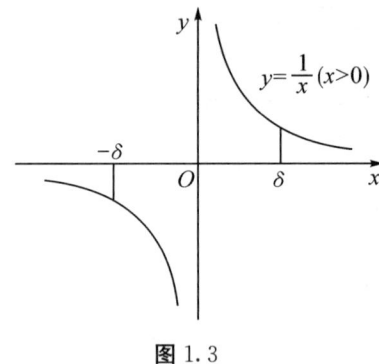

图 1.3

由上述定义可知,函数 $y=f(x)$ 在数集 X 上有界的充分必要条件是函数 $y=f(x)$ 在数集 X 上既有上界,又有下界.

3. 函数的奇偶性

函数 $y=f(x)$, $x\in X$, $\forall x\in X$ 有 $-x\in X$,且满足 $f(-x)=f(x)$,则称函数 $f(x)$ 在 X 上为**偶函数**. 如果满足 $f(-x)=-f(x)$,则称函数 $f(x)$ 在 X 上为**奇函数**.

偶函数的图形关于 y 轴对称,奇函数的图形关于原点对称.

函数 $y=f(x)=\dfrac{e^x+e^{-x}}{2}$ 描述了高压线由于受重力影响自然下垂的曲线,该函数称为**双曲余弦**,记为 $\mathrm{ch}x$, $y=\mathrm{ch}x$ 在 **R** 上为偶函数;

类似的, $y=f(x)=\dfrac{e^x-e^{-x}}{2}$ 称为**双曲正弦**,记为 $\mathrm{sh}x$, $y=\mathrm{sh}x$ 在 **R** 上为奇函数;

$y=f(x)=\dfrac{\mathrm{sh}x}{\mathrm{ch}x}$ 称为**双曲正切**,记为 $\mathrm{th}x$, $y=\mathrm{th}x$ 在 **R** 上为奇函数;

$y=f(x)=\dfrac{\mathrm{ch}x}{\mathrm{sh}x}$ 称为**双曲余切**,记为 $\mathrm{cth}x$, $y=\mathrm{cth}x$ 在 $(-\infty,0)\cup(0,+\infty)$ 为奇函数.

图 1.4 为双曲函数 $\mathrm{sh}x$、$\mathrm{ch}x$、$\mathrm{th}x$ 及 $\mathrm{cth}x$ 的图形.

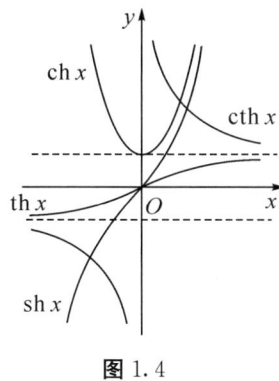

图 1.4

4. 函数的周期性

研究转动与振动现象时,总会发现循环往复的情况,这种运动变化的重复性,反映在函数关系上就是函数的周期性.

对于函数 $y=f(x)$,$x\in X$,若 $\exists T>0$,T 为常数,有 $f(x+T)=f(x)$,则称函数 $f(x)$ 为**周期函数**,T 为 $f(x)$ 的一个**周期**.

显然,如果 $f(x)$ 以 T 为周期,则 $nT(n=\pm 1,\pm 2,\cdots)$ 亦为 $f(x)$ 的周期.

例如,$\sin x$,$\cos x$ 是周期函数,$2n\pi(n=1,2,\cdots)$ 都是它们的周期,其中 2π 是最小正周期;$\tan x$ 也是周期函数,$n\pi(n=1,2,\cdots)$ 是它的周期,其中 π 是最小正周期.

并非每一个周期函数都有最小正周期,如**狄利克雷**(P. Dirichlet)**函数**

$$D(x)=\begin{cases}1, & x\in\text{有理数},\\ 0, & x\in\text{无理数},\end{cases}$$

是周期函数,任何正有理数都是它的周期,但它没有最小正周期.

如果函数 $f(x)$ 有最小正周期,通常将这个最小正周期称为函数 $f(x)$ 的**基本周期**,简称**周期**.

对于周期函数,只要知道它在任一区间 $[a,a+T]$ 上的图形,则将所作图形按周期向左、右平移,就得到函数的全部图形.

§1.1.3 函数的初等运算

常见函数通常是由几种基本函数经过四则运算、复合运算及反函数构成的. 下面简单地讨论一下函数的复合运算及反函数.

1. 函数的复合

两个或两个以上的函数除了经过四则运算能够构成一个新函数外,还可以通过一种特殊的组合方法构成一个新函数.

如由 $y=a^u$,$u=x^3$ 组合成

$$y=a^{x^3}.$$

由 $y=\arctan u$,$u=\cos v$,$v=x^2$ 组合成

$$y=\arctan\cos x^2.$$

在这些例子中,除自变量 x 和因变量 y 外,还出现了中间的变量 u,v,y 通过中间变

量 u, v 而成为 x 的函数,称 y 为 x 的**复合函数**.

在组成复合函数时必须注意如下事实.

例如,函数
$$y = \lg u \text{ 与 } u = 1 - x^2$$
组成新函数
$$y = \lg(1 - x^2),$$
为使函数 $y = \lg u$ 有意义,必须要求 $u > 0$,为使函数 $u = 1 - x^2 > 0$,必须要求 $|x| < 1$. 而若仅对 $u = 1 - x^2$,x 可取任意实数.

定义 1 如函数 $y = f(u)$ 的定义域为 U,值域为 R_1,函数 $u = \varphi(x)$ 的定义域为 X,值域为 R_2,若 $R_2 \subset U$,则对于每一 $x \in X$,通过中间变量 u,相应地得到唯一确定的一个值 y. 于是 y 经过中间变量 u 而成为 x 的函数,记为
$$y = f(\varphi(x)),$$
我们称这种函数为**复合函数**,它的定义域为 X.

例 5 两函数
$$y = f(u) = u^2 - 3, \quad u = \varphi(x) = \sin x,$$
易知 $f(u)$ 的定义域 $U = (-\infty, +\infty)$,值域 $R_1 = [-3, +\infty)$,$\varphi(x)$ 的定义域 $X = (-\infty, +\infty)$,值域 $R_2 = [-1, 1]$,$R_2 \subset U$,故将中间变量 u 代入,组成复合函数
$$y = f(\varphi(x)) = \sin^2 x - 3.$$
其定义域 $X = (-\infty, +\infty)$,值域 $R_3 = [-3, -2]$.

例 6 两函数
$$y = f(u) = \sqrt{1 + u}, \quad U = [-1, +\infty), \quad R_1 = [0, +\infty).$$
$$u = \varphi(x) = x^2 - 5, \quad X = (-\infty, +\infty), \quad R_2 = [-5, +\infty).$$
因 $R_2 \not\subset U$,故不能将中间变量 u 代入,将函数 $\varphi(x) = x^2 - 5$ 给以限制.
$$u = \varphi^*(x) = x^2 - 5, \quad U^* = (-\infty, -2] \cup [2, +\infty), \quad R_3 = [-1, +\infty).$$
这时 $R_3 \subset U$,故有复合函数
$$y = f[\varphi^*(x)] = \sqrt{1 + (x^2 - 5)} = \sqrt{x^2 - 4},$$
其定义域为 $(-\infty, -2] \cup [2, +\infty)$,值域为 $[0, +\infty)$.

例 7 函数 $y = x^{\sin x}$(定义域为 $\mathbf{R}^+$)可以表示为 $y = e^{\sin x \ln x}$,因此 $y = x^{\sin x}$ 是由函数 $y = e^u$(定义域为 $\mathbf{R}$)与 $u = \sin x \ln x$(定义域为 $\mathbf{R}^+$)组成的复合函数. 形如 $y = u(x)^{v(x)}$ 的函数称为**幂指函数**,此处 $u(x) > 0$. 处理幂指函数,我们通常将其改写为 $y = u(x)^{v(x)} = e^{v(x) \ln[u(x)]}$.

2. 反函数

函数 $y = f(x)$ 反映了 y 是怎样随着 x 而改变的. 但变量间的制约关系往往是相互的,除了研究变量 y 怎样随着 x 而变化外,有时也需反过来研究 x 怎样随 y 而变化的问题. 例如自由落体的路程与时间关系为
$$s = \frac{1}{2} g t^2. \tag{1.1}$$

当从时间来研究路程的变化时,取时间 t 作自变量方便些. 于是 s 是 t 的函数,写成式(1.1). 反之,当研究需要多少时间才可以使物体落到指定的地点时,则宜取路程 s 作自变

量，于是 t 是 s 的函数. 从式(1.1)解得

$$t = +\sqrt{\frac{2s}{g}} \quad \left(t = -\sqrt{\frac{2s}{g}} \text{ 舍去}\right). \tag{1.2}$$

定义 2 函数 $y = f(x)$，$x \in X$，若 $\forall y \in f(X)$，有唯一一个 $x \in X$ 与之对应，使 $f(x) = y$，则从 y 到 x 定义了一个函数，记为

$$x = f^{-1}(y), \quad y \in f(X),$$

称为函数 $y = f(x)$ 的**反函数**.

$y = f(x)$ 与 $x = f^{-1}(y)$ 互为反函数.

反函数的实质在于它所表示的对应规律，用什么字母来表示反函数中的自变量与因变量是无关紧要的，习惯上把自变量记作 x，因变量记作 y，则反函数 $x = f^{-1}(y)$ 也可写作 $y = f^{-1}(x)$，$f^{-1}(y)$ 记作 $f^{-1}(x)$ 并不影响函数 $f^{-1}(y)$ 的对应规律，例如：

函数	反函数	反函数（以 x 表自变量）
$y = 2x + 1$	$x = \dfrac{y-1}{2}$	$y = \dfrac{x-1}{2}$
$y = a^x$	$x = \log_a y$	$y = \log_a x$
$y = x^2 (x \geqslant 0)$	$x = \sqrt{y}$	$y = \sqrt{x}$

反函数 $x = f^{-1}(y)$ 与原函数 $y = f(x)$ 的图像一致，而 $y = f^{-1}(x)$ 的图形与 $y = f(x)$ 的图形关于直线 $y = x$ 对称（如图 1.5 所示）.

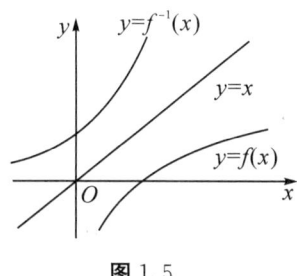

图 1.5

定理 1（反函数存在定理） 若函数 $y = f(x)$ 在 X 上严格单调增加（减少），又设和 X 相对应的值域是 Y，则函数 $y = f(x)$ 必存在反函数 $x = f^{-1}(y)$，它在 Y 上也是严格单调增加（减少）的.

证明 设函数 $y = f(x)$，$x \in X$ 严格单调增加，即 $\forall x_1, x_2 \in X$，如果 $x_1 < x_2$，必有 $f(x_1) < f(x_2)$. 因此，对每一个 $y \in Y$，有唯一的 $x \in X$ 与它对应，故在 Y 上定义了一个函数，由反函数定义，这个函数就是 $y = f(x)$ 的反函数 $x = f^{-1}(y)$.

再证明 $x = f^{-1}(y)$ 是 Y 上的严格单调增加函数.

设任意两点 $y_1, y_2 \in Y$，且 $y_1 < y_2$，相应地有 $x_1 = f^{-1}(y_1)$，$x_2 = f^{-1}(y_2)$，因函数 $y = f(x)$ 在 X 上严格单调增加，故当 $f(x_1) < f(x_2)$ 时，必有 $x_1 < x_2$（如果 $x_1 \geqslant x_2$，则有 $f(x_1) \geqslant f(x_2)$），即

$$f^{-1}(y_1) < f^{-1}(y_2).$$

所以反函数 $x = f^{-1}(y)$ 在 Y 上严格单调增加.

$y = f(x)$ 严格单调减少的情形，同理可证.

注意: 定理的条件"函数是严格单调"中"**严格**"两字不可忽略.

如 $y=[x]$ 具有单调性, 但因为它不是严格单调的函数, 它不存在反函数.

由定理 1, 双曲函数也有反函数, 称为**反双曲函数**. 例如:

$$y = \mathrm{sh}x = \frac{e^x - e^{-x}}{2},$$

则

$$e^{2x} - 2ye^x - 1 = 0,$$

解出

$$e^x = y + \sqrt{y^2+1},$$

两边取对数, 得

$$x = \ln(y + \sqrt{y^2+1}),$$

记为

$$\mathrm{arsh}y = \ln(y + \sqrt{y^2+1}).$$

按一般习惯, 自变量记为 x, 故有

反双曲正弦 $\mathrm{arsh}x = \ln(x + \sqrt{x^2+1})$;

同理得

反双曲余弦 $\mathrm{arch}x = \ln(x + \sqrt{x^2-1})$, $x \geqslant 1$;

反双曲正切 $\mathrm{arth}x = \dfrac{1}{2}\ln\dfrac{1+x}{1-x}$, $|x|<1$;

反双曲余切 $\mathrm{arcth}x = \dfrac{1}{2}\ln\dfrac{x+1}{x-1}$, $|x|>1$.

§1.1.4 初等函数

在数学的发展过程中, 形成了最简单、最常用的六类函数, 即常数函数、幂函数、指数函数、对数函数、三角函数与反三角函数, 这六类函数统称为**基本初等函数**. 在基本初等函数中, 指数函数 $y=a^x$ 和对数函数 $y=\log_a x$ 互为反函数, 三角函数与反三角函数互为反函数.

由基本初等函数经过有限次四则运算和有限次复合所得的函数, 且有统一的解析表达式, 这样的函数称为**初等函数**.

1. 常数函数

$y=c$, c 是常数.

2. 幂函数

$y=x^\mu$, 其中 μ 为任意实数, 它的定义域随 μ 值不同而不同. 但无论 μ 是什么数, 在区间 $(0, +\infty)$ 内, $y=x^\mu$ 总是有意义的. 下面是幂函数 $y=x^\mu$ 的具体定义.

①当 n 为非负整数时, $y=x^n$ 定义域为 $(-\infty, +\infty)$.

②当 n 为负整数时, $y=x^n=(x^{-n})^{-1}$. 定义域为 $x \neq 0$, 即 $\mathbf{R}\backslash\{0\}$.

③当 $\mu=\dfrac{m}{n}((m,n)=1)$ 时, $y=x^{\frac{m}{n}}=\sqrt[n]{x^m}$. 若 $\mu>0$ 且 n 为奇数, 则定义域为 $\mathbf{R}$; 若 $\mu>0$ 且 n 为偶数, 则定义域为 $[0, +\infty)$ (因为此时 m 为正奇数). 若 $\mu<0$, 则上述两种情况的定义域要去掉 $\{0\}$.

④当 μ 为无理数时，$y=x^{\mu}=e^{\mu\ln x}$，定义域为 $x>0$.

3. 指数函数

$y=a^x(a>0, a\neq 1)$，常用以 e 为底的指数函数 $y=e^x$.

4. 对数函数

$y=\log_a x(a>0, a\neq 1)$，常用以 e 为底的对数 $\log_e x=\ln x$，称为自然对数. 自然对数的优越性在微分学中将体现出来. 以 10 为底的对数 $\log_{10} x=\lg x$，称为常用对数.

5. 三角函数

$y=\sin x$，$y=\cos x$，$y=\tan x$，$y=\cot x$，$y=\sec x=\dfrac{1}{\cos x}$，$y=\csc x=\dfrac{1}{\sin x}$.

6. 反三角函数

先讨论正弦函数 $y=\sin x$，如果把 x 的值限制在闭区间 $\left[-\dfrac{\pi}{2},\dfrac{\pi}{2}\right]$ 上，则 $y=\sin x$ 在 $\left[-\dfrac{\pi}{2},\dfrac{\pi}{2}\right]$ 为严格单调增加函数，由反函数存在定理，该函数存在反函数，记作 $\arcsin x$.

函数 $\arcsin x$ 是定义在闭区间 $[-1,1]$ 上的单调增加函数，且有 $-\dfrac{\pi}{2}\leqslant\arcsin x\leqslant\dfrac{\pi}{2}$.

同理得其他反三角函数，列表如下：

反三角函数	记号	定义域	值域
反正弦函数	$y=\arcsin x$	$-1\leqslant x\leqslant 1$	$-\dfrac{\pi}{2}\leqslant y\leqslant\dfrac{\pi}{2}$
反余弦函数	$y=\arccos x$	$-1\leqslant x\leqslant 1$	$0\leqslant y\leqslant\pi$
反正切函数	$y=\arctan x$	$-\infty<x<+\infty$	$-\dfrac{\pi}{2}<y<\dfrac{\pi}{2}$
反余切函数	$y=\text{arccot}\,x$	$-\infty<x<+\infty$	$0<y<\pi$

习题 1-1

1. 求下列函数的定义域.

(1) $y=\dfrac{1}{1-x^2}+\sqrt{x+2}$；

(2) $y=\dfrac{1}{x}-\sqrt{1-x^2}$；

(3) $y=\dfrac{1}{\sqrt{4-x^2}}$；

(4) $y=\dfrac{2x}{x^2-3x+2}$.

2. 设 $\varphi(x)=\begin{cases}|\sin x|, & |x|<\dfrac{\pi}{3} \\ 0, & |x|\geqslant\dfrac{\pi}{3}\end{cases}$，求 $\varphi\left(\dfrac{\pi}{6}\right)$，$\varphi\left(\dfrac{\pi}{4}\right)$，$\varphi\left(-\dfrac{\pi}{4}\right)$，$\varphi(-2)$，并作出函数 $y=\varphi(x)$ 的图形.

3. 判断下列函数是奇函数、偶函数还是非奇非偶函数.

(1) $y=x^3\cos x$；

(2) $y=\dfrac{1}{2}(e^x+e^{-x})$；

(3) $y = \dfrac{|x|}{x}$; (4) $y = \sin x - \cos x + 1$.

4. 判断下列函数是否是周期函数，若是，求出其周期.

(1) $y = \sin \dfrac{x}{3}$; (2) $y = \sin x + \cos x$;

(3) $y = x \cos x$; (4) $y = \tan \dfrac{1}{x}$.

5. 研究下列函数的单调性.

(1) $y = 2 - 3x$; (2) $y = 3^{-x}$.

6. 设 $f(x)$ 为定义在 $(-\infty, +\infty)$ 内的任意函数，证明：$F_1(x) = f(x) + f(-x)$ 为偶函数，$F_2(x) = f(x) - f(-x)$ 为奇函数.

7. 求下列函数的反函数，并写出反函数的定义域.

(1) $y = x^2, x \leqslant 0$; (2) $y = 10^{x+1}$;

(3) $y = \dfrac{1-x}{1+x}$; (4) $y = \lg(x^2 - 1), x > 1$;

(5) $y = \sin x, x \in \left[\dfrac{\pi}{2}, \dfrac{3}{2}\pi\right]$; (6) $y = 2\cos(3x), x \in \left[\dfrac{2}{3}\pi, \pi\right]$.

8. 指出下列各复合函数的复合过程.

(1) $y = \sin 3x$; (2) $y = \cos^2(3x + 1)$;

(3) $y = \ln(1 + x^2)$; (4) $y = 2^{\arctan x^2}$.

9. 设 $f(\sin x) = 3 - \cos 2x$，求 $f(\cos x)$.

10. 设 $f(x) = \dfrac{1}{1+x}$，求 $f(f(x))$.

11. 将半径为 R，中心角为 α 的扇形做成一个无底的圆锥体，试将圆锥体体积 V 表示为 α 的函数.

12. 设 $h = g(f)$，其中 g 是偶函数，h 总是偶函数吗？对你的回答给出理由.

13. 设 $h = g(f)$，其中 g 是奇函数，h 总是奇函数吗？如果 f 是奇函数时将会怎样？如果 f 是偶函数时又将怎样？对你的回答给出理由.

14. 已知水渠的横断面为等腰梯形，斜角 $\varphi = 40°$（见第 14 题图），当过水断面 $ABCD$ 的面积为定值 S_0 时，求湿周 $L(L = AB + BC + CD)$ 与水深 h 之间的函数关系式，并指明其定义域.

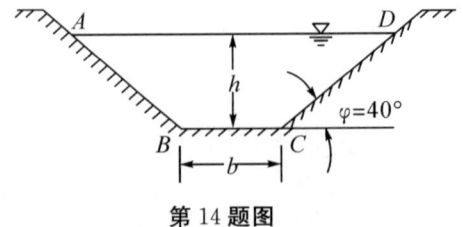

第 14 题图

15. 收音机每台售价为 90 元，成本为 60 元，厂方为鼓励销售商大量采购，决定凡是订购量超过 100 台以上的，每多订购 1 台，售价就降低 1 分，但最低价为每台 75 元.

(1)将每台的实际售价 p 表示为订购量 x 的函数；
(2)将厂方所获的利润 L 表示成订购量 x 的函数；
(3)某一商行订购了 1000 台，厂方可获利润多少？

§1.2 数列的极限

函数极限理论是近代数学最伟大成就"微积分"的基石，而数列极限则是函数极限理论的基础.

数列极限思想在古代就有比较清楚的论述，例如我国的庄周所著的《庄子》一书的"天下篇"中，记有"一尺之棰，日取其半，万世不竭"；魏晋时期的刘徽在他的割圆术中提到"割之弥细，所失弥小，割之又割，以至于不可割，则与圆周和体而无所失矣"，这些都是朴素的、典型的数列极限思想.

本节将给出数列极限的概念，并讨论一些数列极限存在的简单条件.

§1.2.1 数列极限的概念

数列及函数是中学熟知的概念，数列本质上是以自然数 n 为自变量的函数 $x_n = f(n)$，当 n 依次取 $1,2,3,\cdots,n,\cdots$ 时所得的一列函数值 $x_1,x_2,x_3,\cdots,x_n,\cdots$ 称为无穷数列，简称**数列**. 数列中的各个数称为数列的项，其中第 n 项 x_n 称为数列的**一般项**或**通项**，数列常简记为 $\{x_n\}$.

对于一个给定的数列 $\{x_n\}$，重要是要了解，当 n 无限增大时(记作 $n \to \infty$)，数列的项的变化趋势，即数列的变化趋势.

例如"一尺之棰，日取其半，万世不竭"，意思是：一尺长的杆第一天截取一半，第二天截取余下的一半，如此继续，每天截取前一天剩余的一半，以至无穷，永无止境.

把每天截取的量按顺序写出来就构成等比数列：

日子序号 n	1	2	3	$\cdots$	n	$\cdots$
截取量 $f(n)$	$\dfrac{1}{2}$	$\dfrac{1}{4}$	$\dfrac{1}{8}$	$\cdots$	$\dfrac{1}{2^n}$	$\cdots$

当日子序号(n)无限增大时，对应的截取量 $\dfrac{1}{2^n}$ 就无限地接近于 0，但又永远不等于 0，正如《庄子》所说："万世不竭".

数列种类繁多，当 $n \to \infty$ 时，数列的变化趋势多种多样. 下面通过对几个典型数列的变化趋势分析，归纳数列变化趋势的规律，以此引出数列极限的概念.

(1)数列 $\left\{\dfrac{n}{n+1}\right\}$ 的各项的值随 n 增大而增大，越来越与 1 无限接近.

(2)数列 $\left\{(-1)^{n-1}\dfrac{1}{n}\right\}$ 的各项的值在数 0 两边跳跃，越来越与 0 无限接近.

(3)数列 $\{a\}$ 的各项的值都相同.

(4)数列$\{2n-1\}$的项,随 n 的增大,各项的值越变越大,且无限增大.

(5)数列$\{\dfrac{1-(-1)^n}{2}\}$的各项的值交互取得 0 与 1 两数,而不是越来越与某一数接近.

显然,当 $n\to\infty$ 时,数列$\{\dfrac{n}{n+1}\}$,$\{(-1)^{n-1}\dfrac{1}{n}\}$及$\{a\}$的项无限接近某个常数,而数列$\{2n-1\}$,$\{\dfrac{1-(-1)^n}{2}\}$则不然.

倘若对于数列$\{x_n\}$,当 $n\to\infty$ 时,x_n **无限接近**某个常数 A,则称数列$\{x_n\}$为收敛数列,常数 A 称为数列的极限. 如数列$\{\dfrac{n}{n+1}\}$,$\{(-1)^{n-1}\dfrac{1}{n}\}$及$\{a\}$均是收敛数列,它们的极限分别为 $1,0,a$;数列$\{2n-1\}$,$\{\dfrac{1-(-1)^n}{2}\}$则不是收敛数列.

利用数学语言,通过考察数列

$$x_1=\dfrac{1}{2},x_2=\dfrac{2}{3},x_3=\dfrac{3}{4},x_4=\dfrac{4}{5},\cdots,x_n=\dfrac{n}{n+1},\cdots$$

的变化,可以进一步理解**无限接近**的意义.

该数列特性如下:

(1)当 n 越来越大时,x_n 的值越来越与 1 接近,如图 1.6 所示.

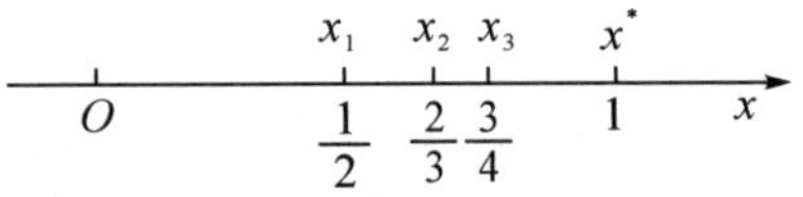

图 1.6

(2)如果用足够小的正实数 ε 作为衡量接近程度的指标,则当 x_n 与 1 的距离$|x_n-1|$小于 ε,即$|x_n-1|<\varepsilon$ 时,就表示 x_n 与 1 在以 ε 为指标下足够接近;为方便起见,称数集$\{x\,|\,|x-1|<\varepsilon\}$为点 $a=1$ 的 ε **邻域**,记为 $U(1,\varepsilon)$,则有:

①若取 $\varepsilon=0.1$,则$|x_{10}-1|=\dfrac{1}{11}<0.1$,$|x_{11}-1|=\dfrac{1}{12}<0.1$,$\cdots$,故数列自第 10 项 x_{10} 起的一切项 $x_{10},x_{11},x_{12},\cdots,x_n,\cdots$均在邻域 $U(1,0.1)$ 内.

②若取 $\varepsilon=0.01$,则$|x_{100}-1|=\dfrac{1}{101}<0.01$,$|x_{101}-1|=\dfrac{1}{102}<0.01$,$\cdots$,故数列自第 100 项 x_{100} 起的一切项 $x_{100},x_{101},x_{102},\cdots,x_n,\cdots$均在邻域 $U(1,0.01)$ 内.

③若取 $\varepsilon=0.001$,数列自第 1000 项 x_{1000} 起的一切项 $x_{1000},x_{1001},x_{1002},\cdots,x_n,\cdots$均在邻域 $U(1,0.001)$ 内.

④若取 $\varepsilon=0.0001$,数列自第 10000 项起,后面一切项 $x_{10000},x_{10001},x_{10002},\cdots,x_n,\cdots$均在邻域 $U(1,0.0001)$ 内.

如此推下去,逐渐缩小区间长度,即不论 ε 是如何小的正数,总可找到一个正整数 N,使数列中除了开始的 N 项以外,自第 $N+1$ 项起,后面的一切项

$$x_{N+1},x_{N+2},x_{N+3},\cdots$$

都在点 $a=1$ 的 ε 邻域 $U(1,\varepsilon)$ 内.

也可叙述为:对于任意小的正数 ε,总可找到一个正整数 N,使当 $n>N$ 时,不等式

$|x_n-1|<\varepsilon$ 均成立. 事实上, 当 $n>\dfrac{1}{\varepsilon}-1$, 即 N 为不超过 $\dfrac{1}{\varepsilon}-1$ 的最大正整数(记为 $\left[\dfrac{1}{\varepsilon}-1\right]$, 见 §1.1 例 3, $|x_n-1|=\dfrac{1}{n+1}<\varepsilon$, 因此数 1 称为数列 $\left\{\dfrac{n}{n+1}\right\}$ 的极限.

一般地,对于数列 $\{x_n\}$ 有下列定义.

定义 1 设有数列 $\{x_n\}$, a 是常数. 若对于任意给定的 $\varepsilon>0$, 总存在一个正整数 N, 使当 $n>N$ 时都有
$$|x_n-a|<\varepsilon,$$
则 a 称为数列 $\{x_n\}$**的极限**, 记为
$$\lim_{n\to\infty}x_n=a(\text{莱布尼茨记号}), \text{或 } x_n\to a\ (n\to\infty)(\text{牛顿记号}),$$
并称**数列** $\{x_n\}$ 是**收敛**的, 不收敛的数列称为是**发散**的.

为了直观描述数列极限, 下面给出"数列 $\{x_n\}$ 的极限为 a" 的几何解释:

将常数 a 及数列 $x_1,x_2,x_3,\cdots,x_n,\cdots$ 在数轴上用它们的对应点表示出来, 再在数轴上作点 a 的 ε 邻域, 即开区间 $(a-\varepsilon, a+\varepsilon)$, 如图 1.7 所示.

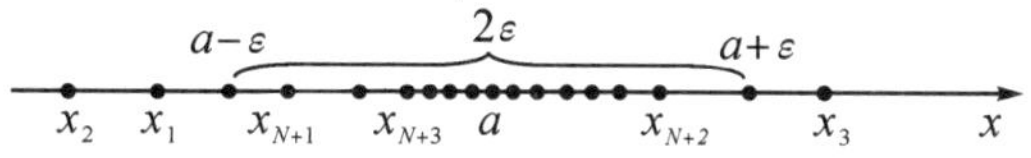

图 1.7

因不等式 $\qquad\qquad |x_n-a|<\varepsilon$
与不等式 $\qquad\qquad a-\varepsilon<x_n<a+\varepsilon$
等价, 所以当 $n>N$ 时, 所有的点 x_n 均落在开区间 $(a-\varepsilon, a+\varepsilon)$ 内, 而只有有限个(至多 N 个)在这区间以外.

为了表示方便, 引入记号 "$\forall$" 表示 "对任意给定" 或 "对每一个", 记号 "$\exists$"(Exist 首字母 E 反过来)表示 "存在", 于是数列极限 $\lim\limits_{n\to\infty}x_n=a$ 用符号可表示为 $\lim\limits_{n\to\infty}x_n=a\Leftrightarrow\forall\varepsilon>0$, $\exists N\in\mathbf{N}$, 当 $n>N$ 时, 均有
$$|x_n-a|<\varepsilon.$$
这是数列极限的 $\varepsilon-N$ 定义.

数列 $\{x_n\}$ 当 n 无限增大时, 各项的值越变越大, 且无限增大, 记为
$$\lim_{n\to\infty}x_n=+\infty, \text{或 } x_n\to+\infty(n\to\infty).$$
用符号可表示为 $\lim\limits_{n\to\infty}x_n=+\infty\Leftrightarrow\forall G>0$, $\exists N\in\mathbf{N}$, $\forall n>N$, 均有
$$x_n>G.$$
利用极限的定义能够在理论上严格确定一些基础数列的收敛性问题.

例 1 证明常数数列 $\{x_n=C\}$(C 是常数)的极限是 C, 即 $\lim\limits_{n\to\infty}C=C$.

证明 $\forall\varepsilon>0$, 对所有 $n\in\mathbf{N}$, 有
$$|x_n-C|=|C-C|=0<\varepsilon,$$
即
$$\lim_{n\to\infty}C=C.$$

例 2 证明数列 $\left\{(-1)^{n-1}\dfrac{1}{n}\right\}$ 的极限是 0.

分析 根据极限定义，要证明对任意给定的 $\varepsilon>0$，总可找到正整数 N，当 $n>N$ 时，有

$$|x_n-a|=\left|(-1)^{n-1}\frac{1}{n}-0\right|=\frac{1}{n}<\varepsilon,$$

要使这个不等式成立，只要 $n>\dfrac{1}{\varepsilon}$ 就行了．

证明 $\forall\varepsilon>0,\exists N=\left[\dfrac{1}{\varepsilon}\right]\in\mathbf{N}$ 使 $\forall n>N$，有

$$\left|(-1)^{n-1}\frac{1}{n}-0\right|<\varepsilon,$$

即

$$\lim_{n\to\infty}(-1)^{n-1}\frac{1}{n}=0.$$

例 3 等比数列 $\{q^n\}$ 称为**几何数列**．证明当 $|q|<1$ 时，$\lim\limits_{n\to\infty}q^n=0$．

证明 当 $q=0$ 时，$\forall n\in\mathbf{N},q^n=0$. 这是常数数列，

$$\lim_{n\to\infty}q^n=0.$$

当 $0<|q|<1$ 时，$\forall\varepsilon>0$（限定 $0<\varepsilon<|q|$），要使不等式

$$|q^n-0|=|q|^n<\varepsilon$$

成立，解得 $n>\dfrac{\lg\varepsilon}{\lg|q|}$（$\lg\varepsilon<0$ 与 $\lg|q|<0$）．取 $N=\left[\dfrac{\lg\varepsilon}{\lg|q|}\right]$．于是，$\forall\varepsilon>0$，必有 $N=\left[\dfrac{\lg\varepsilon}{\lg|q|}\right]\in\mathbf{N}$，使 $\forall n>N$，有 $|q^n-0|<\varepsilon$，即 $\lim\limits_{n\to\infty}q^n=0$．

例 4 证明 $\lim\limits_{n\to\infty}\sqrt[n]{a}=1,a>0$．

证明 (1) 当 $a>1$ 时，$\sqrt[n]{a}>1$．$\forall\varepsilon>0(0<\varepsilon<a-1)$，要使不等式

$$|\sqrt[n]{a}-1|=\sqrt[n]{a}-1<\varepsilon$$

成立，解得 $n>\dfrac{\lg a}{\lg(1+\varepsilon)}$．取 $N=\left[\dfrac{\lg a}{\lg(1+\varepsilon)}\right]$．于是 $\forall\varepsilon>0,\exists N=\left[\dfrac{\lg a}{\lg(1+\varepsilon)}\right]\in\mathbf{N},\forall n>N$，均有

$$|\sqrt[n]{a}-1|<\varepsilon.$$

即

$$\lim_{n\to\infty}\sqrt[n]{a}=1,\quad a>1.$$

(2) 当 $a=1$ 时，$\forall n\in\mathbf{N},\sqrt[n]{a}=1$．这是一个常数数列，由例 2，有

$$\lim_{n\to\infty}\sqrt[n]{a}=1.$$

(3) 当 $0<a<1$ 时，令 $a=\dfrac{1}{b}$，故 $b>1$，有

$$|\sqrt[n]{a}-1|=\left|\frac{1}{\sqrt[n]{b}}-1\right|=\left|\frac{1-\sqrt[n]{b}}{\sqrt[n]{b}}\right|<|\sqrt[n]{b}-1|.$$

由(1)知，$\forall\varepsilon>0$，必有 $N=\left[\dfrac{\lg b}{\lg(1+\varepsilon)}\right]=\left[\dfrac{-\lg a}{\lg(1+\varepsilon)}\right]\in\mathbf{N}$，使 $\forall n>N$，有

$$|\sqrt[n]{a}-1|<|\sqrt[n]{b}-1|<\varepsilon,$$

即
$$\lim_{n\to\infty}\sqrt[n]{a}=1, \quad 0<a<1.$$

综上讨论,有
$$\lim_{n\to\infty}\sqrt[n]{a}=1, \quad a>0.$$

例 5 证明 $\lim_{n\to\infty}\sqrt[n]{n}=1$.

证明 令 $y_n=\sqrt[n]{n}-1$,则 $y_n\geqslant 0$.

由二项式定理得
$$n=(1+y_n)^n=1+ny_n+\frac{n(n-1)}{2}y_n^2+\cdots$$

当 $n\geqslant 2$ 时,$n\geqslant\frac{n(n-1)}{2}y_n^2+1$,

$\therefore y_n^2<\frac{2}{n}$,$y_n<\sqrt{\frac{2}{n}}$.

$$\forall\varepsilon>0,|\sqrt[n]{n}-1|=y_n<\sqrt{\frac{2}{n}}<\varepsilon\Rightarrow n>\frac{2}{\varepsilon^2},$$

令 $N=\max\left\{2,\left[\frac{2}{\varepsilon^2}\right]\right\}$.

则当 $n>N$ 时,$|\sqrt[n]{n}-1|<\varepsilon$. 证毕.

§1.2.2 收敛数列的性质

收敛数列除了其变化趋势具有规律性以外,还满足如下特性:

定理 1(唯一性) 若数列 $\{x_n\}$ 的极限存在,则极限是唯一的.

证明 设数列 $\{x_n\}$ 有两个不相等的极限值 a,b,则对应于 $d=|a-b|>0$,可找到正整数 N,使 $n>N$ 时,恒有
$$|x_n-a|<\frac{d}{2}, \quad |x_n-b|<\frac{d}{2},$$

从而 $|a-b|=|(a-x_n)-(b-x_n)|\leqslant|a-x_n|+|b-x_n|<d$,这与假设 $d=|a-b|$ 矛盾.

故 $\{x_n\}$ 不可能同时以两个不相等的数为极限.

定理 2(有界性) 若数列 $\{x_n\}$ 有极限,则 $\{x_n\}$ 有界. 即 $\exists M>0$,$\forall n\in\mathbf{N}$,有 $|x_n|\leqslant M$.

证明 因 $\lim_{n\to\infty}x_n=a$,所以对 $\varepsilon=1$,$\exists N\in\mathbf{N}$,当 $n>N$ 时有
$$|x_n-a|<\varepsilon=1,$$

从而
$$|x_n|=|x_n-a+a|\leqslant|x_n-a|+|a|<1+|a|.$$

令 $M=\max(|x_1|,|x_2|,\cdots,|x_N|,1+|a|)$,于是,$\forall n\in\mathbf{N}$,有 $|x_n|\leqslant M$,即 $\{x_n\}$ 有界.

但有界数列不一定有极限,如数列
$$1,0,1,0,\cdots,\frac{1-(-1)^n}{2},\cdots$$

有界，但无极限.

如果数列无界，则数列发散.

定理 3（保序性） 若 $\lim\limits_{n\to\infty}x_n=a$，$\lim\limits_{n\to\infty}y_n=b$，且 $a>b$，则 $\exists N\in\mathbf{N}$，$\forall n>N$，有 $x_n>y_n$.

证明 已知 $\lim\limits_{n\to\infty}x_n=a$，$\lim\limits_{n\to\infty}y_n=b$，且 $a>b$. 取 $\varepsilon=\dfrac{a-b}{2}>0$，由极限定义知：

$\exists N_1\in\mathbf{N}$，$\forall n>N_1$，有 $|x_n-a|<\dfrac{a-b}{2}$，从而

$$x_n>a-\dfrac{a-b}{2}=\dfrac{a+b}{2}.$$

$\exists N_2\in\mathbf{N}$，$\forall n>N_2$，有 $|y_n-b|<\dfrac{a-b}{2}$，从而

$$y_n<b+\dfrac{a-b}{2}=\dfrac{a+b}{2}.$$

所以，当 $n>N=\max(N_1,N_2)$ 时，有

$$y_n<\dfrac{a+b}{2}<x_n,$$

即

$$x_n>y_n.$$

推论 1 若 $\lim\limits_{n\to\infty}x_n=a$，且 $a>b$（或 $a<b$），则 $\exists N\in\mathbf{N}$，$\forall n>N$ 时，有 $x_n>b$（或 $x_n<b$）.

在定理 3 中取 $y_n=b(n=1,2,3,\cdots)$ 即可得出推论 1.

推论 2 若 $\lim\limits_{n\to\infty}x_n=a$，$\lim\limits_{n\to\infty}y_n=b$，且 $\exists N\in\mathbf{N}$，$\forall n>N$ 时，有 $x_n\geqslant y_n$，则 $a\geqslant b$.

证明 用反证法. 假设 $a<b$，根据定理 3，$\exists N\in\mathbf{N}$，$\forall n>N$ 时，有 $x_n<y_n$ 成立，这与已知条件 $x_n\geqslant y_n$ 矛盾，因此必有 $a\geqslant b$.

特别地，若 $x_n\geqslant 0$，且 $\{x_n\}$ 收敛，则 $\lim\limits_{n\to\infty}x_n\geqslant 0$.

推论 3 若 $\lim\limits_{n\to\infty}x_n=a$，且 $a<0$（或 $a>0$），则 $\exists N\in\mathbf{N}$，$\forall n>N$，有 $x_n<0$（或 $x_n>0$）.

§1.2.3 收敛数列的四则运算

数列极限的定义对于理论上严格证明数列收敛与否是必不可少的，但对于数列极限的计算却十分不便，下面的定理开启了一个计算数列极限的方便之门.

定理 4 设 $\lim\limits_{n\to\infty}x_n=a$，$\lim\limits_{n\to\infty}y_n=b$，则

(1) $\lim\limits_{n\to\infty}(x_n\pm y_n)=\lim\limits_{n\to\infty}x_n\pm\lim\limits_{n\to\infty}y_n$，

(2) $\lim\limits_{n\to\infty}(x_n\cdot y_n)=\lim\limits_{n\to\infty}x_n\cdot\lim\limits_{n\to\infty}y_n$，

(3) 若 $b\neq 0$，$y_n\neq 0$，则 $\lim\limits_{n\to\infty}\dfrac{x_n}{y_n}=\dfrac{\lim\limits_{n\to\infty}x_n}{\lim\limits_{n\to\infty}y_n}$.

证明 (1) 只证明求和的运算.

因 $\lim\limits_{n\to\infty}x_n=a$，$\lim\limits_{n\to\infty}y_n=b$，则 $\forall \varepsilon>0$，$\exists N_1\in\mathbf{N}$，$\forall n>N_1$，有

$$|x_n-a|<\dfrac{\varepsilon}{2}.$$

同时 $\exists N_2 \in \mathbf{N}$, $\forall n > N_2$, 有
$$|y_n - b| < \frac{\varepsilon}{2}.$$
$\exists N \in \max\{N_1, N_2\}$, $\forall n > N$, 同时有
$$|x_n - a| < \frac{\varepsilon}{2}, \quad |y_n - b| < \frac{\varepsilon}{2},$$
于是，$\forall n > N$, 有
$$|(x_n + y_n) - (a+b)| \leq |x_n - a| + |y_n - b| < \frac{\varepsilon}{2} + \frac{\varepsilon}{2} = \varepsilon,$$
即
$$\lim_{n\to\infty}(x_n + y_n) = a + b = \lim_{n\to\infty} x_n + \lim_{n\to\infty} y_n.$$
同理可证
$$\lim_{n\to\infty}(x_n - y_n) = \lim_{n\to\infty} x_n - \lim_{n\to\infty} y_n.$$

(2) 因 $\lim_{n\to\infty} x_n = a$, 由定理 2 知 $\{x_n\}$ 有界，即 $\exists M_1 \in \mathbf{N}$, 使 $|x_n| \leq M_1$.

令 $M = \max\{M_1, |b|\}$, 因为 $\lim_{n\to\infty} x_n = a$, $\lim_{n\to\infty} y_n = b$, 故 $\forall \varepsilon > 0$, $\exists N_1 \in \mathbf{N}$, $\forall n > N_1$, 有
$$|x_n - a| < \frac{\varepsilon}{2M}.$$
同时 $\exists N_2 \in \mathbf{N}$, $\forall n > N_2$, 有
$$|y_n - b| < \frac{\varepsilon}{2M}.$$
令 $N = \max(N_1, N_2)$, $\forall n > N$, 有
$$|x_n \cdot y_n - a \cdot b| = |x_n \cdot y_n - x_n \cdot b + x_n \cdot b - a \cdot b|$$
$$\leq |x_n||y_n - b| + |b||x_n - a|$$
$$< M\frac{\varepsilon}{2M} + M\frac{\varepsilon}{2M} = \varepsilon.$$
所以
$$\lim_{n\to\infty} x_n \cdot y_n = a \cdot b = \lim_{n\to\infty} x_n \cdot \lim_{n\to\infty} y_n.$$

(3) 由 (2) 只要证 $\lim_{n\to\infty}\frac{1}{y_n} = \frac{1}{b}$.

对于 $\frac{|b|}{2} > 0$, 由 $\lim_{n\to\infty} y_n = b$, $\exists N_1 \in \mathbf{N}$, $\forall n > N_1$, 有
$$|b| - |y_n| \leq |y_n - b| < \frac{|b|}{2},$$
得
$$\frac{|b|}{2} \leq |y_n|.$$
仍由 $\lim_{n\to\infty} y_n = b$, $\forall \varepsilon > 0$, $\exists N_2 \in \mathbf{N}$, $\forall n > N_2$, 有
$$|y_n - b| < \frac{|b|^2}{2}\varepsilon.$$
取 $N = \max\{N_1, N_2\}$, $\forall n > N$, 有
$$\left|\frac{1}{y_n} - \frac{1}{b}\right| = \left|\frac{y_n - b}{y_n \cdot b}\right| \leq \frac{2|y_n - b|}{|b|^2} < \frac{2}{|b|^2} \cdot \frac{|b|^2}{2}\varepsilon = \varepsilon.$$

即
$$\lim_{n\to\infty}\frac{1}{y_n}=\frac{1}{b}.$$

由(2)得
$$\lim_{n\to\infty}\frac{x_n}{y_n}=\lim_{n\to\infty}x_n\cdot\frac{1}{y_n}=a\cdot\frac{1}{b}=\frac{a}{b}=\frac{\lim\limits_{n\to\infty}x_n}{\lim\limits_{n\to\infty}y_n}.$$

推论 4 定理 4 的(1)、(2)都可推广至有限多个收敛的数列.

推论 5 $\lim\limits_{n\to\infty}(Cx_n)=C\lim\limits_{n\to\infty}x_n$ (C 为常数).

推论 6 $\lim\limits_{n\to\infty}(x_n)^k=(\lim\limits_{n\to\infty}x_n)^k$ (k 为正整数).

例 6 求 $\lim\limits_{n\to\infty}\dfrac{2^n-1}{3^n}$.

解 $\lim\limits_{n\to\infty}\dfrac{2^n-1}{3^n}=\lim\limits_{n\to\infty}\left[\left(\dfrac{2}{3}\right)^n-\dfrac{1}{3^n}\right]=\lim\limits_{n\to\infty}\left(\dfrac{2}{3}\right)^n-\lim\limits_{n\to\infty}\dfrac{1}{3^n}=0.$

例 7 求 $\lim\limits_{n\to\infty}\dfrac{3n^2-5n+1}{2n^2+1}$.

解 $\lim\limits_{n\to\infty}\dfrac{3n^2-5n+1}{2n^2+1}=\lim\limits_{n\to\infty}\dfrac{3-\dfrac{5}{n}+\dfrac{1}{n^2}}{2+\dfrac{1}{n^2}}=\dfrac{\lim\limits_{n\to\infty}(3-\dfrac{5}{n}+\dfrac{1}{n^2})}{\lim\limits_{n\to\infty}(2+\dfrac{1}{n^2})}$

$$=\dfrac{\lim\limits_{n\to\infty}3-\lim\limits_{n\to\infty}\dfrac{5}{n}+\lim\limits_{n\to\infty}\dfrac{1}{n^2}}{\lim\limits_{n\to\infty}2+\lim\limits_{n\to\infty}\dfrac{1}{n^2}}=\dfrac{3}{2}.$$

§1.2.4 数列收敛的判别法

当难于求出数列的极限值时,其极限是否存在是应当首先考虑的问题,只有肯定了它的存在,再设法计算才有意义. 数学理论中,极限的存在问题有着重要的地位. 下面介绍两个判定数列极限存在的准则,这两个准则是根据数列的特点对其收敛做出定性的结论.

准则 Ⅰ(夹逼定理)

设 $\{x_n\}$,$\{y_n\}$,$\{z_n\}$ 是三个数列,若

(1) $\exists N\in\mathbf{N}$,$\forall n>N$,有 $y_n\leqslant x_n\leqslant z_n$,

(2) $\lim\limits_{n\to\infty}y_n=\lim\limits_{n\to\infty}z_n=a$,

则 $\lim\limits_{n\to\infty}x_n=a$.

证明 因 $\lim\limits_{n\to\infty}y_n=a$,$\forall\varepsilon>0$,$\exists N_1\in\mathbf{N}$,$\forall n>N_1$,有
$$|y_n-a|<\varepsilon,$$
即
$$a-\varepsilon<y_n<a+\varepsilon.$$

又因 $\lim\limits_{n\to\infty}z_n=a$,对上面的 $\varepsilon>0$,$\exists N_2\in\mathbf{N}$,$\forall n>N_2$,有
$$|z_n-a|<\varepsilon,$$
即
$$a-\varepsilon<z_n<a+\varepsilon.$$

$\exists N_0=\max(N_1,N_2,N)$,$\forall n>N_0$,有

$$a - \varepsilon < y_n \leqslant x_n \leqslant z_n < a + \varepsilon,$$

则 $\forall n > N_0$,有

$$|x_n - a| < \varepsilon,$$

即

$$\lim_{n \to \infty} x_n = a.$$

例 8 证明 $\lim\limits_{n \to \infty} \left(\dfrac{1}{\sqrt{n^2+1}} + \dfrac{1}{\sqrt{n^2+2}} + \cdots + \dfrac{1}{\sqrt{n^2+n}} \right)$ 存在,并求其极限值.

证明 令 $x_n = \dfrac{1}{\sqrt{n^2+1}} + \dfrac{1}{\sqrt{n^2+2}} + \cdots + \dfrac{1}{\sqrt{n^2+n}}$,其项数为 n,在 n 增大时,它的项数也随之增加,故不能用逐项求极限的办法. 在 x_n 的各项中,以首项最大,末项最小,故有

$$\dfrac{1}{\sqrt{n^2+n}} + \dfrac{1}{\sqrt{n^2+n}} + \cdots + \dfrac{1}{\sqrt{n^2+n}} \leqslant x_n \leqslant \dfrac{1}{\sqrt{n^2+1}} + \dfrac{1}{\sqrt{n^2+1}} + \cdots + \dfrac{1}{\sqrt{n^2+1}},$$

即

$$\dfrac{n}{\sqrt{n^2+n}} \leqslant x_n \leqslant \dfrac{n}{\sqrt{n^2+1}}.$$

令 $y_n = \dfrac{n}{\sqrt{n^2+n}}, z_n = \dfrac{n}{\sqrt{n^2+1}}$,则有

$$\lim_{n \to \infty} y_n = \lim_{n \to \infty} \dfrac{n}{\sqrt{n^2+n}} = \lim_{n \to \infty} \dfrac{1}{\sqrt{1+\dfrac{1}{n}}} = 1,$$

$$\lim_{n \to \infty} z_n = \lim_{n \to \infty} \dfrac{n}{\sqrt{n^2+1}} = \lim_{n \to \infty} \dfrac{1}{\sqrt{1+\dfrac{1}{n^2}}} = 1.$$

因 $\{y_n\}$ 与 $\{z_n\}$ 有相同的极限,由准则 I 得

$$\lim_{n \to \infty} \left(\dfrac{1}{\sqrt{n^2+1}} + \dfrac{1}{\sqrt{n^2+2}} + \cdots + \dfrac{1}{\sqrt{n^2+n}} \right) = 1.$$

在讨论准则 II 前,先介绍数集的上下确界概念.

这里考虑的数集 E 是非空的,有上界的. 即数集 E 中至少包含一个数,并且存在常数 M,使对一切 $x \in E$ 都有 $x \leqslant M$. 这样的 M,称为 E 的一个**上界**. 有上界的数集,其上界显然不是唯一的,其中上界中的最小者(如果存在)称为数集的**上确界**.

定义 2 设有非空数集 E,如 $\exists \beta \in \mathbf{R}$,且

(1) $\forall x \in E$,有 $x \leqslant \beta$,

(2) $\forall \varepsilon > 0, \exists x_0 \in E$,有 $\beta - \varepsilon < x_0$,

则称 β 是数集 E 的**上确界**,记为

$$\beta = \sup E^{①} \text{ 或 } \beta = \sup_{x \in E}\{x\}.$$

条件(1)说明 β 是数集 E 的一个上界,条件(2)则说明小于 β 的任何数都不是 E 的上界,即 β 是 E 的最小上界.

如果非空数集 E 有下界,即存在常数 m,使对一切 $x \in E$ 都有 $x \geqslant m$. 这样的 m,称为 E 的一个**下界**. 有下界的数集,其下界不唯一,把下界中的最大者(如果存在)称为数集的**下确界**.

---

① sup 是 supremum 的缩写.

定义 3 设有非空数集 E, 如 $\exists \alpha \in \mathbf{R}$, 且

(1) $\forall x \in E$, 有 $x \geqslant \alpha$,

(2) $\forall \varepsilon > 0$, $\exists x_0 \in E$, 有 $x_0 < \alpha + \varepsilon$,

则称 α 是数集 E 的**下确界**, 记为

$$\alpha = \inf E \text{①} \quad \text{或} \quad \alpha = \inf_{x \in E}\{x\}.$$

条件(1)说明 α 是数集 E 的一个下界, 条件(2)说明大于 α 的任何数都不是 E 的下界, 即 α 是 E 的最大下界.

由此立即得到上(下)确界的唯一性定理.

定理 5(确界唯一性) 若数集有上(下)确界, 则它的上(下)确界是唯一的.

并不是任何数集都有上下确界. 对任何有限数集来说, 最大数就是它的上确界, 最小数就是它的下确界. 但是一个无限数集, 就不一定存在上下确界. 例如, 对于正整数列 $\{n\}$, 显然不存在适合上确界条件(1)的数 β. 而负整数列 $\{-n\}$ 也不存在适合下确界条件(1)的数 α. 那么怎样的数列才有上确界或下确界呢? 给出定理 6 作为公理承认下来, 并用它的结论证明准则 II.

定理 6(确界存在性) 有上(下)界的非空数集, 必有上(下)确界.

定义 4 如果数列 $\{x_n\}$ 的项满足

$$x_1 \leqslant x_2 \leqslant x_3 \leqslant \cdots \leqslant x_n \leqslant x_{n+1} \cdots,$$

则称这一数列是**单调增加数列**; 如果数列 $\{x_n\}$ 的项满足

$$x_1 \geqslant x_2 \geqslant x_3 \geqslant \cdots \geqslant x_n \geqslant x_{n+1} \geqslant \cdots,$$

则称这一数列是**单调减少数列**. 这两种数列统称**单调数列**.

准则 II 单调有界数列必有极限.

证明 只讨论单调增加有上界的数列.

因 $\{x_n\}$ 是有界数列, 则这些 x_n 构成的数集 E 是有上界的且是非空的. 由上确界存在定理, 数列 $\{x_n\}$ 存在上确界 $\beta = \sup\{x_n\}$. 由上确界的定义有: ① $x_n \leqslant \beta (n=1, 2, 3, \cdots)$. ② 对任意给定的 $\varepsilon > 0$, 在 $\{x_n\}$ 中至少有一数 x_N, 使 $x_N > \beta - \varepsilon$. 由于 $\{x_n\}$ 是单调增加数列, 因此当 $n > N$ 时, 有 $x_N \leqslant x_n$, 从而 $x_n > \beta - \varepsilon$. 也即是说, 当 $n > N$ 时, 有

$$0 \leqslant \beta - x_n < \varepsilon,$$

故得

$$\lim_{n \to \infty} x_n = \beta.$$

这里不仅证明了单调增加有上界数列的极限存在, 并且其极限就是它的上确界.

同理可证, 单调减少有下界数列的极限存在, 并且极限就是它的下确界.

例 9 证明数列 $\{x_n\} = \{(1 + \frac{1}{n})^n\}$ 收敛.

证明 (1) 先证数列是单调增加的.

$$x_n = (1 + \frac{1}{n})^n$$
$$= 1 + \frac{n}{1!}\frac{1}{n} + \frac{n(n-1)}{2!}\frac{1}{n^2} + \frac{n(n-1)(n-2)}{3!}\frac{1}{n^3} + \cdots + \frac{n(n-1)\cdots(n-n+1)}{n!}\frac{1}{n^n}$$

---

① inf 是 infimum 的缩写.

$$= 1 + \frac{1}{1!} + \frac{1}{2!}(1-\frac{1}{n}) + \frac{1}{3!}(1-\frac{1}{n})(1-\frac{2}{n}) + \cdots + \frac{1}{n!}(1-\frac{1}{n})(1-\frac{2}{n})\cdots(1-\frac{n-1}{n}),$$

$$x_{n+1} = (1+\frac{1}{n+1})^{n+1}$$
$$= 1 + \frac{1}{1!} + \frac{1}{2!}(1-\frac{1}{n+1}) + \frac{1}{3!}(1-\frac{1}{n+1})(1-\frac{2}{n+1}) + \cdots + \frac{1}{n!}(1-\frac{1}{n+1})$$
$$(1-\frac{2}{n+1})\cdots(1-\frac{n-1}{n+1}) + \frac{1}{(n+1)!}(1-\frac{1}{n+1})(1-\frac{2}{n+1})\cdots(1-\frac{n}{n+1}).$$

在这两个展式中,除前两项相同外,后者的每个项都大于前者的相应项,且后者最后还多了一个数值为正的项,因此有

$$x_n < x_{n+1}.$$

(2)再证数列有上界.

因 $1-\frac{1}{n}, 1-\frac{2}{n}, \cdots, 1-\frac{n-1}{n}$ 这些因子都小于1,故

$$x_n < 1 + \frac{1}{1!} + \frac{1}{2!} + \frac{1}{3!} + \cdots + \frac{1}{n!}$$
$$< 1 + 1 + \frac{1}{2} + \frac{1}{2^2} + \cdots + \frac{1}{2^{n-1}}$$
$$= 1 + \frac{1-\frac{1}{2^n}}{1-\frac{1}{2}} = 3 - \frac{1}{2^{n-1}} < 3,$$

即数列是有上界的.

据准则Ⅱ知,数列 $\{x_n\} = \{(1+\frac{1}{n})^n\}$ 以某个大于2、小于3的数为极限,将此极限记为 e.

n	1	10	1000	10000
$(1+\frac{1}{n})^n$	2	2.594	2.717	2.718

$$\lim_{n\to\infty}(1+\frac{1}{n})^n = e,$$

e 是一个无理数,它的值为

$$e = 2.718281828459045\cdots.$$

数 e 是一个重要的常数,以 e 为底的对数函数称为自然对数,记为 $\ln x$;以 e 为底的指数函数称为自然指数,记为 e^x. $\ln x$ 和 e^x 常出现在重要问题之中,如自然指数能表达放射衰减的过程细胞的分裂及物种的繁殖数量等;而自然对数函数则可以将自然指数函数转变成线性函数,并能够将乘除运算转化为和差运算等.

例 10 若 $x_1 = \sqrt{2}$, $x_2 = \sqrt{2+\sqrt{2}}$, $x_3 = \sqrt{2+\sqrt{2+\sqrt{2}}}$, $\cdots$, $x_n = \sqrt{2+x_{n-1}}$, $\cdots$ 证明 $\lim_{n\to\infty} x_n$ 存在,并求出它.

证明 首先用数学归纳法证明该数列是单调的. 因为

所以
$$2 < 2+\sqrt{2},$$
$$\sqrt{2} < \sqrt{2+\sqrt{2}},$$
即
$$x_1 < x_2.$$

设 $x_k < x_{k+1}$，则有
$$2+x_k < 2+x_{k+1},$$
故有
$$\sqrt{2+x_k} < \sqrt{2+x_{k+1}},$$
即
$$x_{k+1} < x_{k+2}.$$

由数学归纳法可知，对任何 n 都有 $x_n < x_{n+1}$，即 $\{x_n\}$ 是单调增加数列.

再证 $\{x_n\}$ 有上界. 因 $x_1 = \sqrt{2} < 2$，设 $x_k < 2$，则有
$$x_{k+1} = \sqrt{2+x_k} < \sqrt{4} = 2.$$

由数学归纳法知，对任何 n 都有 $x_n < 2$，即 $\{x_n\}$ 有上界 2. 因为 $\{x_n\}$ 为单调增加有上界的数列，故 $\lim_{n\to\infty} x_n$ 存在.

设其极限为 $\lim_{n\to\infty} x_n = a$，因为 $x_{n+1} = \sqrt{2+x_n}$，有
$$x_{n+1}^2 = 2+x_n.$$

当 $n \to \infty$ 时，对上式两边求极限得
$$a^2 = 2+a.$$

解这个方程得 $a = 2, a = -1$，但因 $x_n > 0$ 且 $\{x_n\}$ 单调增加，a 不可能为负，所以 $a = 2$，即
$$\lim_{n\to\infty} x_n = 2.$$

用上述方法求极限，须在已知极限存在的前提下才行.

§1.2.5　子数列的收敛性

数列的子数列的收敛性是函数极限理论的重要基础，所谓数列的子数列，是指：
设在数列
$$x_1, x_2, x_3, \cdots, x_n, \cdots \tag{I}$$
中，自左往右任意挑出无限多项，并按它们在原数列中的次序逐次排列，得到一个新数列
$$x_{k_1}, x_{k_2}, x_{k_3}, \cdots, x_{k_n}, \cdots \tag{II}$$
式中，$k_n (n=1,2,3,\cdots)$ 都是自然数，且
$$k_1 < k_2 < k_3 < \cdots < k_n < k_{n+1} < \cdots.$$

数列（II）称为数列（I）的**子数列**，或称为子列，记为 $\{x_{k_n}\}$.

由于子数列（II）的每一项是从原数列（I）中自左往右任挑的，中间可能丢掉某些项不选，因此，子数列（II）的第 n 项 x_{k_n} 只能从原数列（I）中排在第 n 或者更后面的各项中去挑选，即是说 $k_n \geq n$.

数列的子数列有如下性质：

定理 7（子数列收敛的继承性）　若数列 $\{x_n\}$ 收敛于 a，则 $\{x_n\}$ 的任何子数列 $\{x_{k_n}\}$ 也都收敛于 a.

证明 因 $\lim\limits_{n\to\infty}x_n=a$,$\forall\varepsilon>0$,$\exists N\in\mathbf{N}$,$\forall n>N$,有
$$|x_n-a|<\varepsilon.$$
因为 $k_n\geqslant n$,故对上述 N,当 $n>N$ 时,有 $k_n>N$,故
$$|x_{k_n}-a|<\varepsilon,$$
即
$$\lim_{n\to\infty}x_{k_n}=a.$$

此定理可用来断定一个数列不收敛:如果数列 $\{x_n\}$ 有一个子数列不收敛,或者有两个子数列不收敛于同一极限,则原数列 $\{x_n\}$ 就绝不会是收敛的. 例如数列
$$0, 1, 0, 1, \cdots, \frac{1-(-1)^n}{2}, \cdots$$
是不收敛的,因为它有两个子数列分别收敛于 1 和 0.

给定数列 $\{x_n\}$,其子数列 $\{x_{2n}\}$ 与 $\{x_{2n-1}\}$ 分别称为**偶子数列**与**奇子数列**.

定理 8 数列 $\{x_n\}$ 收敛,当且仅当其子数列 $\{x_{2n}\}$ 与 $\{x_{2n-1}\}$ 都收敛到同一个极限.

证明 由定理 7,必要性是显然的. 只需证充分性.

设 $\{x_{2n}\}$ 与 $\{x_{2n-1}\}$ 都收敛到 a. 则 $\forall\varepsilon>0$,存在 N_1,当 $n>N_1$ 时 $|x_{2n}-a|<\varepsilon$;存在 N_2,当 $n>N_2$ 时 $|x_{2n-1}-a|<\varepsilon$. 令 $N=\max\{2N_1, 2N_2\}$. 则当 $n>N$ 时,$|x_n-a|<\varepsilon$. 从而由极限定义,$\{x_n\}$ 也收敛到 a.

前面证明了单调有界数列的收敛性,但如果数列虽有界却不单调,就不能用这个定理来肯定它的收敛性. 但有界数列不论是否收敛,总存在收敛的子数列. 为了证明这个性质,需要区间套定理作基础,现讨论如下:

*__定义 5__ 设有闭区间列
$$[a_1, b_1], [a_2, b_2], \cdots, [a_n, b_n], \cdots$$
(1)区间列中的每一区间都包含在前一区间内,即
$$[a_1, b_1]\supseteq[a_2, b_2]\supseteq\cdots\supseteq[a_n, b_n]\supseteq\cdots$$
(2)区间长度收缩为零,即
$$\lim_{n\to\infty}(b_n-a_n)=0,$$
则称此区间列为**区间套**.

*__定理 9__(区间套定理) 设闭区间列 $\{[a_n, b_n]\}$ 是一区间套,则存在唯一点 ξ 属于所有闭区间 $[a_n, b_n]$,且
$$\lim_{n\to\infty}a_n=\lim_{n\to\infty}b_n=\xi.$$

证明 由区间套定义知,这些区间的两个端点满足
$$a_1\leqslant a_2\leqslant\cdots\leqslant a_n\leqslant\cdots\leqslant b_n\leqslant\cdots\leqslant b_2\leqslant b_1.$$
数列 $\{a_n\}$ 单调增加有上界,数列 $\{b_n\}$ 单调减少有下界,因此 $\lim\limits_{n\to\infty}a_n$ 存在,且极限等于 $\{a_n\}$ 的上确界,同样 $\lim\limits_{n\to\infty}b_n$ 存在,且极限等于 $\{b_n\}$ 的下确界. 亦即对任何正整数 k,有
$$a_k\leqslant\lim_{n\to\infty}a_n, b_k\geqslant\lim_{n\to\infty}b_n.$$
由条件 $\lim\limits_{n\to\infty}(b_n-a_n)=0$,有
$$\lim_{n\to\infty}a_n=\lim_{n\to\infty}b_n,$$
即数列 $\{a_n\}$ 和数列 $\{b_n\}$ 有相同的极限,设此极限为 ξ,从而

$$a_k \leqslant \lim_{n\to\infty} a_n = \xi = \lim_{n\to\infty} b_n \leqslant b_k$$

或
$$a_k \leqslant \xi \leqslant b_k \, (k=1,2,3,\cdots),$$

即 ξ 是所有区间的公共点.

下面证明 ξ 是唯一的公共点.

设区间列还另有一公共点 ξ', $\xi' \neq \xi$. 由于
$$a_n \leqslant \xi, \quad \xi' \leqslant b_n \, (n=1,2,3,\cdots),$$

所以
$$b_n - a_n \geqslant |\xi' - \xi|.$$

由数列极限性质
$$\lim_{n\to\infty}(b_n - a_n) \geqslant |\xi' - \xi| > 0,$$

与区间套定理中 $\lim_{n\to\infty}(b_n - a_n) = 0$ 矛盾, 所以 $\xi' = \xi$, 即 ξ 是唯一的.

定理 9 中若将闭区间列改为开区间列, 定理不一定成立.

有了区间套定理, 就可证下列定理.

定理 10(致密性定理)　任一有界数列必有收敛的子数列.

***证明**　设 $\{x_n\}$ 是有界数列, 即存在两数 a, b, 使 $a \leqslant x_n \leqslant b$. 将 $[a,b]$ 等分为两个区间, 则至少有一个区间含有 $\{x_n\}$ 中的无穷多个项. 记此区间为 $[a_1, b_1]$. 若两个区间都含有 $\{x_n\}$ 的无穷多项, 则任取一个作为 $[a_1, b_1]$. 再将 $[a_1, b_1]$ 等分, 记含有数列 $\{x_n\}$ 的无穷多项的区间为 $[a_2, b_2]$. 这样继续下去, 就得到一个闭区间列 $\{[a_n, b_n]\}$. 它显然满足条件

(1) $[a, b] \supset [a_1, b_1] \supset [a_2, b_2] \supset \cdots$

(2) $\lim_{n\to\infty}(b_n - a_n) = \lim_{n\to\infty} \dfrac{b-a}{2^n} = 0.$

由区间套定理, 必有唯一点 $\xi \in [a, b]$, 使 $\lim_{n\to\infty} a_n = \xi, \lim_{n\to\infty} b_n = \xi$, 且 $\xi \in [a_k, b_k] \, (k=1, 2, 3, \cdots)$.

每一 $[a_k, b_k]$ 中均含有 $\{x_n\}$ 的无穷多项.

在 $[a_1, b_1]$ 中任取 $\{x_n\}$ 的一项, 记为 x_{n_1}, 即 $\{x_n\}$ 的第 n_1 项. 由于 $[a_2, b_2]$ 也含有数列 $\{x_n\}$ 的无穷多项, 则它必含有 x_{n_1} 以后的无穷多项. 在这些项中任取一项, 记为 x_{n_2}, 且 $n_2 > n_1$. 继续在每个区间 $[a_k, b_k]$ 中取出数列 $\{x_n\}$ 的一个项 x_{n_k}, 即得 $\{x_n\}$ 的一个子数列 $\{x_{n_k}\}$, 其中 $n_1 < n_2 < \cdots < n_k < \cdots$, 且 $a_k \leqslant x_{n_k} \leqslant b_k$.

由于 $\lim_{k\to\infty} a_k = \xi, \lim_{k\to\infty} b_k = \xi$, 故得
$$\lim_{k\to\infty} x_{n_k} = \xi,$$

即子数列 $\{x_{n_k}\}$ 是收敛的.

定理 10 又称为**波尔察诺—维尔施特拉斯**(Bolzano-Weierstrass)**定理**.

关于数列极限, 还有下列两个重要结论.

***定理 11**(柯西收敛定理)

数列 $\{x_n\}$ 收敛当且仅当 $\forall \varepsilon > 0$, $\exists N > 0$, 使得对任意 $m > N$, $n > N$, 有
$$|x_m - x_n| < \varepsilon.$$

***定理 12**(斯托尔茨 Stolz 定理)

设有两个数列 $\{a_n\}$, $\{b_n\}$.

① 若 $\{b_n\}$ 严格单调递增, $\lim_{n\to\infty} b_n = +\infty$, 且 $\lim_{n\to\infty} \dfrac{a_{n+1} - a_n}{b_{n+1} - b_n} = A$, 则

$$\lim_{n\to\infty}\frac{a_n}{b_n}=A.$$

②若$\{b_n\}$严格单调递减，$\lim_{n\to\infty}a_n=\lim_{n\to\infty}b_n=0$，且$\lim_{n\to\infty}\frac{a_{n+1}-a_n}{b_{n+1}-b_n}=A$，则

$$\lim_{n\to\infty}\frac{a_n}{b_n}=A.$$

*__例 11__ 求极限

$$\lim_{n\to\infty}\frac{1^k+2^k+\cdots+n^k}{n^{k+1}}(k\geqslant 1).$$

__解__ 设 $a_n=1^k+2^k+\cdots+n^k$，$b_n=n^{k+1}$

$\{a_n\}$，$\{b_n\}$ 满足 Stolz 定理条件.

且 $\lim_{n\to\infty}\dfrac{a_{n+1}-a_n}{b_{n+1}-b_n}=\lim_{n\to\infty}\dfrac{(n+1)^k}{(n+1)^{k+1}-n^{k+1}}=\lim_{n\to\infty}\dfrac{(n+1)^k}{(n^{k+1}+(k+1)n^k+c_{k+1}^2 n^{k-1}+\cdots)-n^{k+1}}$

$=\lim_{n\to\infty}\dfrac{(n+1)^k}{(k+1)n^k+c_{k+1}^2 n^{k-1}+\cdots+1}$

$=\lim_{n\to\infty}\dfrac{\left(\dfrac{n+1}{n}\right)^k}{k+1+c_{k+1}^2\dfrac{1}{n}+\cdots+\dfrac{1}{n^k}}$

$=\dfrac{1}{k+1}$

$\therefore \lim_{n\to\infty}\dfrac{a_n}{b_n}=\dfrac{1}{k+1}.$

习题 1-2

1. 证明：若 $\lim_{n\to\infty}x_n=a$，则 $\lim_{n\to\infty}|x_n|=|a|$.

2. 证明下列极限.

(1) $\lim_{n\to\infty}\left(\dfrac{1}{n^2}+\dfrac{1}{(n+1)^2}+\cdots+\dfrac{1}{(2n)^2}\right)=0$；

(2) $\lim_{n\to\infty}\dfrac{3n}{n!}=0$；

(3) $\lim_{n\to\infty}\dfrac{n}{a^n}=0 \ (a>1)$；

(4) $\lim_{n\to\infty}\left(1+\dfrac{1}{n}+\dfrac{1}{n^2}\right)^n=\mathrm{e}.$

3. 求下列数列的极限.

(1) $\lim_{n\to\infty}\dfrac{1000n}{n^2+1}$；

(2) $\lim_{n\to\infty}\dfrac{1+a+a^2+\cdots+a^n}{1+b+b^2+\cdots+b^n} \ (|a|<1, |b|<1)$；

(3) $\lim_{n\to\infty}\left(\dfrac{1}{1\cdot 2}+\dfrac{1}{2\cdot 3}+\cdots+\dfrac{1}{n(n+1)}\right)$；

(4) $\lim\limits_{n\to\infty}\left(\dfrac{1^2}{n^3}+\dfrac{3^2}{n^3}+\dfrac{5^2}{n^3}+\cdots+\dfrac{(2n-1)^2}{n^3}\right)$;

(5) $\lim\limits_{n\to\infty}\dfrac{(-2)^n+3^n}{(-2)^{n+1}+3^{n+1}}$;

(6) $\lim\limits_{n\to\infty}(\sqrt{n+2}-\sqrt{n})$;

(7) $\lim\limits_{n\to\infty}\sqrt[n]{n^2+2n-1}$;

(8) $\lim\limits_{n\to\infty}\left(\dfrac{1}{2}+\dfrac{3}{2^2}+\dfrac{5}{2^3}+\cdots+\dfrac{2n-1}{2^n}\right)$;

(9) $\lim\limits_{n\to\infty}\left(1-\dfrac{1}{2^2}\right)\left(1-\dfrac{1}{3^2}\right)\cdots\left(1-\dfrac{1}{n^2}\right)$.

4. 设 $A=\max\{a_1,a_2,\cdots,a_m\}$，且 $a_k>0(k=1,2,\cdots,m)$，证明
$$\lim_{n\to\infty}\sqrt[n]{a_1^n+a_2^n+\cdots+a_m^n}=A.$$

5. 利用单调有界性证明下列数列收敛.

(1) $x_n=\dfrac{1}{3+1}+\dfrac{1}{3^2+1}+\cdots+\dfrac{1}{3^n+1}$;

(2) $x_n=\dfrac{1}{1^2+1}+\dfrac{1}{2^2+1}+\cdots+\dfrac{1}{n^2+1}$;

(3) $x_n=(1+\dfrac{1}{2})(1+\dfrac{1}{4})\cdots(1+\dfrac{1}{2^n})$;

(4) $x_n=(1-\dfrac{1}{2})(1-\dfrac{1}{4})\cdots(1-\dfrac{1}{2^n})$.

6. 求 $\lim\limits_{n\to\infty}\left(1+\dfrac{1}{2}+\cdots+\dfrac{1}{n}\right)^{\frac{1}{n}}$.

7. 求 $\lim\limits_{n\to\infty}\left(\dfrac{1}{n^2+1}+\dfrac{2}{n^2+2}+\cdots+\dfrac{n}{n^2+n}\right)$.

§1.3 函数的极限

数列是自变量取正整数时的特殊函数,我们已经了解了数列的极限,但是微积分主要研究对象是一般的函数,因此需研究一般的函数的极限.函数极限是微积分学的最基本概念,微积分中的基本概念都是用极限来定义的,而微积分的理论则建立在极限基础上.

事实上,牛顿和莱布尼茨构建的微积分理论起初很不完善,由于其理论基础的缺陷,最终导致了第二次数学危机的产生,19世纪初法国科学家柯西(Cauchy)及德国数学家维尔斯特拉斯(Weierstrass)建立的极限理论,才使微积分获得了坚实的基础.

本节将给出函数极限的概念,以及与它有关的无穷小量的精确定义,并讨论一些极限运算法则、极限存在的简单准则以及函数极限在几何中的简单应用.

§1.3.1 函数极限的概念

与数列一样,对于一个给定的一般函数,重要的是要了解在自变量变化时函数值的变化趋势.倘若在自变量变化过程中,对应的函数值无限接近于某个确定的常数,则该常数称为自变量相应变化过程中函数的极限.

一般函数的自变量变化过程较数列复杂,不同的自变量变化时函数的极限会表现出不同的形式.

例如,从图1.8(a)看到,对于函数 $y=\dfrac{1}{x}$,当$|x|$的值无限增大时,函数值无限地逼近0,仿照数列极限记号,这种情况记作 $\dfrac{1}{x} \to 0 (x \to \infty)$ 或 $\lim\limits_{x \to \infty} \dfrac{1}{x} = 0$.

从图1.8(b)看到,对于函数 $y=1+x^2$,当 x 在0的两侧无限地逼近于0时,函数值无限地逼近1,这种情况记作 $1+x^2 \to 1(x \to 0)$ 或 $\lim\limits_{x \to 0}(1+x^2)=1$.

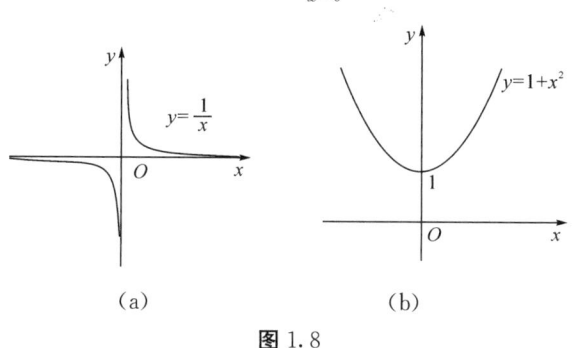

图 1.8

对于一般函数,在研究自变量变化时函数的极限时,按照自变量变化过程,可分为以下两种情形:

(1)自变量趋于无穷大时函数的极限;

(2)自变量趋于有限值时函数的极限.

1. $x \to \infty$ 时，函数 $f(x)$ 的极限

由数列极限的"$\varepsilon - N$"定义，易演绎出"当自变量趋于无穷大时函数的极限"的概念，并以此派生出函数的其他极限定义.

定义 1 设函数 $f(x)$ 在 $x \geqslant a$ 时有定义，A 是常数，若 $\forall \varepsilon > 0$，$\exists X > 0$，$\forall x > X$，有
$$|f(x) - A| < \varepsilon,$$
则称 A 是当 $x \to +\infty$ 时，函数 $f(x)$ 的极限，记为
$$\lim_{x \to +\infty} f(x) = A,$$
或
$$f(x) \to A (x \to +\infty).$$

定义 2 设函数 $f(x)$ 在 $x \leqslant -a$ 时有定义，A 是常数，若 $\forall \varepsilon > 0$，$\exists X > 0$，$\forall x < -X$，有
$$|f(x) - A| < \varepsilon,$$
则称 A 是当 $x \to -\infty$ 时，函数 $f(x)$ 的极限，记为
$$\lim_{x \to -\infty} f(x) = A,$$
或
$$f(x) \to A (x \to -\infty).$$

定义 3 设函数 $f(x)$ 在 $|x| \geqslant a$ 时有定义，A 是常数，若 $\forall \varepsilon > 0$，$\exists X > 0$，当 $|x| > X$ 时，有
$$|f(x) - A| < \varepsilon,$$
则称当 $x \to \infty$ 时 $f(x)$ 是收敛的，并称 A 是当 $x \to \infty$ 时 $f(x)$ 的极限，记为
$$\lim_{x \to \infty} f(x) = A,$$
或
$$f(x) \to A (x \to \infty).$$

从几何上看，$\lim\limits_{x \to \infty} f(x) = A$ 的意义是：作直线 $y = A - \varepsilon$ 和 $y = A + \varepsilon$，则总有一个正数 X 存在，使当 $|x| > X$ 时，函数 $y = f(x)$ 的图形位于这两条直线之间（如图 1.9 所示）.

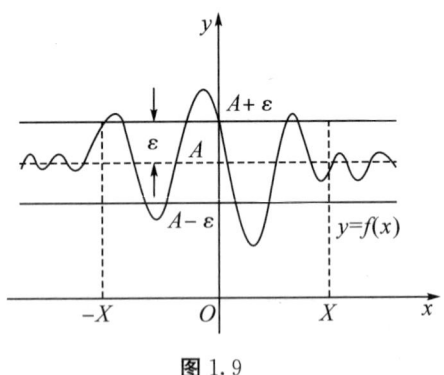

图 1.9

另外两种情形的几何意义请读者自己补充.

有别于 $\lim\limits_{x \to \infty} f(x)$，$\lim\limits_{x \to -\infty} f(x)$ 及 $\lim\limits_{x \to +\infty} f(x)$ 也称为**单侧极限**.

例 1 证明 $\lim\limits_{x \to \infty} \dfrac{1}{x} = 0$.

证明 $\forall \varepsilon > 0$，要证明对于 $|x|$ 充分大时，不等式
$$\left| \dfrac{1}{x} - 0 \right| < \varepsilon$$

成立. 而该不等式等价于
$$\frac{1}{|x|}<\varepsilon \text{ 或 } |x|>\frac{1}{\varepsilon}.$$

如果取 $X=\frac{1}{\varepsilon}$, 则对于适合 $|x|>X=\frac{1}{\varepsilon}$ 的一切 x, 不等式 $|\frac{1}{x}-0|<\varepsilon$ 就可成立, 即 $\lim\limits_{x\to\infty}\frac{1}{x}=0$.

利用自变量趋于无穷大时函数的极限可以帮助我们寻找平面曲线的水平渐近线.

例如, 当 $x\to\infty$ 时, 函数 $y=\frac{1}{x}$ 趋于 0, 从函数 $y=\frac{1}{x}$ 的图形(如图 1.8(a)所示)可见, $y=0$ 是其水平渐近线.

由渐近线的概念不难得知, 对于函数 $y=f(x)$, 如果 $\lim\limits_{x\to+\infty}f(x)=A$ 或者 $\lim\limits_{x\to-\infty}f(x)=A$, 则直线 $y=A$ 为曲线 $y=f(x)$ 的**水平渐近线**.

2. $x\to x_0$ **时, 函数** $f(x)$ **的极限**

为了叙述方便, 我们先介绍邻域.

定义 4 设 $\delta>0$, $x_0\in\mathbf{R}$.

①开区间 $(x_0-\delta, x_0+\delta)$ 称为 x_0 的 δ-**邻域**, 记作 $U(x_0,\delta)$.

②集合 $U(x_0,\delta)\setminus\{x_0\}=(x_0-\delta, x_0)\cup(x_0, x_0+\delta)$ 称为 x_0 的**去心** δ-**邻域**, 记作 $\mathring{U}(x_0,\delta)$ 或 $U^0(x_0,\delta)$.

③区间 $(x_0-\delta, x_0)$ 称为 x_0 的**左** δ-**邻域**, $(x_0, x_0+\delta)$ 称为 x_0 的**右** δ-**邻域**.

注意, $U(x_0,\delta)=\{x\in\mathbf{R}\,|\,|x-x_0|<\delta\}$,

$\mathring{U}(x_0,\delta)=\{x\in\mathbf{R}\,|\,0<|x-x_0|<\delta\}$.

从函数 $y=1+x^2$ 的图形(如图 1.8(b)所示)可见, 当 x 自任何一方趋于 0 时, $f(x)$ 的对应值都渐渐趋近于 1, 也就是说, 当 x 限制在点 O 附近的一个足够小邻域内时, 函数 $f(x)$ 的值与 1 的差的绝对值为任意小. 若设 ε 是任意小的正数, 只要使点 x 与点 O 的距离小于 $\delta=\sqrt{\varepsilon}$, 即 $|x|<\sqrt{\varepsilon}$, 就可使 $f(x)$ 与 1 的差总小于 ε. 因为如果 $|x|<\sqrt{\varepsilon}$, 则
$$|f(x)-1|=|x^2|<\varepsilon.$$

所以, 当 x 以任何方式趋近于 0 时, 对应的函数值
$$f(x)=1+x^2$$
与 1 的差的绝对值可以小于预先给定的任意小的正数 ε. 这样的一个数 1 叫做函数 $f(x)=1+x^2$ 当 $x\to 0$ 时的极限.

一般地, 设函数 $f(x)$ 在点 x_0 的某一去心邻域内有定义(但在 x_0 点可以没有定义), 若 x 以任何方式趋近于 x_0 时, 对应的函数值与数 A 之差的绝对值可以小于预先给定的任意小的正数 ε, 则 A 叫做函数当 $x\to x_0$ 时的极限.

定义 5 设函数 $f(x)$ 在点 x_0 的某一去心邻域内有定义(但在点 x_0 可以无定义), A 是常数. 若 $\forall\varepsilon>0$, $\exists\delta>0$, 当 $0<|x-x_0|<\delta$ 时, 有
$$|f(x)-A|<\varepsilon, \tag{1.3}$$
则称当 $x\to x_0$ **时函数** $y=f(x)$ **收敛**, 并称 A 为函数 $y=f(x)$ 当 $x\to x_0$ **时的极限**. 记作
$$\lim_{x\to x_0}f(x)=A,$$

或
$$f(x) \to A(x \to x_0).$$

由于不等式(1.3)相当于
$$A - \varepsilon < f(x) < A + \varepsilon,$$

而
$$0 < |x - x_0| < \delta,$$

相当于
$$x \in \mathring{U}(x_0, \delta).$$

则定义 5 的几何意义为：在 y 轴上任给一个以 A 为中心的 ε 邻域 $(A-\varepsilon, A+\varepsilon)$，在 x 轴上存在相应的以 x_0 为中心的去心 δ-邻域 $\mathring{U}(x_0, \delta)$，只要 x 进入 x_0 的 δ 邻域（但 $x \neq x_0$），对应的 $f(x)$ 就应落在 A 的邻域 $(A-\varepsilon, A+\varepsilon)$ 内；或者说，当 $x \in \mathring{U}(x_0, \delta)$ 时，对应的曲线 $y = f(x)$ 上的点就一定介于两直线 $y = A+\varepsilon$，$y = A-\varepsilon$ 之间（如图 1.10 所示）.

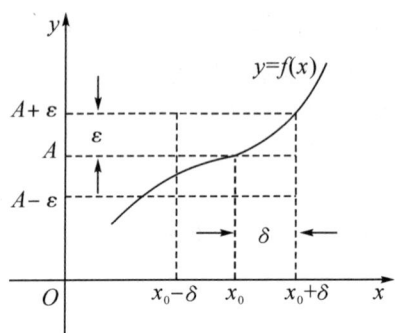

图 1.10

与数列极限的"$\varepsilon - N$"表达方法一样，函数极限的"$\varepsilon - \delta$"表达方法不能帮助找出函数的极限，只能用来判断一个常数是不是函数的极限.

例 2 证明 $\lim\limits_{x \to 3} \dfrac{x-3}{x^2-9} = \dfrac{1}{6} (x \neq 3)$. 这里，函数在点 $x = 3$ 是没有定义的，但它的极限存在与否与此并无关系.

证明 因为当 $x \neq 3$ 时，
$$\left| \frac{x-3}{x^2-9} - \frac{1}{6} \right| = \frac{1}{6} \left| \frac{x^2-6x+9}{x^2-9} \right| = \frac{1}{6} \left| \frac{x-3}{x+3} \right|.$$

$\forall \varepsilon > 0$，要从 $\left| \dfrac{x-3}{x^2-9} - \dfrac{1}{6} \right| = \dfrac{1}{6} \left| \dfrac{x-3}{x+3} \right| < \varepsilon$ 中解出 $|x-3|$，分母中的 x 给证明带来了困难，但注意到 x 的变化过程是 $x \to 3$，故考虑 x 无限接近 3 时，对应的函数值是否无限趋向于 $\dfrac{1}{6}$？因此可以只在 3 的邻近来讨论，例如限制 $|x-3| < 1$，这时 $2 < x < 3$，$3 < x < 4$，因而
$$\left| \frac{x-3}{x^2-9} - \frac{1}{6} \right| = \frac{1}{6} \left| \frac{x-3}{x+3} \right| < \frac{1}{6} \left| \frac{x-3}{2+3} \right| = \frac{1}{30} |x-3|.$$

如果 $\dfrac{1}{30} |x-3| < \varepsilon$，就能保证
$$\left| \frac{x-3}{x^2-9} - \frac{1}{6} \right| < \varepsilon.$$

而从 $\dfrac{1}{30} |x-3| < \varepsilon$ 可得到 $|x-3| < 30\varepsilon$.

对于任给的 $\varepsilon>0$，从上面推导可见，当 $0<|x-3|<1$, $0<|x-3|<30\varepsilon$ 同时满足时，可保证 $\left|\dfrac{x-3}{x^2-9}-\dfrac{1}{6}\right|<\varepsilon$. 因而取 δ 为 1 和 30ε 中较小者，记为 $\delta=\min(1, 30\varepsilon)$. 当 $0<|x-3|<\delta$ 时，必然有

$$\left|\frac{x-3}{x^2-9}-\frac{1}{6}\right|<\varepsilon,$$

所以
$$\lim_{x\to 3}\frac{x-3}{x^2-9}=\frac{1}{6}.$$

3. 函数的单侧极限

在上述函数极限的定义中，如果仅讨论自变量 x 从 x_0 的左侧（或右侧）接近 x_0，即 $x\to x_0$ 而又始终保持 $x<x_0$（或 $x>x_0$）的情形，这时如果 $f(x)$ 有极限，该极限称为 $f(x)$ 在点 x_0 的左极限（或右极限）.

定义 6 设函数 $f(x)$ 在 x_0 的左邻域有定义（但在 x_0 可以无定义），A 是常数．若 $\forall \varepsilon>0$, $\exists \delta>0$, 当 $0<x_0-x<\delta$ 时，有

$$|f(x)-A|<\varepsilon,$$

则 A 称为**函数 $f(x)$ 在点 x_0 的左极限**，记为

$$\lim_{x\to x_0-0}f(x)=A \text{ 或 } \lim_{x\to x_0^-}f(x)=A$$

或
$$f(x_0-0)=A.$$

定义 7 设函数 $f(x)$ 在 x_0 的右邻域有定义（但在 x_0 可以无定义），A 是常数，若 $\forall \varepsilon>0$, $\exists \delta>0$, 当 $0<x-x_0<\delta$ 时，有

$$|f(x)-A|<\varepsilon,$$

则 A 称为**函数 $f(x)$ 在点 x_0 的右极限**，记为

$$\lim_{x\to x_0+0}f(x)=A \text{ 或 } \lim_{x\to x_0^+}f(x)=A$$

或
$$f(x_0+0)=A.$$

左极限和右极限统称为函数的**单侧极限**．

定理 1 $\lim\limits_{x\to x_0}f(x)=A \Leftrightarrow f(x_0+0)=f(x_0-0)=A.$

证明 必要性（$\Rightarrow$）. 已知 $\lim\limits_{x\to x_0}f(x)=A$，由极限的定义知，$\forall \varepsilon>0$, $\exists \delta>0$, 当 $0<|x-x_0|<\delta$ 时，有

$$|f(x)-A|<\varepsilon.$$

由于不等式 $0<|x-x_0|<\delta$, 即 $0<x-x_0<\delta$ 和 $0<x_0-x<\delta$. 因而 $0<x-x_0<\delta$ 时，有

$$|f(x)-A|<\varepsilon,$$

即
$$\lim_{x\to x_0+0}f(x)=A.$$

同时 $0<x_0-x<\delta$ 时，也有

$$|f(x)-A|<\varepsilon,$$

即
$$\lim_{x\to x_0-0}f(x)=A.$$

因此
$$f(x_0+0)=f(x_0-0)=A.$$

充分性($\Leftarrow$). 因 $f(x_0-0)=A$,$\forall \varepsilon>0$,$\exists \delta_1>0$,当 $0<x_0-x<\delta_1$ 时,有
$$|f(x)-A|<\varepsilon.$$
又因为 $f(x_0+0)=A$,对同一个 $\varepsilon>0$,$\exists \delta_2>0$,当 $0<x-x_0<\delta_2$ 时,有
$$|f(x)-A|<\varepsilon.$$
因此在 $-\delta_1<x-x_0<\delta_2$ 且 $x\neq x_0$ 时,有
$$|f(x)-A|<\varepsilon$$
成立.

现取 $\delta=\min(\delta_1,\delta_2)$,当 $-\delta<x-x_0<\delta$ 且 $x\neq x_0$ 时,有
$$|f(x)-A|<\varepsilon.$$
因此
$$\lim_{x\to x_0}f(x)=A.$$

例 3 试证符号函数
$$f(x)=\mathrm{sgn}x=\begin{cases}-1, & x<0,\\ 0, & x=0,\\ 1, & x>0,\end{cases}$$
当 $x\to 0$ 时,极限不存在(如图 1.11 所示).

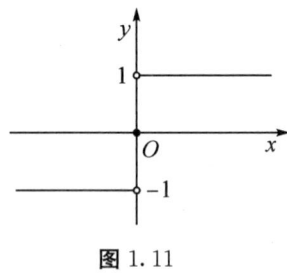

图 1.11

证明 因为 $x>0$ 时,$f(x)=1$,故当 $x>0$ 时,有
$$|f(x)-1|=|1-1|=0.$$
故对于 $\varepsilon>0$,可任取一正数 δ,当 $0<x<\delta$ 时,有
$$|f(x)-1|=|1-1|=0<\varepsilon.$$
因此 $f(0+0)=1$. 至于 $f(0-0)=-1$ 可完全类似地证明. 因
$$f(0-0)\neq f(0+0),$$
由定理知 $x\to 0$ 时,$f(x)$ 的极限不存在.

§1.3.2 收敛函数的性质

同收敛数列相仿,收敛函数具有类似的一些性质,这里仅就 $\lim\limits_{x\to x_0}f(x)$ 情形给出相应定理,对 $\lim\limits_{x\to\infty}f(x)$ 及单侧极限有相同结论.

定理 2(唯一性) 若极限 $\lim\limits_{x\to x_0}f(x)$ 存在,则它的极限值是唯一的.

证明 用反证法. 设 $\lim\limits_{x\to x_0}f(x)=a$,$\lim\limits_{x\to x_0}f(x)=b$,且 $a\neq b$. 由极限定义,$\forall \varepsilon>0$,$\exists \delta_1$

>0，当 $0<|x-x_0|<\delta_1$ 时，有 $|f(x)-a|<\dfrac{\varepsilon}{2}$；$\exists\delta_2>0$，当 $0<|x-x_0|<\delta_2$ 时，有 $|f(x)-b|<\dfrac{\varepsilon}{2}$.

取 $\delta=\min(\delta_1,\delta_2)$，当 $0<|x-x_0|<\delta$ 时，有
$$|f(x)-a|<\frac{\varepsilon}{2}, \quad |f(x)-b|<\frac{\varepsilon}{2}$$
同时成立.

于是，当 $0<|x-x_0|<\delta$ 时，有
$$\begin{aligned}|a-b|&=|a-f(x)+f(x)-b|\\&\leqslant|a-f(x)|+|f(x)-b|<\varepsilon,\end{aligned}$$
因为 ε 是任意小的正数，所以 $a=b$.

定理 3（局部有界性） 若 $\lim\limits_{x\to x_0}f(x)=a$，则 $\exists M>0$，$\exists\delta_0>0$，当 $0<|x-x_0|<\delta_0$ 时，有 $|f(x)|\leqslant M$.

证明 已知 $\lim\limits_{x\to x_0}f(x)=a$，即取 $\varepsilon_0>0$，$\exists\delta_0>0$，当 $0<|x-x_0|<\delta_0$ 时，有
$$|f(x)-a|\leqslant\varepsilon_0.$$
因 $\qquad\qquad |f(x)|-|a|\leqslant|f(x)-a|<\varepsilon_0,$
从而 $\qquad\qquad |f(x)|<|a|+\varepsilon_0.$

取 $M=|a|+\varepsilon_0$，于是 $\exists\delta_0>0$，当 $0<|x-x_0|<\delta_0$ 时，有
$$|f(x)|\leqslant M.$$

定理 4（保序性） 若 $\lim\limits_{x\to x_0}f(x)=a$，$\lim\limits_{x\to x_0}g(x)=b$，且 $a>b$，则 $\exists\delta>0$，当 $0<|x-x_0|<\delta$ 时，有 $f(x)>g(x)$.

证明 已知 $\lim\limits_{x\to x_0}f(x)=a$，$\lim\limits_{x\to x_0}g(x)=b$，取 $\varepsilon=\dfrac{a-b}{2}$，$\exists\delta_1>0$，当 $0<|x-x_0|<\delta_1$ 时，有
$$f(x)>a-\varepsilon=\frac{a+b}{2}.$$

$\exists\delta_2>0$，当 $0<|x-x_0|<\delta_2$ 时，有
$$g(x)<b+\varepsilon=\frac{a+b}{2}.$$

$\exists\delta=\min(\delta_1,\delta_2)$，当 $0<|x-x_0|<\delta$ 时，有
$$g(x)<\frac{a+b}{2}<f(x).$$

推论 1 若 $\lim\limits_{x\to x_0}f(x)=a$，且 $a>b$（或 $a<b$），则存在 $\delta>0$，当 $0<|x-x_0|<\delta$ 时，$f(x)>b$（或 $f(x)<b$）.

推论 2 若 $\lim\limits_{x\to x_0}f(x)=a$，$\lim\limits_{x\to x_0}g(x)=b$，且存在 $\delta>0$，使当 $0<|x-x_0|<\delta$ 时，$f(x)\geqslant g(x)$，则 $a\geqslant b$.

这两个推论请读者自己证明.

§1.3.3 收敛函数的运算法则

收敛函数也具有类似收敛数列的四则运算法则，这里仅就 $\lim\limits_{x\to x_0}f(x)$ 情形给出相应定理，它们的证明完全和数列极限的四则运算法则相仿，对 $\lim\limits_{x\to\infty}f(x)$ 及单侧极限有相同结论。

定理 5（四则运算法则） 设 $\lim\limits_{x\to x_0}f(x)=a,\lim\limits_{x\to x_0}g(x)=b$，则

(1) $\lim\limits_{x\to x_0}[f(x)\pm g(x)]=a\pm b$；

(2) $\lim\limits_{x\to x_0}f(x)\cdot g(x)=a\cdot b$；

(3) 当 $b\neq 0$ 时，$\lim\limits_{x\to x_0}\dfrac{f(x)}{g(x)}=\dfrac{a}{b}$。

证明 只证(2)。根据定理3，由 $\lim\limits_{x\to x_0}f(x)=a$，$\forall\varepsilon>0$，$\exists\delta_0>0,M_1>0$，当 $0<|x-x_0|<\delta_0$ 时，有 $|f(x)|\leqslant M_1$。再取
$$M=\max\{M_1,|b|\}>0.$$

由 $\lim\limits_{x\to x_0}f(x)=a$，存在 $\delta_1>0$，当 $0<|x-x_0|<\delta_1$ 时，有
$$|f(x)-a|<\frac{\varepsilon}{2M}.$$

又由 $\lim\limits_{x\to x_0}g(x)=b$，存在 $\delta_2>0$，当 $0<|x-x_0|<\delta_2$ 时，有
$$|g(x)-b|<\frac{\varepsilon}{2M}.$$

取 $\delta=\min(\delta_1,\delta_2,\delta_0)$，当 $0<|x-x_0|<\delta$ 时，有
$$|f(x)g(x)-ab|=|f(x)g(x)-f(x)b+f(x)b-ab|$$
$$\leqslant|f(x)||g(x)-b|+|b||f(x)-a|$$
$$<M\cdot\frac{\varepsilon}{2M}+M\cdot\frac{\varepsilon}{2M}=\varepsilon,$$

即
$$\lim\limits_{x\to x_0}f(x)g(x)=a\cdot b.$$

例 4 求 $\lim\limits_{x\to 2}\dfrac{x^2-1}{x^3+3x-1}$。

解
$$\lim_{x\to 2}\frac{x^2-1}{x^3+3x-1}=\frac{\lim\limits_{x\to 2}(x^2-1)}{\lim\limits_{x\to 2}(x^3+3x-1)}=\frac{\lim\limits_{x\to 2}x^2-\lim\limits_{x\to 2}1}{\lim\limits_{x\to 2}x^3+\lim\limits_{x\to 2}3x-\lim\limits_{x\to 2}1}$$
$$=\frac{(\lim\limits_{x\to 2}x)^2-\lim\limits_{x\to 2}1}{(\lim\limits_{x\to 2}x)^3+3\lim\limits_{x\to 2}x-\lim\limits_{x\to 2}1}=\frac{2^2-1}{2^3+3\cdot 2-1}=\frac{3}{13}.$$

从例4可以看到，对于有理整式函数（多项式）和有理分式函数（分母不为0），求 $x\to x_0$ 的极限值时，只要把自变量 x 的值 x_0 代入函数就可以了。

设多项式 $f(x)=a_0x^n+a_1x^{n-1}+\cdots+a_n$，则
$$\lim_{x\to x_0}f(x)=\lim_{x\to x_0}(a_0x^n+a_1x^{n-1}+\cdots+a_n)$$
$$=a_0(\lim_{x\to x_0}x)^n+a_1(\lim_{x\to x_0}x)^{n-1}+\cdots+\lim_{x\to x_0}a_n$$

$$= a_0 x_0^n + a_1 x_0^{n-1} + \cdots + a_n.$$

对于有理分式函数

$$f(x) = \frac{P(x)}{Q(x)},$$

式中，$P(x)$，$Q(x)$ 均为多项式，$Q(x_0) \neq 0$，则

$$\lim_{x \to x_0} f(x) = \lim_{x \to x_0} \frac{P(x)}{Q(x)} = \frac{\lim_{x \to x_0} P(x)}{\lim_{x \to x_0} Q(x)} = \frac{P(x_0)}{Q(x_0)} = f(x_0).$$

若 $Q(x_0) = 0$，上述结论不能用.

例 5 求 $\lim\limits_{x \to 2} \dfrac{2-x}{4-x^2}$.

解 本题分子、分母的极限均为 0，但它们有因子 $2-x$，当 $x \to 2$ 时，$x \neq 2$，$x - 2 \neq 0$，所以

$$\lim_{x \to 2} \frac{2-x}{4-x^2} = \lim_{x \to 2} \frac{2-x}{(2-x)(2+x)} = \lim_{x \to 2} \frac{1}{x+2} = \frac{1}{4}.$$

例 6 求极限 $\lim\limits_{x \to -1} \left(\dfrac{1}{x+1} - \dfrac{3}{x^3+1} \right)$.

解 当 $x \to -1$ 时，$\dfrac{1}{x+1}$，$\dfrac{3}{x^3+1}$ 的分母的极限都为 0，不能直接应用上面的定理 5. 但当 $x \neq -1$ 时，经过通分，化简得

$$\frac{1}{x+1} - \frac{3}{x^3+1} = \frac{x-2}{x^2-x+1}.$$

所以

$$\lim_{x \to -1} \left(\frac{1}{x+1} - \frac{3}{x^3+1} \right) = \lim_{x \to -1} \frac{x-2}{x^2-x+1} = -1.$$

例 7 求 $\lim\limits_{x \to \infty} \dfrac{3x^3 - 4x^2 + 2}{7x^3 + 5x^2 - 3}$.

解 分子、分母极限均不存在，用 x^3 除分子、分母，然后求极限，即

$$\lim_{x \to \infty} \frac{3x^3 - 4x^2 + 2}{7x^3 + 5x^2 - 3} = \lim_{x \to \infty} \frac{3 - \dfrac{4}{x} + \dfrac{2}{x^3}}{7 + \dfrac{5}{x} - \dfrac{3}{x^3}} = \frac{3}{7}.$$

有别于收敛数列极限运算法则，收敛函数的极限除了满足四则运算法则外，对于复合运算也存在类似运算法则. 这里仅就自变量趋于常数时的情形给出相应定理，对自变量趋于无穷及相应的单侧极限有相同结论.

定理 6（复合运算法则） 设 $\lim\limits_{x \to x_0} \varphi(x) = a$，$x_0$ 的某个去心邻域 $U^0(x_0, \delta)$ 包含于 $f(\varphi(x))$ 的定义域且当 $x \in U^0(x_0, \delta)$ 时，$\varphi(x) \neq a$，若 $\lim\limits_{u \to a} f(u) = A$，则有

$$\lim_{x \to x_0} f(\varphi(x)) = \lim_{u \to a} f(u) = A.$$

证明 因为 $\lim\limits_{u \to a} f(u) = A$，由函数极限定义，$\forall \varepsilon > 0$，$\exists \eta > 0$，当 $0 < |u - a| < \eta$ 时，有

$$|f(u) - A| < \varepsilon.$$

又 $\lim\limits_{x \to x_0} \varphi(x) = a$，故对上述 $\eta > 0$，$\exists \delta' > 0$，当 $0 < |x - x_0| < \delta'$ 时，有

$$|\varphi(x)-a|<\eta.$$

取 $\delta_1=\min\{\delta,\delta'\}$，则当 $0<|x-x_0|<\delta_1$ 时，有
$$|\varphi(x)-a|=|u-a|<\eta,$$
故
$$|f(\varphi(x))-A|=|f(u)-A|<\varepsilon.$$

几点说明如下：

(1) 若定理中 $\lim\limits_{x\to x_0}\varphi(x)=\infty$，则类似可得 $\lim\limits_{x\to x_0}f(\varphi(x))=\lim\limits_{u\to\infty}f(u)=A$；

(2) 函数极限的复合运算法则也称为**函数极限的换元法**，即如果 $\lim\limits_{u\to u_0}f(u)=A$，而 $\lim\limits_{x\to x_0}\varphi(x)=u_0$，令 $u=\varphi(x)$，则 $\lim\limits_{x\to x_0}f(\varphi(x))=\lim\limits_{u\to u_0}f(u)=A$.

对例 7，令 $u=\dfrac{1}{x}$，即 $x=\dfrac{1}{u}$，则

$$\lim_{x\to\infty}\frac{3x^3-4x^2+2}{7x^3+5x^2-3}=\lim_{u\to 0}\frac{3\dfrac{1}{u^3}-4\dfrac{1}{u^2}+2}{7\dfrac{1}{u^3}+5\dfrac{1}{u^2}-3}=\lim_{u\to 0}\frac{3-4u+2u^3}{7+5u-3u^3}=\frac{3}{7}.$$

§1.3.4 函数极限与数列极限的关系

数列极限是函数极限的特殊情形，函数极限在某种意义下可归结为数列极限，它们之间有着密切的关系，这个关系可由下面定理表示．

定理 7（海涅（Heine）定理） 设 $f(x)$ 在点 x_0 的某一去心邻域有定义，则 $\lim\limits_{x\to x_0}f(x)=A\Leftrightarrow$ 对任意数列 $\{x_n\}$，$x_n\neq x_0$，且 $\lim\limits_{n\to\infty}x_n=x_0$，有 $\lim\limits_{n\to\infty}f(x_n)=A$.

证明 必要性（$\Rightarrow$）．设 $\lim\limits_{x\to x_0}f(x)=A$，即 $\forall\varepsilon>0$，$\exists\delta>0$，当 $0<|x-x_0|<\delta$ 时，有
$$|f(x)-A|<\varepsilon.$$
对任意数列 $\{x_n\}$，$x_n\neq x_0$，且 $\lim\limits_{n\to\infty}x_n=x_0$，对上述的 $\delta>0$，$\exists N\in\mathbf{N}$，$\forall n>N$，有
$$0<|x_n-x_0|<\delta,$$
于是，$\forall n>N$，有 $|f(x_n)-A|<\varepsilon$，即
$$\lim_{n\to\infty}f(x_n)=A.$$

充分性（$\Leftarrow$）用反证法．即设任意数列 $\{x_n\}$，$x_n\neq x_0$，且 $\lim\limits_{n\to\infty}f(x_n)=A$，而 $\lim\limits_{x\to x_0}f(x)\neq A$，则根据函数极限的否定叙述，$\exists\varepsilon_0>0$，$\forall\delta>0$，$\exists x$，满足 $0<|x-x_0|<\delta$，有
$$|f(x)-A|\geqslant\varepsilon_0.$$
比如取 $\delta_1=1$，$\exists x_1$，满足 $0<|x_1-x_0|<1$，有
$$|f(x_1)-A|\geqslant\varepsilon_0,$$
$\delta_2=\dfrac{1}{2}$，$\exists x_2$，满足 $0<|x_2-x_0|<\dfrac{1}{2}$，有
$$|f(x_2)-A|\geqslant\varepsilon_0,$$
……

$\delta_n = \frac{1}{n}$,$\exists x_n$,满足 $0 < |x_n - x_0| < \frac{1}{n}$,有
$$|f(x_n) - A| \geq \varepsilon_0,$$
……

这样就造出了一个数列 $\{x_n\}$,$x_n \neq x_0$,因为 $\delta_n = \frac{1}{n} \to 0 (n \to \infty)$,故有 $\lim\limits_{n \to \infty} x_n = x_0$,而相应的数列 $\{f(x_n)\}$ 不收敛于 A,与假设矛盾. 于是,证明了所要的结论.

定理 7 对于 $x \to \infty$ 的极限过程也是正确的.

从上面对海涅定理的讨论可看出,根据必要性,函数 $f(x)$ 在 x_0 的极限可化为函数值数列的极限;而根据其充分性,能把数列极限的性质转到函数极限上来.

应用海涅定理可以很容易地判断函数在点 x_0 极限不存在的情况. 方法是求出两个收敛于 x_0 的数列 $\{x_n\}$,$\{x_n'\}$,如果数列 $\{f(x_n)\}$ 和 $\{f(x_n')\}$ 收敛于不同的极限,则函数 $f(x)$ 在 x_0 的极限不存在.

例 8 证明函数 $f(x) = \sin \frac{1}{x}$(如图 1.12 所示)当 $x \to 0$ 时极限不存在.

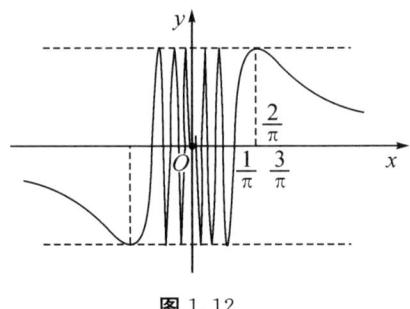

图 1.12

证明 取两个数列 $\left\{x_n = \frac{1}{2n\pi}\right\}$,$\left\{x_n' = \dfrac{1}{2n\pi - \dfrac{\pi}{2}}\right\}$,有
$$\lim_{n \to \infty} x_n = \lim_{n \to \infty} \frac{1}{2n\pi} = 0,$$
$$\lim_{n \to \infty} x_n' = \lim_{n \to \infty} \frac{1}{2n\pi - \dfrac{\pi}{2}} = 0,$$

且
$$f(x_n) = \sin \frac{1}{x_n} = \sin 2n\pi = 0 \quad (n = 1, 2, \cdots),$$
$$f(x_n') = \sin \frac{1}{x_n'} = \sin\left(2n\pi - \frac{\pi}{2}\right) = -1 \quad (n = 1, 2, \cdots).$$

从而
$$\lim_{n \to \infty} f(x_n) = 0, \quad \lim_{n \to \infty} f(x_n') = -1.$$

于是,函数 $f(x) = \sin \frac{1}{x}$ 当 $x \to 0$ 时极限不存在.

§1.3.5 函数收敛的判别准则

函数收敛的判别准则是数列收敛的判别准则的推广,这里只就 $x \to x_0$ 情形叙述函数极限存在的判别准则.

准则 I（夹逼定理） 若(1)函数 $f(x)$, $g(x)$, $h(x)$ 在点 x_0 的某去心邻域内满足条件
$$g(x) \leqslant f(x) \leqslant h(x),$$
(2) $\lim\limits_{x \to x_0} g(x) = A$, $\lim\limits_{x \to x_0} h(x) = A$, 则 $\lim\limits_{x \to x_0} f(x)$ 存在,且等于 A.

证明 同数列极限的准则 I,这里从略.

例 9 证明 $\lim\limits_{x \to 0} \dfrac{\sin x}{x} = 1$.

证明 首先注意到,函数 $\dfrac{\sin x}{x}$ 除 $x = 0$ 外,对于其他 x 的值都是有定义的.

又当 x 变符号时,函数值的符号不变,所以只需对于 x 由正值趋于零时(在第一象限)来讨论.

设 $\overset{\frown}{AP}$ 是以点 O 为圆心,半径为 1 的圆弧,过 A 作圆弧的切线与 OP 的延长线交于点 T. 设 $\angle NOP = x$(如图 1.13 所示),比较面积,显然有

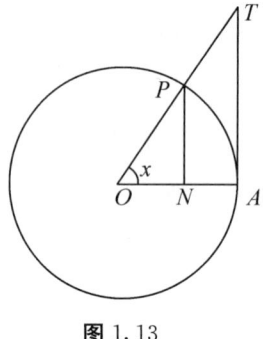

图 1.13

△OAP 的面积 < 扇形 OAP 的面积 < △OAT 的面积,
$$\frac{1}{2}\sin x < \frac{x}{2} < \frac{1}{2}\tan x.$$

因在 $0 < x < \dfrac{\pi}{2}$ 内 $\sin x > 0$,用 $\dfrac{1}{2}\sin x$ 除各项,不等式不变号,即
$$1 < \frac{x}{\sin x} < \frac{\tan x}{\sin x} = \frac{1}{\cos x},$$
或
$$1 > \frac{\sin x}{x} > \cos x.$$

从而 $0 < 1 - \dfrac{\sin x}{x} < 1 - \cos x = 2\sin^2 \dfrac{x}{2} \leqslant 2\left(\dfrac{x}{2}\right)^2 = \dfrac{1}{2}x^2$,利用夹逼定理,因 $x \to 0$ 时 $\dfrac{1}{2}x^2 \to 0$,所以中间各项也趋于零,故有

$$\lim_{x\to 0}\left(1-\frac{\sin x}{x}\right)=0,$$

即
$$\lim_{x\to 0}\frac{\sin x}{x}=1.$$

这是一个十分重要的结果,在理论推导和实际演算中都有很大用处.

例 10 求 $\lim\limits_{x\to 0}\dfrac{1-\cos x}{x^2}$.

解 $\lim\limits_{x\to 0}\dfrac{1-\cos x}{x^2}=\lim\limits_{x\to 0}\dfrac{2\sin^2\frac{x}{2}}{x^2}=\dfrac{1}{2}\lim\limits_{x\to 0}\dfrac{\sin^2\frac{x}{2}}{\left(\frac{x}{2}\right)^2}=\dfrac{1}{2}\lim\limits_{\frac{x}{2}\to 0}\left(\dfrac{\sin\frac{x}{2}}{\frac{x}{2}}\right)^2=\dfrac{1}{2}\cdot 1^2=\dfrac{1}{2}.$

例 11 证明 $\lim\limits_{x\to\infty}(1+\dfrac{1}{x})^x=\mathrm{e}$.

证明 在 §1.2.4 的例 9 中,已证 $\lim\limits_{n\to\infty}(1+\dfrac{1}{n})^n=\mathrm{e}$,当 x 连续地变化时,是否也趋向于 e 呢?

先讨论 $x\to+\infty$ 的情形.

对任意 $x>1$,总能找到两个相邻的自然数 n 和 $n+1$,使得 x 介于它们之间,即
$$n\leqslant x\leqslant n+1,$$

或
$$\frac{1}{n+1}\leqslant\frac{1}{x}\leqslant\frac{1}{n},$$

$$1+\frac{1}{n+1}\leqslant 1+\frac{1}{x}\leqslant 1+\frac{1}{n}.$$

上述不等式中每项皆大于 1,于是
$$\left(1+\frac{1}{n+1}\right)^n\leqslant\left(1+\frac{1}{x}\right)^x\leqslant\left(1+\frac{1}{n}\right)^{n+1}.$$

显然,当 $x\to+\infty$ 时,随之也有 $n\to\infty$.

当 $n\to\infty$ 时,不等式两端均趋于 e,即

$$\lim_{n\to\infty}\left(1+\frac{1}{n+1}\right)^n=\lim_{n\to\infty}\frac{\left(1+\frac{1}{n+1}\right)^{n+1}}{1+\frac{1}{n+1}}=\frac{\lim\limits_{n\to\infty}\left(1+\frac{1}{n+1}\right)^{n+1}}{\lim\limits_{n\to\infty}\left(1+\frac{1}{n+1}\right)}=\mathrm{e},$$

$$\lim_{n\to\infty}\left(1+\frac{1}{n}\right)^{n+1}=\lim_{n\to\infty}\left(1+\frac{1}{n}\right)^n\left(1+\frac{1}{n}\right)=\lim_{n\to\infty}\left(1+\frac{1}{n}\right)^n\lim_{n\to\infty}\left(1+\frac{1}{n}\right)=\mathrm{e}.$$

故当 $x\to+\infty$ 时(随之 n 也趋于无穷),夹在中间的变量 $(1+\dfrac{1}{x})^x$ 也要趋于 e,即

$$\lim_{x\to+\infty}\left(1+\frac{1}{x}\right)^x=\mathrm{e}.$$

再证 $\lim\limits_{x\to-\infty}(1+\dfrac{1}{x})^x=\mathrm{e}$.

令 $x=-(1+t)$,于是当 $x\to-\infty$ 时,有 $t\to+\infty$. 因此
$$\lim_{x\to-\infty}\left(1+\frac{1}{x}\right)^x=\lim_{t\to+\infty}\left(1-\frac{1}{1+t}\right)^{-(1+t)}$$

$$= \lim_{t \to +\infty} \left(\frac{t}{1+t}\right)^{-(1+t)}$$

$$= \lim_{t \to +\infty} \left(\frac{1+t}{t}\right)^{1+t}$$

$$= \lim_{t \to +\infty} \left(1+\frac{1}{t}\right)^{t} \cdot \left(1+\frac{1}{t}\right)$$

$$= e.$$

综合上面的结果，便有

$$\lim_{x \to \infty} \left(1+\frac{1}{x}\right)^{x} = e.$$

借助于代换 $z = \dfrac{1}{x}$，则 $x \to \infty$ 时，便有 $z \to 0$，于是上式又可改写为

$$\lim_{z \to 0}(1+z)^{\frac{1}{z}} = e.$$

例 12 求 $\lim\limits_{x \to \infty} \left(\dfrac{x}{1+x}\right)^{x}$.

解 $\left(\dfrac{x}{1+x}\right)^{x} = \dfrac{1}{\left(1+\dfrac{1}{x}\right)^{x}}$，故

$$\lim_{x \to \infty}\left(\frac{x}{1+x}\right)^{x} = \lim_{x \to \infty}\frac{1}{\left(1+\dfrac{1}{x}\right)^{x}} = \frac{1}{\lim\limits_{x \to \infty}\left(1+\dfrac{1}{x}\right)^{x}} = \frac{1}{e}.$$

例 13 求 $\lim\limits_{x \to \infty}\left(1+\dfrac{2}{x}\right)^{3x}$.

解 令 $z = \dfrac{2}{x}$，$x \to \infty$ 时，$z \to 0$，故

$$\lim_{x \to \infty}\left(1+\frac{2}{x}\right)^{3x} = \lim_{z \to 0}(1+z)^{\frac{6}{z}} = \lim_{z \to 0}\left[(1+z)^{\frac{1}{z}}\right]^{6} = \left[\lim_{z \to 0}(1+z)^{\frac{1}{z}}\right]^{6} = e^{6}.$$

习题 1-3

1. 关于第 1 题图的函数 $y = f(x)$，下列命题中哪些是对的？哪些是不对的？
(1) $\lim\limits_{x \to 0} f(x)$ 存在；　　(2) $\lim\limits_{x \to 0} f(x) = 0$；　　(3) $\lim\limits_{x \to 0} f(x) = 1$；
(4) $\lim\limits_{x \to 2} f(x) = 1$；　　(5) $\lim\limits_{x \to 1} f(x) = 0$；
(6) 在 $(-1, 1)$ 中每一点 x_0 处 $\lim\limits_{x \to x_0} f(x)$ 存在.

2. 关于第 2 题图的函数 $y = f(x)$，下列命题中哪些是对的？哪些是不对的？
(1) $\lim\limits_{x \to 2} f(x)$ 不存在；　　(2) $\lim\limits_{x \to 2} f(x) = 2$；　　(3) $\lim\limits_{x \to 1} f(x)$ 不存在；
(4) 在 $(-1, 1)$ 中每一点 x_0 处 $\lim\limits_{x \to x_0} f(x)$ 存在；
(5) 在 $(1, 3)$ 中每一点 x_0 处 $\lim\limits_{x \to x_0} f(x)$ 存在.

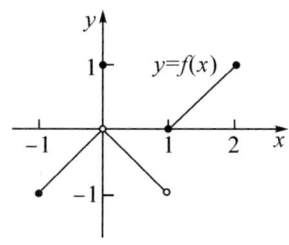
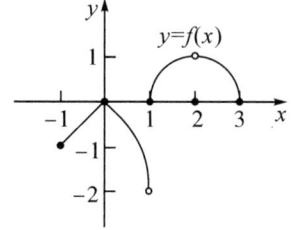

第 1 题图　　　　　　第 2 题图

3. 设 $f(x)=\begin{cases}3-x, & x<2,\\ \dfrac{x}{2}+1, & x>2,\end{cases}$ 如第 3 题图所示.

(1) 求 $\lim\limits_{x\to 2^+}f(x)$ 和 $\lim\limits_{x\to 2^-}f(x)$;

(2) $\lim\limits_{x\to 2}f(x)$ 存在吗？如果存在，极限值等于什么？如果不存在，为什么？

(3) 求 $\lim\limits_{x\to 4^-}f(x)$ 和 $\lim\limits_{x\to 4^+}f(x)$;

(4) $\lim\limits_{x\to 4}f(x)$ 存在吗？如果存在，极限值等于什么？如果不存在，为什么？

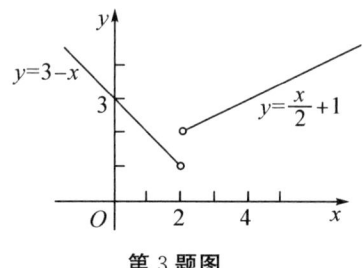

第 3 题图

4. 设 $f(x)=\begin{cases}0, & x\leqslant 0,\\ \sin\dfrac{1}{x}, & x>0.\end{cases}$

(1) $\lim\limits_{x\to 0^+}f(x)$ 存在吗？如果存在，极限值等于什么？如果不存在，为什么？

(2) $\lim\limits_{x\to 0^-}f(x)$ 存在吗？如果存在，极限值等于什么？如果不存在，为什么？

(3) $\lim\limits_{x\to 0}f(x)$ 存在吗？如果存在，极限值等于什么？如果不存在，为什么？

5. 以下解题方法对不对？为什么？如不对，应如何纠正？

(1) $\lim\limits_{x\to +\infty}\dfrac{2x^3+5x^2-1}{5x^3+x^2+2}=\dfrac{\infty}{\infty}=1$;

(2) $\lim\limits_{x\to\frac{\pi}{2}}(\tan^2 x-\sec^2 x)=\lim\limits_{x\to\frac{\pi}{2}}\tan^2 x-\lim\limits_{x\to\frac{\pi}{2}}\sec^2 x=\infty-\infty=0.$

6. 求极限.

(1) $\lim\limits_{x\to 0}\dfrac{x^2-1}{2x^2-x-1}$;

(2) $\lim\limits_{x\to 1}\dfrac{x}{1-x}$;

(3) $\lim\limits_{x\to\infty}\dfrac{x^3+x}{x^4-3x^2+1}$;

(4) $\lim\limits_{x\to\infty}\dfrac{\sin x}{x}$;

(5) $\lim\limits_{x \to 1} \dfrac{x^2 - 2x + 1}{x^3 - x}$;

(6) $\lim\limits_{x \to 0} \dfrac{(a+x)^3 - a^3}{x}$;

(7) $\lim\limits_{x \to 3} \dfrac{\sqrt{1+x} - 2}{x - 3}$;

(8) $\lim\limits_{x \to 4} \dfrac{\sqrt{1+2x} - 3}{\sqrt{x} - 2}$;

(9) $\lim\limits_{x \to 1} \dfrac{x^m - 1}{x^n - 1}$ (m, n 为自然数);

(10) $\lim\limits_{x \to 0} \dfrac{(1+x)(1+2x)(1+3x) - 1}{x}$;

(11) $\lim\limits_{x \to 1} \dfrac{x^{n+1} - (n+1)x + n}{(x-1)^2}$;

(12) $\lim\limits_{x \to -2} \left(\dfrac{1}{x+2} - \dfrac{12}{x^3 + 8} \right)$;

(13) $\lim\limits_{x \to \infty} \dfrac{a_0 x^m + a_1 x^{m-1} + a_2 x^{m-2} + \cdots + a_{m-1} x + a_m}{b_0 x^n + b_1 x^{n-1} + b_2 x^{n-2} + \cdots + b_{n-1} x + b_n}$ (m, n 为正整数, $a_0 \neq 0$, $b_0 \neq 0$);

(14) $\lim\limits_{x \to +\infty} \dfrac{2\sqrt{x} + x^{-1}}{3x - 7}$;

(15) $\lim\limits_{x \to +\infty} \dfrac{2 + \sqrt{x}}{2 - \sqrt{x}}$;

(16) $\lim\limits_{x \to -\infty} \dfrac{\sqrt[3]{x} - \sqrt[5]{x}}{\sqrt[3]{x} + \sqrt[5]{x}}$;

(17) $\lim\limits_{x \to \infty} \dfrac{x^{-1} + x^{-4}}{x^{-2} - x^{-3}}$;

(18) $\lim\limits_{x \to +\infty} \dfrac{2x^{\frac{5}{3}} - x^{\frac{1}{3}} + 7}{x^{\frac{8}{5}} + 3x + \sqrt{x}}$;

(19) $\lim\limits_{x \to -\infty} \dfrac{\sqrt[3]{x} - 5x + 3}{2x + x^{\frac{2}{3}} - 4}$.

7. 求极限.

(1) $\lim\limits_{x \to 0} \dfrac{\sin ax}{\sin bx}$ ($a \neq 0$, $b \neq 0$);

(2) $\lim\limits_{x \to 0} \dfrac{1 - \cos x}{x \sin x}$;

(3) $\lim\limits_{x \to \pi} \dfrac{\sin mx}{\sin nx}$ (m, n 为互素正整数);

(4) $\lim\limits_{x \to \infty} \left(1 + \dfrac{2}{x} \right)^x$;

(5) $\lim\limits_{x \to \infty} \left(\dfrac{x+a}{x-a} \right)^x$;

(6) $\lim\limits_{x \to \infty} \left(1 + \dfrac{1}{x} \right)^{5x}$.

8. 求下列函数的水平渐近线.

(1) $y = -\dfrac{x^2 - 4}{x + 1}$;

(2) $y = \dfrac{x^3 - x^2 + 1}{x^2 - 1}$;

(3) $y = 2\sin x + \dfrac{1}{x}$;

(4) $y = \dfrac{x}{1 + x^2}$;

(5) $y = e^{-(x-1)^2}$;

(6) $y = 1 + \dfrac{36x}{(x+3)^2}$.

§1.4 无穷小量与无穷大量

在微积分学发展史上,无穷小量具有举足轻重的地位,事实上,牛顿和莱布尼茨建立微积分的出发点就是直观的无穷小量,因此,微积分早期也称为**无穷小分析**.

1. 无穷小量

前面介绍了变量极限的概念,现在在这个基础上,着重讨论在理论上和应用上都比较重要的一类变量——无穷小量.

这里仅讨论函数情况, 数列情况类似.

定义 1 以零为极限的变量 α 称为**无穷小量**, 记作 $o(1)$.

例如, 如果 $\lim\limits_{x \to x_0}\alpha(x)=0$ (或 $\lim\limits_{x \to \infty}\alpha(x)=0$), 就称 $\alpha(x)$ 是当 $x \to x_0$ (或 $x \to \infty$)时的无穷小量.

例 1 单位圆内, 在中心角的绝对值无限变小的过程中, 它的正弦是一个无穷小量.

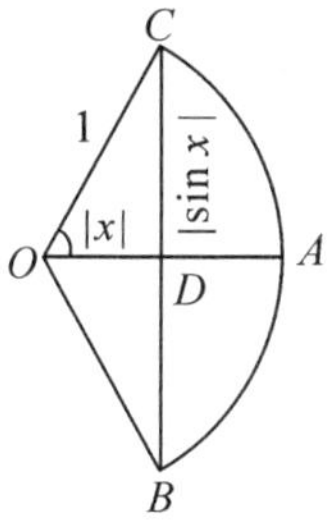

证明 作单位圆, 中心角为 x, 现要证在 $|x|$ 无限变小的过程中, $\sin x \to 0$. 从图 1.14 可看出
$$BD = CD = |\sin x|, \quad \overset{\frown}{AB} = \overset{\frown}{CA} = |x|.$$
直线段 BDC 比弧 BAC 短, 即
$$2|\sin x| < 2|x|, \quad |\sin x| < |x|.$$
因为这里的 $|x|$ 无限变小, 因此, 对于任意给定的正数 ε, 只要 x 变到 $|x| < \varepsilon$ 时, 以后就恒有
$$|\sin x| < |x| < \varepsilon,$$
即(在中心角的绝对值无限变小的过程中) $\sin x$ 是无穷小量.

图 1.14

2. 无穷大量

如果在 $x \to x_0$ (或 $x \to \infty$)时, 对应的函数 $f(x)$ 的绝对值无限地增大, 那么就说当 $x \to x_0$ (或 $x \to \infty$)时, $f(x)$ 是一个无穷大量. 尽管当 $x \to x_0$ (或 $x \to \infty$)时, 无穷大量 $f(x)$ 发散, 但与其他发散函数不同, 该函数的变化仍具有一定的规律.

定义 2 设 α 是一个变量, $\alpha \neq 0$. 若 $\dfrac{1}{\alpha}$ 是无穷小量, 则称 α 为一个无穷大量, 记作 $\alpha \to \infty$.

当 $x \to x_0$ (或 $x \to \infty$)时为无穷大量的函数 $f(x)$, 按通常的意义说, 极限是不存在的. 但为了便于叙述函数这一性态, 也说函数的极限是无穷大, 并记作 $\lim\limits_{x \to x_0}f(x) = \infty$. 等价地, 无穷大量 $f(x)$ 也可定义如下(以 $x \to x_0$ 为例): $\forall M > 0, \exists \delta > 0$, 使得当 $0 < |x - x_0| < \delta$ 时, $|f(x)| > M$. 将定义中的不等式 $|f(x)| > M$ 改为 $f(x) > M$ (或 $f(x) < -M$), 则函数 $f(x)$ 称为当 $x \to x_0$ (或 $x \to \infty$)时的**正无穷大量**(或**负无穷大量**), 记为
$$\lim\limits_{x \to x_0}f(x) = +\infty \, (\text{或} \lim\limits_{x \to \infty}f(x) = +\infty),$$
$$\lim\limits_{x \to x_0}f(x) = -\infty \, (\text{或} \lim\limits_{x \to \infty}f(x) = -\infty).$$

同无穷小量一样, 需要说明的是, 无穷大量不是数, 不能与很大的数(如 1000 万, 10000 万等)混淆.

例 2 按极限定义证明 $\lim\limits_{x \to 1}\dfrac{1}{x-1} = \infty$.

证明 对任给的正数 M, 存在正数 $\delta = \dfrac{1}{M}$, 对于适合 $0 < |x - 1| < \delta = \dfrac{1}{M}$ 的一切 x, 有
$$\left|\dfrac{1}{x-1}\right| > M.$$

这就证明了
$$\lim_{x\to 1}\frac{1}{x-1}=\infty.$$

利用自变量趋于有限值时函数是无穷大量,可以帮助我们寻找平面曲线的垂直渐近线.

例如,当 $x\to 1$ 时,函数 $y=\dfrac{1}{x-1}$ 为无穷大量,从函数 $y=\dfrac{1}{x-1}$ 的图形(如图 1.15 所示)可见,$x=1$ 是其垂直渐近线.

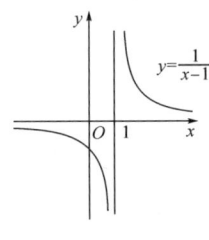

图 1.15

由渐近线的概念不难得知,对于函数 $y=f(x)$,如果 $\lim\limits_{x\to x_0^+}f(x)=\infty$ 或者 $\lim\limits_{x\to x_0^-}f(x)=\infty$,则直线 $x=x_0$ 为曲线 $y=f(x)$ 的**垂直渐近线**.

3. 无穷小量与无穷大量间的关系

由定义可知,无穷小量与无穷大量有如下关系.

定理 1 在同一变化过程中,(1) 如 $f(x)$ 为无穷大量,则 $\dfrac{1}{f(x)}$ 为无穷小量;(2) 如 $f(x)$ 为无穷小量,且在 x_0 某去心邻域 $f(x)\neq 0$,则 $\dfrac{1}{f(x)}$ 为无穷大量.

4. 函数极限的无穷小量表示

定理 2 $\lim\limits_{x\to x_0}f(x)=A \Leftrightarrow f(x)=A+o(1).$

证明 $\lim\limits_{x\to x_0}f(x)=A \Leftrightarrow \lim\limits_{x\to x_0}[f(x)-A]=0 \Leftrightarrow f(x)-A=o(1) \Leftrightarrow f(x)=A+o(1).$

同样可证 $x\to\infty$ 时的情形以及数列的情形.

5. 无穷小量的性质

根据变量极限性质和运算法则,不难证明下列无穷小量的性质.

定理 3 有限个无穷小量的代数和仍是无穷小量.

定理 4 有界变量与无穷小量的乘积仍是无穷小量.

推论 1 常量与无穷小量的乘积是无穷小量.

推论 2 有限个无穷小量的乘积是无穷小量.

定理 5 无穷小量除以极限存在且不为零的函数,所得的商是无穷小量.

几点说明如下:

(1) 无限个无穷小之和不一定是无穷小. 例如,由第 1 章 §1.2 中的例 8 知
$$\lim_{n\to\infty}\left(\frac{1}{\sqrt{n^2+1}}+\frac{1}{\sqrt{n^2+2}}+\cdots+\frac{1}{\sqrt{n^2+n}}\right)=1.$$

(2) 通常情况下,由两个收敛函数的乘积构成的函数方能保证是收敛函数. 而定理 4 表

明，当一个函数是无穷小量时，只需另一个函数为有界函数(不一定收敛)，它们的乘积构成的函数仍收敛(事实上是无穷小量). 例如，尽管 $\lim\limits_{x\to\infty}\sin x$ 不存在，但由于 $|\sin x|\leqslant 1$，而 $\lim\limits_{x\to\infty}\dfrac{1}{x}=0$，故 $\lim\limits_{x\to\infty}\dfrac{\sin x}{x}=0$.

6. 无穷小量的比较

无穷小量虽然都是趋于 0 的变量，但它们趋于 0 的快慢程度(或称速度)却不相同，所以与两个无穷小量的和、差、积仍是无穷小不同，两个无穷小量的商具有多种变化状态，无穷小量的商因此称为"$\dfrac{0}{0}$"型不定式. 这类比式的极限计算方法在下一章还要专门讨论，这里仅就比式极限的存在来对无穷小量作比较.

先看以下几个例子：

$$\lim_{x\to 0}\dfrac{x^3}{x^2}=\lim_{x\to 0}x=0,$$

$$\lim_{x\to 0}\dfrac{x}{x^2}=\lim_{x\to 0}\dfrac{1}{x}=\infty,$$

$$\lim_{x\to 0}\dfrac{\sin x}{x}=1,$$

$$\lim_{x\to 0}\dfrac{\sin 5x}{x}=\lim_{x\to 0}\dfrac{5\sin 5x}{5x}=5\lim_{x\to 0}\dfrac{\sin 5x}{5x}=5,$$

$$\lim_{x\to +\infty}\dfrac{\dfrac{1}{x+x^2}}{\dfrac{1}{x^2}}=1.$$

这些例子说明，两个无穷小量之比的极限有着不同的情况.

定义 3 设

$$\lim_{x\to x_0}\alpha(x)=0,\quad \lim_{x\to x_0}\beta(x)=0.$$

(1) 若 $\lim\limits_{x\to x_0}\dfrac{\beta(x)}{\alpha(x)}=0$，则称 $\beta(x)$ 是 $\alpha(x)$ 的**高阶无穷小量**，记为

$$\beta(x)=o(\alpha(x))(x\to x_0).$$

(2) 若 $\lim\limits_{x\to x_0}\dfrac{\beta(x)}{\alpha(x)}=c(c\neq 0)$，则称 $\beta(x)$ 和 $\alpha(x)$ 是**同阶无穷小量**.

记为

$$\beta(x)=O(\alpha(x))\ (x\to x_0).$$

(3) 若 $\lim\limits_{x\to x_0}\dfrac{\beta(x)}{\alpha(x)}=1$，则称 $\beta(x)$ 和 $\alpha(x)$ 是**等价无穷小量**，记为

$$\beta(x)\sim\alpha(x)(x\to x_0).$$

(4) 以 $\alpha(x)$ 作基本无穷小量，若 $\lim\limits_{x\to x_0}\dfrac{\beta(x)}{\alpha^k(x)}=c(c\neq 0,k>0)$，称 $\beta(x)$ 是关于 $\alpha(x)$ 的 k **阶无穷小量**. 定义中的 $x\to x_0$ 可换为 $x\to\infty$ 及任意单侧极限.

例如，(1) 因 $\lim\limits_{x\to 0}\dfrac{\tan ax}{ax}=\lim\limits_{x\to 0}\dfrac{\sin ax}{ax}\cdot\lim\limits_{x\to 0}\dfrac{1}{\cos ax}=1$，则 $\tan ax$ 与 ax 是等价无穷小量，即

$\tan ax \sim ax$.

说明无穷小量 $\tan ax$ 与 ax 趋于 0 的速度"基本相同".

(2) 因 $\lim\limits_{x \to 0} \dfrac{1 - \cos x}{x^2} = \lim\limits_{x \to 0} \dfrac{\sin^2 \dfrac{x}{2}}{2(\dfrac{x}{2})^2} = \dfrac{1}{2}$,则 $1 - \cos x$ 是关于 x 的二阶无穷小量.

(3) 因 $\lim\limits_{x \to 0} \dfrac{3x^4 - x^3 + x^2}{5x^2} = \lim\limits_{x \to 0} (\dfrac{3}{5} x^2 - \dfrac{1}{5} x + \dfrac{1}{5}) = \dfrac{1}{5}$,则 $3x^4 - x^3 + x^2$ 与 $5x^2$ 是同阶无穷小量,说明无穷小量 $3x^4 - x^3 + x^2$ 与 $5x^2$ 趋于 0 的速度"差不多".

下面介绍几个关于等价无穷小量的性质:

(1) 若 $\beta(x) = o(\alpha(x))$,则 $\alpha(x) \pm \beta(x) \sim \alpha(x)$.

这是因为
$$\lim_{x \to x_0} \frac{\alpha(x) \pm \beta(x)}{\alpha(x)} = \lim_{x \to x_0} \frac{\alpha(x)}{\alpha(x)} \pm \lim_{x \to x_0} \frac{\beta(x)}{\alpha(x)} = 1.$$

(2) $\beta(x) \sim \alpha(x) \Leftrightarrow \beta(x) = \alpha(x) + o(\alpha(x))$.

这是因为
$$\beta(x) \sim \alpha(x) \Leftrightarrow \lim_{x \to x_0} \frac{\beta(x)}{\alpha(x)} = 1$$
$$\Leftrightarrow \lim_{x \to x_0} \frac{\beta(x)}{\alpha(x)} - 1 = 0$$
$$\Leftrightarrow \lim_{x \to x_0} \frac{\beta(x) - \alpha(x)}{\alpha(x)} = 0$$
$$\Leftrightarrow \beta(x) - \alpha(x) = o(\alpha(x)),$$

即
$$\beta(x) = \alpha(x) + o(\alpha(x)).$$

(3) 设 $\alpha(x) \sim \alpha'(x)$,$\beta(x) \sim \beta'(x)$,且 $\lim\limits_{x \to x_0} \dfrac{\beta'(x)}{\alpha'(x)}$ 存在,则
$$\lim_{x \to x_0} \frac{\beta(x)}{\alpha(x)} = \lim_{x \to x_0} \frac{\beta'(x)}{\alpha'(x)}.$$

这是因为
$$\lim_{x \to x_0} \frac{\beta(x)}{\alpha(x)} = \lim_{x \to x_0} \left[\frac{\beta(x)}{\beta'(x)} \cdot \frac{\beta'(x)}{\alpha'(x)} \cdot \frac{\alpha'(x)}{\alpha(x)} \right]$$
$$= \lim_{x \to x_0} \frac{\beta(x)}{\beta'(x)} \cdot \lim_{x \to x_0} \frac{\beta'(x)}{\alpha'(x)} \cdot \lim_{x \to x_0} \frac{\alpha'(x)}{\alpha(x)}$$
$$= \lim_{x \to x_0} \frac{\beta'(x)}{\alpha'(x)}.$$

(4) 设 $\alpha(x) \sim \alpha'(x)$,$\beta(x)$ 为同一过程中的另一函数,且 $\lim\limits_{x \to x_0} \alpha(x) \cdot \beta(x) = a$,则 $\lim\limits_{x \to x_0} \alpha'(x) \cdot \beta(x) = a$.

这是因为 $\alpha'(x) \cdot \beta(x) = \dfrac{\alpha'(x)}{\alpha(x)} \alpha(x) \cdot \beta(x)$,则
$$\lim_{x \to x_0} \alpha'(x) \cdot \beta(x) = \lim_{x \to x_0} \frac{\alpha'(x)}{\alpha(x)} \cdot \lim_{x \to x_0} \alpha(x) \cdot \beta(x)$$

$$= \lim_{x \to x_0} \alpha(x) \cdot \beta(x) = a.$$

等价无穷小量的性质(3)和性质(4)也称为**无穷小等价替换性质**.

容易证明以下几个常用的等价无穷小：

当 $x \to 0$ 时，

$\sin x \sim x$,

$\arcsin x \sim x$,

$\tan x \sim x$,

$\arctan x \sim x$,

$1 - \cos x \sim \dfrac{1}{2}x^2$,

$\sqrt[n]{1+x} - 1 \sim \dfrac{1}{n}x$, $(1+x)^a - 1 \sim ax$,

$e^x - 1 \sim x$, $a^x - 1 \sim x \cdot \ln a$,

$\ln(1+x) \sim x$,

根据极限的换元法，上式中的 x 都可换成任一无穷小量. 例如，

$$e^{\sin x} - 1 \sim \sin x \sim x,$$

$$\ln(\cos x) \sim \ln(1 + \cos x - 1) \sim \cos x - 1 \sim -\frac{1}{2}x^2.$$

式中 x 还可换成数列. 例如，

$$e^{\frac{1}{n}} - 1 \sim \frac{1}{n}(n \to \infty),$$

$$\sin \frac{1}{n^2} \sim \frac{1}{n^2}(n \to \infty).$$

无穷小等价替换性质，有助于求函数的极限.

例 3 求 $\lim\limits_{x \to 0} \dfrac{\tan x - \sin x}{x^3}$.

解 因为当 $x \to 0$ 时，$1 - \cos x \sim \dfrac{1}{2}x^2$，所以，

$$\text{原式} = \lim_{x \to 0} \frac{\tan x (1 - \cos x)}{x^3} = \lim_{x \to 0} \frac{x \cdot \frac{1}{2}x^2}{x^3} = \frac{1}{2}.$$

例 4 求 $\lim\limits_{x \to 0} \dfrac{(1+x^2)^{\frac{1}{3}} - 1}{\cos x - 1}$.

解 因为当 $x \to 0$ 时，$(1+x^2)^{\frac{1}{3}} - 1 \sim \dfrac{1}{3}x^2$，$1 - \cos x \sim \dfrac{1}{2}x^2$，所以，

$$\text{原式} = \lim_{x \to 0} \frac{\frac{1}{3}x^2}{-\frac{1}{2}x^2} = -\frac{2}{3}.$$

习题 1-4

1. 当 $x \to 0^+$ 时，将下列无穷小量按阶数由低到高的顺序排列.

① $x+\sin x^2$ ② $\sqrt{x}-\sin x$ ③ $\dfrac{(x-1)x^{\frac{1}{4}}}{3+\sqrt{x}}$

④ $\ln(1+\sqrt[5]{x\sin x})$ ⑤ $x^2\sin\dfrac{1}{x}$

2. 当 $x\to 0^+$ 时，设下列无穷小量等价于 ax^b. 分别求 a,b 的值.

① $1-e^{\sqrt{x}}$ ② $\ln\dfrac{1+x}{1-\sqrt{x}}$ ③ $\sqrt{1+\sqrt{x}}-1$

④ $1-\cos\sqrt{x}$ ⑤ $\sqrt{x+2\sqrt{x}}$ ⑥ $x\sin x+2x^{\frac{7}{3}}\sin\dfrac{1}{x}$

3. 利用等价无穷小求极限.

① $\lim\limits_{x\to 0}\dfrac{1-\cos\dfrac{x}{2}}{x\sin x}$ ② $\lim\limits_{x\to 0}\dfrac{\sqrt[n]{1+x}-1}{\arctan x}$

③ $\lim\limits_{x\to 0^+}\dfrac{1-\sqrt{\cos x}}{x(1-\cos\sqrt{x})}$ ④ $\lim\limits_{x\to\frac{\pi}{2}}\dfrac{\cos x}{\pi-2x}$

⑤ $\lim\limits_{x\to 0}\dfrac{e^{2x^2}-1}{\ln(\cos 2x)}$ ⑥ $\lim\limits_{x\to 0}\dfrac{(2^x-1)\ln(2-\cos x+\sin x)}{(2x+1)\cdot(\sqrt[3]{1+x\sin x}-1)}$

4. 若 $\lim\limits_{x\to\infty}\left(\dfrac{x^2+1}{x+1}-ax-b\right)=0$，求 a,b 的值.

5. 设 $f(x)=\dfrac{ax^2-2}{x^2+1}+3bx+5$，当 $x\to\infty$ 时，问 a,b 取何值时 $f(x)$ 为无穷大量？a,b 取何值时 $f(x)$ 为无穷小量？

6. 证明：当 $x\to x_0$ 时，若 $f(x)$ 为无穷小量，$g(x)$ 为有界量，则 $f(x)g(x)$ 为无穷小量.

7. 求下列曲线的垂直渐近线.

(1) $y=-\dfrac{x^2-4}{x+1}$； (2) $y=\dfrac{x^3-x^2+1}{x^2-1}$；

(3) $y=2\sin x+\dfrac{1}{x}$； (4) $y=\dfrac{x}{1+x^2}$；

(5) $y=e^{-(x-1)^2}$； (6) $y=1+\dfrac{36x}{(x+3)^2}$.

§1.5 函数的连续性

自然界中连续变化的现象是很多的，如空气或水的流动、气温的变化、植物的生长等. 这种现象反映到数学的函数关系上，就是函数的连续性.

§1.5.1 函数的连续性

实际应用中遇到的函数常有这样一个特点：当自变量的改变非常小时，相应的函数值的改变也非常小. 如气温作为时间的函数，就有这种性质.

为了用数学式表达函数的上述特性,先介绍增量(改变量)的概念.

1. 函数的增量(改变量)

在函数 $y=f(x)$ 的定义域中,设自变量 x 由 x_0 变到 x_1,相应的函数值由 $f(x_0)$ 变到 $f(x_1)$. 差 $\Delta x=x_1-x_0$ 叫做 x 的增量(改变量),相应的 $\Delta y=f(x_1)-f(x_0)$ 叫做**函数 $y=f(x)$ 的增量**,如图 1.16 所示.

注意:Δx,Δy 是完整的记号,它们可正、可负,也可为 0.

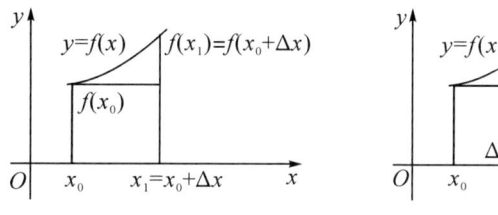

图 1.16

2. 函数连续的定义

定义 1 设函数 $f(x)$ 在点 x_0 及其邻域有定义,如果当自变量的增量趋于 0 时,相应的函数的增量也趋向于 0,则称**函数 $y=f(x)$ 在点 x_0 是连续的**.

此即
$$\lim_{\Delta x\to 0}\Delta y=0,$$

或
$$\lim_{\Delta x\to 0}[f(x_0+\Delta x)-f(x_0)]=0,$$

亦即
$$\lim_{\Delta x\to 0}f(x_0+\Delta x)=f(x_0). \tag{1.4}$$

如用 x 记 $x_0+\Delta x$,则当 $\Delta x\to 0$ 时,$x\to x_0$. 于是
$$\lim_{x\to x_0}f(x)=f(x_0).$$

故定义又可叙述如下:

定义 2 设函数 $y=f(x)$ 在 x_0 及其邻域有定义,且满足
$$\lim_{x\to x_0}f(x)=f(x_0), \tag{1.5}$$

则称函数 $y=f(x)$ 在点 x_0 **连续**.

用 $\varepsilon-\delta$ 语言,可将函数在一点连续的定义叙述如下:

定义 3 若 $\forall \varepsilon>0$,$\exists \delta>0$,当 $|x-x_0|<\delta$ 时,有
$$|f(x)-f(x_0)|<\varepsilon,$$

则称函数 $f(x)$ 在点 x_0 **连续**.

由公式(1.5)可知,$f(x)$ 在点 x_0 连续需满足三个条件:

① $f(x)$ 在点 x_0 有确定的函数值 $f(x_0)$;

② 当 $x\to x_0$ 时,$f(x)$ 有确定的极限值;

③ 这个极限值就等于 $f(x_0)$.

这三个条件提供了判断 $f(x)$ 在点 x_0 是否连续的具体方法.

公式(1.5)表明求连续函数的极限的一个重要法则:若已知函数在点 x_0 连续,则求函数当 $x\to x_0$ 时的极限时,只要把 x 用 x_0 代入,求它的函数值即可. 在 §1.3.3 中,求有理整式和有理分式的极限时,就是这样做的.

如果函数 $f(x)$ 在开区间 (a,b) 内每一点都连续,则称函数 $f(x)$ 在区间 (a,b) 内是**连**

续函数；如果函数 $f(x)$ 在 (a,b) 内连续，同时在 a 点右连续（即 $\lim\limits_{x \to a+0} f(x) = f(a)$），在 b 点左连续（即 $\lim\limits_{x \to b-0} f(x) = f(b)$），则称 $f(x)$ 在闭区间 $[a,b]$ 上连续.

同理可定义 $f(x)$ 在某半开区间上的连续性.

从几何上看，$f(x)$ 的连续性表示，当 x 轴上两点间距离充分小时，函数图形上的对应点的纵坐标之差也很小，这说明连续函数的图形是一条无间隙的连续曲线.

例 1 $f(x) = \tan x$ 在 $x = \dfrac{\pi}{2}$ 处是否连续？

解 因 $\lim\limits_{x \to \frac{\pi}{2}} \tan x = \infty$，即 $\lim\limits_{x \to \frac{\pi}{2}} \tan x$ 不存在，因此 $f(x)$ 在 $x = \dfrac{\pi}{2}$ 处不连续.

例 2 $f(x) = |x| = \begin{cases} x, & x \geq 0, \\ -x, & x < 0, \end{cases}$ 在 $x = 0$ 处是否连续？

解 因 $\lim\limits_{x \to 0+0} f(x) = \lim\limits_{x \to 0+0} x = 0$，且
$$\lim\limits_{x \to 0-0} f(x) = \lim\limits_{x \to 0-0} (-x) = 0,$$
故
$$\lim\limits_{x \to 0} f(x) = \lim\limits_{x \to 0} |x| = 0,$$
又
$$f(0) = 0,$$
所以 $y = |x|$ 在 $x = 0$ 处连续.

§1.5.2 函数的间断点

事物发展有渐变和突变，函数值也如此，即除了有连续变化外，还有间断情形.

如导线中电流通常是连续变化的，但当电流增加到一定的程度时会烧断保险丝，电流就突然变为 0，这时连续性被破坏而出现间断现象.

定义 4 设 $y = f(x)$ 在 x_0 的某去心邻域内有定义. 如果函数 $y = f(x)$ 在点 x_0 不连续，则称点 x_0 是函数 $f(x)$ 的**间断点**.

依据 $f(x)$ 在间断点 $x = x_0$ 处的收敛情况，间断点分为以下两类.

定义 5 设 x_0 是函数 $f(x)$ 的间断点，若 $f(x)$ 在 x_0 的左、右极限 $f(x_0 - 0)$、$f(x_0 + 0)$ 均存在，则称 x_0 是函数 $f(x)$ 的**第一类间断点**. 其中，如果
$$f(x_0 - 0) \neq f(x_0 + 0),$$
则称 x_0 是函数 $f(x)$ 的**跳跃间断点**，而若
$$f(x_0 - 0) = f(x_0 + 0),$$
则称 x_0 是函数 $f(x)$ 的**可去间断点**.

例 3 讨论 $f(x) = \begin{cases} \dfrac{x}{|x|}, & x \neq 0, \\ 0, & x = 0 \end{cases}$ 在 $x = 0$ 处的连续性.

解 $\lim\limits_{x \to 0-0} f(x) = -1$，$\lim\limits_{x \to 0+0} f(x) = 1$，左极限和右极限都存在，但不相等，$x = 0$ 是 $f(x)$ 的跳跃间断点（如图 1.17 所示）.

若 x_0 是 $f(x)$ 的可去间断点，则改变点 x_0 的函数值或适当定义在点 x_0 的函数值，可使函数 $f(x)$ 在点 x_0 连续，这就是"可去"的含义.

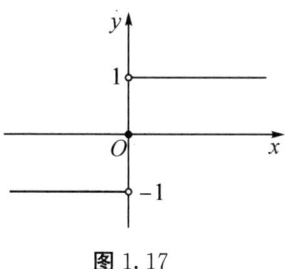

图 1.17

例 4 讨论 $f(x)=\begin{cases} x, & x\neq 1, \\ \dfrac{1}{2}, & x=1 \end{cases}$ 在 $x=1$ 处的连续性.

解 $f(1)=\dfrac{1}{2}$,且 $\lim\limits_{x\to 1}f(x)=1$,但 $\lim\limits_{x\to 1}f(x)\neq f(1)$,故 $x=1$ 是 $f(x)$ 的可去间断点(如图 1.18 所示).

例 5 讨论 $f(x)=\dfrac{x^2-1}{x-1}$ 在 $x=1$ 处的连续性.

解 $\lim\limits_{x\to 1}\dfrac{x^2-1}{x-1}=\lim\limits_{x\to 1}(x+1)=2$,但 $f(x)$ 在 $x=1$ 处无意义,故在 $x=1$ 处 $f(x)$ 不连续. 若补充定义

$$g(x)=\begin{cases} \dfrac{x^2-1}{x-1}, & x\neq 1, \\ 2, & x=1, \end{cases}$$

则 $g(x)$ 在 $x=1$ 处连续. $x=1$ 是 $f(x)$ 的可去间断点(如图 1.19 所示).

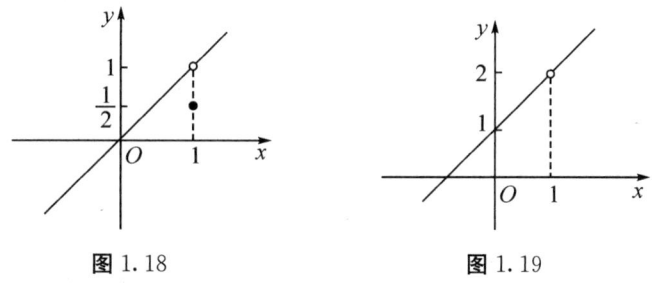

图 1.18   图 1.19

定义 6 若 $f(x)$ 在 x_0 的左、右极限至少有一个不存在,即 $f(x_0-0)$ 或 $f(x_0+0)$ 有一个不存在,则称 x_0 为 $f(x)$ 的**第二类间断点**. 其中,如果 x_0 为 $f(x)$ 的间断点,而 $f(x_0-0)$ 或 $f(x_0+0)$ 有一个为无穷大量,则称 x_0 为 $f(x)$ 的**无穷间断点**.

例 6 讨论 $f(x)=\begin{cases} \sin\dfrac{1}{x}, & x\neq 0, \\ 0, & x=0 \end{cases}$ 在 $x=0$ 处的连续性.

解 函数在 $x=0$ 点的左、右极限不存在,所以 $x=0$ 是 $f(x)$ 的第二类间断点(如图 1.20 所示).

例 7 讨论 $f(x)=\begin{cases} \dfrac{1}{x}, & x\neq 0, \\ 0, & x=0 \end{cases}$ 在 $x=0$ 处的连续性.

解 函数在 $x=0$ 点的左、右极限不存在,所以 $x=0$ 是 $f(x)$ 的无穷间断点(如图 1.21 所示).

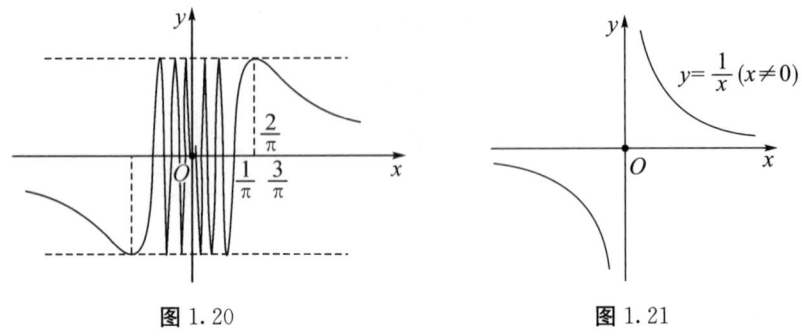

图 1.20　　　　　　图 1.21

§1.5.3 初等函数的连续性

由于初等函数是由基本初等函数经有限次加、减、乘、除运算及有限次函数复合而成的,因而只需讨论基本初等函数的连续性,以及经上述运算后得出的函数的连续性. 又由于三角函数对应的反三角函数、指数函数与对数函数互为反函数,因此还需证明反函数的连续性.

定理 1(连续函数的四则运算) 设函数 $f(x)$ 及 $g(x)$ 在同一区间上连续,则它们的和、差、积、商(分母不为 0)在此区间上也连续.

下面证"和"的情形,其他同理.

证明 因 $f(x),g(x)$ 在 $x=x_0$ 连续,故有
$$\lim_{x\to x_0}f(x)=f(x_0),\quad \lim_{x\to x_0}g(x)=g(x_0).$$
根据极限运算法则,有
$$\lim_{x\to x_0}[f(x)+g(x)]=\lim_{x\to x_0}f(x)+\lim_{x\to x_0}g(x)=f(x_0)+g(x_0).$$
由 §1.3.3"收敛函数的运算法则"及函数连续定义可以得出以下定理.

定理 2(连续函数的复合函数运算) 设 x_0 的某个去心邻域 $U^0(x_0,\delta)$ 包含于 $f(\varphi(x))$ 的定义域,如果当 $x\to x_0$ 时,函数 $z=\varphi(x)$ 有极限,且 $\lim\limits_{x\to x_0}\varphi(x)=z_0$,而函数 $y=f(z)$ 在点 z_0 连续,则复合函数 $y=f(\varphi(x))$ 当 $x\to x_0$ 也有极限,且 $\lim\limits_{x\to x_0}f(\varphi(x))=\lim\limits_{z\to z_0}f(z)=f(z_0).$

推论:连续函数的复合函数也是连续函数.

这一推论说明,如果 $z=\varphi(x)$ 在点 x_0 连续,且 $z_0=\varphi(x_0)$,而函数 $y=f(z)$ 在点 z_0 连续,则复合函数 $y=f(\varphi(x))$ 在点 x_0 也连续.

几点说明如下:

① 定理 2 中,把 $\lim\limits_{x\to x_0}\varphi(x)=z_0$ 换成 $\lim\limits_{x\to\infty}\varphi(x)=z_0$,可得类似结论;

② 定理 2 中,由于 $\lim\limits_{x\to x_0}\varphi(x)=z_0$,故 $\lim\limits_{x\to x_0}f(\varphi(x))=f(z_0)$ 也可以写成 $\lim\limits_{x\to x_0}f(\varphi(x))=$

$f(\lim_{x \to x_0} \varphi(x))$,也即在定理 2 条件下,求复合函数 $f(\varphi(x))$ 的极限时,函数符号 f 与极限符号 $\lim_{x \to x_0}$ 可以**交换次序**,具体应用见本节后面的例 8.

定理 3(连续函数的反函数运算) 严格单调增加(或严格单调减少)的连续函数的反函数也是严格单调增加(或严格单调减少)的连续函数.

* **证明** 设 $y=f(x)$ 在 $[a,b]$ 是严格单调增加的连续函数,并设 $f(a)=c$,$f(b)=d$,由 §1.1.3 的定理 1,$y=f(x)$ 的反函数 $x=f^{-1}(y)$ 存在且严格单调增加.

(1)反函数 $x=f^{-1}(y)$ 的定义域是 $[c,d]$,即函数 $f(x)$ 的值域是 $[c,d]$.

设 y 是 $[c,d]$ 中任意一点,如果 $y=c$ 或 d,则相应有 $f(a)=c$ 或 $f(b)=d$,即是说 c 和 d 在 $f(x)$ 的值域中. 如果 $c<y<d$,由 §1.5.4 定理 9(介值性)知,在 (a,b) 中必存在一点 x_0,满足 $f(x_0)=y_0$,这表明 (c,d) 内的任何 y 也在 $f(x)$ 的值域中,即反函数的定义域是 $[c,d]$.

(2)证明 $f^{-1}(y)$ 在 $[c,d]$ 连续,即证明 $f^{-1}(y)$ 在任一点 $y_0 \in [c,d]$ 连续.

按定义也就是要证明 $\forall \varepsilon > 0$,$\exists \delta > 0$,当 $|y-y_0| < \delta$ 时,有
$$|f^{-1}(y) - f^{-1}(y_0)| < \varepsilon.$$

记 $f^{-1}(y_0) = x_0$,$f^{-1}(y) = x$,则 $f(x_0) = y_0$,$f(x) = y$,要证明的不等式
$$|f^{-1}(y) - f^{-1}(y_0)| < \varepsilon$$

化为
$$|x - x_0| < \varepsilon,$$

即
$$x_0 - \varepsilon < x < x_0 + \varepsilon.$$

由于 $f^{-1}(y)$ 是严格单调增加的,为使这个不等式成立,只要
$$f(x_0 - \varepsilon) < f(x) < f(x_0 + \varepsilon)$$

即可(如图 1.22 所示),也即
$$f(x_0 - \varepsilon) - f(x_0) < f(x) - f(x_0) < f(x_0 + \varepsilon) - f(x_0).$$

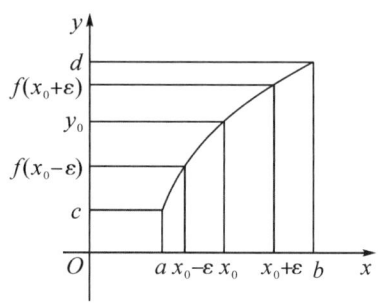

图 1.22

因此,只要取 $\delta = \min\{f(x_0 + \varepsilon) - f(x_0), f(x_0) - f(x_0 - \varepsilon)\}$,于是当 $|y - y_0| < \delta$ 时,就有
$$|f^{-1}(y) - f^{-1}(y_0)| < \varepsilon$$

成立,即 $f^{-1}(y)$ 在点 y_0 连续.

在端点 c 处只要证明右连续,在端点 d 处只要证明左连续,证明与上面类似.

现在讨论基本初等函数的连续性.

(i) 三角函数 $y=\sin x$ 在 $(-\infty,+\infty)$ 内连续，事实上，由公式

$$\sin(x+\Delta x)-\sin x=2\sin\frac{\Delta x}{2}\cos(x+\frac{\Delta x}{2}),$$

因为
$$\left|\cos(x+\frac{\Delta x}{2})\right|\leqslant 1,$$

推得
$$|\sin(x+\Delta x)-\sin x|\leqslant 2\left|\sin\frac{\Delta x}{2}\right|.$$

而对于任意角度 α，有 $|\sin\alpha|\leqslant|\alpha|$，所以

$$|\sin(x+\Delta x)-\sin x|<|\Delta x|.$$

因此，当 $\Delta x\to 0$ 时，$|\sin(x+\Delta x)-\sin x|\to 0$. 这就证明了 $\sin x$ 对任何 x 值是连续的.

$y=\cos x$ 可以看作是两个连续函数 $y=\sin z,z=x+\frac{\pi}{2}$ 的复合函数，所以 $y=\cos x$ 在 $(-\infty,+\infty)$ 上也是连续的.

因 $\tan x=\frac{\sin x}{\cos x},\cot x=\frac{\cos x}{\sin x}$，它们的分子分母都连续，故它们分别在其分母不为零的点 (即它们的定义域上) 连续.

(ii) 反三角函数在其定义域上都符合反函数连续性的条件，故它们在各自的定义域上连续.

(iii) 指数函数 $y=a^x(a>0,a\neq 1)$ 在 $(-\infty,+\infty)$ 连续.

只就 $a>1$ 的情形证明. 当 $0<a<1$ 时，令 $b=\frac{1}{a}>1$，$a^x=\frac{1}{b^x}$ 就化作底大于 1 的情形了.

(1) 先证明 a^x 在点 0 的连续性.

设 $0<x<\frac{1}{n}$，$n\in\mathbf{N}$. 因为 $a>1$，所以

$$0<a^x-1<a^{\frac{1}{n}}-1.$$

由 §1.2.1 的例 4 知，$\lim\limits_{n\to\infty}a^{\frac{1}{n}}=1$，根据夹逼定理 (§1.3.5 准则 I)，有

$$\lim_{x\to 0+0}a^x=1,$$

即 $y=a^x$ 在点 0 右连续.

下面再证明 $y=a^x$ 在点 0 左连续. 设 $x=-y$，$y>0$，则 $a^x=\frac{1}{a^y}$，有

$$\lim_{x\to 0-0}a^x=\lim_{y\to 0+0}a^{-y}=\lim_{y\to 0+0}\frac{1}{a^y}=1,$$

即 $y=a^x$ 在点 0 左连续，于是

$$\lim_{x\to 0}a^x=1.$$

(2) 再证明 $y=a^x(a>1)$ 在任一点 x_0 连续.

因为
$$|a^x-a^{x_0}|=a^{x_0}|a^{x-x_0}-1|,$$

由 a^x 在点 0 的连续性，有

$$\lim_{x \to x_0} a^{x-x_0} = 1,$$

即 $y = a^x (a > 1)$ 在 $(-\infty, +\infty)$ 连续.

(iv) 对数函数是指数函数的反函数,指数函数是严格单调函数,在其定义域上符合反函数连续性定理的条件. 故对数函数在其定义域上是连续的.

(v) 幂函数 $y = x^\mu$ 在定义域 $(0, \infty)$ 连续.

$$x^\mu = e^{\mu \ln x} \quad (x > 0).$$

令 $u = \mu \cdot \ln x$.

由 (iv),$u = \mu \ln x$ 在 $(0, \infty)$ 连续. 当 x 在 $(0, \infty)$ 取值时,$u = \mu \ln x$ 的值域为 $(-\infty, \infty)$,令

$$y = e^u.$$

由 (iii),$y = e^u$ 在 $(-\infty, \infty)$ 连续,故由复合函数连续性定理,复合函数

$$y = e^{\mu \ln x}$$

在 $(0, \infty)$ 连续,即 $y = x^\mu$ 在 $(0, \infty)$ 连续.

综合以上讨论可得下面的定理.

定理 4 基本初等函数在其定义域上是连续的.

由基本初等函数的连续性、连续函数四则运算和复合函数的连续性,可得下面的定理.

定理 5 一切初等函数在其定义域所包含的区间内都是连续的.

例 8 求 $\lim\limits_{x \to 0} \dfrac{\log_a(1+x)}{x}$.

解 原式 $= \lim\limits_{x \to 0} \log_a (1+x)^{\frac{1}{x}}$.

因为 $\lim\limits_{x \to 0}(1+x)^{\frac{1}{x}} = e$,而 $y = \log_a u$ 在 $(0, +\infty)$ 内连续,因此由定理 2,可得

$$\lim_{x \to 0} \frac{\log_a(1+x)}{x} = \lim_{x \to 0} \log_a(1+x)^{\frac{1}{x}} = \log_a \left[\lim_{x \to 0}(1+x)^{\frac{1}{x}}\right] = \log_a e = \frac{1}{\ln a}.$$

§1.5.4 在闭区间上连续函数的性质

在闭区间上连续的函数有如下重要的性质.

定理 6(有界性) 若函数 $f(x)$ 在闭区间 $[a, b]$ 上连续,则它在 $[a, b]$ 上有界.

*证明 设 $f(x)$ 在闭区间 $[a, b]$ 上无界,即对任一自然数 n,在 $[a, b]$ 上至少存在一点 x_n,使

$$|f(x_n)| > n.$$

取 $n = 1, 2, 3, \cdots$ 得到一点列 $\{x_n\}$,$x_n \in [a, b]$,且 $|f(x_n)| > n$,亦即

$$\lim_{n \to \infty} f(x_n) = \infty.$$

由致密性定理(§1.2.5 定理 10)知,在有界数列 $\{x_n\}$ 中能选出一个收敛的子列 $\{x_{n_k}\}$,使 $\lim\limits_{k \to \infty} x_{n_k} = C$,$C \in [a, b]$.

根据 §1.2.5 定理 7 和已得的 $\lim\limits_{n \to \infty} f(x_n) = \infty$,对于 x_{n_k},亦有 $\lim\limits_{k \to \infty} f(x_{n_k}) = \infty$.

但由条件知函数 $f(x)$ 在 $[a, b]$ 上连续,故在点 C 处有

$$\lim_{x \to C} f(x) = f(C).$$

现在 $\lim\limits_{k \to \infty} x_{n_k} = C$,根据海涅定理,有

$$\lim_{k \to \infty} f(x_{n_k}) = \lim_{x \to C} f(x) = f(C).$$

这一结论与前面得到的 $\lim\limits_{k \to \infty} f(x_{n_k}) = \infty$ 矛盾. 即 $f(x)$ 在 $[a,b]$ 上无界的假设与已给条件矛盾,这样就证明了定理.

一般来说,开区间(或半开区间)上的连续函数不一定有界. 例如 $f(x) = \dfrac{1}{x}$ 在 $(0,1]$ 连续,对充分靠近 0 的点,$\dfrac{1}{x}$ 的值可任意大. 故 $f(x) = \dfrac{1}{x}$ 在 $(0,1]$ 无界.

定理 7(最值性) 若函数 $f(x)$ 在闭区间 $[a,b]$ 上连续,则在 $[a,b]$ 上 $f(x)$ 必可取到最大值和最小值.

即 $\exists \xi_1, \xi_2 \in [a,b]$,对 $x \in [a,b]$ 有

$$f(\xi_1) \leqslant f(x) \leqslant f(\xi_2),$$

这里 $f(\xi_1)$ 就是 $f(x)$ 在 $[a,b]$ 上的最小值,$f(\xi_2)$ 就是 $f(x)$ 在 $[a,b]$ 上的最大值(如图 1.23(a) 和图 1.23(b) 所示).

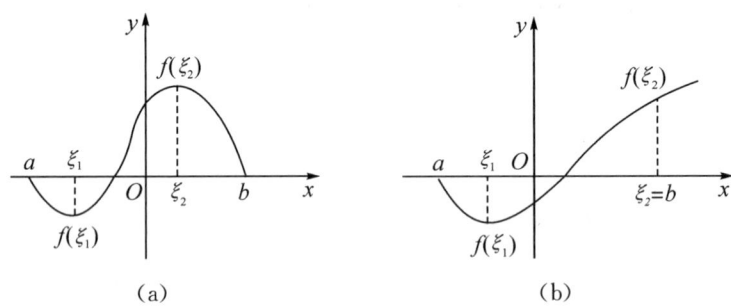

图 1.23

证明 $f(x)$ 取到最大值的情形.

证明 由定理 6 知,在闭区间连续的函数 $f(x)$,其函数值的全体 $\{f(x)\}$ 组成一个有界数集,因而它有上确界,记为 $M = \sup\{f(x)\}$. 现只需证明对 $\xi \in [a,b]$,有 $f(\xi) = M$.

用反证法. 设对任意 $x \in [a,b]$,有 $f(x) < M$,作函数

$$\varphi(x) = \frac{1}{M - f(x)}.$$

由于 $M - f(x) \neq 0$,故 $\varphi(x)$ 在 $[a,b]$ 连续,因而也是有界的,根据定理 6,存在 $\mu > 0$,对于 $x \in [a,b]$,有

$$\frac{1}{M - f(x)} < \mu,$$

或

$$f(x) < M - \frac{1}{\mu}.$$

这与 M 是 $\{f(x)\}$ 的最小上界矛盾,于是存在 $\xi \in [a,b]$,使 $f(\xi) = M$.

同理可证 $f(x)$ 取最小值的情形.

(1)在开区间连续的函数不一定有此性质.

如函数 $f(x)=x$ 在开区间 $(0,1)$ 就取不到最大值和最小值.

(2)若函数在闭区间上具有间断点,也不一定有此性质.

例如,函数
$$f(x)=\begin{cases} -x+1, & 0\leqslant x<1, \\ 1, & x=1, \\ -x+3, & 1<x\leqslant 2. \end{cases}$$

在闭区间 $[0,2]$ 上有间断点 $x=1$,它取不到最大值和最小值(如图 1.24 所示).

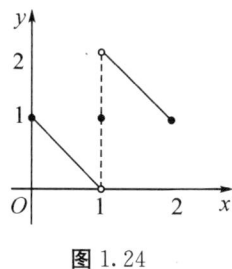

图 1.24

定理 8(零点定理) 若函数 $f(x)$ 在闭区间 $[a,b]$ 上连续,且 $f(a)$ 和 $f(b)$ 异号,则在 (a,b) 内至少存在一点 ξ,使
$$f(\xi)=0.$$

*__证明__ 为确定起见,设 $f(a)<0$,$f(b)>0$. 用点 $\dfrac{a+b}{2}$ 将 $[a,b]$ 二等分,若 $f\left(\dfrac{a+b}{2}\right)=0$,定理已得证;若不然,两个部分区间中必有一个区间,在两端点处函数值异号,设此区间为 $[a_1,b_1]$,且也有 $f(a_1)<0$,$f(b_1)>0$. 再用点 $\dfrac{a_1+b_1}{2}$ 分 $[a_1,b_1]$,若 $f\left(\dfrac{a_1+b_1}{2}\right)=0$,定理已得证;若不然,又从两个部分区间中取出两端点处函数值异号的区间 $[a_2,b_2]$,如此继续下去,有两种可能:

(1)进行若干次后,在某分点处函数值为零,则定理得证.

(2)分点处函数值不为零,此时函数在两端点处异号,于是得到一个区间列 $\{[a_n,b_n]\}$,满足

① $[a,b] \supset [a_1,b_1] \supset \cdots \supset [a_n,b_n] \supset \cdots$,且
$$f(a_n)<0, \quad f(b_n)>0.$$

② $\lim\limits_{n\to\infty}(b_n-a_n)=\dfrac{b-a}{2^n}=0.$

根据 §1.2.5 定理 9(区间套定理),存在唯一数 ξ 属于所有的闭区间,且
$$\lim_{n\to\infty}a_n=\lim_{n\to\infty}b_n=\xi.$$

因为 $f(x)$ 在 $[a,b]$ 连续,因此在 $x=\xi$ 处亦连续,由 §1.2.2 定理 3,得到
$$f(\xi)=\lim_{n\to\infty}f(a_n)\leqslant 0 \text{ 和 } f(\xi)=\lim_{n\to\infty}f(b_n)\geqslant 0,$$
即
$$f(\xi)=0.$$

注意: 定理结论中的点 ξ 不一定是唯一的.

定理 8 的几何意义是：在闭区间 $[a,b]$ 上定义的连续曲线 $y=f(x)$ 在两个端点 a 和 b 的图象分别在 x 轴的两侧，则此连续曲线至少与 x 轴有一个交点，交点的横坐标即 ξ（如图 1.25 所示）.

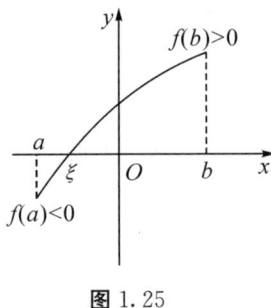

图 1.25

这说明，若函数 $f(x)$ 在 $[a,b]$ 上连续，且 $f(a)$ 和 $f(b)$ 异号，则方程 $f(x)=0$ 在 (a,b) 内至少有一个根.

例 9 估计方程 $x^3-6x+2=0$ 的根的位置.

解 设 $P(x)=x^3-6x+2$，$P(x)$ 在 $(-\infty,+\infty)$ 连续，且
$$P(-3)=-7<0, P(-2)=6>0, P(-1)=7>0, P(0)=2>0,$$
$$P(1)=-3<0, P(2)=-2<0, P(3)=11>0.$$

根据定理 8（零点定理），方程在 $(-3,-2)$，$(0,1)$，$(2,3)$ 内各至少有一个根. 再因该方程为三次方程，只有三个根，因此知在区间 $(-3,-2)$，$(0,1)$，$(2,3)$ 内，各有方程 $x^3-6x+2=0$ 的一个根.

定理 9（介值性） 若函数 $f(x)$ 在闭区间 $[a,b]$ 上连续，M 与 m 分别是 $f(x)$ 在 $[a,b]$ 上的最大值和最小值，c 是 M,m 间任意数（即 $m\leqslant c\leqslant M$），则在 $[a,b]$ 上至少存在一点 ξ（如图 1.26 所示），使
$$f(\xi)=c.$$

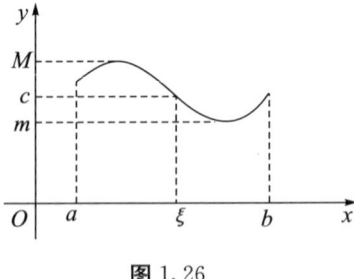

图 1.26

证明 如果 $m=M$，则函数 $f(x)$ 在 $[a,b]$ 上是常数，定理显然成立. 如果 $m<M$，根据定理 7 在闭区间 $[a,b]$ 上必存在两点 x_1 和 x_2，使 $f(x_1)=M$，$f(x_2)=m$，不妨设 $x_1<x_2$.

作函数 $\varphi(x)=f(x)-c$，$\varphi(x)$ 在 $[a,b]$ 连续，且
$$\varphi(x_1)=f(x_1)-c>0, \varphi(x_2)=f(x_2)-c<0.$$

由定理 8，在区间 (x_1,x_2) 内至少存在一点 ξ，使

$$\varphi(\xi) = f(\xi) - c = 0,$$
即
$$f(\xi) = c.$$

习题 1-5

1. 在第 1 题图(1)~(4)中,说明在[-1,3]上图示的函数是否是连续的,如果不是,何处不连续以及为什么?

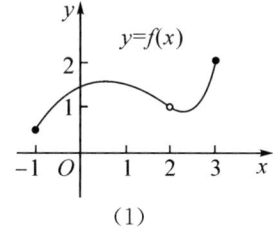
(1)

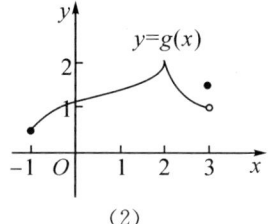
(2)

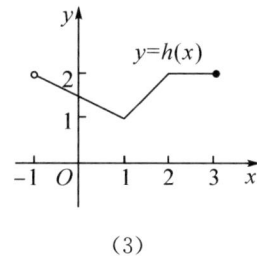
(3)

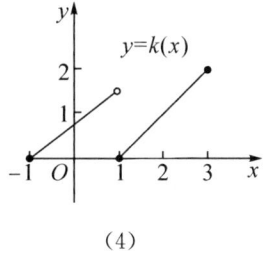
(4)

第 1 题图

2. 已知函数(见第 2 题图)

$$f(x) = \begin{cases} x^2 - 1, & -1 \leqslant x < 0, \\ 2x, & 0 < x < 1, \\ 1, & x = 1, \\ -2x + 4, & 1 < x < 2, \\ 0, & 2 < x < 3. \end{cases}$$

试回答下面(1)~(13)问题.

(1) $f(-1)$ 是否存在?   (2) $\lim\limits_{x \to -1^+} f(x)$ 是否存在?

(3) 是否 $\lim\limits_{x \to -1^+} f(x) = f(-1)$?   (4) $f(x)$ 是否在 $x = -1$ 处连续?

(5) $f(1)$ 是否存在?   (6) $\lim\limits_{x \to 1} f(x)$ 是否存在?

(7) 是否 $\lim\limits_{x \to 1} f(x) = f(1)$?   (8) $f(x)$ 是否在 $x = 1$ 处连续?

(9) $f(x)$ 在 $x = 2$ 有定义吗?   (10) $f(x)$ 在 $x = 2$ 连续吗?

(11) 在什么点处 $f(x)$ 是连续的?

(12) 什么值应指定给 $f(2)$ 才能使得延拓后的函数在 $x = 2$ 连续?

(13) $f(1)$ 取什么新值就能消去间断?

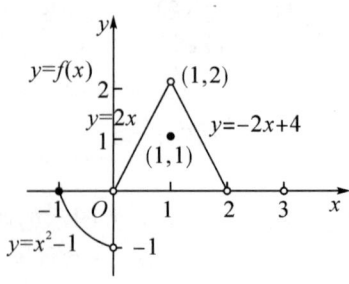

第 2 题图

3. 若 $f_1(x)=\begin{cases}\left|\dfrac{\sin x}{x}\right|, & x\neq 0,\\ 1, & x=0,\end{cases}$ $f_2(x)=\begin{cases}\dfrac{\sin x}{|x|}, & x\neq 0,\\ 1, & x=0,\end{cases}$ 问 $f_1(x),f_2(x)$ 在 $x=0$ 是否连续?

4. $f(x)=\begin{cases}\mathrm{e}^x, & 0\leqslant x\leqslant 1,\\ a+x, & 1<x\leqslant 2,\end{cases}$ 式中 a 为何值时函数连续?

5. 求下列函数的间断点,并指出间断点的类别.

(1) $f(x)=\dfrac{1}{x^2-3x+2}$;

(2) $f(x)=\dfrac{\sin x}{x^2-1}$;

(3) $f(x)=\dfrac{x}{\sin x}$;

(4) $f(x)=\dfrac{1}{1-\mathrm{e}^{\frac{x}{1-x}}}$;

(5) $f(x)=\dfrac{x-1}{|x-1|}$;

(6) $f(x)=\dfrac{\tan x}{1+x^2}$;

(7) $f(x)=\lim\limits_{n\to\infty}\dfrac{nx}{nx^2+1}$ $(-1\leqslant x\leqslant 1)$;

(8) $f(x)=\begin{cases}0, & x<0,\\ x, & 0\leqslant x<1,\\ -x^2+4x-2, & 1\leqslant x<3,\\ 4x, & x\geqslant 3;\end{cases}$

(9) $f(x)=\dfrac{\dfrac{1}{x}-\dfrac{1}{x+1}}{\dfrac{1}{x-1}-\dfrac{1}{x}}$.

6. 证明:若函数 $f(x)$ 在区间 (a,b) 内连续,又 $a<x_1<x_2<\cdots<x_n<b$,则必有 $\xi\in[x_1,x_n]$,使得 $f(\xi)=\dfrac{f(x_1)+f(x_2)+\cdots+f(x_n)}{n}$.

7. 若 $\lim\limits_{x\to x_0}u(x)=a>0$, $\lim\limits_{x\to x_0}v(x)=b$,证明 $\lim\limits_{x\to x_0}[u(x)]^{v(x)}=a^b$.

8. 求极限.

(1) $\lim\limits_{x\to 16}\dfrac{\sqrt[4]{x}-2}{\sqrt{x}-4}$;

(2) $\lim\limits_{x\to 0}\dfrac{\cos x-\cos x^2}{x^2}$;

(3) $\lim\limits_{x\to 0}\dfrac{\ln(1+x)}{x}$;

(4) $\lim\limits_{x\to+\infty}x[\ln(x+1)-\ln x]$;

(5) $\lim\limits_{x\to 0}\dfrac{a^x-1}{x}$; (6) $\lim\limits_{x\to b}\dfrac{x^n-b^n}{x-b}$;

(7) $\lim\limits_{x\to 0}(\sec^2 x)^{\cot^2 x}$; (8) $\lim\limits_{a\to 0}\dfrac{\sin a^n}{(\sin a)^m}\,(n,m\in\mathbf{R}^+)$;

(9) $\lim\limits_{x\to -\infty}x(\sqrt{1+x^2}-x)$; (10) $\lim\limits_{x\to +\infty}x(\sqrt{1+x^2}-x)$.

9. 当 $x=0$ 时，下列函数无定义，试定义 $f(0)$ 的值，使 $f(x)$ 在 $x=0$ 连续.

(1) $f(x)=\dfrac{1-\cos x}{x^2}$; (2) $f(x)=\dfrac{\ln(a+x)-\ln a}{x}\,(a>0)$;

(3) $f(x)=\sin x\cos\dfrac{1}{x}$; (4) $f(x)=\dfrac{2\arcsin x}{3x}$.

10. 设 $f(x)$ 在 $[a,b]$ 上连续，且 $f(a)<a$，$f(b)>b$，试证：在 (a,b) 内至少有一点 C，使得 $f(C)=C$.

11. 试证：方程 $x=a\sin x+b\,(a>0,b>0)$ 至少有一个不超过 $a+b$ 的正根.

总复习题一

◀ A 组

1. 求函数 $y=\dfrac{\arcsin\dfrac{2x-1}{7}}{\sqrt{|x|-1}}$ 的定义域.

2. 设 $f\left(\sin\dfrac{x}{2}\right)=1+\cos x$，求 $f(x)$.

3. 设 $f(x)=\ln x$，$g(x)$ 的反函数 $g^{-1}(x)=\dfrac{2(x+1)}{x-1}$，求 $f(g(x))$.

4. 判断下列函数的奇偶性.

(1) $y=[x]$； (2) $y=(x)$； (3) $y=x\sin|x|$； (4) $y=\mathrm{sgn}\,x$；

(5) $y=\ln(x+\sqrt{x^2+1})$； (6) $y=\ln(\sqrt{x^2+1}-x)$.

5. 判断下列函数的周期性；若是周期函数，求其（最小正）周期.

(1) $y=[x]$； (2) $y=(x)$； (3) $y=\mathrm{sgn}\,x$；

(4) $y=\sin^2 x$； (5) $y=|\cos 2x|$； (6) $y=\sin|2x|$.

6. 设 $f(x)=\dfrac{x}{\sqrt{1+x^2}}$，求 $f_3(x)=f(f(f(x)))$，并讨论其奇偶性和有界性.

7. 设 $f(x)$ 为定义在 $(-\infty,+\infty)$ 上的任意函数，证明 $f(x)$ 可表示为一个偶函数与一个奇函数之和.

8. 把一块半径为 R、中心角为 φ 的扇形圆铁片做成一个漏斗，求该漏斗的容积.

9. 设 $f(x)=\begin{cases}e^{\frac{1}{x}}+a, & x<0 \\ \dfrac{\sqrt{1-\cos x}}{x}, & x>0\end{cases}$. 且 $\lim\limits_{x\to 0}f(x)$ 存在，求 a.

10. 设 $\lim\limits_{x\to 2}\dfrac{x^2-mx+8}{x^2-(2+n)x+2n}=\dfrac{1}{5}$，求常数 m,n.

11. 求下列函数的间断点，并判别间断点的类型.

(1) $f(x) = \dfrac{1}{\ln|x|}$;

(2) $f(x) = \begin{cases} e^{\frac{1}{x-1}}, & x > 0 \\ \ln(1+x), & -1 < x \leqslant 0 \\ 0, & x \leqslant -1 \end{cases}$;

(3) $f(x) = \dfrac{\dfrac{1}{x} - \dfrac{1}{x-1}}{\dfrac{1}{x+1} - \dfrac{1}{x}}$.

12. 证明 $x^4 - 2x - 4 = 0$ 的区间 $(-2, 2)$ 内至少有两个实根.

13. 设 $f(x+1) + f(x) = 0$,且当 $0 \leqslant x \leqslant 1$ 时 $f(x) = 2x(1-x)$. 求 $f(x)$.

14. 设 $\forall x \in (-1, 0)$ 都有 $|x-a| - |x+2| < |x| + 3$. 求常数 a 的取值范围.

15. 设 $a > 1$,若 $f(x) = a^x + x - 4$ 的零点 m,$g(x) = \log_a x + x - 4$ 的零点为 n. 求乘积 mn 的最大值.

16. 设 $[x]$,(x) 分别表示 x 的整数部分和小数部分. 求 $\dfrac{[\sqrt{3} - \sqrt{5}]}{(\sqrt{5}) - (\sqrt{3})}$.

17. 求正数 δ,满足当 $x \in U(1, \delta)$ 时 $\left|\dfrac{x^2+1}{x+1} - 1\right| < \dfrac{1}{10}$.

18. 用数学归纳法证明伯努利不等式:$(1+a)^n \geqslant 1 + na(a > -1)$.

19. 求下列数列极限.

(1) $\lim\limits_{n\to\infty} \sqrt{2n}(\sqrt{2n+1} - \sqrt{2n-1})$;

(2) $\lim\limits_{n\to\infty} \dfrac{3 \times 7^{n+1} - 6^{n-1}}{5 \times 7^n + 4 \times (-5)^n}$

(3) $\lim\limits_{n\to\infty} \sqrt[n]{100n^2 + 1}$;

(4) $\lim\limits_{n\to\infty} \left(1 + \dfrac{1}{2} + \cdots + \dfrac{1}{n}\right)^{\frac{1}{n}}$

(5) $\lim\limits_{n\to\infty} \sqrt[n]{3^n + 4^n + 5^n}$;

(6) $\lim\limits_{n\to\infty} \sum\limits_{k=1}^{n} \dfrac{k}{n^2 + k}$

(7) $\lim\limits_{n\to\infty} \sum\limits_{k=1}^{n} \dfrac{1}{\sqrt{n^2 + k}}$;

(8) $\lim\limits_{n\to\infty} \left(\dfrac{1}{n^2-1} - \dfrac{2}{n^2-2} - \dfrac{3}{n^2-3} - \cdots - \dfrac{n}{n^2-n}\right)$.

20. 求下列函数极限.

(1) $\lim\limits_{x\to 0} \dfrac{\sqrt{x+2} + e^x}{x^5 + \cos x + 1}$;

(2) $\lim\limits_{x\to 1} \dfrac{x^3 - 1}{x^2 - 1}$

(3) $\lim\limits_{x\to 3} \dfrac{\sqrt{x+1} - 2}{x - 3}$;

(4) $\lim\limits_{x\to -\infty} (\sqrt{x^2 + x} - \sqrt{x^2 - x + 1})$

(5) $\lim\limits_{x\to 0} \dfrac{2x - 3\sin x}{3x + 2\sin x}$;

(6) $\lim\limits_{x\to\infty} \left(\dfrac{3x-1}{3x+1}\right)^x$

(7) $\lim\limits_{x\to -\infty} \left(\dfrac{3x-1}{x+1}\right)^x$;

(8) $\lim\limits_{t\to +\infty} \left(1 - \dfrac{1}{t}\right)^{\sqrt{t}}$

(9) $\lim\limits_{x\to 1} (1-x) \tan \dfrac{\pi x}{2}$;

(10) $\lim\limits_{x\to 0} (1 - 2x + 3x^2)^{\frac{4}{x}}$.

(11) $\lim\limits_{x\to 0^+} \dfrac{x}{a}\left[\dfrac{b}{x}\right](a > 0, b > 0)$

21. 求下列函数极限.

(1) $\lim\limits_{x\to 0}\dfrac{\sqrt[3]{2-\cos x}-1}{x\sin x}$;

(2) $\lim\limits_{x\to 0}\dfrac{(1+\sin x)^{\tan x}-1}{\ln(\cos x)}$;

(3) $\lim\limits_{x\to 0}\dfrac{\ln(1+x^2)x^2\sin\dfrac{1}{x}}{\arctan x(e^{x^2}-1)}$.

22. 求下列函数的间断点及其类型.

(1) $f(x)=(1-e^{\frac{x}{1-x}})^{-1}$;

(2) $f(x)=\dfrac{|x|}{x(x-1)}$;

(3) $f(x)=\dfrac{x}{|x(x-1)|}$;

◀ **B 组**

1. 设 a,b 是两个实数. 若 $\forall \epsilon>0,|a-b|<\epsilon$. 证明 $a=b$.

2. 证明: 当 $x>0$ 时, $a-x<x\left[\dfrac{a}{x}\right]\leqslant a$; 当 $x<0$ 时, $a\leqslant x\left[\dfrac{a}{x}\right]<a-x$.

3. 求下列函数在定义域内的反函数:

(1) $y=\ln(x+\sqrt{x^2+1})$;

(2) $y=\tan 2x$, $x\in\left(-\dfrac{\pi}{2},-\dfrac{\pi}{4}\right)\cup\left(-\dfrac{\pi}{4},\dfrac{\pi}{4}\right)\cup\left(\dfrac{\pi}{4},\dfrac{\pi}{2}\right)$;

(3) $y=4\sin 3x$, $x\in(0,\pi)$.

4. 设 $f(x)=\begin{cases}1,&x\neq 0\\0,&x=0\end{cases}$, $g(x)=\begin{cases}1,&x\neq 1\\0,&x=1\end{cases}$. 求 $f(f(x))$, $f(g(x))$, $g(f(x))$, $g(g(x))$.

5. 设 $f(x)$ 在 $(0,+\infty)$ 严格单调减少, 对任意正数 λ,μ 满足 $\lambda+\mu=1$, 证明: $f(x)<\lambda f(\lambda x)+\mu f(\mu x)$.

6. 证明: 对任意实数 a,b,c. $|a-b|\leqslant|a-c|+|c-b|$.

7. 证明: $f(x)=\dfrac{x}{x^2+1}$ 是有界函数; $g(x)=x\sin x$ 是无界函数, 但不是无穷大量 (当 $x\to+\infty$ 时).

8. 设数列 $\{x_n\}$, $\{y_n\}$ 满足 $x_1=1$, $y_1=2$, $x_{n+1}=\sqrt{x_ny_n}$, $y_{n+1}=\dfrac{x_n+y_n}{2}$. 证明: $\{x_n\}$, $\{y_n\}$ 的极限存在且相等.

9. 利用极限定义证明:

(1) $\lim\limits_{n\to\infty}(\sqrt{n+1}-\sqrt{n})=0$;

(2) $\lim\limits_{x\to 1}\dfrac{x^2-1}{2x-2}=1$.

10. 证明: $\lim\limits_{n\to\infty}(a_1^n+a_2^n+\cdots+a_k^n)^{\frac{1}{n}}=\max\{a_1,a_2,\cdots,a_k\}$ (所有 $a_i\geqslant 0$).

11. 证明下列数列 $\{x_n\}$ 收敛, 并求极限 $\lim\limits_{n\to\infty}x_n$.

(1) $x_1=\sqrt{a}>0$, $x_{n+1}=\sqrt{a+x_n}$;

(2) $x_1=a>0$, $A>0$, $x_{n+1}=\dfrac{1}{2}\left(x_n+\dfrac{A}{x_n}\right)$;

(3) $x_n=\dfrac{(n+1)!}{(2n+1)!!}$, 此处 $(2n+1)!!=1\times 3\times\cdots\times(2n+1)$;

(4) $0<x_1<3$, $x_{n+1}=\sqrt{x_n(3-x_n)}$;

(5) $x_1=a>1$, $x_{n+1}=\dfrac{a(1+x_n)}{a+x_n}$;

(6) $x_n>0$, $x_n+\dfrac{4}{x_{n+1}^2}<3$;

(7) $x_n=\left(1+\dfrac{1}{n}\right)^{n+1}$.

12. 证明 $\lim\limits_{n\to\infty}\dfrac{(2n-1)!!}{(2n)!!}=0$, 此处 $(2n-1)!!=1\times 3\times\cdots\times(2n-1)$, $(2n)!!=2\times 4\times\cdots\times(2n)$.

13. 设数列 $\{x_n\}$ 满足 $\lim\limits_{n\to\infty}\dfrac{x_{n+1}}{x_n}=\dfrac{1}{2}$, 证明 $\lim\limits_{n\to\infty}x_n=0$.

14. 设 $\lim\limits_{x\to\infty}[f(x)-ax-b]=1$, 求 $\lim\limits_{x\to\infty}\dfrac{f(x)}{x}$.

15. 求极限.

(1) $\lim\limits_{n\to\infty}(1+a)(1+a^2)(1+a^4)\cdots(1+a^{2n})\,(|a|<1)$;

(2) $\lim\limits_{n\to\infty}\left(1-\dfrac{1}{2^2}\right)\left(1-\dfrac{1}{3^2}\right)\cdots\left(1-\dfrac{1}{n^2}\right)$;

(3) $\lim\limits_{n\to\infty}\cos\dfrac{x}{2}\cos\dfrac{x}{2^2}\cdots\cos\dfrac{x}{2^n}$;

(4) $\lim\limits_{x\to+\infty}\sqrt{x+\sqrt{x+\sqrt{x}}}-\sqrt{x}$;

(5) $\lim\limits_{x\to\infty}\dfrac{\ln(1+3^x)}{1+2^x}$;

(6) $\lim\limits_{n\to\infty}n^2(a^{\frac{1}{n}}+a^{-\frac{1}{n}}-2)\,(a>0,\ a\neq 1)$;

(7) $\lim\limits_{x\to\infty}\left(\dfrac{2^{\frac{1}{x}}+3^{\frac{1}{x}}}{2}\right)^x$;

(8) $\lim\limits_{x\to\infty}x^2(3^{\frac{1}{x}}-3^{\frac{1}{x+1}})$.

16. 设 $\lim\limits_{x\to 0}\left[\dfrac{f(x)-\cos x}{x}-\dfrac{\sin x}{x^2}\right]=3$, 求 $\lim\limits_{x\to 0}f(x)$.

17. 设当 $x\to 0$ 时, $(\sin x-\tan x)\sim(ax^4+bx^3+cx^2+dx+e)$. 求 a,b,c,d,e.

18. 设当 $x\to 1$ 时, $(2x)^x-2\sim a(x-1)+b(x-1)^2$. 求 a,b.

19. 若 $\lim\limits_{x\to+\infty}(\sqrt{x^2-x+1}-ax-b)=0$. 求 a,b.

20. 若 $\lim\limits_{x\to+\infty}x^p(a^{\frac{1}{x}}-a^{\frac{1}{x+1}})$(其中 $a>0,\ a\neq 1$)存在. 求常数 p 及极限值.

21. 设极限 $\lim\limits_{x\to 0}f(x)=A$ 存在, 且 $\lim\limits_{x\to 0}\dfrac{\sqrt{1+f(x)\sin 3x}-1}{e^{2x}-1}=3$. 求 A.

22. 求下列函数的间断点及其类型.

(1) $f(x) = \lim\limits_{n \to \infty} \dfrac{nx}{nx^2+1}$;

(2) $f(x) = \lim\limits_{n \to \infty} \dfrac{x^{2n}}{x^{2n}-1}$;

(3) $f(x) = \lim\limits_{n \to \infty} \arctan x^n$;

(4) $f(x) = \lim\limits_{n \to \infty} \dfrac{x^n}{(2x)^{2n}+1}$.

23. 设 $f(x)$ 在开区间 (a,b) 内连续,且 $\lim\limits_{x \to a+} f(x)$ 及 $\lim\limits_{x \to b-} f(x)$ 都存在. 证明 $f(x)$ 在 (a,b) 上有界.

24. 设 $f(x)$ 在 $(-\infty,+\infty)$ 连续,且 $\lim\limits_{x \to -\infty} f(x)$ 及 $\lim\limits_{x \to +\infty} f(x)$ 都存在. 证明 $f(x)$ 在 $(-\infty, +\infty)$ 上有界.

25. 设 $f(x)$ 在 $[a,b]$ 上连续,满足 $\forall x \in [a,b], \exists y \in [a,b]$,使得 $|f(y)| \leqslant \dfrac{1}{2}|f(x)|$. 证明:$\exists x_0 \in [a,b]$ 使得 $f(x_0) = 0$.

微积分简史

17 世纪下半叶,欧洲科学技术迅猛发展,由于生产力的提高和社会各方面的迫切需要,经过之前许多科学家的努力与历史的积累,建立在函数与极限概念基础上的微积分理论应运而生. 微积分思想,最早可以追溯到古希腊由阿基米德等提出的计算面积和体积的方法,1671 年牛顿写的《流数法和无穷级数》(这本书直到 1736 年才出版)标志着微积分的创立,而莱布尼茨在 1684 年和 1686 年发表的两篇论著则在数学史上被认为是最早发表的微积分文献.

在牛顿和莱布尼茨之前,微分和积分是作为两种数学运算或两类数学问题分别加以研究的。牛顿和莱布尼茨将积分和微分真正沟通起来,明确地找到了两者内在的直接联系:微分和积分是互逆的两种运算,而这是微积分建立的关键所在,只有确立了这一基本关系,才能在此基础上构建系统的微积分学.

和历史上任何一项重大理论的完成都要经历一段时间一样,牛顿和莱布尼茨的工作也都是很不完善的. 直到 19 世纪初,法国科学家柯西对微积分的理论进行了认真研究,建立了极限理论,并经过德国数学家维尔斯特拉斯进一步的严格化,使极限理论成为了微积分的坚实基础,才使微积分进一步的发展起来.

牛顿(1643—1727),英国物理学家和数学家. 牛顿为解决运动问题,创立了物理概念直接联系的数学理论,牛顿称之为"流数术". 它所处理的一些具体问题,如求积问题、瞬时速度问题等,在牛顿之前已经得到人们的研究了,但牛顿超越了前人,他站在了更高的角度,对以往分散的问题加以综合,将自古希腊以来求解无限小问题的各种技巧统一为两类普通的算法——微分和积分,并确立了这两类运算的互逆关系,从而完成了微积分发明中最关键的一步,为近代科学发展提供了最有效的工具,开辟了数学上的一个新纪元.

牛顿肖像

莱布尼茨(1646—1716)，德国数学家．莱布尼茨从几何问题出发，运用分析学方法引进了微积分概念．1684 年，莱布尼茨发表了现在世界上认为是最早的微积分文献，这篇文章有一个很长而且很古怪的名字《一种求极大极小和切线的新方法，它也适用于分式和无理量，以及这种新方法的奇妙类型的计算》，就是这样一篇说理也颇含糊的文章，却有划时代的意义．1686 年，莱布尼茨发表了第一篇积分学的文献．莱布尼茨所创设的微积分符号，优于牛顿的符号，这对微积分的发展有极大的影响，现在使用的微积分通用符号就是当时莱布尼茨精心选用的．

莱布尼茨肖像

第 2 章 导数与微分

微分学是微积分的主要组成部分之一,它的基本概念是导数与微分. 本章的主要内容是导数和微分的概念及其基本运算.

§2.1 导数概念

§2.1.1 引例

导数的两个基本引入点是其物理和几何意义,在物理意义上的典型代表是变速直线运动的速度问题,几何意义上主要是平面曲线的切线问题.

引例 1 变速直线运动的速度问题.

设某质点在一直线上运动,其位置 s 与时间 t 满足某个函数关系 $s=f(t)$,求在 t_0 时刻的瞬时速度 $v(t_0)$. 如图 2.1 所示.

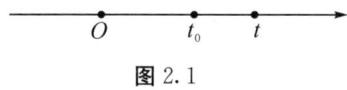

图 2.1

由于平均速度 $=\dfrac{\text{经过的位移}}{\text{所花的时间}}$,先考虑求出 t_0 时刻速度的近似值,再分析其误差得到精确值.

解 (1)先求出 $[t_0,t]$ 一段时间内位移 Δs:
$$\Delta s = f(t) - f(t_0).$$
(2)求出 $[t_0,t]$ 一段时间内平均速度:
$$\bar{v} = \frac{f(t)-f(t_0)}{t-t_0}.$$
(3) $\bar{v}$ 作为 $v(t_0)$ 的近似值时,只有当时间段 $[t_0,t]$ 越短,精确度才会越高,而由 $v(t_0)$ 实际的存在性知必然有
$$v(t_0) = \lim_{t \to t_0} \frac{f(t)-f(t_0)}{t-t_0}.$$

引例 2 切线问题.

如图 2.2 所示,x 轴与抛物线 $y=x^2$ 在原点处相切.

设有一曲线 C(如图 2.3 所示),在 M_0 外另取 C 上一点 M,作割线 M_0M,当 M 沿曲线 C 趋于点 M_0 时,如果 M_0M 绕点 M_0 旋转而趋向于唯一的直线 M_0T,则直线 M_0T 就称为曲线 C 在点 M_0 处的**切线**.

若设曲线 C 为函数 $y=f(x)$,下面讨论其上 $M_0(x_0,f(x_0))$ 处切线(如图 2.3 所示)的斜率.

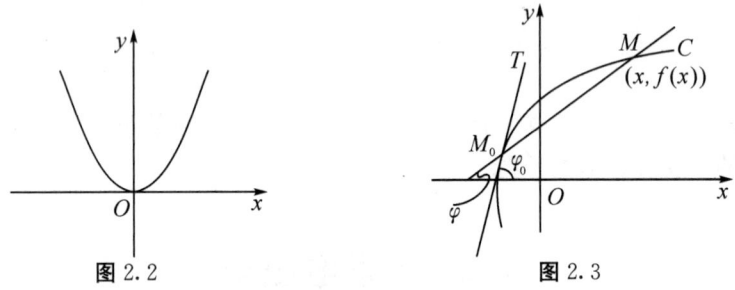

图 2.2　　　　图 2.3

解　(1)取 C 上点 $M(x,f(x))$,作割线 M_0M,设 M_0M 的倾斜角为 φ,则
$$\tan\varphi = \frac{f(x)-f(x_0)}{x-x_0}.$$

(2)由于割线 M_0M 趋向 M_0T 且 M_0T 的倾斜角为 φ_0,必有 $\varphi\to\varphi_0$.
根据 $\tan\varphi$ 的连续性有
$$\tan\varphi_0 = \lim_{\varphi\to\varphi_0}\tan\varphi = \lim_{x\to x_0}\frac{f(x)-f(x_0)}{x-x_0}.$$

从而得到**切线 M_0T 的斜率**
$$k = \lim_{x\to x_0}\frac{f(x)-f(x_0)}{x-x_0}.$$

§2.1.2　导数的定义

从上面两个引例可知,经常要考虑函数 $y=f(x)$ 在 x_0 处的如下极限:
$$\lim_{x\to x_0}\frac{f(x)-f(x_0)}{x-x_0}.$$

定义 1　设函数 $y=f(x)$ 在 x_0 的某个邻域内有定义,若 $\lim\limits_{x\to x_0}\dfrac{f(x)-f(x_0)}{x-x_0}$ 存在,则称 $y=f(x)$ 在 x_0 处可导;并把这个极限称为 $y=f(x)$ 在 x_0 处的导数,记为 $f'(x_0)$,即
$$f'(x_0) = \lim_{x\to x_0}\frac{f(x)-f(x_0)}{x-x_0}. \tag{2.1}$$

也可记为 $y'|_{x=x_0}$,$\dfrac{\mathrm{d}y}{\mathrm{d}x}\bigg|_{x=x_0}$,或 $\dfrac{\mathrm{d}f(x)}{\mathrm{d}x}\bigg|_{x=x_0}$.

导数定义式(2.1)常见表达形式有(记 $\Delta x = x-x_0$):
$$\begin{aligned}f'(x_0) &= \lim_{x\to x_0}\frac{f(x)-f(x_0)}{x-x_0}\\&= \lim_{\Delta x\to 0}\frac{f(x_0+\Delta x)-f(x_0)}{\Delta x}\end{aligned}$$

$$= \lim_{t \to 0} \frac{f(x_0 + t) - f(x_0)}{t}.$$

从引例 1 可知：$v(t_0) = \frac{\mathrm{d}s}{\mathrm{d}t}\big|_{t=t_0}$，反映了直线运动 $s = f(t)$ 在 t_0 处 s 随 t 变化快慢程度，称为 s 随 t 的**变化率**。相同的问题有：①加速度反映速度 v 随时间 t 的变化率，故 $a(t_0) = \frac{\mathrm{d}v}{\mathrm{d}t}\big|_{t=t_0}$；②角速度反映角度 θ 随时间 t 的变化率，故 $\omega(t_0) = \frac{\mathrm{d}\theta}{\mathrm{d}t}\big|_{t=t_0}$；③电流强度反映了电荷量 q 随时间 t 的变化率，故 $I(t_0) = \frac{\mathrm{d}q}{\mathrm{d}t}\big|_{t=t_0}$，等等。也就是说，导数反映了一个量随另一个量的变化率，从引例 2 可知切线 M_0T 的斜率 $k = \frac{\mathrm{d}y}{\mathrm{d}x}\big|_{x=x_0}$。这也是导数的几何意义。

把 $f'(x) = \lim\limits_{\Delta x \to 0} \frac{f(x + \Delta x) - f(x)}{\Delta x} = \lim\limits_{t \to 0} \frac{f(x + t) - f(x)}{t}$ 称为 $y = f(x)$ 的**导函数**（也称为**导数**），记为 y'，$f'(x)$，$\frac{\mathrm{d}f(x)}{\mathrm{d}x}$ 或 $\frac{\mathrm{d}y}{\mathrm{d}x}$。

显然 $f(x)$ 在 x_0 处的导数 $f'(x_0)$ 就是导函数 $f'(x)$ 在点 $x = x_0$ 处的函数值，即
$$f'(x_0) = f'(x)\big|_{x=x_0}.$$

注意：

① $f'(x_0)$ 存在是 $y = f(x)$ 在 $(x_0, f(x_0))$ 处切线存在的充分条件。因为曲线的切线可以垂直于 x 轴，此时 $f'(x_0) = \infty$，如 $y = x^{\frac{1}{3}}$ 在 $(0, 0)$ 不可导，但切线存在，即为 y 轴。

② $y = f(x_0)$ 在 x_0 处可导与连续的关系是可导必然连续，反之则不能成立，即连续是可导必要条件。

证明 因 $f'(x_0) = \lim\limits_{x \to x_0} \frac{f(x) - f(x_0)}{x - x_0}$ 存在，所以 $f(x) = f(x_0) + (x - x_0)f'(x_0) + \alpha(x - x_0)$，其中 $\lim\limits_{x \to x_0} \alpha = 0$，在 x_0 邻域内成立。

从而 $\lim\limits_{x \to x_0} f(x) = \lim\limits_{x \to x_0} [f(x_0) + (x - x_0)f'(x_0) + \alpha(x - x_0)] = f(x_0)$，故 $y = f(x)$ 在 $x = x_0$ 处连续。证毕。

反之，如 $y = x^{\frac{1}{3}}$ 在 $x = 0$ 处连续，但在 $x = 0$ 处不可导。

§2.1.3 反函数的求导法则

定理 1 如果函数 $x = f(y)$ 在区间 I_y 内单调、对每一个 y 均可导且 $f'(y) \neq 0$，则它的反函数 $y = f^{-1}(x)$ 在区间 $I_x = \{x \mid x = f(y), y \in I_y\}$ 内对每一个 x 也均可导，且
$$(f^{-1}(x))' = \frac{1}{f'(y)},$$
即
$$\frac{\mathrm{d}y}{\mathrm{d}x} = \frac{1}{\frac{\mathrm{d}x}{\mathrm{d}y}}.$$

证明 由于 $x = f(y)$ 在 I_y 内单调、可导（从而连续），由 §1.5 中的定理 3 可知：$x = f(y)$ 的反函数 $y = f^{-1}(x)$ 存在，且 $f^{-1}(x)$ 在 I_x 内也单调连续。

任取 $x \in I_x$，给 x 以增量 $\Delta x(\Delta x \neq 0, x + \Delta x \in I_x)$，由 $y = f^{-1}(x)$ 的单调性可知
$$\Delta y = f^{-1}(x + \Delta x) - f^{-1}(x) \neq 0,$$
于是 $\dfrac{\Delta y}{\Delta x} = \dfrac{1}{\dfrac{\Delta x}{\Delta y}}$，因 $y = f^{-1}(x)$ 连续，故 $\lim\limits_{\Delta x \to 0} \Delta y = 0$，从而

$$(f^{-1}(x))' = \lim_{\Delta x \to 0} \frac{\Delta y}{\Delta x} = \lim_{\Delta y \to 0} \frac{1}{\dfrac{\Delta x}{\Delta y}} = \frac{1}{f'(y)} (\text{证毕}).$$

上述结论可总结为：反函数的导数等于它的原来函数在对应点处的导数的倒数．其几何解释为：如图 2.4 中

$$(f^{-1})'(a) = \tan\varphi = \tan(\frac{\pi}{2} - \theta) = \cot\theta = \frac{1}{\tan\theta} = \frac{1}{f'(b)},$$

即
$$(f^{-1}(x))' = \frac{1}{f'(y)}.$$

其中，$y = f^{-1}(x)$．可简记为

$$\frac{\mathrm{d}y}{\mathrm{d}x} = \frac{1}{\dfrac{\mathrm{d}x}{\mathrm{d}y}}.$$

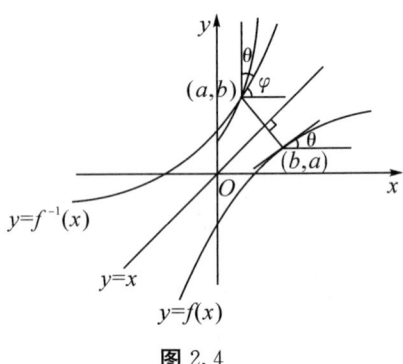

图 2.4

§2.1.4 基本初等函数求导公式

基本初等函数是函数中最简单的函数，从它们的可导公式出发才能求出一些复杂函数的导数．

例1 求 $f(x) = C$（C 为常数）的导数．

解 $f'(x) = \lim\limits_{\Delta x \to 0} \dfrac{f(x + \Delta x) - f(x)}{\Delta x} = \lim\limits_{\Delta x \to 0} \dfrac{C - C}{\Delta x} = 0$，即 $(C)' = 0$，这就是说，常数的导数等于零．

例2 求 $f(x) = \sin x$ 的导数，并由此推出 $\arcsin x$ 的求导公式．

解
$$f'(x) = \lim_{\Delta x \to 0} \frac{f(x + \Delta x) - f(x)}{\Delta x} = \lim_{\Delta x \to 0} \frac{\sin(x + \Delta x) - \sin x}{\Delta x}$$

$$= \lim_{\Delta x \to 0} \frac{1}{\Delta x} \cdot 2\cos(x + \frac{\Delta x}{2}) \cdot \sin\frac{\Delta x}{2}$$

$$= \lim_{\Delta x \to 0} \frac{1}{\Delta x} \cdot 2\cos(x + \frac{\Delta x}{2}) \cdot \frac{\Delta x}{2}$$

$$= \lim_{\Delta x \to 0} \cos(x + \frac{\Delta x}{2}) = \cos x.$$

这就是说,正弦函数的导数是余弦函数,再根据反函数求导公式,令 $y = \arcsin x$,而 $y = \arcsin x$ 为 $x = \sin y$,$-\frac{\pi}{2} \leqslant y \leqslant \frac{\pi}{2}$ 的反函数,由于 $x = \sin y$ 在 $\left(-\frac{\pi}{2}, \frac{\pi}{2}\right)$ 上单增、可导,根据反函数的求导公式有

$$(\arcsin x)' = \frac{dy}{dx} = \frac{1}{\frac{dx}{dy}} = \frac{1}{(\sin y)'_y}$$

$$= \frac{1}{\cos y} = \frac{1}{\sqrt{1 - \sin^2 y}} = \frac{1}{\sqrt{1 - x^2}}.$$

同理,可以证明:$(\cos x)' = -\sin x$,$(\arccos x)' = -\frac{1}{\sqrt{1-x^2}}$;$(\tan x)' = \sec^2 x$,$(\arctan x)' = \frac{1}{1+x^2}$;$(\cot x)' = -\csc^2 x$,$(\operatorname{arccot} x)' = -\frac{1}{1+x^2}$.

例 3 求 $f(x) = \log_a x (a > 0, a \neq 1)$ 的导数,并由此推出 a^x 的导数.

解

$$(\log_a x)' = \lim_{\Delta x \to 0} \frac{f(x+\Delta x) - f(x)}{\Delta x} = \lim_{\Delta x \to 0} \frac{\log_a(x+\Delta x) - \log_a x}{\Delta x}$$

$$= \lim_{\Delta x \to 0} \frac{\log_a(1 + \frac{\Delta x}{x})}{\Delta x} = \lim_{\Delta x \to 0} \frac{\ln(1 + \frac{\Delta x}{x})}{\Delta x \ln a}$$

$$= \lim_{\Delta x \to 0} \frac{\frac{\Delta x}{x}}{\Delta x \ln a} = \frac{1}{x \ln a}.$$

这样得到了对数函数的求导公式,再根据反函数求导公式,令 $y = a^x$,由于 $y = a^x$ 为 $x = \log_a y (y > 0)$ 的反函数,且 $x = \log_a y (y > 0)$ 单增、可导,根据反函数的求导公式有

$$(a^x)' = \frac{dy}{dx} = \frac{1}{\frac{dx}{dy}} = \frac{1}{\frac{1}{y \ln a}} = a^x \ln a.$$

特别地,$(\ln x)' = \frac{1}{x}$,$(e^x)' = e^x$.

例 4 证明 $(x^n)' = nx^{n-1}$,$n \in \mathbf{N}$,$(x^{\frac{1}{3}})' = \frac{1}{3} x^{-\frac{2}{3}}$.

证明 $f(x) = x^n$. 由导数定义:

$$(x^n)' = \lim_{\Delta x \to 0} \frac{f(x+\Delta x) - f(x)}{\Delta x} = \lim_{\Delta x \to 0} \frac{(x+\Delta x)^n - x^n}{\Delta x}$$

$$= \lim_{\Delta x \to 0} (C_n^1 x^{n-1} + C_n^2 x^{n-2} \Delta x + \cdots + C_n^n x^0 \Delta x^{n-1})$$

$$= C_n^1 x^{n-1} = n x^{n-1}.$$

从而得到当 n 为自然数时,幂函数 x^n 的求导公式.

令 $g(x)=x^{\frac{1}{3}}$. 当 $x\neq 0$ 时,有

$$(x^{\frac{1}{3}})' = \lim_{\Delta x \to 0}\frac{(x+\Delta x)^{\frac{1}{3}}-x^{\frac{1}{3}}}{\Delta x} = x^{\frac{1}{3}}\lim_{\Delta x \to 0}\frac{(1+\frac{\Delta x}{x})^{\frac{1}{3}}-1}{\Delta x}$$

$$= x^{\frac{1}{3}}\lim_{\Delta x \to 0}\frac{\frac{\Delta x}{3x}}{\Delta x} = \frac{1}{3}x^{-\frac{2}{3}}.$$

当 $x=0$ 时,有

$$(x^{\frac{1}{3}})'|_{x=0} = \lim_{\Delta x \to 0}\frac{(\Delta x)^{\frac{1}{3}}-0^{\frac{1}{3}}}{\Delta x} = \lim_{\Delta x \to 0}\frac{1}{(\Delta x)^{\frac{2}{3}}} = \infty.$$

所以
$$(x^{\frac{1}{3}})' = \frac{1}{3}x^{-\frac{2}{3}}.$$

下一节可以证明对于任意常数 μ,$(x^\mu)'=\mu x^{\mu-1}$.

最后把整个基本初等函数的导数公式列于下面:

(1) $(C)'=0$;　　　　　　　　　　　(2) $(x^\mu)'=\mu x^{\mu-1}$;

(3) $(\sin x)'=\cos x$;　　　　　　　(4) $(\cos x)'=-\sin x$;

(5) $(\tan x)'=\sec^2 x$;　　　　　　(6) $(\cot x)'=-\csc^2 x$;

(7) $(\sec x)'=\sec x \cdot \tan x$;　　　(8) $(\csc x)'=-\csc x \cdot \cot x$;

(9) $(a^x)'=a^x \ln a$;　　　　　　　(10) $(e^x)'=e^x$;

(11) $(\log_a x)'=\dfrac{1}{x\ln a}$;　　　　(12) $(\ln x)'=\dfrac{1}{x}$;

(13) $(\arcsin x)'=\dfrac{1}{\sqrt{1-x^2}}$;　(14) $(\arccos x)'=-\dfrac{1}{\sqrt{1-x^2}}$;

(15) $(\arctan x)'=\dfrac{1}{1+x^2}$;　　(16) $(\mathrm{arccot}\, x)'=-\dfrac{1}{1+x^2}$.

§2.1.5　单侧导数

导数 $f'(x_0)=\lim\limits_{x\to x_0}\dfrac{f(x)-f(x_0)}{x-x_0}$ 是一个极限,它存在的充分必要条件是左、右极限存在且相等. 在此定义 $f(x)$ 在 x_0 处的**左导数**和**右导数**(分别记作 $f'_-(x_0)$ 及 $f'_+(x_0)$)为

$$f'_-(x_0) = \lim_{x\to x_0^-}\frac{f(x)-f(x_0)}{x-x_0} = \lim_{t\to 0^-}\frac{f(x_0+t)-f(x_0)}{t},$$

$$f'_+(x_0) = \lim_{x\to x_0^+}\frac{f(x)-f(x_0)}{x-x_0} = \lim_{t\to 0^+}\frac{f(x_0+t)-f(x_0)}{t}.$$

从而 $f'(x_0)$ 存在的充分必要条件是 $f'_+(x_0)$,$f'_-(x_0)$ 存在且相等.

$f'_+(x_0)$ 存在,则称 $f(x)$ 在 x_0 为**右可导**;$f'_-(x_0)$ 存在,则称 $f(x)$ 在 x_0 处**左可导**.

若 $f(x)$ 在 (a,b) 中任一点处可导,称 $f(x)$ **在 (a,b) 内可导**,记为 $f(x)\in D(a,b)$.

若 $f(x)$ 在 (a,b) 内可导且 $f'_+(a)$ 及 $f'_-(b)$ 都存在,就说 $f(x)$ **在闭区间 $[a,b]$ 上可导**,记为 $f(x)\in D[a,b]$.

注意:若 $f(x)$ 在 x_0 两侧表达式不一样,或表达式一样,但涉及的函数的左、右极限不一样,一般用 $f'_+(x_0)$,$f'_-(x_0)$ 考虑 $f'(x_0)$ 的存在性.

例 5 $f(x)=\begin{cases}ax+b, & x>1,\\ x^2, & x\leqslant 1\end{cases}$ 在 $x_0=1$ 处可导,求 a,b.

解 由可导必然连续知
$$f(1+0)=f(1-0)=f(1),$$
从而得
$$a+b=1. \tag{2.2}$$
再由
$$f'_+(1)=\lim_{x\to 1^+}\frac{f(x)-f(1)}{x-1}=\lim_{x\to 1^+}\frac{ax+b-1}{x-1}=\lim_{x\to 1^+}\frac{ax-a}{x-1}=a,$$
$$f'_-(1)=\lim_{x\to 1^-}\frac{f(x)-f(1)}{x-1}=\lim_{x\to 1^-}\frac{x^2-1}{x-1}=\lim_{x\to 1^-}(x+1)=2,$$
由 $f'_+(1)=f'_-(1)$,知 $a=2$,$b=-1$.

例 6 讨论 $f(x)=\begin{cases}x\sin\dfrac{1}{x}, & x\neq 0,\\ 0, & x=0\end{cases}$ 在 $x_0=0$ 处是否可导.

解 $x=0$ 为 $f(x)$ 的分段点,但 $x>0$,$x<0$ 时两侧表达式相同,所以用导数定义考虑 $f(x)$ 在 $x=0$ 处的可导性,由导数的定义 $\lim\limits_{x\to 0}\dfrac{f(x)-f(0)}{x-0}=\lim\limits_{x\to 0}\dfrac{x\sin\dfrac{1}{x}-0}{x-0}=\lim\limits_{x\to 0}\sin\dfrac{1}{x}$ 不存在,从而 $f(x)$ 于 $x_0=0$ 处不可导.

例 7 讨论 $f(x)=\begin{cases}x\dfrac{\mathrm{e}^{\frac{1}{x}}-1}{\mathrm{e}^{\frac{1}{x}}+1}, & x\neq 0,\\ 0, & x=0\end{cases}$ 在 $x_0=0$ 处是否可导.

解 虽然 $f(x)$ 在 $x>0$,$x<0$ 时表达式相同,但由于 $\mathrm{e}^{\frac{1}{x}}$ 当 $x\to 0^+$ 和 $x\to 0^-$ 时极限不相同,从而考虑利用左、右导数的定义:
$$f'_+(0)=\lim_{x\to 0^+}\frac{f(x)-f(0)}{x-0}=\lim_{x\to 0^+}\frac{\mathrm{e}^{\frac{1}{x}}-1}{\mathrm{e}^{\frac{1}{x}}+1}=\lim_{x\to 0^+}\frac{1-\mathrm{e}^{-\frac{1}{x}}}{1+\mathrm{e}^{-\frac{1}{x}}}=1,$$
$$f'_-(0)=\lim_{x\to 0^-}\frac{f(x)-f(0)}{x-0}=\lim_{x\to 0^-}\frac{\mathrm{e}^{\frac{1}{x}}-1}{\mathrm{e}^{\frac{1}{x}}+1}=-1,$$
由 $f'_+(0)\neq f'_-(0)$ 知 $f(x)$ 于 $x_0=0$ 处不可导.

例 5、例 6、例 7 是分段函数在分段点处可导性常见的三种情况.

§2.1.6 导数的几何意义

由于 $y=f(x)$ 于 $(x_0,f(x_0))$ 处可导,则其切线的斜率为 $f'(x_0)$. 从而 $y=f(x)$ 在 $(x_0,f(x_0))$ 的**切线方程**为
$$y-f(x_0)=f'(x_0)(x-x_0).$$

过切点$(x_0, f(x_0))$且与切线垂直的直线称为曲线$y=f(x)$在$(x_0, f(x_0))$处的**法线**，其方程为

$$y - f(x_0) = -\frac{1}{f'(x_0)}(x - x_0) \quad (f'(x_0) \neq 0).$$

例8 求$y = \arctan x$在$x = 1$对应点处的切线、法线方程.

解 先求切线的斜率，由$y' = \frac{1}{1+x^2}$，所求切线的斜率$k = y'|_{x=1} = \frac{1}{2}$. 又$x = 1$时$y = \frac{\pi}{4}$，故$x = 1$对应曲线上的点$M(1, \frac{\pi}{4})$，从而所求切线方程为

$$y - \frac{\pi}{4} = \frac{1}{2}(x - 1),$$

即

$$y - \frac{1}{2}x + \frac{2-\pi}{4} = 0.$$

于是所求法线方程为

$$y - \frac{\pi}{4} = -2(x - 1),$$

即

$$y + 2x - \frac{8+\pi}{4} = 0.$$

习题 2-1

1. 求证$(\cos x)' = -\sin x$，并由此推导$(\arccos x)' = -\frac{1}{\sqrt{1-x^2}}$.

2. 用导数定义推导$(\sqrt[4]{x})' = \frac{1}{4}\frac{1}{\sqrt[4]{x^3}}$.

3. 已知$f'(x_0)$存在，求：

   (1) $\lim\limits_{\Delta x \to 0} \frac{f(x_0 + 2\Delta x) - f(x_0 - \Delta x)}{\Delta x}$;

   (2) 若$x_0 = 0$，且$f(0) = 0$，求$\lim\limits_{x \to 0} \frac{f(\sin 2x)}{x}$.

4. 如果$f(x)$为偶函数，且$f'(0)$存在，证明$f'(0) = 0$.

5. 求曲线$y = \log_2 x$于$x = 2$对应点处的切线、法线方程.

6. 一质点在xOy平面上t时刻的位置为$(t^2, \sqrt{t})$，求质点在$t = 4$时的速度大小和方向.

7. 讨论下列各函数在$x_0 = 0$处的可导性.

   (1) $f(x) = \begin{cases} x^2 \sin \frac{1}{x}, & x \neq 0, \\ 0, & x = 0; \end{cases}$

   (2) $f(x) = \begin{cases} x \dfrac{e^{\frac{1}{x}} - \cos x}{e^{\frac{1}{x}} + \cos x}, & x \neq 0, \\ 0, & x = 0; \end{cases}$

(3) $f(x) = \begin{cases} \dfrac{x^2}{e^x - 1}, & x > 0, \\ x, & x \leqslant 0. \end{cases}$

8. 已知 $f(x) = \begin{cases} x^2, & x \geqslant 0, \\ \sin x, & x < 0, \end{cases}$ 求 $f'(x)$.

9. 证明：双曲线 $xy = a^2$ 上任一点处切线与两坐标轴构成的三角形的面积等于 $2a^2$.

10. $f(x) = \begin{cases} \ln ax, & x > 1, \\ 0, & x = 1, \\ bx + c, & x < 1 \end{cases}$ 在 $x = 1$ 处可导，求常数 a, b, c.

11. 设 $f^{-1}(x)$ 是可导函数 $f(x)$ 的反函数，$f(4) = 5$，$f'(4) = \dfrac{2}{3}$，求 $(f^{-1})'(5)$.

12. $f(x) = \begin{cases} x^a \sin \dfrac{1}{x}, & x > 0, \\ x^2, & x \leqslant 0, \end{cases}$ 分别讨论 $f(x)$ 在 $x = 0$ 处连续、可导的条件.

13. 已知 $\varphi(x)$ 在 $x = a$ 处连续，$\varphi(a) = 0$，而 $\varphi'_+(a) \neq \varphi'_-(a)$，$g(x)$ 在 $x = a$ 处连续. 求证：$f(x) = g(x)\varphi(x)$ 在 $x = a$ 处可导的充分必要条件是 $g(a) = 0$.

§2.2 导数的四则运算和复合运算

§2.2.1 导数的四则运算

定理 1 如果函数 $u = u(x)$ 及 $v = v(x)$ 都在点 x 具有导数，那么它们的和、差、积、商(除分母为 0 的点外)都在点 x 具有导数，且

(1) $(u(x) \pm v(x))' = u'(x) \pm v'(x)$;

(2) (莱布尼茨法则) $(u(x)v(x))' = u'(x)v(x) + u(x)v'(x)$;

(3) $\left(\dfrac{u(x)}{v(x)}\right)' = \dfrac{u'(x)v(x) - u(x)v'(x)}{v^2(x)} \quad (v(x) \neq 0)$.

证明 (1)

$$(u(x) \pm v(x))' = \lim_{\Delta x \to 0} \dfrac{[u(x + \Delta x) \pm v(x + \Delta x)] - [u(x) \pm v(x)]}{\Delta x}$$
$$= \lim_{\Delta x \to 0} \left[\dfrac{u(x + \Delta x) - u(x)}{\Delta x} \pm \dfrac{v(x + \Delta x) - v(x)}{\Delta x}\right]$$
$$= u'(x) \pm v'(x).$$

(2) 由于 $v(x)$ 于 x 处可导，从而必然连续，故 $\lim_{\Delta x \to 0} v(x + \Delta x) = v(x)$. 所以

$$(u(x)v(x))' = \lim_{\Delta x \to 0} \dfrac{u(x + \Delta x)v(x + \Delta x) - u(x)v(x)}{\Delta x}$$
$$= \lim_{\Delta x \to 0} \left[\dfrac{u(x + \Delta x) - u(x)}{\Delta x} v(x + \Delta x) + u(x) \dfrac{v(x + \Delta x) - v(x)}{\Delta x}\right]$$
$$= u'(x)v(x) + u(x)v'(x).$$

(3) $v(x)$ 于 x 处可导，有 $\lim\limits_{\Delta x \to 0} v(x+\Delta x) = v(x)$，所以

$$\left(\frac{u(x)}{v(x)}\right)' = \lim_{\Delta x \to 0} \frac{\dfrac{u(x+\Delta x)}{v(x+\Delta x)} - \dfrac{u(x)}{v(x)}}{\Delta x}$$

$$= \lim_{\Delta x \to 0} \frac{u(x+\Delta x)v(x) - u(x)v(x+\Delta x)}{\Delta x v(x+\Delta x) \cdot v(x)}$$

$$= \lim_{\Delta x \to 0} \frac{\dfrac{u(x+\Delta x)-u(x)}{\Delta x}v(x) - u(x)\dfrac{v(x+\Delta x)-v(x)}{\Delta x}}{v(x+\Delta x) \cdot v(x)}$$

$$= \frac{u'(x)v(x) - u(x)v'(x)}{v^2(x)} \quad (v(x) \neq 0).$$

推论 (1) $(cu)' = cu'$；

(2) $\left(\dfrac{1}{v}\right)' = \dfrac{-v'}{v^2}$；

(3) $(uvw)' = u'vw + uv'w + uvw'$.

对于基本初等函数的四则运算的求导，需分析清楚各部分函数的相互关系。

例 1 $y = x^2 \ln x + 3\arcsin x$，求 y'.

解
$$y' = (x^2 \ln x)' + (3\arcsin x)'$$
$$= (x^2)' \ln x + x^2 (\ln x)' + 3(\arcsin x)'$$
$$= 2x \ln x + x^2 \cdot \frac{1}{x} + \frac{3}{\sqrt{1-x^2}}$$
$$= x(2\ln x + 1) + \frac{3}{\sqrt{1-x^2}}.$$

例 2 $y = \dfrac{\sin x - \cos x}{\sin x + \cos x}$，求 y'.

解
$$y' = \frac{(\sin x - \cos x)'(\sin x + \cos x) - (\sin x - \cos x)(\sin x + \cos x)'}{(\sin x + \cos x)^2}$$
$$= \frac{(\cos x + \sin x)^2 + (\sin x - \cos x)^2}{(\sin x + \cos x)^2}$$
$$= \frac{2}{1 + 2\sin x \cos x} = \frac{2}{1 + \sin 2x}.$$

例 3 $y = \dfrac{1}{2^x + x}$ 在 $x = 1$ 邻域内有反函数 $y = g(x)$，求 $g'\left(\dfrac{1}{3}\right)$.

解 由 $y = g(x)$ 可得 $x = \dfrac{1}{2^y + y}$，根据反函数的求导公式有

$$g'\left(\frac{1}{3}\right) = \frac{\mathrm{d}y}{\mathrm{d}x}\bigg|_{x=\frac{1}{3}} = \frac{1}{\dfrac{\mathrm{d}x}{\mathrm{d}y}\bigg|_{y=1}}.$$

而 $\dfrac{\mathrm{d}x}{\mathrm{d}y} = -\dfrac{(2^y + y)'}{(2^y + y)^2} = -\dfrac{2^y \ln 2 + 1}{(2^y + y)^2}$，所以

$$\left.\frac{\mathrm{d}x}{\mathrm{d}y}\right|_{y=1} = -\frac{2\ln 2 + 1}{9}.$$

故 $g'\left(\dfrac{1}{3}\right) = -\dfrac{9}{2\ln 2 + 1}$.

例 4 $y = x^2 \ln x \arctan x$，求 y'.

解 这为三个函数积的导数，需用推论中的(3).
$$y' = (x^2)' \ln x \cdot \arctan x + x^2 (\ln x)' \cdot \arctan x + x^2 \ln x \cdot (\arctan x)'$$
$$= 2x \ln x \cdot \arctan x + x \arctan x + \frac{x^2}{1+x^2} \ln x.$$

§2.2.2 复合函数的求导法则

下面研究 $\sin x^2, \ln(1+x^2)$ 等复合函数的可导性.

定理 2 如果 $u = g(x)$ 在点 x 可导，而 $y = f(u)$ 在点 $u = g(x)$ 可导，则复合函数 $y = f(g(x))$ 在点 x 可导，且其导数为
$$\frac{\mathrm{d}y}{\mathrm{d}x} = f'(u) \cdot g'(x)$$
或
$$\frac{\mathrm{d}y}{\mathrm{d}x} = \frac{\mathrm{d}y}{\mathrm{d}u} \cdot \frac{\mathrm{d}u}{\mathrm{d}x}. \tag{2.3}$$

证明 由于 $y = f(u)$ 在点 u 可导，因此 $\lim\limits_{\Delta u \to 0} \dfrac{\Delta y}{\Delta u} = f'(u)$ 存在，于是有 $\dfrac{\Delta y}{\Delta u} = f'(u) + \alpha$，其中 $\lim\limits_{\Delta u \to 0} \alpha = 0$ 且 $\Delta u \neq 0$，从而 $\Delta y = f'(u) \Delta u + \alpha \Delta u$ 对一切 Δu 均成立. 于是
$$\lim_{\Delta x \to 0} \frac{\Delta y}{\Delta x} = \lim_{\Delta x \to 0} \left[f'(u) \frac{\Delta u}{\Delta x} + \alpha \frac{\Delta u}{\Delta x} \right]$$
$$= f'(u) g'(x) + \lim_{\Delta x \to 0} \alpha \cdot g'(x).$$

由 $u = g(x)$ 可导知 $\lim\limits_{\Delta x \to 0} \Delta u = 0$，从而有 $\lim\limits_{\Delta x \to 0} \alpha = 0$，即
$$\lim_{\Delta x \to 0} \frac{\Delta y}{\Delta x} = f'(u) g'(x).$$

这就是公式(2.3).

定理2中复合关系可简单表示为：$y - u - x$，因此把复合函数的求导公式称为**链式法则**.

例 5 $y = \arctan x^2$，求 y'.

解 $y = \arctan x^2$ 可看作 $y = \arctan u, u = x^2$ 复合而成，因此
$$\frac{\mathrm{d}y}{\mathrm{d}x} = \frac{\mathrm{d}y}{\mathrm{d}u} \cdot \frac{\mathrm{d}u}{\mathrm{d}x} = \frac{1}{1+u^2} \cdot 2x = \frac{2x}{1+x^4}.$$

例 6 $y = \arcsin \dfrac{x}{1+x}$，求 $\dfrac{\mathrm{d}y}{\mathrm{d}x}$.

解 $y = \arcsin \dfrac{x}{1+x}$ 可看作 $y = \arcsin u, u = \dfrac{x}{1+x}$ 复合而成，因此
$$\frac{\mathrm{d}y}{\mathrm{d}x} = \frac{\mathrm{d}y}{\mathrm{d}u} \cdot \frac{\mathrm{d}u}{\mathrm{d}x} = \frac{1}{\sqrt{1-u^2}} \cdot \frac{(x)'(1+x) - x(1+x)'}{(1+x)^2}$$

$$=\frac{|1+x|}{\sqrt{1+2x}}\frac{1}{(1+x)^2}=\frac{1}{\sqrt{1+2x}\cdot|1+x|}.$$

例 7 $y=\dfrac{u}{1+u^2}$，$u=g(x)$ 为可导函数，且 $g(1)=2$，$g'(1)=3$，求 $\dfrac{\mathrm{d}y}{\mathrm{d}x}\Big|_{x=1}$.

解 $\dfrac{\mathrm{d}y}{\mathrm{d}x}=\dfrac{\mathrm{d}y}{\mathrm{d}u}\cdot\dfrac{\mathrm{d}u}{\mathrm{d}x}$，而 $x=1$ 时，$u=2$，故 $\dfrac{\mathrm{d}y}{\mathrm{d}x}\Big|_{x=1}=\dfrac{\mathrm{d}y}{\mathrm{d}u}\Big|_{u=2}\cdot g'(1)$.

由 $\dfrac{\mathrm{d}y}{\mathrm{d}u}=\dfrac{1+u^2-u\cdot 2u}{(1+u^2)^2}=\dfrac{1-u^2}{(1+u^2)^2}$，可得 $\dfrac{\mathrm{d}y}{\mathrm{d}u}\Big|_{u=2}=-\dfrac{3}{25}$. 所以

$$\frac{\mathrm{d}y}{\mathrm{d}x}\Big|_{x=1}=-\frac{3}{25}\times 3=-\frac{9}{25}.$$

复合函数的求导公式可以推广到多个中间变量的情况，以三个函数的复合为例. 设 $y=f(u)$，$u=\varphi(v)$，$v=\psi(x)$，这个复合关系可简单表示为：$y-u-v-x$. 则

$$\frac{\mathrm{d}y}{\mathrm{d}x}=\frac{\mathrm{d}y}{\mathrm{d}u}\frac{\mathrm{d}u}{\mathrm{d}x},$$

而

$$\frac{\mathrm{d}u}{\mathrm{d}x}=\frac{\mathrm{d}u}{\mathrm{d}v}\frac{\mathrm{d}v}{\mathrm{d}x}.$$

故复合函数 $y=f[\varphi(\psi(x))]$ 的导数为

$$\frac{\mathrm{d}y}{\mathrm{d}x}=\frac{\mathrm{d}y}{\mathrm{d}u}\frac{\mathrm{d}u}{\mathrm{d}v}\frac{\mathrm{d}v}{\mathrm{d}x}.$$

例 8 $f(x)$ 为可导函数，$y=f(f^3(x))$，求 $\dfrac{\mathrm{d}y}{\mathrm{d}x}$.

解 $y=f(f^3(x))$ 可看作 $y=f(u)$，$u=v^3$，$v=f(x)$ 三个函数复合而成，故

$$\frac{\mathrm{d}y}{\mathrm{d}x}=\frac{\mathrm{d}y}{\mathrm{d}u}\cdot\frac{\mathrm{d}u}{\mathrm{d}v}\cdot\frac{\mathrm{d}v}{\mathrm{d}x}$$
$$=f'(u)\cdot 3v^2\cdot f'(x)=f'(f^3(x))\cdot 3f^2(x)\cdot f'(x).$$

对于初等函数求导，就需分析好初等函数运算结构，利用导数的四则运算和复合运算求解导数.

例 9 $y=\ln(x+\sqrt{1+x^2})$，求 y'.

解 本例函数先是两个基本初等函数复合，内函数是一些基本初等函数的四则运算.

$$y'=\frac{1}{x+\sqrt{1+x^2}}\cdot(x+\sqrt{1+x^2})'$$
$$=\frac{1}{x+\sqrt{1+x^2}}\left[1+(\sqrt{1+x^2})'\right]$$
$$=\frac{1}{x+\sqrt{1+x^2}}\left[1+\frac{1}{2\sqrt{1+x^2}}(1+x^2)'\right]$$
$$=\frac{1}{x+\sqrt{1+x^2}}\left(1+\frac{x}{\sqrt{1+x^2}}\right)=\frac{1}{\sqrt{1+x^2}}.$$

例 10 $y=\sin^2 3x\cdot\cos 3x$，求 y'.

解 本例函数先是两个函数的积，而这两个函数又由一些基本初等函数复合而成.

$$y'=(\sin^2 3x)'\cos 3x+\sin^2 3x\cdot(\cos 3x)'$$

$$= 2\sin 3x \cdot (\sin 3x)' \cos 3x + \sin^2 3x \cdot (-\sin 3x) \cdot (3x)'$$
$$= 2\sin 3x \cdot \cos 3x (3x)' \cdot \cos 3x + \sin^2 3x (-\sin 3x) \cdot 3$$
$$= 6\sin 3x \cos^2 3x - 3\sin^3 3x.$$

例 11 证明 $(x^\mu)' = \mu \cdot x^{\mu-1} (x > 0)$.

证明 设 $y = x^\mu = e^{\mu \cdot \ln x}$. 由链式法则,

$$y' = (e^{\mu \ln x})' = e^{\mu \ln x} \cdot (\mu \ln x)' = x^\mu \cdot \mu \cdot \frac{1}{x} = \mu x^{\mu-1}.$$ 证毕.

例 12 证明: $(\ln|x|)' = \frac{1}{x} (x \neq 0)$.

证明 当 $x > 0$ 时, 已证 $(\ln x)' = \frac{1}{x}$.

当 $x < 0$ 时, $\ln|x| = \ln(-x)$.

由链式法则, $(\ln(-x))' = \frac{1}{-x} \cdot (-1) = \frac{1}{x}$. 得证.

习题 2-2

1. 求下列函数的导数.

(1) $y = x^2 + \frac{3}{x} + 12$;

(2) $y = 2^x \ln x$;

(3) $y = \frac{\sin x}{x^2}$;

(4) $y = x^3 \arctan x$;

(5) $y = x e^x \ln x$;

(6) $y = x \sin x + \arccos x$;

(7) $y = \frac{x - \sin x}{x + \sin x}$;

(8) $y = \arcsin x + \arccos x$;

(9) $y = \frac{\arctan x}{x} - 3\sqrt{x}$;

(10) $y = \frac{1}{x - \cos x}$.

2. 求 $y = x^2 + \frac{1}{x-1}$ 上横坐标为 $x = 2$ 的点处的切线方程和法线方程.

3. 求下列各函数的导数.

(1) $y = \arctan e^x$;

(2) $y = e^{\arcsin x^2}$;

(3) $y = \arccos \frac{1}{x}$;

(4) $y = \sin^3 \sqrt{x}$;

(5) $y = \ln \cos 2x$;

(6) $y = 2^{\sin \frac{1}{x}}$;

(7) $y = \sqrt{\tan(x^2)}$;

(8) $y = \cos^3(\ln x)$;

(9) $y = \ln \ln \ln x$;

(10) $y = \log_2 \sin 3x$.

4. 求下列各函数的导数.

(1) $y = \sin^2 x \cdot \cos x$;

(2) $y = \ln(\sqrt{x^2+1} - x)$;

(3) $y = \arcsin \sqrt{\frac{1-x}{1+x}}$;

(4) $y = \frac{1}{x + \sqrt{1+x^2}}$;

(5) $y = \arctan \dfrac{x+1}{x-1}$; (6) $y = \dfrac{x + e^{2x}}{1 + e^{2x}}$;

(7) $y = \sqrt{1 + \ln^2 x}$; (8) $y = 2^{\arctan\sqrt{x}} + x$.

5. 设 $f(x)$ 为可导函数，求下列各函数的导数.

(1) $y = f(\sin^2 x) + f(\cos^2 x)$; (2) $y = f(f(x^2))$;

(3) $y = f^2(x + \cos x)$; (4) $y = \sqrt{f^2(x) + f^2(2x+1)}$.

6. $f(x)$ 为可导函数，$f(0) = 2$，$f'(0) = 3$，$f'(-1) = 4$，$y = f\left[\dfrac{x + f(x)}{x - f(x)}\right]$，求 $\dfrac{\mathrm{d}y}{\mathrm{d}x}\bigg|_{x=0}$.

7. $f(x) = (x^2 - 1)g(x)$，$g(x)$ 在 $x = 1$ 处连续，求 $f'(1)$.

8. $f(x)$ 的定义域为 $(0, +\infty)$，满足：

(1) $f(xy) = f(x) + f(y)$;

(2) $f(x)$ 于 $x = 1$ 处可导，且 $f'(1) = 2$.

求证 $f(x)$ 于 $(0, +\infty)$ 上可导，且 $f'(x) = \dfrac{2}{x}$.

9. $g(x)$ 在 $x = 0$ 处连续，且 $g(0) = 2$，$f(x) = xg(x)$，求 $\lim\limits_{x \to 0} \dfrac{e^{f^2(2x)} - 1}{\sqrt{1 + x^2} - 1}$.

10. 已知 $f(x)$ 在 $x = 2$ 处可导，且 $f(2) = 1$，$f'(2) = 3$，求

$$\lim_{n \to \infty} n\left[\arctan f\left(2 + \dfrac{1}{n}\right) - \arctan f(2)\right].$$

§2.3 高阶导数

在变速直线运动 $s = s(t)$ 中，$v(t)$ 是 $s(t)$ 对 t 的导数，$a(t)$ 是 $v(t)$ 对 t 的导数，从而 $v(t) = \dfrac{\mathrm{d}s}{\mathrm{d}t}$，$a(t) = \dfrac{\mathrm{d}v(t)}{\mathrm{d}t} = \dfrac{\mathrm{d}\left(\dfrac{\mathrm{d}s}{\mathrm{d}t}\right)}{\mathrm{d}t}$，即 $a(t) = (s'(t))'_t$，称 $a(t)$ 为 $s(t)$ 的二阶导数.

一般地，函数 $y = f(x)$ 的导数 $y' = f'(x)$ 仍是 x 的函数，把 $y' = f'(x)$ 对 x 的导数称为 $y = f(x)$ 的**二阶导数**，记作 y''，$\dfrac{\mathrm{d}^2 y}{\mathrm{d}x^2}$，$\dfrac{\mathrm{d}^2 f(x)}{\mathrm{d}x^2}$ 或 $f''(x)$. 即

$$\dfrac{\mathrm{d}^2 y}{\mathrm{d}x^2} = \dfrac{\mathrm{d}\left(\dfrac{\mathrm{d}y}{\mathrm{d}x}\right)}{\mathrm{d}x}.$$

类似地，二阶导数的导数为三阶导数，三阶导数的导数为四阶导数，$\cdots$，$n-1$ 阶导数的导数为 n **阶导数**，记为 $y^{(n)}$，$\dfrac{\mathrm{d}^n y}{\mathrm{d}x^n}$，$\dfrac{\mathrm{d}^n f(x)}{\mathrm{d}x^n}$ 或 $f^{(n)}(x)$. 从而

$$\dfrac{\mathrm{d}^n y}{\mathrm{d}x^n} = \dfrac{\mathrm{d}\left(\dfrac{\mathrm{d}^{n-1} y}{\mathrm{d}x^{n-1}}\right)}{\mathrm{d}x}.$$

对于 $f(x)$ 在 x_0 处的 n 阶导数有时需用定义

$$f^{(n)}(x_0) = \lim_{x \to x_0} \frac{f^{(n-1)}(x) - f^{(n-1)}(x_0)}{x - x_0}$$

$$= \lim_{\Delta x \to 0} \frac{f^{(n-1)}(x_0 + \Delta x) - f^{(n-1)}(x_0)}{\Delta x}$$

$$= \lim_{t \to 0} \frac{f^{(n-1)}(x_0 + t) - f^{(n-1)}(x_0)}{t}$$

求解，如果 $f^{(n)}(x_0)$ 存在，则称 $f(x)$ 在 x_0 处 n **阶可导**.

用 $f(x) \in D^n(a,b), f(x) \in D^n[a,b]$ 分别表示 $f(x)$ 在 $(a,b), [a,b]$ 上 n 阶可导；用 $f(x) \in C^n(a,b), f(x) \in C^n[a,b]$ 分别表示 $f(x)$ 在 $(a,b), [a,b]$ 的 n 阶导函数是连续函数，这样的函数称为 n 阶连续可导函数.

例 1 求证 $y = \sin 2x + \dfrac{x}{4}$ 满足关系式 $y'' + 4y = x$.

本题事实上是验证函数满足后面的方程，只需把相应的导数计算出，代入方程使左右相等.

证明 $y' = 2\cos 2x + \dfrac{1}{4}$，$y'' = -4\sin 2x$，故 $y'' + 4y = -4\sin 2x + 4(\sin 2x + \dfrac{x}{4}) = x$ 成立.

例 2 $y = \ln\cos^2 x$，求 y''.

解 $y' = \dfrac{1}{\cos^2 x} \cdot 2\cos x \cdot (-\sin x) = -2\tan x$，$y'' = -2\sec^2 x$.

例 3 求 $y = e^{ax+b}$ 的 n 阶导数.

解 $y' = ae^{ax+b}$，$y'' = a^2 e^{ax+b}$，$y''' = a^3 e^{ax+b}$，…，一般得

$$(e^{ax+b})^{(n)} = a^n e^{ax+b}.$$

特别地，有 $(e^x)^{(n)} = e^x$.

例 4 求 $y = \sin(ax+b)$ 的 n 阶导数.

解 $y' = a\cos(ax+b) = a\sin(ax+b+\dfrac{\pi}{2})$，

$$y'' = a^2\cos(ax+b+\dfrac{\pi}{2}) = a^2\sin(ax+b+\dfrac{2\pi}{2}),$$

$$y''' = a^3\cos(ax+b+\dfrac{2\pi}{2}) = a^3\sin(ax+b+\dfrac{3\pi}{2}), \cdots,$$

一般得

$$(\sin(ax+b))^{(n)} = a^n \sin(ax+b+\dfrac{n\pi}{2}).$$

同理可得

$$(\cos(ax+b))^{(n)} = a^n \cos(ax+b+\dfrac{n\pi}{2}).$$

特别地，有 $(\sin x)^{(n)} = \sin\left(x+\dfrac{n\pi}{2}\right)$，$(\cos x)^{(n)} = \cos\left(x+\dfrac{n\pi}{2}\right)$.

例 5 求 $y = \dfrac{1}{ax+b}(a \neq 0)$ 的 n 阶导数.

解 $y' = \dfrac{-a}{(ax+b)^2}$,

$$y'' = \dfrac{(-a)(-2a)(ax+b)}{(ax+b)^4} = \dfrac{(-1)^2 \cdot 2! \cdot a^2}{(ax+b)^3},$$

$$y''' = \dfrac{(-1)^2 a^2 \cdot 2! \cdot (-3a)(ax+b)^2}{(ax+b)^6} = \dfrac{(-1)^3 \cdot 3! \cdot a^3}{(ax+b)^4}, \cdots,$$

一般得

$$\left(\dfrac{1}{ax+b}\right)^{(n)} = \dfrac{(-1)^n \cdot n! \cdot a^n}{(ax+b)^{n+1}}$$

四个高阶导数公式：$(e^{ax+b})^{(n)} = a^n e^{ax+b}$，$(\sin(ax+b))^{(n)} = a^n \sin\left(ax+b+\dfrac{n\pi}{2}\right)$，$(\cos(ax+b))^{(n)} = a^n \cos\left(ax+b+\dfrac{n\pi}{2}\right)$，$\left(\dfrac{1}{ax+b}\right)^{(n)} = \dfrac{(-1)^n \cdot n! \cdot a^n}{(ax+b)^{n+1}}$ 应该熟记，以后的学习中还会经常遇见.

例 6 求 $y = x^\mu$（μ 为常数）的 n 阶导数.

解 $y' = \mu x^{\mu-1}$，$y'' = \mu(\mu-1)x^{\mu-2}$，$y''' = \mu(\mu-1)(\mu-2)x^{\mu-3}$，$\cdots$，一般地，可得

$$(x^\mu)^{(n)} = \mu(\mu-1)\cdots(\mu-n+1)x^{\mu-n}.$$

由此易知，对于 n 次多项式 $P_n(x)$，每次求导次数减少一次，从而 $P_n^{(n+1)}(x) = 0$.

例 7 $f(x) = \begin{cases} x^2, & x \geqslant 0, \\ x^3, & x < 0. \end{cases}$

(1) $f(x)$ 在 $x=0$ 是否二阶可导？

(2) 求 $f''(x)$.

解 这是分段函数的二阶导数，特别注意分段函数在分段点处需用导数或高阶导数定义求导.

(1) $f'_+(0) = \lim\limits_{x \to 0^+} \dfrac{f(x)-f(0)}{x-0} = \lim\limits_{x \to 0^+} \dfrac{x^2-0}{x-0} = \lim\limits_{x \to 0^+} x = 0$,

$f'_-(0) = \lim\limits_{x \to 0^-} \dfrac{f(x)-f(0)}{x-0} = \lim\limits_{x \to 0^-} \dfrac{x^3-0}{x-0} = \lim\limits_{x \to 0^-} x^2 = 0$,

故 $f'(0) = 0$. 由此可知

$$f'(x) = \begin{cases} 2x, & x > 0, \\ 0, & x = 0, \\ 3x^2, & x < 0, \end{cases}$$

$f''_+(0) = \lim\limits_{x \to 0^+} \dfrac{f'(x)-f'(0)}{x-0} = \lim\limits_{x \to 0^+} \dfrac{2x}{x} = 2$,

$f''_-(0) = \lim\limits_{x \to 0^-} \dfrac{f'(x)-f'(0)}{x-0} = \lim\limits_{x \to 0^-} \dfrac{3x^2}{x} = 0$,

故 $f''(0)$ 不存在，从而 $f(x)$ 在 $x=0$ 处非二阶可导.

(2) 由(1)可知

$$f''(x) = \begin{cases} 2, & x > 0, \\ 6x, & x < 0. \end{cases}$$

下面给出高阶导数运算法则.

定理 1 $u=u(x)$, $v=v(x)$ 均为 n 阶可导, 则:

(1) $(u\pm v)^{(n)}=u^{(n)}\pm v^{(n)}$;

(2) $(uv)^{(n)}=\sum_{k=0}^{n}C_n^k u^{(k)}v^{(n-k)}$, 称为莱布尼茨(Leibniz)公式, 其中, $u^{(0)}=u$, $v^{(0)}=v$;

(3) $(f(ax+b))^{(n)}=a^n f^{(n)}(ax+b)$.

定理 1 的证明需用数学归纳法, 这里只证明(2).

证明 $n=1$ 时, $(uv)'=u'v+uv'=C_1^0 u^{(0)}v^{(1)}+C_1^1 u^{(1)}v^{(0)}$, 故公式成立.

假设公式对 $n-1$ 成立, 即 $(uv)^{(n-1)}=\sum_{k=0}^{n-1}C_{n-1}^k u^{(k)}v^{(n-1-k)}$. 从而

$$\begin{aligned}(uv)^{(n)} &= ((uv)^{(n-1)})' = \left(\sum_{k=0}^{n-1}C_{n-1}^k u^{(k)}v^{(n-1-k)}\right)' \\ &= \sum_{k=0}^{n-1}C_{n-1}^k (u^{(k)}v^{(n-1-k)})' \\ &= \sum_{k=0}^{n-1}C_{n-1}^k (u^{(k+1)}v^{(n-1-k)}+u^{(k)}v^{(n-k)}) \\ &= \sum_{k=0}^{n-1}C_{n-1}^k u^{(k+1)}v^{(n-k-1)}+\sum_{k=0}^{n-1}C_{n-1}^k u^{(k)}v^{(n-k)} \\ &= \sum_{k=1}^{n}C_{n-1}^{k-1} u^{(k)}v^{(n-k)}+\sum_{k=0}^{n-1}C_{n-1}^k u^{(k)}v^{(n-k)} \\ &= u^{(0)}v^{(n)}+\sum_{k=1}^{n-1}(C_{n-1}^{k-1}+C_{n-1}^k)u^{(k)}v^{(n-k)}+C_{n-1}^{n-1}u^{(n)}v^{(0)} \\ &= C_n^0 u^{(0)}v^{(n)}+\sum_{k=1}^{n-1}C_n^k u^{(k)}v^{(n-k)}+C_n^n u^{(n)}v^{(0)} \\ &= \sum_{k=0}^{n}C_n^k u^{(k)}v^{(n-k)}.\end{aligned}$$

证毕.

由此可知, 对于求解高阶导数应该尽可能利用和差的高阶导数公式.

例 8 求下列函数的 n 阶导数.

① $y=\dfrac{1}{3x^2+2x-5}$; ② $y=\sin x \cdot \cos 3x$.

解 ① $y=\dfrac{1}{(x-1)(3x+5)}=\dfrac{1}{8}\left(\dfrac{1}{x-1}-\dfrac{3}{3x+5}\right)$, 从而 $y^{(n)}=\dfrac{1}{8}\dfrac{(-1)^n \cdot n!}{(x-1)^{n+1}}-\dfrac{3}{8}\dfrac{(-1)^n \cdot n! \cdot 3^n}{(3x+5)^{n+1}}$;

② $y=\dfrac{1}{2}(\sin 4x-\sin 2x)$, 从而 $y^{(n)}=\dfrac{1}{2}\cdot 4^n\sin\left(4x+\dfrac{n\pi}{2}\right)-2^{n-1}\sin\left(2x+\dfrac{n\pi}{2}\right)=2^{2n-1}\sin\left(4x+\dfrac{n\pi}{2}\right)-2^{n-1}\sin\left(2x+\dfrac{n\pi}{2}\right)$.

例 9 $y=x^2 e^{3x}$, 求 $y^{(n)}$.

解 由于 $(x^2)^{(3)}=0$, 在求 x^2 与 e^{3x} 积高阶导数时一般用莱布尼茨公式把 x^2 从低阶写到高阶. 则有

$$y' = 2x e^{3x} + 3x^2 e^{3x}, \quad y'' = 2 e^{3x} + 12x e^{3x} + 9x^2 e^{3x},$$

$n \geqslant 3$ 时，有

$$\begin{aligned}
y^{(n)} &= (x^2 e^{3x})^{(n)} \\
&= C_n^0 (x^2)^{(0)} (e^{3x})^{(n)} + C_n^1 (x^2)' (e^{3x})^{(n-1)} + C_n^2 (x^2)'' (e^{3x})^{(n-2)} \\
&= 3^n x^2 e^{3x} + 2n \cdot 3^{n-1} x e^{3x} + n(n-1) \cdot 3^{n-2} e^{3x} \\
&= e^{3x} \cdot 3^{n-2} (9x^2 + 6nx + n^2 - n).
\end{aligned}$$

例 10 $y = e^{3x} \sin 2x$，求 $y^{(5)}$.

解法一 由于 $(e^{3x})^{(n)} = 3^n e^{3x}$，$(\sin 2x)^{(n)} = 2^n \sin\left(2x + \dfrac{n\pi}{2}\right)$，再根据莱布尼茨公式，有

$$\begin{aligned}
y^{(5)} &= C_5^0 (e^{3x})^{(0)} (\sin 2x)^{(5)} + C_5^1 (e^{3x})^{(1)} (\sin 2x)^{(4)} + C_5^2 (e^{3x})^{(2)} (\sin 2x)^{(3)} + \\
&\quad C_5^3 (e^{3x})^{(3)} (\sin 2x)^{(2)} + C_5^4 (e^{3x})^{(4)} (\sin 2x)^{(1)} + C_5^5 (e^{3x})^{(5)} (\sin 2x)^{(0)} \\
&= 2^5 e^{3x} \sin\left(2x + \dfrac{5\pi}{2}\right) + 5 \times 3 \times 2^4 \sin\left(2x + \dfrac{4\pi}{2}\right) e^{3x} + \dfrac{5 \times 4}{2} \times 3^2 \times \\
&\quad 2^3 e^{3x} \sin\left(2x + \dfrac{3\pi}{2}\right) + \dfrac{5 \times 4 \times 3}{3 \times 2 \times 1} \times 3^3 \times 2^2 e^{3x} \sin\left(2x + \dfrac{2\pi}{2}\right) + 5 \times 3^4 \times \\
&\quad 2 e^{3x} \sin\left(2x + \dfrac{\pi}{2}\right) + 3^5 e^{3x} \sin 2x \\
&= e^{3x} (32\cos 2x + 240\sin 2x - 720\cos 2x - 1080\sin 2x + 810\cos 2x + 405\sin 2x).
\end{aligned}$$

解法二 $y' = 3 e^{3x} \sin 2x + 2 e^{3x} \cos 2x = e^{3x} (3\sin 2x + 2\cos 2x) = \sqrt{13} e^{3x} \sin(2x + \varphi)$,

$$y'' = (\sqrt{13})^2 e^{3x} \sin(2x + 2\varphi), \cdots,$$

由此可知

$$y^{(5)} = (\sqrt{13})^5 e^{3x} \sin(2x + 5\varphi),$$

其中 φ 满足：

$$\varphi = \arctan \dfrac{2}{3}.$$

习题 2-3

1. 求下列函数的二阶导数.

   (1) $y = x \arctan x$；   (2) $y = e^{-x} \cos x$；

   (3) $y = \dfrac{1}{1+x^2}$；   (4) $y = \ln(x + \sqrt{1+x^2})$；

   (5) $y = \sqrt{1-x^2}$；   (6) $y = \arcsin x$；

   (7) $y = \tan^2 x$；   (8) $y = x \ln(1+x^2)$.

2. $g(x)$ 具有连续的一阶导数，$g'(0) = 2$，$f(x) = x g(x)$，求 $f''(0)$.

3. $f(x) = \begin{cases} \sin^2 x, & x \geqslant 0, \\ x^3, & x < 0, \end{cases}$ 问：

   (1) $f(x)$ 在 $x = 0$ 处是否二阶可导？

   (2) 求 $f''(x)$.

4. 设 $f''(x)$ 存在，求下列函数的二阶导数 $\dfrac{d^2y}{dx^2}$.

(1) $y = f(1+x^2)$；　　　　　　(2) $y = \arctan f^2(x)$.

5. 试从 $\dfrac{dx}{dy} = \dfrac{1}{y'}$ 导出：

(1) $\dfrac{d^2x}{dy^2} = \dfrac{-y''}{(y')^3}$；　　　　　(2) $\dfrac{d^3x}{dy^3} = \dfrac{3(y'')^2 - y'y'''}{(y')^5}$.

6. 求下列函数的 n 阶导数.

(1) $y = \sin^2 x$；　　　(2) $y = x^2\cos 2x$；　　　(3) $y = x\ln(1+x)$；

(4) $y = x^2 e^x$；　　　(5) $y = \dfrac{1}{3x^2+2x-5}$；　　　(6) $y = \sin 2x \cdot \cos 3x$.

7. $y = \arctan x$，求 $y^{(19)}(0)$，$y^{(20)}(0)$.

8. 验证 $y = C_1 e^{2x} + C_2 e^{3x}$ 满足关系式：
$$y'' - 5y' + 6y = 0 \qquad (C_1, C_2 \text{ 为常数}).$$

9. 验证若 $\alpha \pm i\beta$ 为方程 $r^2 + pr + q = 0$ 两共轭复根，则 $y = e^{\alpha x}(C_1 \cos\beta x + C_2 \sin\beta x)$ 满足关系式
$$y'' + py' + qy = 0.$$

10. $f(x) = (x-a)^n g(x)$，其中 $g(x)$ 为 n 阶可导函数，求证：

(1) $f^{(k)}(a) = 0$，$0 \leqslant k \leqslant n-1$；

(2) $f^{(n)}(a) = n!g(a)$.

§2.4　隐函数的导数和由参数方程所确定的函数的导数

§2.4.1　隐函数求导

$y = f(x)$ 是用自变量直接表示因变量的函数，称为**显函数**. 例如 $y = \sin 2x$，$y = \arctan \dfrac{1}{1+x^2}$ 均为显函数，但有些函数的表达是用方程表示的，如 $x - e^x + y^3 = 0$ 表示的函数为 $y = \sqrt[3]{e^x - x}$，而有些方程决定的函数却不可能表示为显函数，并且有些方程决定的函数不唯一，如：$x^2 + y^2 = 1$ 确定了函数 $y = \sqrt{1-x^2}$ 和 $y = -\sqrt{1-x^2}$. 这种由方程确定的函数称为**隐函数**.

隐函数求导的关键在于将 y 理解为 $f(x)$，方程两边对自变量求导，通过解方程求出 $\dfrac{dy}{dx}$.

例 1　已知 $y = y(x)$ 由方程 $e^y - xy + x^2 = e$ 确定，求
$$\dfrac{dy}{dx},\ \dfrac{d^2y}{dx^2},\ \dfrac{dy}{dx}\bigg|_{x=0},\ \dfrac{d^2y}{dx^2}\bigg|_{x=0}.$$

解 我们将方程两边分别对 x 求导数，注意 $y=y(x)$，对方程 $e^y-xy+x^2=e$ 两边求导可得

$$e^y y' - y - xy' + 2x = 0.$$

故

$$y' = \frac{y-2x}{e^y-x}, \tag{2.4}$$

在求二阶导数时，要注意 $y=y(x)$.

$$y'' = \frac{(y'-2)(e^y-x)-(y-2x)(e^y y'-1)}{(e^y-x)^2}. \tag{2.5}$$

将式(2.4)代入式(2.5)可得

$$y'' = \frac{(y-2e^y)(e^y-x)-(y-2x)(ye^y-2xe^y-e^y+x)}{(e^y-x)^3}. \tag{2.6}$$

又因 $x=0$ 时 $y=1$，代入式(2.4)可得：$y'|_{x=0}=\dfrac{1}{e}$，再由式(2.6)可得

$$y'' = \frac{1-2e}{e^2}.$$

例2 求椭圆 $\dfrac{x^2}{a^2}+\dfrac{y^2}{b^2}=1$ 上点 (x_0,y_0) 的切线方程.

解 将方程 $\dfrac{x^2}{a^2}+\dfrac{y^2}{b^2}=1$ 两边对 x 求导，得

$$\frac{2x}{a^2}+\frac{2yy'}{b^2}=0,$$

即

$$y'=-\frac{b^2 x}{a^2 y}.$$

由导数的几何意义，故 $k_{切}=-\dfrac{b^2 x_0}{a^2 y_0}$，切线方程为

$$y-y_0=-\frac{b^2 x_0}{a^2 y_0}(x-x_0),$$

再根据切点满足椭圆方程 $\dfrac{x_0^2}{a^2}+\dfrac{y_0^2}{b^2}=1$，化简得

$$\frac{x_0 x}{a^2}+\frac{y_0 y}{b^2}=1.$$

例3 已知函数 $f(x)$ 二阶可导，求方程 $y=f(x+y)$ 决定的隐函数的 $\dfrac{dy}{dx}$，$\dfrac{d^2 y}{dx^2}$.

解 方程 $y=f(x+y)$ 两边分别对 x 求导：$y'=f'(x+y)(1+y')$，可得

$$y'=\frac{f'(x+y)}{1-f'(x+y)}=-1+\frac{1}{1-f'(x+y)},$$

从而

$$y''=\frac{-[1-f'(x+y)]'}{[1-f'(x+y)]^2}=\frac{f''(x+y)(1+y')}{[1-f'(x+y)]^2}$$

$$=\frac{f''(x+y)}{[1-f'(x+y)]^3}.$$

有些显函数的求导需借助隐函数求导,才能使求导更方便.

(1)幂指函数 $y=u(x)^{v(x)}$ 的求导:可两边取对数变为 $\ln y=v(x)\ln u(x)$,也可变为 $y=e^{v(x)\ln u(x)}$,再求导.

例 4 $y=x^{x^2}(x>0)$,求 y'.

解法一 利用方程两边取对数将显函数变成隐函数求导. 取对数可得 $\ln y=x^2\ln x$,再两边对 x 求导:
$$\frac{1}{y}y'=2x\ln x+x,$$
从而
$$y'=x^{x^2}(2x\ln x+x).$$

解法二 利用指数函数和对数函数的关系将原函数变形为复合函数再求导. $y=e^{x^2\ln x}$,从而
$$y'=e^{x^2\ln x}(x^2\ln x)'=x^{x^2}(2x\ln x+x).$$

例 5 $y=y(x)$ 由 $x^y=x+y$ 决定,求 $\dfrac{dy}{dx}$.

解 本题是隐函数求导,由于 $y=y(x)$,从而 x^y 应理解为幂指函数的导数. 为了方便,我们把它变为 $e^{y\ln x}$ 的复合结构. 方程变为 $e^{y\ln x}=x+y$,再方程两边求导:$e^{y\ln x}(y'\ln x+\dfrac{y}{x})=1+y'$,可得
$$y'=\frac{1-yx^{y-1}}{x^y\ln x-1}.$$

(2)多幂积函数 $f(x)=[f_1(x)]^{g_1(x)}[f_2(x)]^{g_2(x)}\cdots[f_n(x)]^{g_n(x)}$ 求导:为了不影响定义域,可先取绝对值,再两边取对数,然后求导,这里需用公式 $(\ln|x|)'=\dfrac{1}{x}$. 不过用这种方法时对于 $y=0$ 的特殊 x 处导数需用导数的定义求解.

例 6 $y=\sqrt[3]{\dfrac{x(x-1)^2}{(x-2)(x-3)^4}}$,求 y'.

解 $|y|=\sqrt[3]{\dfrac{|x||x-1|^2}{|x-2||x-3|^4}}$,两边取对数:
$$\ln|y|=\frac{1}{3}(\ln|x|+2\ln|x-1|-\ln|x-2|-4\ln|x-3|),$$
再两边求导:
$$\frac{1}{y}y'=\frac{1}{3}\left(\frac{1}{x}+\frac{2}{x-1}-\frac{1}{x-2}-\frac{4}{x-3}\right),$$
所以
$$y'=\frac{1}{3}\sqrt[3]{\frac{x(x-1)^2}{(x-2)(x-3)^4}}\left(\frac{1}{x}+\frac{2}{x-1}-\frac{1}{x-2}-\frac{4}{x-3}\right).$$

例 7 $y=\sqrt{\dfrac{x(x-1)^3}{(x-2)(x^2-3)^5}}$,求 y'.

解 $|y|=\sqrt{\dfrac{|x||x-1|^3}{|x-2||x^2-3|^5}}$,两边取对数:

$$\ln|y| = \frac{1}{2}(\ln|x| + 3\ln|x-1| - \ln|x-2| - 5\ln|x^2-3|),$$

再两边求导：
$$\frac{1}{y}y' = \frac{1}{2}\left(\frac{1}{x} + \frac{3}{x-1} - \frac{1}{x-2} - 5\frac{2x}{x^2-3}\right),$$

所以
$$y' = \frac{1}{2}\sqrt{\frac{x(x-1)^3}{(x-2)(x^2-3)^5}}\left(\frac{1}{x} + \frac{3}{x-1} - \frac{1}{x-2} - \frac{10x}{x^2-3}\right).$$

注意：y 在 $x = 0, 2, \pm\sqrt{3}$ 处不可导，但是用定义可求出 $y'(1) = 0$.

§2.4.2 由参数方程所确定的函数的导数

由参数方程 $\begin{cases} x = \varphi(t) \\ y = \psi(t) \end{cases}$ 决定的函数 $y = y(x)$ 求 $\dfrac{dy}{dx}$ 的问题，可将其理解为质点在平面坐标系 xOy 上运动，而 $\dfrac{dy}{dx}$ 不但是运动轨迹的切线斜率，也是合速度的方向（如图 2.5 所示）.

$$\frac{dy}{dx} = \tan\theta = \frac{v_2}{v_1} = \frac{\dfrac{dy}{dt}}{\dfrac{dx}{dt}} = \frac{y_t'}{x_t'}.$$

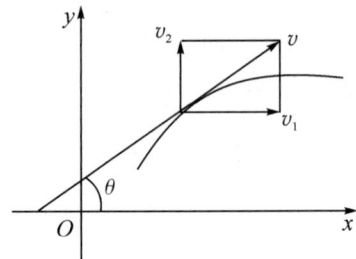

图 2.5

定理 1 若 $x = \varphi(t)$ 在 $t = t_0$ 的某邻域内有连续的反函数 $t = \varphi^{-1}(x)$, $\varphi'(t_0) \neq 0$, $x_0 = \varphi(t_0)$, $y = \psi(t)$ 在 $t = t_0$ 处可导, 参数方程 $\begin{cases} x = \varphi(t) \\ y = \psi(t) \end{cases}$（$t$ 为参数）确定的函数为 $y = y(x)$, 则 $\dfrac{dy}{dx}\bigg|_{x=x_0} = \dfrac{\psi'(t_0)}{\varphi'(t_0)}$.

证明 由于 $\lim\limits_{\Delta t \to 0} \dfrac{\Delta x}{\Delta t} = \varphi'(t_0)$, 故
$$\Delta x = \varphi'(t_0)\Delta t + \alpha \Delta t.$$

由于 $\lim\limits_{\Delta t \to 0} \dfrac{\Delta y}{\Delta t} = \psi'(t_0)$, 故
$$\Delta y = \psi'(t_0)\Delta t + \beta \Delta t.$$

其中 α, β 为 $\Delta t \to 0$ 时无穷小. 又因 $t = \varphi^{-1}(x)$ 在 x_0 处连续, 故 $\Delta x \to 0$ 时, $\Delta t \to 0$ 且 $\Delta t \neq$

0，故
$$\left.\frac{\mathrm{d}y}{\mathrm{d}x}\right|_{x=x_0} = \lim_{\Delta x \to 0}\frac{\Delta y}{\Delta x} = \lim_{\Delta x \to 0}\frac{\psi'(t_0)\Delta t + \beta\Delta t}{\varphi'(t_0)\Delta t + \alpha\Delta t} = \lim_{\Delta t \to 0}\frac{\psi'(t_0)+\beta}{\varphi'(t_0)+\alpha} = \frac{\psi'(t_0)}{\varphi'(t_0)}.$$
证毕.

由于 $\dfrac{\mathrm{d}y}{\mathrm{d}x}$ 仍用 t 表示，而 $\dfrac{\mathrm{d}^2 y}{\mathrm{d}x^2}$ 可理解为由参数 t 决定的两变量 z 和 x 的关系：$\begin{cases} z = \dfrac{\mathrm{d}y}{\mathrm{d}x} = \dfrac{y'_t}{x'_t} \\ x = \varphi(t) \end{cases}$ 参数方程决定的函数 $z = z(x)$ 的导数 $\dfrac{\mathrm{d}z}{\mathrm{d}x}$，由于 $\dfrac{\mathrm{d}y}{\mathrm{d}x} = \dfrac{y'_t}{x'_t}$，可知 $\dfrac{\mathrm{d}^2 y}{\mathrm{d}x^2} = \dfrac{\mathrm{d}z}{\mathrm{d}x} = \dfrac{\left(\dfrac{\mathrm{d}y}{\mathrm{d}x}\right)'_t}{x'_t}$.

一般地，$\dfrac{\mathrm{d}^n y}{\mathrm{d}x^n} = \dfrac{\mathrm{d}\left(\dfrac{\mathrm{d}^{n-1}y}{\mathrm{d}x^{n-1}}\right)}{\mathrm{d}x} = \dfrac{\left(\dfrac{\mathrm{d}^{n-1}y}{\mathrm{d}x^{n-1}}\right)'_t}{x'_t}$.

例 8 已知 $\begin{cases} x = 3t^2 - 2t^3 + 1, \\ y = t^3 - 3t + 2, \end{cases}$ 求 $\dfrac{\mathrm{d}y}{\mathrm{d}x}, \dfrac{\mathrm{d}^2 y}{\mathrm{d}x^2}, \dfrac{\mathrm{d}^3 y}{\mathrm{d}x^3}$.

解 由参数方程求导公式 $\dfrac{\mathrm{d}y}{\mathrm{d}x} = \dfrac{y'_t}{x'_t} = \dfrac{3t^2 - 3}{6t - 6t^2} = -\dfrac{1}{2}\dfrac{t+1}{t} = -\dfrac{1}{2} - \dfrac{1}{2}\dfrac{1}{t}$,

$$\frac{\mathrm{d}^2 y}{\mathrm{d}x^2} = \frac{\left(\dfrac{\mathrm{d}y}{\mathrm{d}x}\right)'_t}{x'_t} = \frac{\dfrac{1}{2}\dfrac{1}{t^2}}{6t - 6t^2} = \frac{1}{12}\frac{1}{t^3 - t^4},$$

$$\frac{\mathrm{d}^3 y}{\mathrm{d}x^3} = \frac{\left(\dfrac{\mathrm{d}^2 y}{\mathrm{d}x^2}\right)'_t}{x'_t} = \frac{\dfrac{1}{12} \cdot \dfrac{-(3t^2 - 4t^3)}{(t^3 - t^4)^2}}{6t - 6t^2} = \frac{4t - 3}{72 t^5 (1-t)^3}.$$

例 9 求曲线 $\begin{cases} x = \mathrm{e}^t - 2t + 3, \\ y = t^2 - 2t + 2 \end{cases}$ 在 $t = 0$ 对应点处的切线、法线方程.

解 $t = 0$ 时，$x = 4$，$y = 2$，$M_0(4, 2)$. 根据曲线切线的斜率为 $y = y(x)$ 在该切点处的导数，由参数方程确定的函数的求导公式 $\dfrac{\mathrm{d}y}{\mathrm{d}x} = \dfrac{y'_t}{x'_t} = \dfrac{2t - 2}{\mathrm{e}^t - 2}$，从而 $k_{切} = \left.\dfrac{\mathrm{d}y}{\mathrm{d}x}\right|_{t=0} = 2$.

所求切线方程为：$y - 2 = 2(x - 4)$，即：$y - 2x + 6 = 0$；

法线方程为：$y - 2 = -\dfrac{1}{2}(x - 4)$，即：$y + \dfrac{1}{2}x - 4 = 0$.

例 10 已知抛射体的运动轨迹的参数方程为

$$\begin{cases} x = v_1 t, \\ y = v_2 t - \dfrac{1}{2}gt^2. \end{cases}$$

求抛射体在时刻 t 的运动速度的大小和方向.

解 先求速度的大小.

水平方向速度分量 $\dfrac{\mathrm{d}x}{\mathrm{d}t} = v_1$，竖直方向速度分量 $\dfrac{\mathrm{d}y}{\mathrm{d}t} = v_2 - gt$，故 t 时刻运动速度大小为

$$v = \sqrt{\left(\frac{dx}{dt}\right)^2 + \left(\frac{dy}{dt}\right)^2} = \sqrt{v_1^2 + (v_2 - gt)^2}.$$

再求运动方向，设它与 x 轴的倾斜角为 α，则根据导数的几何意义和参数方程确定函数的导数公式有：

$$\tan\alpha = \frac{dy}{dx} = \frac{y'_t}{x'_t} = \frac{v_2 - gt}{v_1}.$$

故 $\alpha = \arctan\dfrac{v_2 - gt}{v_1}$.

§2.4.3 相关变化率

设 $x = x(t)$，$y = y(t)$ 都是可导函数，从而得到两个变化率 $x'(t)$，$y'(t)$. 如果 x，y 间存在方程关系，则称 $x'(t)$，$y'(t)$ 为**两相关变化率**.

例 11 一质点从离地面 10 m 处自由落下，地面上一个人在距其落地点 3 m 处观察其落下，求当质点离地面 3 m 时，观察者仰角的变化率.

解 如图 2.6 所示，设 t 时刻质点落到 A 处，从而两个量仰角 θ 和质点离地面的高度 y 都是时间 t 的函数，设 $\theta = \theta(t)$，$y = y(t)$. 由于时刻 t 总有方程

$$\tan\theta = \frac{1}{3}y. \tag{2.7}$$

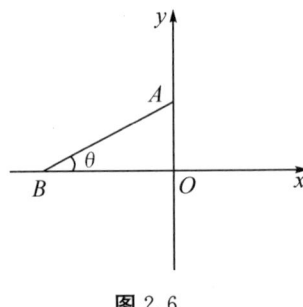

图 2.6

从而 $\theta'(t)$，$y'(t)$ 是相关变化率.

式(2.7)两边对 t 求导：

$$\sec^2\theta \cdot \frac{d\theta}{dt} = \frac{1}{3}\frac{dy}{dt}. \tag{2.8}$$

由自由落体运动规律 $y'_t = -gt$，且 $y = 10 - \dfrac{1}{2}gt^2$，故 $y = 3$ 时，$t = \sqrt{\dfrac{14}{g}}$，$\theta = \dfrac{\pi}{4}$，代入式(2.8)，可知：

$$\left.\frac{d\theta}{dt}\right|_{y=3} = -\frac{1}{6}g\sqrt{\frac{14}{g}} = -\frac{1}{6}\sqrt{14g},$$

从而所求仰角变化率为 $-\dfrac{1}{6}\sqrt{14g}$ 弧度/秒.

习题 2-4

1. 求出下列方程所确定的隐函数的导数.

   (1) $e^x - e^y + xy = 1$;   (2) $\arctan \dfrac{y}{x} = x + y$;

   (3) $y = e^{x+y} - 1$;   (4) $\ln(x^2 + y^2) = \arctan \dfrac{x}{y}$.

2. 求曲线 $xy + e^x - e^y = 1 - e$ 在 $x = 0$ 对应曲线上的点处的切线方程和法线方程.

3. 求下列各函数的二阶导数 $\dfrac{d^2 y}{dx^2}$.

   (1) $xy = e^y + 1$;   (2) $y = \tan(x+y)$;

   (3) $\arctan \dfrac{y}{x} = \ln(x^2 + y^2)$;   (4) $x^2 - y^2 = 1$.

4. 求下列参数方程决定的函数的导数和二阶导数.

   (1) $\begin{cases} x = e^t - t + 1, \\ y = e^{2t} - 2t + 2; \end{cases}$ (2) $\begin{cases} x = \theta + \sin\theta, \\ y = \cos\theta; \end{cases}$

   (3) $\begin{cases} x = f'(t), \\ y = tf'(t) - f(t), \end{cases}$ 设 $f''(t)$ 存在且不为零;

   (4) $\begin{cases} x = \arctan t + t, \\ y = \ln(1 + t^2) + t; \end{cases}$ (5) $\begin{cases} x = 1 - t^2, \\ y = t - t^3. \end{cases}$

5. 用对数求下列各函数的导数.

   (1) $y = \left(\dfrac{x}{1+x}\right)^x$;   (2) $y = x^{e^x}$;

   (3) $y = \dfrac{\sqrt[3]{x-1}(x^2+2)^4}{(x+1)^3}$;   (4) $y = \sqrt{x \sin x \cdot \sqrt{1 + e^{2x}}}$.

6. $y = y(x)$ 由方程 $x^y = x + y$ 决定,求 $\dfrac{dy}{dx}$.

7. 一底半径为 2 m,高为 4 m 的圆锥形容器顶点朝下竖放,若以速度 2 m³/s 从其底面注水,问当水高为 2 m 时容器中水上升的速度?

8. 一质点在平面上作曲线运动,t 时刻所在位置为 $(t - \sin t, 1 - \cos t)$,求 t 时刻的合速度和速度的方向.

9. 求曲线 $\begin{cases} x = \dfrac{t}{1+t^2}, \\ y = \ln(1+t^2) \end{cases}$ 在 $t = 1$ 对应点处的切线和法线方程.

10. 一架飞机在离望远镜的镜头正上方 5000 m 的高空水平飞去,已知当望远镜倾角为 $\dfrac{\pi}{3}$ 时,倾角每分钟减少 $\dfrac{\pi}{6}$ 弧度,求此时飞机飞行的速度.

§2.5 函数的微分

§2.5.1 微分的定义

若函数 $y=f(x)$ 在 x_0 处可导，则在 $M_0(x_0,f(x_0))$ 存在切线 M_0T（如图 2.7 所示），其方程为

$$y = f(x_0) + f'(x_0)(x-x_0)$$
$$= f(x_0) + f'(x_0)\Delta x.$$

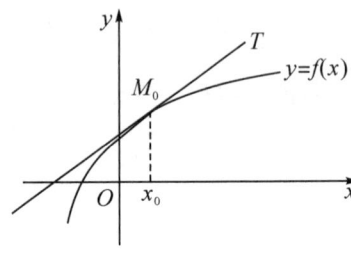

图 2.7

若在 x_0 充分小邻域内，用切线替代函数 $y=f(x)$ 曲线，其误差怎么样呢？即需考虑 $f(x_0+\Delta x)-(f(x_0)+f'(x_0)\Delta x)$.

事实上，由 $f'(x_0) = \lim\limits_{\Delta x \to 0} \dfrac{f(x_0+\Delta x)-f(x_0)}{\Delta x}$ 可知：$\Delta x \to 0$ 有

$$\frac{f(x_0+\Delta x)-f(x_0)}{\Delta x} = f'(x_0) + \alpha.$$

其中，$\lim\limits_{\Delta x \to 0} \alpha = 0$，故有 $f(x_0+\Delta x)-f(x_0) = f'(x_0)\Delta x + \alpha \Delta x$，从而

$$\Delta y = f(x_0+\Delta x) - f(x_0) = f'(x_0)\Delta x + o(\Delta x),$$

即 $\Delta x \to 0$ 时，切线替代 $y=f(x)$，其误差为 $o(\Delta x)$.

定义 1 对于函数 $y=f(x)$，若存在常数 A，使

$$\Delta y = f(x_0+\Delta x) - f(x_0) = A\Delta x + o(\Delta x),$$

则称 $y=f(x)$ 在 x_0 处**可微**，且记 $\mathrm{d}y|_{x=x_0} = A\Delta x$ 为 $f(x)$ 在 x_0 处**微分**.

由上面讨论知，若 $f(x)$ 于 x_0 处可导，则必然在 x_0 处可微，且 $A = f'(x_0)$，下面定理说明 $f(x)$ 于 x_0 可导与可微关系，且 $\mathrm{d}f(x)|_{x=x_0} = f'(x_0)\Delta x$.

定理 1 函数 $f(x)$ 于 x_0 处可微的充要条件是 $f(x)$ 于 x_0 处可导，且

$$\mathrm{d}f(x)|_{x=x_0} = f'(x_0)\Delta x.$$

证明 充分性已在前面证明，只证必要性. 若 $f(x)$ 于 x_0 处可微，则存在常数 A，使

$$\Delta y = f(x_0+\Delta x) - f(x_0) = A\Delta x + o(\Delta x).$$

故

$$\lim_{\Delta x \to 0} \frac{\Delta y}{\Delta x} = \lim_{\Delta x \to 0} \frac{A\Delta x + o(\Delta x)}{\Delta x} = A.$$

从而 $f(x)$ 在 x_0 处可导，且 $A = f'(x_0)$，故 $\mathrm{d}f(x)|_{x=x_0} = f'(x_0)\Delta x$. 证毕.

把 $\mathrm{d}f(x) = f'(x)\Delta x$ 称为函数 $f(x)$ 的微分，由于 $\mathrm{d}x = \Delta x$，故一般把 $\mathrm{d}f(x) = f'(x)\mathrm{d}x$ 称为函数 $f(x)$ 的微分，从而 $f'(x) = \dfrac{\mathrm{d}f(x)}{\mathrm{d}x} = \dfrac{\mathrm{d}y}{\mathrm{d}x}$，为因变量与自变量微分之比. 这就是导数又称为**微商**的原因.

例 1 求 $y = x^3$ 在 $x = 2$ 的微分.

解 根据函数的可微性和微分公式有 $\mathrm{d}y = \mathrm{d}x^3 = 3x^2\mathrm{d}x$，故在 $x = 2$ 处的微分为
$$\mathrm{d}y|_{x=2} = 12\mathrm{d}x.$$

例 2 $y = \ln x$ 于 $x = 2$，$\Delta x = 0.01$ 的微分.

解 由函数微分公式有：$\mathrm{d}y = \mathrm{d}\ln x = \dfrac{1}{x}\mathrm{d}x$，故 $\mathrm{d}y\Big|_{\substack{x=2,\\ \Delta x=0.01}} = \dfrac{1}{2} \times 0.01 = 0.005$.

§2.5.2 微分的基本公式和运算法则

1. 微分的基本公式

$\mathrm{d}C = 0$; $\qquad \mathrm{d}x^\mu = \mu x^{\mu-1}\mathrm{d}x$; $\qquad \mathrm{d}\sin x = \cos x\,\mathrm{d}x$;

$\mathrm{d}\cos x = -\sin x\,\mathrm{d}x$; $\qquad \mathrm{d}\tan x = \sec^2 x\,\mathrm{d}x$; $\qquad \mathrm{d}\cot x = -\csc^2 x\,\mathrm{d}x$;

$\mathrm{d}\sec x = \sec x\tan x\,\mathrm{d}x$; $\qquad \mathrm{d}\csc x = -\csc x\cot x\,\mathrm{d}x$;

$\mathrm{d}\log_a x = \dfrac{1}{x\ln a}\mathrm{d}x$; $\qquad \mathrm{d}\ln x = \dfrac{1}{x}\mathrm{d}x$; $\qquad \mathrm{d}a^x = a^x \ln a\,\mathrm{d}x$;

$\mathrm{d}e^x = e^x\mathrm{d}x$; $\qquad \mathrm{d}\arcsin x = \dfrac{1}{\sqrt{1-x^2}}\mathrm{d}x$; $\qquad \mathrm{d}\arccos x = -\dfrac{1}{\sqrt{1-x^2}}\mathrm{d}x$;

$\mathrm{d}\arctan x = \dfrac{1}{1+x^2}\mathrm{d}x$; $\qquad \mathrm{d}\operatorname{arccot} x = -\dfrac{1}{1+x^2}\mathrm{d}x$.

2. 微分的四则运算

定理 2 若 $u = u(x)$，$v = v(x)$ 均可微，则

(1) $\mathrm{d}(u(x) \pm v(x)) = \mathrm{d}u(x) \pm \mathrm{d}v(x)$;

(2) $\mathrm{d}(u(x)v(x)) = v(x)\mathrm{d}u(x) + u(x)\mathrm{d}v(x)$;

(3) $\mathrm{d}\dfrac{u(x)}{v(x)} = \dfrac{v(x)\mathrm{d}u(x) - u(x)\mathrm{d}v(x)}{v^2(x)}$，其中 $v(x) \neq 0$.

它们的证明只需用导数运算法则，例如：

$$\begin{aligned}\mathrm{d}(u(x)v(x)) &= (u(x)v(x))'\mathrm{d}x \\ &= (u'(x)v(x) + u(x)v'(x))\mathrm{d}x \\ &= v(x)(u'(x)\mathrm{d}x) + u(x)(v'(x)\mathrm{d}x) \\ &= v(x)\mathrm{d}u(x) + u(x)\mathrm{d}v(x).\end{aligned}$$

例3 $d\dfrac{\sin x}{x^2} = \dfrac{x^2 d\sin x - \sin x d(x^2)}{x^4}$

$\qquad\qquad\quad = \dfrac{x^2\cos x dx - 2x\sin x dx}{x^4}$

$\qquad\qquad\quad = \dfrac{x\cos x - 2\sin x}{x^3} dx.$

3. 复合函数的微分法则

定理3 不管 u 是自变量还是中间变量，总有 $df(u) = f'(u)du$，其中 $f(u)$ 为可导函数.

证明 若 u 为自变量，由微分定义知 $df(u) = f'(u)du$ 成立.

若 u 为中间变量，设 $u = g(x)$ 且可导，从而
$$df(u) = df(g(x)) = [f(g(x))]' dx = f'(u)g'(x)dx$$
$$= f'(u)[g'(x)dx] = f'(u)du.$$

证毕.

把定理3具有的特征称为一元函数的微分形式的不变性.

例4 已知 $y = e^{\arctan\sqrt{x}}$，求 dy.

解法一 根据微分的定义，先求导数 y'，即
$$y' = e^{\arctan\sqrt{x}} \cdot \dfrac{1}{1+x} \cdot \dfrac{1}{2\sqrt{x}}.$$

故
$$dy = y'dx = \dfrac{1}{2\sqrt{x}(1+x)} e^{\arctan\sqrt{x}} dx.$$

解法二 根据复合函数的微分公式，我们可逐层求微分.
$$dy = de^{\arctan\sqrt{x}} = e^{\arctan\sqrt{x}} d\arctan\sqrt{x}$$
$$= e^{\arctan\sqrt{x}} \cdot \dfrac{1}{1+x} d\sqrt{x} = \dfrac{e^{\arctan\sqrt{x}}}{1+x} \dfrac{1}{2\sqrt{x}} dx.$$

本例用了两种解法，希望熟练掌握解法二，这样对以后积分的学习大有好处.

例5 $y = e^{x^2}\sin x^3$，求 dy.

解 $dy = \sin x^3 de^{x^2} + e^{x^2} d\sin x^3 = \sin x^3 \cdot e^{x^2} d(x^2) + e^{x^2}\cos x^3 d(x^3)$
$\qquad = (2x\sin x^3 \cdot e^{x^2} + 3x^2 e^{x^2}\cos x^3)dx.$

根据导数又是微商和微分形式不变性的特点，可用求微分的方法求隐函数的导数和由参数方程确定的函数的导数.

例6 已知 $\begin{cases} x = e^t - t + 1, \\ y = e^{2t} - 2t + 2, \end{cases}$ 求 $\dfrac{dy}{dx}, \dfrac{d^2 y}{dx^2}$.

解 $\dfrac{dy}{dx} = \dfrac{d(e^{2t} - 2t + 2)}{d(e^t - t + 1)} = \dfrac{(2e^{2t} - 2)dt}{(e^t - 1)dt} = 2(e^t + 1)$，

$\qquad\dfrac{d^2 y}{dx^2} = \dfrac{d\left(\dfrac{dy}{dx}\right)}{dx} = \dfrac{d(2(e^t + 1))}{d(e^t - t + 1)} = \dfrac{2e^t dt}{(e^t - 1)dt} = \dfrac{2e^t}{e^t - 1}.$

例7 $y = f(x)$ 由方程 $x^2 + xy^2 - y^3 = 3$ 决定，求 $\dfrac{dy}{dx}$.

解 方程两边取微分

$$dx^2 + d(xy^2) - dy^3 = 0,$$

根据微分不变形的性质有

$$2x dx + y^2 dx + x dy^2 - 3y^2 dy = 0,$$

即

$$2x dx + y^2 dx + 2xy dy - 3y^2 dy = 0,$$

再根据导数为微商有

$$\frac{dy}{dx} = \frac{2x + y^2}{3y^2 - 2xy}.$$

§2.5.3 微分的几何意义

对于 $y = f(x)$，若在 x_0 处可导，则 $dy|_{x_0} = f'(x_0)\Delta x = \tan\alpha \cdot \Delta x$（其中 α 为切线倾斜角）。由此可知 $dy|_{x_0}$ 表示 $y = f(x_0)$ 在 $(x_0, f(x_0))$ 处切线上纵坐标增量，如图 2.8 所示。

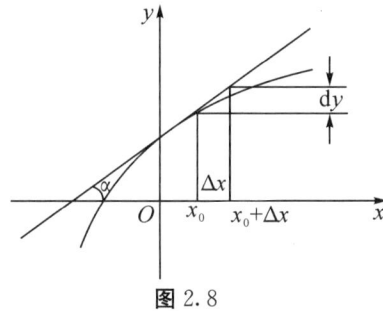

图 2.8

由定理 1 可知 $\Delta y - dy|_{x_0}$ 是 Δx 的高阶无穷小，即当 $\Delta x \to 0$ 时用切线替代 $y = f(x)$ 曲线误差很小。

§2.5.4 微分在近似计算中的应用

近似计算是数学应用的重要方面。由于 $f(x)$ 在 x_0 处可导，必有

$$\Delta y = f(x) - f(x_0) = f'(x_0)(x - x_0) + o(x - x_0),$$

从而 $x \to x_0$（即 $|\Delta x|$ 很小）时有近似公式：

$$f(x) \approx f(x_0) + f'(x_0)(x - x_0).$$

例 8 利用微分计算 $\sin 30°30'$ 的近似值。

解 取函数 $f(x) = \sin x$，$x_0 = 30° = \frac{\pi}{6}$。

$\Delta x = x - x_0 = 30' = \frac{\pi}{360}$。由微分得到的近似公式 $f(x) \approx f(x_0) + f'(x_0)(x - x_0)$，有

$$\sin 30°30' = \sin\left(\frac{\pi}{6} + \frac{\pi}{360}\right) \approx \sin\frac{\pi}{6} + \cos\frac{\pi}{6} \cdot \frac{\pi}{360}$$

$$= \frac{1}{2} + \frac{\sqrt{3}}{2} \cdot \frac{\pi}{360} \approx 0.5000 + 0.0076 = 0.5076.$$

特别地,当$|x|$很小时,取$x_0=0$,有近似公式:
$$f(x) \approx f(0) + f'(0)x.$$

例9 证明下列近似公式,其中$|x|$很小.

(1) $\sqrt[n]{1+x} \approx 1 + \dfrac{1}{n}x$;

(2) $\sin x \approx x$;

(3) $\tan x \approx x$;

(4) $e^x \approx 1 + x$;

(5) $\ln(1+x) \approx x$;

(6) $\arctan x \approx x$.

证明 只证(1),(6),其他类似.

(1) $f(x) = \sqrt[n]{1+x}$,由$|x|$很小,取$x_0=0$,有近似公式:
$$f(x) \approx f(0) + f'(0)x,$$

故
$$\sqrt[n]{1+x} \approx 1 + \dfrac{1}{n}x.$$

(6) $f(x) = \arctan x$,$f'(x) = \dfrac{1}{1+x^2}$,从而$f'(0)=1$,又$f(0)=\arctan 0 = 0$.由$|x|$很小,根据近似公式
$$f(x) \approx f(0) + f'(0)x,$$

有
$$\arctan x \approx x.$$

如求$\sqrt[4]{1.05}$的近似值,有
$$\sqrt[4]{1.05} = \sqrt[4]{1+0.05} \approx 1 + \dfrac{1}{4} \times 0.05 = 1 + 0.0125 = 1.0125.$$

例10 一边长为2 m的立方体钢材,加热后边长增加了0.01 m,求体积大致增加了多少?

解 设边长为x m,则立方体的体积$V = x^3$,由$x_0=2$,$\Delta x = 0.01$,有
$$\Delta V \approx dV \Big|_{\substack{x_0=2\\\Delta x=0.01}} = (3x^2)\big|_{x_0=2} \Delta x = 0.12 (\text{m}^3),$$

即体积大致增加了0.12 m^3.

下面介绍微分在误差估计方面的应用.

设某量精确值为A,近似值为α,则$|A-\alpha|$称为该量的**绝对误差**,$\left|\dfrac{A-\alpha}{\alpha}\right|$称为该量的**相对误差**. 在实际应用中,由于各种条件的制约,很难得到精确值A,但从仪器等的使用可知道测量的误差限. 设$|A-\alpha| \leqslant \delta$,从而相对误差不超过$\left|\dfrac{\delta}{\alpha}\right|$,一般用百分比表示.

若某量y满足$y=f(x)$,也知道测量x的值的绝对误差不超过δ,且x测量值为x_0,则相应的y的相对误差不超过
$$\left|\dfrac{\Delta y}{y_0}\right| \approx \left|\dfrac{dy}{y_0}\right| = \left|\dfrac{f'(x_0)\Delta x}{y_0}\right| \leqslant \left|\dfrac{f'(x_0)}{y_0}\right|\delta.$$

例11 某正方体的边长测得为2 m,已知测量绝对误差不超过0.01 m,求体积的相对误差.

解 边长为 x 时正方体的体积 $f(x)=x^3$，由 $\delta=0.01$，从而
$$\left|\frac{\Delta f}{y_0}\right| \leq \left|\frac{f'(x_0)}{f(x_0)}\right|\delta = \frac{3\times 2^2}{2^3} \times 0.01 = 0.015 = 1.5\%,$$
即体积的相对误差不超过 1.5%.

习题 2-5

1. 求下列函数的微分.

(1) $y=xe^{x^2}$；

(2) $y=\dfrac{x}{\sqrt{1+x^2}}$；

(3) $y=\ln(x+\sqrt{1+x^2})$；

(4) $y=\arctan\sqrt{x}$；

(5) $y=\tan e^{3x}$；

(6) $y=\arcsin\sqrt{1-x^2}$；

(7) $y=2^{\arctan\frac{1-x^2}{1+x^2}}$；

(8) $y=\log_2\dfrac{1-x}{1+x}$.

2. 将适当的函数填入下列括号内，使等式成立.

(1) $d(\quad)=x^3 dx$；

(2) $d(\quad)=\dfrac{1}{1+x^2}dx$；

(3) $d(\quad)=xe^{x^2}dx$；

(4) $d(\quad)=\dfrac{1}{1+4x^2}dx$；

(5) $d(\quad)=\sec^2 4x\, dx$；

(6) $d(\quad)=\dfrac{1}{1+2x}dx$；

(7) $d(\quad)=\sin^3 x\cdot\cos x\, dx$；

(8) $d(\quad)=\dfrac{\ln^2 x}{x}dx$.

3. 利用微分求下列隐函数的导数和由参数方程确定的函数的导数.

(1) $x^2+xy^2-y^3=1$，求 $\dfrac{dy}{dx}$；

(2) $\begin{cases} x=\dfrac{1}{1+t^2}, \\ y=\arctan t, \end{cases}$ 求 $\dfrac{dy}{dx}, \dfrac{d^2y}{dx^2}$.

4. 计算下列各值的近似值.

(1) $\cos 29°$；

(2) $\sqrt[3]{7.994}$；

(3) $\arcsin 0.5001$；

(4) $\arctan 1.01$.

5. 利用微分证明下列近似公式，其中 $|x|\ll 1$.

(1) $e^x \approx 1+x$；

(2) $\arcsin x \approx x$；

(3) $\sqrt{1+x^2} \approx 1+\dfrac{1}{2}x^2$；

(4) $\arccos x \approx \dfrac{\pi}{2}-x$.

6. 一钢球半径为 2 m，加热后半径伸长了 0.01 m，求体积大致增加了多少？

7. 一圆盘测得其半径为 4 m，已知测量绝对误差不超过 0.01 m，求其面积的相对误差限.

总复习题二

◀ A 组

1. 判断正误,并说明理由.

(1) 函数 $f(x)$ 在 x_0 处可导,但 $f(x)$ 在 x_0 处可以没有定义.

(2) 函数 $f(x)$ 在 x_0 处可导是 $f(x)$ 在 x_0 处连续的充分不必要条件.

(3) 函数 $f(x)$ 在 x_0 处可导是 $f(x)$ 在 x_0 处可微的充分必要条件.

(4) 若极限 $\lim\limits_{t\to 0}\dfrac{1}{t^2}[f(x_0+t^2)-f(x_0)]$ 存在,则 $f(x)$ 在 x_0 处可导.

(5) 若极限 $\lim\limits_{t\to 0}\dfrac{1}{t}[f(x_0+t)-f(x_0-t)]$ 存在,则 $f(x)$ 在 x_0 处可导.

(6) 若极限 $\lim\limits_{t\to 0}\dfrac{1}{t}[f(x_0+|t|)-f(x_0)]$ 存在,则 $f(x)$ 在 x_0 处可导.

(7) 若极限 $\lim\limits_{t\to 0}\dfrac{1}{t}[f(x_0+\sin t)-f(x_0)]$ 存在,则 $f(x)$ 在 x_0 处可导.

(8) 若极限 $\lim\limits_{x\to a}\dfrac{f(x)}{x-a}=2$,则 $f(x)$ 在 $x=a$ 处可导.

(9) 若极限 $\lim\limits_{h\to\infty}h\left[f\left(x_0+\dfrac{1}{h}\right)-f(x_0)\right]$ 存在,则 $f(x)$ 在 x_0 处可导.

2. 在下列各空格中填上"充分"、"必要"和"充分必要".

(1) $f(x)$ 在 x_0 处连续是 $f(x)$ 在 x_0 处可导的_____条件,$f'(x_0)$ 存在是 $f(x)$ 在 x_0 可导的_____条件;

(2) $f''(x_0)$ 存在是 $f(x)$ 在 x_0 的某邻域内可导的_____条件;

(3) $f(x)$ 在 x_0 可导是 $f(x)$ 在 x_0 可微的_____条件.

3. 下面哪一项为 $f'(0)$ 存在的充分必要条件.

(A) $\lim\limits_{x\to 0}\dfrac{f(x^2)-f(0)}{x^2}$ 存在;

(B) $\lim\limits_{x\to 0}\dfrac{f(x)-f(-x)}{x}$ 存在;

(C) $\lim\limits_{x\to 0}\dfrac{f(\sin x)-f(0)}{x}$ 存在;

(D) $\lim\limits_{x\to 0}\dfrac{f(1-\cos x)-f(0)}{x^2}$ 存在.

4. 已知 $f'(x)=e^{x^2}$,$y=f(x|x|)$,求 $\dfrac{dy}{dx}$.

5. 求下列各函数的一阶、二阶导函数.

(1) $f(x)=\begin{cases}\sin x, & x\geqslant 0,\\ x, & x<0;\end{cases}$

(2) $f(x)=\begin{cases}\ln(1+x^2), & x\geqslant 0,\\ x^3, & x<0.\end{cases}$

6. 讨论函数 $f(x)=\begin{cases} x^a \sin\dfrac{1}{x}, & x>0, \\ x^2, & x\leqslant 0 \end{cases}$ 在 $x=0$ 处的连续性和可导性以及连续的导数(a 为常数).

7. 已知 $f(x)$ 为可导函数,且 $f'(1)=2$,$f'(2)=4$,$f(1)=3$,$f(2)=5$,$y=f(1+\sin 2x)\cdot f(2+3x)$,求 $\dfrac{\mathrm{d}y}{\mathrm{d}x}\Big|_{x=0}$.

8. 求下列各函数的导数 $\dfrac{\mathrm{d}y}{\mathrm{d}x}$.

(1) $y=\dfrac{\sqrt{1+x^2}\,(1+\sin x)^2}{(\mathrm{e}^x+1)^2\sqrt[3]{1-x^2}}$; (2) $y=\arctan\dfrac{1-x^2}{1+x^2}$;

(3) $y=(1+x^2)^{\frac{1}{1+x^2}}$; (4) $y=\arcsin\dfrac{1}{1-x^2}$.

9. 设函数 $y=y(x)$ 由方程 $\arctan\dfrac{x}{y}=\ln(x^2+y^2)-\ln 4$ 确定,求 $y'|_{x=0}$,$y''|_{x=0}$.

10. 方程组 $\begin{cases} tx^3+y^3=\mathrm{e}^t \\ x^5+y^2=t^2 \end{cases}$,在 $t=0$ 邻域内确定了函数 $y=y(x)$,求 $\dfrac{\mathrm{d}y}{\mathrm{d}x}\Big|_{t=0}$.

11. 利用微分代替函数的增量求 $\sqrt[3]{1.02}$ 的近似值.

12. $f(x)=x^2\ln(1+2x)$,求 $f^{(n)}(x)(n\geqslant 2)$.

13. 已知函数 $y=f(x)$ 满足方程

$$x\dfrac{\mathrm{d}^2 y}{\mathrm{d}x^2}+\dfrac{\mathrm{d}y}{\mathrm{d}x}=x,$$

作代换 $x=\mathrm{e}^t$ 将上述方程变为 $\dfrac{\mathrm{d}y}{\mathrm{d}t}$,$\dfrac{\mathrm{d}^2 y}{\mathrm{d}t^2}$ 表达的方程(消去方程中的 x).

14. 在两条垂直公路上(见第 14 题图),一警车以速度 60 km/h 在 y 轴上向 O 开去,在距 O 点 0.6 km 时,发现一贼车在 x 轴上离 O 点 0.8 km 向东开去,通过雷达测速仪发现此时它们的距离每小时增加 20 km,问贼车此时运行的速度是多少?

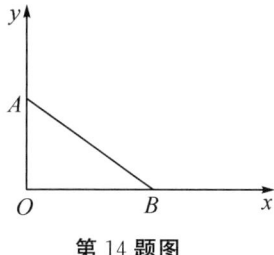

第 14 题图

15. 设 $f(x)=x(x-1)\cdots(x-100)$,求 $f'(100)$.

16. 设 $f'(a)=A$,求 $\lim\limits_{t\to 0}\dfrac{f(a+3t)-f(a-2t)}{t}$.

17. 设 $f(0)=1$,$f'(0)=2$,求 $\lim\limits_{x\to 0}\dfrac{\cos x-f(x)}{x}$ 及 $\lim\limits_{x\to 1}\dfrac{f(\ln x)-1}{1-x}$.

18. 设物体的位移方程为 $s=t^3+1$,求其在 $t=5$ 时的速度和加速度.

19. 求曲线 $y = e^{\sin 2x}$ 在 $x = \dfrac{\pi}{2}$ 处的切线和法线方程.

20. 设 $y = f(x)$ 存在反函数 $y = g(x)$，且 $f(1) = 2$，$f'(1) = 3$，求 $g'(2)$.

21. 求下列函数 $y = f(x)$ 的一阶二阶导数.

(1) $y = x^{\sin x}$；

(2) $y = \ln(x + \sqrt{x^2 + 1})$；

(3) $y = f(x)$ 由方程 $e^y + 6xy + x^2 - 1 = 0$ 所确定；

(4) $y = f(x)$ 由参数方程 $\begin{cases} x = \arctan t \\ y = \ln(1 + t^2) \end{cases}$ 确定.

22. 求下列函数的高阶导数.

(1) $y = (x+1)(x-1)e^{2x}$，求 $y^{(n)}$；

(2) $y = \sin x \sin 3x$，求 $y^{(n)}|_{x=0}$.

◀ B 组

1. 设 $f(x) = \begin{cases} x^2, & x \text{ 是有理数} \\ -x^2, & x \text{ 不是有理数} \end{cases}$，证明 $f(x)$ 只在 $x = 0$ 处可导.

2. 设 $f'(x) = e^{x^2} + x$，$f(x)$ 在 $x > 0$ 时有反函数 $y = g(x)$，且 $f(1) = 3$，设 $z = g(4x - 1)$，求 $\dfrac{dz}{dx}|_{x=1}$.

3. $f(x) = a_1 \sin x + a_2 \sin 2x + \cdots + a_n \sin nx$，且 $|f(x)| \leqslant |\sin x|$，$a_i$ 为常数（$1 \leqslant i \leqslant n$），则 $|a_1 + 2a_2 + \cdots + na_n| \leqslant 1$.

4. 已知 $f(x)$ 在 $x = 0$，$x = 1$ 处可导，且 $f(0) = 1$，$f(1) = 2$，$f'(0) = 3$，$f'(1) = 4$. 求极限 $\lim\limits_{n \to \infty} n \left[\ln f\left(\dfrac{1}{n}\right) - \ln f\left(1 + \dfrac{1}{n}\right) + \ln 2 \right]$.

5. $f(x) = \lim\limits_{y \to 0}(1 + xy)^{\frac{1}{y \ln(1 + x^2)}}$，求：

(1) $f'(x)$；

(2) $x = 0$ 为 $f(x)$ 的哪一类间断点？

6. 证明二次曲线 $Ax^2 + Bxy + Cy^2 + Dx + Ey + F = 0$（其中 A, B, C, D, E, F 均为常数）在其上 (x_0, y_0) 处切线方程为

$$Ax_0 x + B \dfrac{x_0 y + y_0 x}{2} + Cy_0 y + D \dfrac{x_0 + x}{2} + E \dfrac{y_0 + y}{2} + F = 0.$$

7. 已知函数 $f(x) = e^{x^2}$，求 $f(x)$ 在 $x = 0$ 处 n 阶导数 $f^{(n)}(0)$.

8. 已知 $x = x(t)$，$y = y(t)$，且 $\dfrac{dx}{dt} = y + x[1 - (x^2 + y^2)]$，$\dfrac{dy}{dt} = -x + y[1 - (x^2 + y^2)]$，若 $r^2 = x^2 + y^2$，证明：$\dfrac{dr}{dt} = r(1 - r^2)$.

9. 设 $y = x + x^3$ 的反函数为 $y = g(x)$，求 $g'(2)$ 及 $g''(2)$.

10. 设 $f(x)$ 连续，在 $x = 0$ 的某邻域内满足 $f(1 + \sin x) - 3f(1 - \sin x) = 8x + o(x)$. 若 $f(x)$ 在 $x = 1$ 处可导，求曲线 $y = f(x)$ 在 $x = 1$ 处的切线和法线方程.

11. 设 $f(0)=1$，$f'(0)=2$，求极限 $\lim\limits_{x\to 0}\dfrac{e^x f(x)-1}{x}$ 及 $\lim\limits_{x\to 2}\dfrac{f(2-x)-1}{x^2-2x}$.

12. 设 $f(x)$ 连续，且 $\lim\limits_{x\to 0}\dfrac{f(x)}{x}=\lim\limits_{x\to 1}\dfrac{f(x)+1}{x-1}=2$，求 $f(0)$，$f'(0)$，$f(1)$，$f'(1)$.

13. 求曲线 $1+\sin(x+y)=e^{-xy}$ 在 $(0,0)$ 处的切线方程及 $\dfrac{\mathrm{d}^2 y}{\mathrm{d}x^2}\big|_{(0,0)}$.

14. 设 $y=g(x)$ 是 $y=f(x)$ 的反函数，且 $f(a)=3$，$f'(a)=1$，$f''(a)=2$. 求 $g''(3)$.

15. 设 $f(t)=\lim\limits_{x\to\infty} t\left(\dfrac{x+t}{x-t}\right)^x$，求 $f'(t)$.

16. 设 $f(x)=\begin{cases} ax^2+bx+c, & x\leqslant 0 \\ \ln(1+x), & x>0 \end{cases}$，且 $f''(0)$ 存在，求 a,b,c.

17. 设 $f(x)$ 在 $[a,b]$ 上连续，且 $f(a)=f(b)=0$，$f'_+(a)\cdot f'_-(b)>0$. 证明：$f(x)$ 在 (a,b) 内存在零点.

18. 设连续函数 $f(x)$ 满足 $\forall x,y$，$f(x+y)=f(x)f(y)$，且 $f'(0)=1$. 证明 $f(x)$ 可导，且 $f'(x)=f(x)$.

19. 证明：双曲线 $xy=a^2(a\neq 0)$ 上任一点处的切线与两坐标轴围成的三角形的面积都等于 $2a^2$.

20. 证明：若 $f'(x_0)>0$，则存在 $\delta>0$，当 $x\in(x_0-\delta,x_0)$ 时，$f(x)<f(x_0)$；当 $x\in(x_0,x_0+\delta)$ 时，$f(x)>f(x_0)$.

第 3 章 微分中值定理与导数的应用

本章将讨论微分学的几个重要结论,并用导数来研究函数的曲线特征.

§3.1 微分中值定理

本节是导数的理论基础之一,费马(Fermat)引理、罗尔(Rolle)定理、拉格朗日(Lagrange)中值定理和柯西(Cauchy)中值定理都是微分学中的重要定理.

§3.1.1 费马引理、罗尔定理

首先证明费马引理.

费马引理 设函数 $f(x)$ 在点 x_0 的某邻域 $U(x_0)$ 内有定义,并且在 x_0 处可导,如果对任意的 $x \in U(x_0)$,有
$$f(x) \leqslant f(x_0)(或 f(x) \geqslant f(x_0)),$$
那么
$$f'(x_0) = 0.$$

证明 不妨设 $x \in U(x_0)$ 时,$f(x) \leqslant f(x_0)$,于是,对于任一 $x_0 + \Delta x \in U(x_0)$,$f(x_0 + \Delta x) \leqslant f(x_0)$,从而有:

当 $\Delta x > 0$ 时,$\dfrac{f(x_0 + \Delta x) - f(x_0)}{\Delta x} \leqslant 0$;

当 $\Delta x < 0$ 时,$\dfrac{f(x_0 + \Delta x) - f(x_0)}{\Delta x} \geqslant 0$.

根据函数 $f(x)$ 在 x_0 处可导的条件,可得到
$$f'(x_0) = f'_+(x_0) = \lim_{\Delta x \to 0^+} \frac{f(x_0 + \Delta x) - f(x_0)}{\Delta x} \leqslant 0,$$
$$f'(x_0) = f'_-(x_0) = \lim_{\Delta x \to 0^-} \frac{f(x_0 + \Delta x) - f(x_0)}{\Delta x} \geqslant 0.$$

所以,$f'(x_0) = 0$. 证毕.

通常将使函数的导数等于 0 的点称为函数的**驻点**. 由费马引理知,若 $f(x)$ 在 $[a,b]$ 上连续,(a,b) 上可导,且 $f(x)$ 在 (a,b) 内某点 x_0 处取得 $f(x)$ 在 $[a,b]$ 上的最大值或最小值,那么必然有 $f'(x_0) = 0$. 费马引理可用于说明导函数零点的存在性.

注:费马引理中,$f(x) \leqslant f(x_0)(f(x) \geqslant f(x_0))$ 亦指 x_0 是 $f(x)$ 的一个极大(小)值

点. 从而费马引理可叙述为：可导的极值点必为驻点.

罗尔定理 如果函数 $f(x)$ 满足：

(1) 在闭区间 $[a,b]$ 上连续，即 $f(x) \in C[a,b]$，

(2) 在开区间 (a,b) 内可导，即 $f(x) \in D(a,b)$，

(3) 在区间端点处的函数值相等，即 $f(a)=f(b)$，

那么在 (a,b) 内至少有一点 $\xi(a<\xi<b)$，使得 $f'(\xi)=0$.

证明 由于 $f \in C[a,b]$，从而 $f(x)$ 在 $[a,b]$ 上取到最大值 M 和最小值 m，如图 3.1 所示.

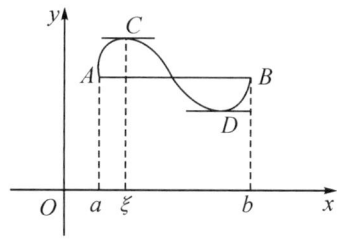

图 3.1

(1) $M=m$ 时，$f(x)$ 在 $[a,b]$ 上必为常值函数，从而 $\forall x \in (a,b)$，有 $f'(x)=0$，故结论成立；

(2) $M \neq m$ 时，由于 $f(a)=f(b)$，$f(x)$ 必在 (a,b) 内取到 M，m 之一，设该点为 ξ，由费马引理知 $f'(\xi)=0$. 证毕.

罗尔定理主要用于考虑导函数的零点，对于区间的构造主要注意 $f(a)=f(b)$（即端点的函数值相等）. 罗尔定理几何意义为：条件满足时，函数曲线在 (a,b) 内存在平行于 x 轴的切线.

例 1 已知 $g(x)$ 在 $[0,1]$ 上连续，在 $(0,1)$ 内可导，$g(1)=0$. 求证：存在 $\xi \in (0,1)$，使 $g(\xi)+\xi g'(\xi)=0$.

证明 由于 $(xg(x))'=g(x)+xg'(x)$，故设 $F(x)=xg(x)$，可知 $F(x)$ 在 $[a,b]$ 上连续，在 (a,b) 内可导，且 $F(0)=F(1)=0$，由罗尔定理，存在 $\xi \in (0,1)$，使得 $F'(\xi)=0$，即 $g(\xi)+\xi g'(\xi)=0$.

定义 1 若函数 $f(x)$ 在 $x=a$ 处 $n+1$ 阶可导，$f(a)=f'(a)=\cdots=f^{(n)}(a)=0$，而 $f^{(n+1)}(a) \neq 0$，则称 $x=a$ 为函数 $f(x)$ 的 $n+1$ **重零点**或方程 $f(x)=0$ 的 $n+1$ **重根**.

例如，$f(x)=(x-1)^2(x+1)^3(1+x^2)^3$，$x=1$，$-1$ 分别为函数 $f(x)$ 的二重、三重零点；再如，$g(x)=x^2\sin x$，$x=0$ 为函数 $g(x)$ 的三重零点.

推论 1 若在闭区间 $[a,b]$ 上 $n+1$ 阶可导函数 $f(x)$ 有 n 个零点（多重零点按重数计），$n \geq 2$. 当 $m<n$ 时，

(1) $f^{(m)}(x)$ 在闭区间 $[a,b]$ 上至少有 $n-m$ 个零点；

(2) 若 $f(x)$ 在闭区间 $[a,b]$ 上的零点不完全相同，则 $f^{(m)}(x)$ 在开区间 (a,b) 内至少有一个零点.

证明 对阶数 m 用数学归纳法.

当 $m=1$ 时，若 $x_1, x_2, \cdots, x_t$ 是 $f(x)$ 的互不相同的零点，每个零点的重数分别为

k_i，且 $\sum_{i=1}^{t} k_i = n$. 由定义 1 知 $x_1, x_2, \cdots, x_t$ 是 $f'(x)$ 的重数分别为 $k_i - 1$ 的零点；若 x_1，x_2 是 $f(x)$ 的两个不同的零点，则由罗尔定理必存在介于 x_1 与 x_2 之间的一个点 ξ 为 $f'(x)$ 的一个零点，从而 $f'(x)$ 在开区间 (a,b) 内至少有 $t-1$ 个互不相同的零点. 所以 $f'(x)$ 至少有 $\sum_{i=1}^{t}(k_i - 1) + t - 1 = n - 1$ 个零点；当 $f(x)$ 的零点不完全相同时，$f'(x)$ 在开区间 (a, b) 内至少有一个零点.

假设当阶数 $m = s - 1$ 时，结论成立，即：(1) $f^{(s-1)}(x)$ 在闭区间 $[a, b]$ 上至少有 $n - s + 1$ 个零点；(2) 若 $f(x)$ 在闭区间 $[a, b]$ 上的零点不完全相同，则 $f^{(s-1)}(x)$ 在开区间 (a, b) 内至少有一个零点.

当阶数 $m = s$ 时，$f^{(s)}(x) = (f'(x))^{(s-1)}$ 至少有 $n - 1 - (s - 1) = n - s$ 个零点；若 $f(x)$ 的零点不完全相同，可知 $f'(x)$ 的零点也不完全相同. 由归纳假设知 $f^{(s)}(x)$ 在开区间 (a, b) 内至少有一个零点.

特别地，若 $f(x)$ 可导，且 $f(x) = 0$ 有二个根，则 $f'(x) = 0$ 至少有一个根.

例 2 设 $g(x)$ 在 $[a, b]$ 上二阶可导，$g(b) = 0$，设 $f(x) = (x - a)^2 g(x)$，则存在 $\xi \in (a, b)$，使 $f''(\xi) = 0$.

本例题事实上为上面推论 1 的直接结论，不过在此直接证明一下.

证明 $f'(x) = 2(x - a)g(x) + (x - a)^2 g'(x)$，知 $f'(a) = 0$，由 $f(a) = f(b)$ 且 $f(x) \in C[a, b]$，$f(x) \in D(a, b)$，对 $f(x)$ 用罗尔定理，存在 $\xi_1 \in (a, b)$，使 $f'(\xi_1) = 0$，再对 $f'(x)$ 在 $[a, \xi_1]$ 上用罗尔定理知，存在 $\xi \in (a, \xi_1) \subset (a, b)$，使得 $f''(\xi) = 0$.

例 3 证明 $x^5 + 10x^3 - 10x^2 - 7x + 5 = 0$ 不可能有多于 3 个根（重根按重数计）.

证明 若 $f(x) = x^5 + 10x^3 - 10x^2 - 7x + 5$ 有 4 个零点，则 $f'''(x)$ 至少有 1 个零点，而 $f'(x) = 5x^4 + 30x^2 - 20x - 7$，$f''(x) = 20x^3 + 60x - 20$，$f'''(x) = 60(x^2 + 1)$，由此可知 $f'''(x)$ 无零点，矛盾. 故 $f(x)$ 不能有多于 3 个零点，即原方程不能有多于 3 个根.

§3.1.2 拉格朗日中值定理

拉格朗日中值定理 如果函数 $f(x)$ 满足

(1) $f(x)$ 在 $[a, b]$ 上连续，即 $f(x) \in C[a, b]$，

(2) $f(x)$ 在 (a, b) 上可导，即 $f(x) \in D(a, b)$，

则存在 $\xi \in (a, b)$，使 $f'(\xi) = \dfrac{f(b) - f(a)}{b - a}$.

证明 因 $\left(f(x) - \dfrac{f(b) - f(a)}{b - a} x\right)' = f'(x) - \dfrac{f(b) - f(a)}{b - a}$.

设 $F(x) = f(x) - \dfrac{f(b) - f(a)}{b - a} x$，$F(x)$ 在 $[a, b]$ 上连续，在 (a, b) 内可导，且 $F(a) = \dfrac{bf(a) - af(b)}{b - a} = F(b)$，由罗尔定理，存在 $\xi \in (a, b)$，使 $F'(\xi) = 0$，即 $f'(\xi) = \dfrac{f(b) - f(a)}{b - a}$. 证毕.

拉格朗日中值定理的几何意义是 $f(x)$ 在 $[a,b]$ 上连续,在 (a,b) 内可导,则在曲线上(除去端点)某点的切线与端点连线平行,或弦 AB 可平行移动为 (a,b) 内某点 ξ 处的切线(如图 3.2 所示). 特别当 $f(a)=f(b)$ 时,拉格朗日中值定理即为罗尔定理.

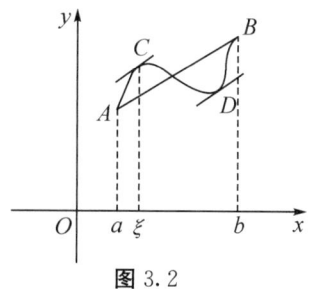

图 3.2

拉格朗日中值定理在微分学中占有重要地位,有时也称之为微分中值定理或有限增量定理. 在某些问题中,当自变量 x 取得有限增量(改变量)Δx 而需要函数增量(改变量)的准确表达式时,拉格朗日中值定理就显出其价值. 即:$\Delta y = f(x+\Delta x) - f(x) = f'(x+\theta \Delta x) \cdot \Delta x$,其中 θ 为 $(0,1)$ 内某常数.

例 4 $f(x)$ 为可导函数,且 $|f'(x)| \leqslant 1, f(0)=0$. 求证:$|f(x)| \leqslant |x|$.

证明 已知函数的导数不等式,对函数不等式可考虑用中值定理. 考虑函数值增量 $f(x)-f(0)$,由拉格朗日中值定理,存在 $\theta \in (0,1)$,使得
$$f(x) = f(x) - f(0) = f'(\theta x) x.$$
故
$$|f(x)| = |f'(\theta x)||x| \leqslant |x|.$$

例 5 已知 $a \neq b$,则 $|\arctan b - \arctan a| < |b-a|$.

证明 本题是函数 $\arctan x$ 在 a, b 处函数值之差的不等式,可考虑用拉格朗日中值定理. 不妨设 $a<b$,设 $f(x)=\arctan x$,$f'(x)=\dfrac{1}{1+x^2}$,由拉格朗日中值定理,存在 $\xi \in (a,b)$,使得
$$\arctan b - \arctan a = \frac{1}{1+\xi^2}(b-a).$$
从而
$$|\arctan b - \arctan a| < |b-a|.$$

推论 2 若 $f(x)$ 在区间 I 上为可导函数,则 $f(x)$ 在 I 上为常值函数的充分必要条件是 $f'(x)=0$.

证明 必要性. 若 $f(x)$ 在 I 上为常数,根据求导公式,有 $f'(x)=0$.

充分性. 若在 I 上 $f'(x)=0$,对任两点 $x_1, x_2 \in I$,根据拉格朗日中值定理,存在 $\theta \in (0,1)$,使得
$$f(x_2) - f(x_1) = f'[x_1 + \theta(x_2-x_1)](x_2-x_1).$$
故 $f(x_1)=f(x_2)$,即 $f(x)$ 在 I 上为常数. 证毕.

例 6 证明 $\arcsin x + \arccos x = \dfrac{\pi}{2}, x \in [-1,1]$.

证明 本题证明函数为某常值函数,根据推论 2,先求导数恒为 0 说明它是常数,再根据特殊值或其他方法求出这个常数.

设 $f(x)=\arcsin x + \arccos x$.

由 $f'(x) = \dfrac{1}{\sqrt{1-x^2}} - \dfrac{1}{\sqrt{1-x^2}} = 0$, $x \in (-1, 1)$, 可得 $f(x) = C$, $x \in (-1, 1)$; 又因 $f(x)$ 在 $[-1, 1]$ 上连续，从而 $f(x) = C$, $x \in [-1, 1]$.

又 $f(0) = \arcsin 0 + \arccos 0 = \dfrac{\pi}{2}$, 所以 $C = \dfrac{\pi}{2}$, 故

$$\arcsin x + \arccos x = \dfrac{\pi}{2}, \quad x \in [-1, 1].$$

同理可得：$\arctan x + \operatorname{arccot} x = \dfrac{\pi}{2}, x \in \mathbf{R}$.

§3.1.3 柯西中值定理

柯西中值定理 函数 $f(x), g(x)$ 满足

(1) $f(x), g(x)$ 在 $[a, b]$ 上连续，即 $f(x) \in C[a, b], g(x) \in C[a, b]$,
(2) $f(x), g(x)$ 在 (a, b) 内可导，即 $f(x) \in D(a, b), g(x) \in D(a, b)$,
(3) 对一切 $x \in (a, b), g'(x) \neq 0$,

那么在 (a, b) 内至少有一点 ξ, 使

$$\dfrac{f(b) - f(a)}{g(b) - g(a)} = \dfrac{f'(\xi)}{g'(\xi)}. \tag{3.1}$$

证明 式(3.1)等价于

$$f'(\xi) - \dfrac{f(b) - f(a)}{g(b) - g(a)} g'(\xi) = 0, \tag{3.2}$$

而

$$\left[f(x) - \dfrac{f(b) - f(a)}{g(b) - g(a)} g(x) \right]' = f'(x) - \dfrac{f(b) - f(a)}{g(b) - g(a)} g'(x).$$

设 $F(x) = f(x) - \dfrac{f(b) - f(a)}{g(b) - g(a)} g(x)$, 由连续性和可导性的运算知 $F(x)$ 在 $[a, b]$ 上连续，在 (a, b) 内可导，且 $F(a) = \dfrac{f(a)g(b) - f(b)g(a)}{g(b) - g(a)} = F(b)$. 由罗尔定理，存在 $\xi \in (a, b)$, 使 $F'(\xi) = 0$, 即式(3.2)成立；又 $g'(\xi) \neq 0$, 知式(3.1)成立. 证毕.

特别当 $g(x) = x$ 时，柯西中值定理便为拉格朗日中值定理.

柯西中值定理的几何意义为：对于参数方程 $\begin{cases} X = g(x) \\ Y = f(x) \end{cases}$ 决定的函数 $Y = Y(X)$ 曲线上（如图 3.3 所示），端点 $A(g(a), f(a))$, $B(g(b), f(b))$ 连成的弦 AB 可平行移动为弦内切线.

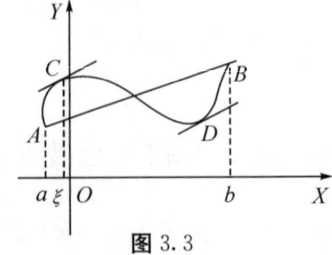

图 3.3

例 7 $f(x), g(x)$ 均二阶可导，且 $g'(x) \neq 0$，$g''(x) \neq 0$，$f(x_0) = g(x_0) = f'(x_0) = g'(x_0) = 0$. 求证：存在 ξ 位于 x_0 与 x 之间，使 $\dfrac{f(x)}{g(x)} = \dfrac{f''(\xi)}{g''(\xi)}$.

证明 分别对 $f(x), g(x)$；$f'(x), g'(x)$ 用柯西中值定理，即

$$\frac{f(x)}{g(x)} = \frac{f(x) - f(x_0)}{g(x) - g(x_0)} = \frac{f'(\xi_1)}{g'(\xi_1)}$$
$$= \frac{f'(\xi_1) - f'(x_0)}{g'(\xi_1) - g'(x_0)} = \frac{f''(\xi)}{g''(\xi)},$$

其中，ξ_1 在 x_0 与 x 间，ξ 在 x_0 与 ξ_1 间，故 ξ 在 x_0 与 x 间.

习题 3-1

1. 试证明对函数 $y = px^2 + qx + r$ 应用拉格朗日中值定理时所求的 ξ 总位于区间的正中间.

2. $f(x) = (x-1)(x-2)(x-3)(x-4)$，不求 $f'(x)$，说明 $f'(x) = 0$ 有且仅有三个根.

3. 已知 $a_1 + a_2 + a_3 + \cdots + a_n = 0$. 证明方程 $a_1 + 2a_2 x + 3a_3 x^2 + \cdots + na_n x^{n-1} = 0$ 在 $(0,1)$ 内至少有一个根.

4. 已知 $f(x)$ 在 $[a,b]$ 上二阶可导，$A(a, f(a))$，$B(b, f(b))$，线段 AB 交曲线 $y = f(x)$ 于另一点 C. 求证：存在 $\xi \in (a, b)$，使 $f''(\xi) = 0$.

5. 设 $a > b > 0$，证明：$\dfrac{a-b}{a} < \ln \dfrac{a}{b} < \dfrac{a-b}{b}$.

6. 证明恒等式 $\arctan \dfrac{1-x}{1+x} = -\dfrac{5\pi}{4} + \operatorname{arccot} x \ (x < -1)$.

7. $f(x)$ 在 $(-\infty, +\infty)$ 上可导，$f'(x) = f(x)$，$f(0) = 1$，求证 $f(x) = e^x$.

8. 证明方程 $24e^x + x^4 - 105x^2 + 105x - 25 = 0$，在 $(0, +\infty)$ 内有且仅有三个根.

9. 已知 n 阶可导函数 $f(x)$ 满足 $f(0) = f'(0) = \cdots = f^{(n-1)}(0) = 0$，求证：对任意 x，存在 $\theta \in (0, 1)$，使 $\dfrac{f(x)}{x^n} = \dfrac{f^{(n)}(\theta x)}{n!}$.

10. $f(x)$ 在 $[a, b]$ 上可导，且 $f(a) = f(b) = 0$，证明对任意常数 μ，存在 $\xi \in (a, b)$，使 $\mu f(\xi) = f'(\xi)$.

11. 若 $\lim\limits_{x \to a^+} f'(x) = A$，即 $f'(a+0) = A$，且 $f(x)$ 在 $x = a$ 处右连续，求证 $f'_+(a) = A$. 并举例说明 $f'_+(a)$ 存在，未必 $f'(a+0)$ 存在.

§3.2 洛必达法则

本节主要讨论用导数求各类极限不定式的方法，其中洛必达法则在极限求解中极其重要.

定理 1 设

(1)当 $x \to a$ 时，函数 $f(x)$ 及 $F(x)$ 都趋于零；

(2)在点 a 的某去心邻域内，$f'(x)$ 及 $F'(x)$ 都存在且 $F'(x) \neq 0$；

(3)$\lim\limits_{x \to a} \dfrac{f'(x)}{F'(x)}$ 存在(或为无穷大).

那么，$\lim\limits_{x \to a} \dfrac{f(x)}{F(x)} = \lim\limits_{x \to a} \dfrac{f'(x)}{F'(x)}$.

证明 因 $\lim\limits_{x \to a} f(x) = \lim\limits_{x \to a} F(x) = 0$，不妨设 $F(a) = f(a) = 0$，这不影响极限 $\lim\limits_{x \to a} \dfrac{f(x)}{F(x)}$，从而 $f(x)$，$F(x)$ 在点 a 连续. 由已知可知，$f(x)$，$F(x)$ 在 a 的某邻域内连续，在这个去心邻域内可导. 在这个去心邻域内任取 x，根据柯西中值定理，有

$$\dfrac{f(x)}{F(x)} = \dfrac{f(x) - f(a)}{F(x) - F(a)} = \dfrac{f'(\xi)}{F'(\xi)} \quad (\xi \text{ 在 } x \text{ 与 } a \text{ 之间}).$$

令 $x \to a$，此时 $\xi \to a$，再根据条件(3)便得所证结论. 证毕.

定理1是当 $x \to a$ 时 $\dfrac{0}{0}$ 型不定式极限. 这种用分子、分母分别求导再求极限的方法称为洛必达(L'Hospital)法则. 事实上，$x \to \infty$ 时 $\dfrac{0}{0}$ 型不定式也可用洛必达法则.

定理2 设

(1)当 $x \to \infty$ 时，函数 $f(x)$ 及 $F(x)$ 都趋于零；

(2)当 $|x| > N$ 时，$f'(x)$ 与 $F'(x)$ 都存在，且 $F'(x) \neq 0$；

(3)$\lim\limits_{x \to \infty} \dfrac{f'(x)}{F'(x)}$ 存在(或为无穷大).

那么，$\lim\limits_{x \to \infty} \dfrac{f(x)}{F(x)} = \lim\limits_{x \to \infty} \dfrac{f'(x)}{F'(x)}$.

证明

$$\lim_{x \to \infty} \dfrac{f(x)}{F(x)} \xlongequal{\text{令 } x = \frac{1}{t}} \lim_{t \to 0} \dfrac{f'\left(\dfrac{1}{t}\right) \dfrac{-1}{t^2}}{F'\left(\dfrac{1}{t}\right) \dfrac{-1}{t^2}} = \lim_{t \to 0} \dfrac{f'\left(\dfrac{1}{t}\right)}{F'\left(\dfrac{1}{t}\right)} = \lim_{x \to \infty} \dfrac{f'(x)}{F'(x)}.$$

证毕.

以上两个定理是 $\dfrac{0}{0}$ 型不定式的洛必达法则. 当定理1及定理2中的自变量无限变化改为 $x \to a^+$，$x \to a^-$，$x \to -\infty$，$x \to +\infty$，$\dfrac{0}{0}$ 型不定式的洛必达法则成立. 对于 $\dfrac{\infty}{\infty}$ 型不定式也有相应的洛必达法则，其证明稍微麻烦一些，其证明见本节附录.

例1 求 $\lim\limits_{x \to 0} \dfrac{e^x - x - 1}{x^2}$.

解 由于 $x \to 0$ 时，分子、分母极限均为0，且可求导，故试用洛必达法则.

$\lim\limits_{x \to 0} \dfrac{e^x - x - 1}{x^2} \stackrel{\frac{0}{0}}{=} \lim\limits_{x \to 0} \dfrac{e^x - 1}{2x} \stackrel{\frac{0}{0}}{=} \lim\limits_{x \to 0} \dfrac{e^x}{2} = \dfrac{1}{2}$.

本例中连续用了两次洛必达法则.

例2 求 $\lim\limits_{x \to 0} \dfrac{x - \sin x}{x^3}$.

解 由于 $x \to 0$ 时，分子、分母极限均为 0，且可求导，用洛必达法则求极限.

$$\lim_{x \to 0} \frac{x - \sin x}{x^3} \stackrel{\frac{0}{0}}{=} \lim_{x \to 0} \frac{1 - \cos x}{3x^2} = \lim_{x \to 0} \frac{\sin x}{6x} = \frac{1}{6}.$$

例 3 求 $\lim\limits_{x \to +\infty} \dfrac{\dfrac{\pi}{2} - \arctan x}{\dfrac{1}{x}}$.

解 由于 $x \to +\infty$ 时，分子、分母极限均为 0，且可求导，故可用洛必达法则.

$$\lim_{x \to +\infty} \frac{\frac{\pi}{2} - \arctan x}{\frac{1}{x}} \stackrel{\frac{0}{0}}{=} \lim_{x \to +\infty} \frac{-\frac{1}{1+x^2}}{\frac{-1}{x^2}} = \lim_{x \to +\infty} \frac{x^2}{1+x^2} = 1.$$

以上三例为 $\dfrac{0}{0}$ 型的未定式用洛必达法则求极限，下面两例是 $\dfrac{\infty}{\infty}$ 型的未定式用洛必达法则求极限.

例 4 求 $\lim\limits_{x \to +\infty} \dfrac{(\ln x)^\alpha}{x^\mu}$ ($\alpha > 0, \mu > 0, \alpha, \mu$ 均为常数).

解 由于 $\lim\limits_{x \to +\infty} \ln^\alpha x = \infty$，$\lim\limits_{x \to +\infty} x^\mu = \infty$，故极限为 $\dfrac{\infty}{\infty}$ 型的未定式，用洛必达法则.

$$\lim_{x \to +\infty} \frac{\ln^\alpha x}{x^\mu} = \lim_{x \to +\infty} \left(\frac{\ln x}{x^{\frac{\mu}{\alpha}}}\right)^\alpha = \left(\lim_{x \to +\infty} \frac{\ln x}{x^{\frac{\mu}{\alpha}}}\right)^\alpha = \left[\lim_{x \to +\infty} \frac{\frac{1}{x}}{\frac{\mu}{\alpha} x^{\frac{\mu}{\alpha}-1}}\right]^\alpha = \left(\lim_{x \to +\infty} \frac{1}{\frac{\mu}{\alpha} x^{\frac{\mu}{\alpha}}}\right)^\alpha = 0.$$

本例说明 $x \to +\infty$ 时，对数函数 $\ln^\alpha x$，幂函数 x^μ ($\mu > 0$) 均为无穷大，但幂函数增大的"速度"比对数函数快得多，记为 $x \to +\infty$ 时，$\ln^\alpha x \ll x^\mu$.

例 5 求 $\lim\limits_{x \to +\infty} \dfrac{x^\mu}{e^{\lambda x}}$ ($\lambda > 0, \mu > 0, \lambda, \mu$ 均为常数).

解 当 $\mu > 0, x > 0$ 时，由于 $\lim\limits_{x \to +\infty} x^\mu = \infty$，$\lim\limits_{x \to +\infty} e^{\lambda x} = \infty$，故极限为 $\dfrac{\infty}{\infty}$ 型，用洛必达法则得

$$\lim_{x \to +\infty} \frac{x^\mu}{e^{\lambda x}} = \left(\lim_{x \to +\infty} \frac{x}{e^{\frac{\lambda}{\mu} x}}\right)^\mu = \left[\lim_{x \to +\infty} \frac{1}{\frac{\lambda}{\mu} e^{\frac{\lambda}{\mu} x}}\right]^\mu = 0^\mu = 0.$$

本例说明 $x \to +\infty$，$e^{\lambda x}$ ($\lambda > 0$)，x^μ ($\mu > 0$) 均为 ∞，但 $x \to +\infty$ 时，$x^\mu \ll e^{\lambda x}$. 从而由例 4 和例 5，有 $x \to +\infty$ 时，$\ln^\alpha x \ll x^\mu \ll e^{\lambda x}$ ($\mu > 0, \lambda > 0, \alpha > 0, \mu, \lambda, \alpha$ 为常数). 由此可得 $\lim\limits_{x \to +\infty} \dfrac{x^3 - e^{2x}}{x^8 - \ln x + 3e^{2x}} = -\dfrac{1}{3}$.

使用洛必达法则需注意以下几点：

(1) 洛必达法则只是一个充分性定理，即使是 $\dfrac{0}{0}$，$\dfrac{\infty}{\infty}$ 型. 定理中条件(3)不成立不能用洛必达法则.

例如 $\lim\limits_{x \to \infty} \dfrac{x + \sin x}{x - \sin x}$，由于 $\lim\limits_{x \to \infty} \dfrac{(x + \sin x)'}{(x - \sin x)'} = \lim\limits_{x \to \infty} \dfrac{1 + \cos x}{1 - \cos x}$ 不存在，即定理中条件(3)不成

立. 但不能认为 $\lim\limits_{x\to\infty}\dfrac{x+\sin x}{x-\sin x}$ 不存在,事实上 $\lim\limits_{x\to\infty}\dfrac{x+\sin x}{x-\sin x}=\lim\limits_{x\to\infty}\dfrac{1+\dfrac{1}{x}\sin x}{1-\dfrac{1}{x}\sin x}=1.$

(2)洛必达法则一般与等价无穷小结合运用使求解简化.

例 6 求 $\lim\limits_{x\to 0}\dfrac{(e^{x^2}-1)\cdot\ln(1+x)\cdot(e^x-x-1)}{(\sqrt{1+x^3}-1)\cdot x^2}.$

解 如果直接用洛必达法则,求导太烦琐,从而需要化简. 该极限中涉及五个无穷小,先利用等价无穷小化简.

原式 $=\lim\limits_{x\to 0}\dfrac{x^2\cdot x(e^x-x-1)}{\dfrac{x^3}{2}\cdot x^2}=2\lim\limits_{x\to 0}\dfrac{e^x-x-1}{x^2}\xlongequal{\frac{0}{0}}2\lim\limits_{x\to 0}\dfrac{e^x-1}{2x}\xlongequal{\frac{0}{0}}2\lim\limits_{x\to 0}\dfrac{e^x}{2}=1.$

(3)有时需用 $\lim f(x)=A\neq 0$,则 $\lim f(x)g(x)=A\lim g(x)$ 化简运算.

例 7 求 $\lim\limits_{x\to 1}\dfrac{\sqrt{3+x^2}(\ln x-x+1)}{(e^{x-1}+3x)(x-1)^2}.$

解 直接用洛必达法则所得式子太繁了,先用极限运算法则化简.

原式 $=\dfrac{1}{2}\lim\limits_{x\to 1}\dfrac{\ln x-x+1}{(x-1)^2}\xlongequal{\frac{0}{0}}\dfrac{1}{2}\lim\limits_{x\to 1}\dfrac{\dfrac{1}{x}-1}{2(x-1)}=-\dfrac{1}{4}.$

对于其他未定式,需先变形为 $\dfrac{0}{0}$ 或 $\dfrac{\infty}{\infty}$ 型,再考虑用洛必达法则.

(1')$0\cdot\infty$ 型:通常将其变形为 $\dfrac{0}{0}$ 或 $\dfrac{\infty}{\infty}$ 型. 只需利用无穷小与无穷大的关系,通过变形使其中一个作为分母,或用相应函数运算法则,如 $\tan x=\dfrac{\sin x}{\cos x},e^{-x}=\dfrac{1}{e^x}$ 等.

例 8 求 $\lim\limits_{x\to 0^+}x^\mu\ln x(\mu>0,\mu$ 为常数$).$

解 本题为 $0\cdot\infty$ 型的未定式,需要变形才能用洛必达法则.

$\lim\limits_{x\to 0^+}x^\mu\ln x\xlongequal{0\cdot\infty}\lim\limits_{x\to 0^+}\dfrac{\ln x}{x^{-\mu}}\xlongequal{\frac{\infty}{\infty}}\lim\limits_{x\to 0^+}\dfrac{\dfrac{1}{x}}{-\mu x^{-\mu-1}}=-\dfrac{1}{\mu}\lim\limits_{x\to 0^+}x^\mu=0.$

例 9 求 $\lim\limits_{x\to+\infty}x\operatorname{arccot}x$

解 本题为 $0\cdot\infty$ 型的未定式,而极限为 0 的因式 $\operatorname{arccot}x$ 无等价无穷小替换,直接变形用洛必达法则.

$\lim\limits_{x\to+\infty}x\operatorname{arccot}x=\lim\limits_{x\to+\infty}\dfrac{\operatorname{arccot}x}{x^{-1}}\xlongequal{\frac{0}{0}}\lim\limits_{x\to+\infty}\dfrac{-\dfrac{1}{1+x^2}}{-x^{-2}}=\lim\limits_{x\to+\infty}\dfrac{x^2}{1+x^2}=1.$

(2)$\infty-\infty$ 型:一般先通分或用代换,如 $x\to\infty$,作 $t=\dfrac{1}{x}$ 代换,变形成 $\dfrac{0}{0}$ 或 $\dfrac{\infty}{\infty}$ 型.

例 10 求 $\lim\limits_{x\to 1}\left(\dfrac{2}{1-x^2}-\dfrac{3}{1-x^3}\right).$

解 本题 $\infty-\infty$ 型的未定式,先通分再用洛必达法则.

$\lim\limits_{x\to 1}\left(\dfrac{2}{1-x^2}-\dfrac{3}{1-x^3}\right)\xlongequal{\infty-\infty}\lim\limits_{x\to 1}\dfrac{-2x^3+3x^2-1}{1-x^2-x^3+x^5}\xlongequal{\frac{0}{0}}\lim\limits_{x\to 1}\dfrac{-6x^2+6x}{-2x-3x^2+5x^4}$

$$\stackrel{\frac{0}{0}}{=\!=\!=} \lim_{x\to 1}\frac{-12x+6}{-2-6x+20x^3}=-\frac{1}{2}.$$

例 11 求 $\lim\limits_{x\to\infty}(\sqrt[3]{x^3+1}-\sqrt[3]{x^3+2x^2+1})$.

解 本题 $\infty-\infty$ 型的未定式,且 $x\to\infty$,故考虑用代换 $t=\frac{1}{x}$,再用洛必达法则.

$$\lim_{x\to\infty}(\sqrt[3]{x^3+1}-\sqrt[3]{x^3+2x^2+1})\stackrel{\infty-\infty}{\underset{t=\frac{1}{x}}{=\!=\!=}}\lim_{t\to 0}\frac{\sqrt[3]{1+t^3}-\sqrt[3]{1+2t+t^3}}{t}$$

$$=\lim_{t\to 0}\frac{\dfrac{t^2}{(1+t^3)^{\frac{2}{3}}}-\dfrac{2+3t^2}{3(1+2t^2+t^3)^{\frac{2}{3}}}}{1}=-\frac{2}{3}.$$

(3) 0^0,1^∞,∞^0 型

对于幂指函数 $f(x)^{g(x)}$,由于 $f(x)^{g(x)}=\mathrm{e}^{g(x)\ln f(x)}$,从而当 $\lim g(x)\ln f(x)$ 为 $0\cdot\infty$ 型时,$\lim f(x)^{g(x)}$ 才是不定式,故幂指函数极限有三种不定式 0^0,∞^0,1^∞,这三种不定式通过取对数后转化为 $0\cdot\infty$ 型,再利用无穷小和无穷大的关系,转化为 $\dfrac{0}{0}$ 型或 $\dfrac{\infty}{\infty}$ 型后,用洛必达法则.

例 12 求 $\lim\limits_{x\to+\infty}(1+\mathrm{e}^x)^{\frac{1}{x}}$.

解 本题是 ∞^0 型的未定式的极限,需利用指数、对数函数变形法处理.

原式 $\stackrel{\infty^0}{=\!=\!=}\mathrm{e}^{\lim\limits_{x\to+\infty}\frac{\ln(1+\mathrm{e}^x)}{x}}\stackrel{\frac{\infty}{\infty}}{=\!=\!=}\mathrm{e}^{\lim\limits_{x\to+\infty}\frac{\mathrm{e}^x}{1+\mathrm{e}^x}}=\mathrm{e}.$

对于 ∞^0 有时可将底中提出最快 ∞,变形求解.

再解例 12.

$$\lim_{x\to+\infty}(1+\mathrm{e}^x)^{\frac{1}{x}}=\lim_{x\to+\infty}\left[\mathrm{e}^x\left(\frac{1}{\mathrm{e}^x}+1\right)\right]^{\frac{1}{x}}=\mathrm{e}\lim_{x\to+\infty}\left(\frac{1}{\mathrm{e}^x}+1\right)^{\frac{1}{x}}=\mathrm{e}\times 1^0=\mathrm{e}.$$

例 13 求 $\lim\limits_{x\to+\infty}(3^x+4^x+5^x)^{\frac{1}{x}}$.

解 本题是 ∞^0,可从底中提出 5^x 再求极限.

原式 $\stackrel{\infty^0}{=\!=\!=}5\lim\limits_{x\to+\infty}\left[\left(\frac{3}{5}\right)^x+\left(\frac{4}{5}\right)^x+1\right]^{\frac{1}{x}}=5\times 1^0=5.$

例 12、例 13 表明 ∞^0 型极限未必为 1.

例 14 求 $\lim\limits_{x\to+\infty}\left(\frac{\pi}{2}-\arctan x\right)^{\frac{1}{\ln x}}$.

解 本题是 0^0 型的未定式的极限,需变形才能用洛必达法则求极限.

原式 $\stackrel{0^0}{=\!=\!=}\mathrm{e}^{\lim\limits_{x\to+\infty}\frac{\ln(\frac{\pi}{2}-\arctan x)}{\ln x}}$

$$\lim_{x\to+\infty}\frac{\ln\left(\dfrac{\pi}{2}-\arctan x\right)}{\ln x}$$

$$\stackrel{\frac{\infty}{\infty}}{=\!=\!=}\lim_{x\to+\infty}\frac{\dfrac{1}{\frac{\pi}{2}-\arctan x}\cdot\dfrac{-1}{1+x^2}}{\dfrac{1}{x}}$$

$$= \lim_{x \to +\infty} \frac{-\frac{1}{x}}{\frac{\pi}{2} - \arctan x}$$

$$\xlongequal{\frac{0}{0}} \lim_{x \to +\infty} \frac{\frac{1}{x^2}}{-\frac{1}{1+x^2}} = -1,$$

所以 $\lim\limits_{x \to +\infty} \left(\frac{\pi}{2} - \arctan x\right)^{\frac{1}{\ln x}} = \frac{1}{e}$.

本例也说明 0^0 型未必总为 1.

例 15 求 $\lim\limits_{x \to 0} \left(\frac{\sin x}{x}\right)^{\frac{1}{x^2}}$.

本题是 1^∞ 型的未定式极限，这种形式的极限有两种方法：一种是用指数、对数函数变形法处理；另一种利用重要极限公式 $\lim\limits_{x \to 0}(1+x)^{\frac{1}{x}} = e$ 变形处理.

解法一 利用指数、对数函数变形，再用洛必达法则.

原式 $= e^{\lim\limits_{x \to 0} \frac{\ln \frac{\sin x}{x}}{x^2}}$

$$\lim_{x \to 0} \frac{\ln\left(\frac{\sin x}{x}\right)}{x^2} = \lim_{x \to 0} \frac{\ln|\sin x| - \ln|x|}{x^2}$$

$$= \lim_{x \to 0} \frac{\frac{\cos x}{\sin x} - \frac{1}{x}}{2x} = \lim_{x \to 0} \frac{x \cos x - \sin x}{2x^2 \sin x}$$

$$= \lim_{x \to 0} \frac{x \cos x - \sin x}{2x^3} = \lim_{x \to 0} \frac{x \sin x}{-6x^2} = -\frac{1}{6},$$

所以 $\lim\limits_{x \to 0} \left(\frac{\sin x}{x}\right)^{\frac{1}{x^2}} = e^{-\frac{1}{6}}$.

解法二 利用重要的公式 $\lim\limits_{x \to 0}(1+x)^{\frac{1}{x}} = e$ 变形.

原式 $= \lim\limits_{x \to 0} \left[\left(1 + \frac{\sin x - x}{x}\right)^{\frac{x}{\sin x - x}}\right]^{\frac{\sin x - x}{x^3}} = e^{\lim\limits_{x \to 0} \frac{\sin x - x}{x^3}}$

$= e^{\lim\limits_{x \to 0} \frac{\cos x - 1}{3x^2}} = e^{\lim\limits_{x \to 0} \frac{-\frac{1}{2}x^2}{3x^2}} = e^{-\frac{1}{6}}$.

附录：

定理 1 (1) $f(x)$, $F(x)$ 在 x_0 的某去心邻域 $\mathring{U}(x_0)$ 内可导，

(2) $\lim\limits_{x \to x_0} f(x) = \lim\limits_{x \to x_0} F(x) = \infty$,

(3) $\lim\limits_{x \to x_0} \frac{f'(x)}{F'(x)} = A$ (或 ∞),

那么：$\lim\limits_{x \to x_0} \frac{f(x)}{F(x)} = A$ (或 ∞).

证明 不失一般性，设 $\lim\limits_{x \to x_0} F(x) = +\infty$.

先证 $\lim\limits_{x\to x_0^+}\dfrac{f(x)}{F(x)}=A$.

因为 $\lim\limits_{x\to x_0^+}\dfrac{f'(x)}{F'(x)}=A$, 对 $\forall \varepsilon>0, \exists \delta>0$, 当 $x\in\{x\mid 0<x-x_0<\delta\}=U_+(x_0,\delta)\subset \mathring{U}(x_0)$ 时有

$$A-\varepsilon<\dfrac{f'(x)}{F'(x)}<A+\varepsilon.$$

任取 $x, t\in U_+(x_0,\delta)$. 由 Cauchy 中值定理, 有

$$\dfrac{f(x)-f(t)}{F(x)-F(t)}=\dfrac{f'(\xi)}{F'(\xi)},$$

其中 ξ 在 x 与 t 之间.

从而 $$A-\varepsilon<\dfrac{f(x)-f(t)}{F(x)-F(t)}<A+\varepsilon,$$

所以 $$A-\varepsilon<\dfrac{\dfrac{f(x)}{F(x)}-\dfrac{f(t)}{F(x)}}{1-\dfrac{F(t)}{F(x)}}<A+\varepsilon.$$

由于上式中间部分当 $x\to x_0^+$ 的极限刚好为 $\lim\limits_{x\to x_0^+}\dfrac{f(x)}{F(x)}$, 由极限的保号性, 存在 $\delta_1<\delta$. 当 $0<x-x_0<\delta_1$ 时, 有

$$A-\varepsilon\leqslant\dfrac{f(x)}{F(x)}\leqslant A+\varepsilon,$$

所以 $$\lim\limits_{x\to x_0^+}\dfrac{f(x)}{F(x)}=A.$$

同理, $\lim\limits_{x\to x_0^-}\dfrac{f(x)}{F(x)}=A$, 故 $\lim\limits_{x\to x_0}\dfrac{f(x)}{F(x)}=A$.

对于 $\lim\limits_{x\to x_0}\dfrac{f'(x)}{F'(x)}=\infty$, 也先证 $\lim\limits_{x\to x_0^+}\dfrac{f(x)}{F(x)}=\infty$.

若 $M>0, \exists \delta>0, x\in\{x\mid 0<x-x_0<\delta\}=U_+(x,\delta)\subset\mathring{U}(x_0)$, 有 $\left|\dfrac{f'(x)}{F'(x)}\right|>M$.

任取 $x, t\in U_+(x,\delta)$, 由 Cauchy 中值定理, 有

$$\dfrac{f(x)-f(t)}{F(x)-F(t)}=\dfrac{f'(\xi)}{F'(\xi)}$$

$$\left|\dfrac{f(x)-f(t)}{F(x)-F(t)}\right|>M$$

$$\left|\dfrac{\dfrac{f(x)}{F(x)}-\dfrac{f(t)}{F(x)}}{1-\dfrac{F(t)}{F(x)}}\right|>M$$

由于 $x\to x_0^+$, 上式可知存在 $0<\delta_1<\delta$, 使 $0<x-x_0<\delta_1$, 有 $\left|\dfrac{f(x)}{F(x)}\right|\geqslant M$.

故 $\lim\limits_{x\to x_0^+}\dfrac{f(x)}{F(x)}=\infty$. 同理, $\lim\limits_{x\to x_0^-}\dfrac{f(x)}{F(x)}=\infty$, 所以, $\lim\limits_{x\to x_0}\dfrac{f(x)}{F(x)}=\infty$.

证毕.

定理 2 (1) $\lim\limits_{x\to\infty}f(x)=\lim\limits_{x\to\infty}F(x)=\infty$,

(2) $f(x), F(x)$ 在 ∞ 的某邻域内可导,

(3) $\lim\limits_{x\to\infty}\dfrac{f'(x)}{F'(x)}=A$（或 ∞）,

则 $\lim\limits_{x\to\infty}\dfrac{f(x)}{F(x)}=A$（或 ∞）.

证明 $\lim\limits_{x\to\infty}\dfrac{f(x)}{F(x)}\xlongequal{x=\frac{1}{t}}\lim\limits_{t\to 0}\dfrac{f\left(\dfrac{1}{t}\right)}{F\left(\dfrac{1}{t}\right)}\xlongequal{\text{由定理1}}\lim\limits_{t\to 0}\dfrac{f'\left(\dfrac{1}{t}\right)\cdot\dfrac{-1}{t^2}}{F'\left(\dfrac{1}{t}\right)\dfrac{-1}{t^2}}=\lim\limits_{t\to 0}\dfrac{f'\left(\dfrac{1}{t}\right)}{F'\left(\dfrac{1}{t}\right)}=\lim\limits_{x\to\infty}\dfrac{f'(x)}{F'(x)}=A$（或 ∞）.

证毕.

习题 3-2

1. 求下列函数的极限.

(1) $\lim\limits_{x\to a}\dfrac{\sin x-\sin a}{x^2-a^2}$;

(2) $\lim\limits_{x\to 0}\dfrac{e^x-e^{-x}-2x}{x^2\sin x}$;

(3) $\lim\limits_{x\to 0^+}\dfrac{\ln\tan 7x}{\ln\tan 2x}$;

(4) $\lim\limits_{x\to+\infty}\dfrac{\ln(1+\dfrac{1}{x})}{\operatorname{arccot} x}$;

(5) $\lim\limits_{x\to 0}\dfrac{(1-\cos x)(e^x-x-1)}{(\sqrt{1+x^2}-1)x^2}$;

(6) $\lim\limits_{x\to 0}x\cot 2x$;

(7) $\lim\limits_{x\to+\infty}(1+x)^{\frac{1}{x}}$;

(8) $\lim\limits_{x\to+\infty}\left(\dfrac{x-1}{x^2+1}\right)^{\frac{1}{\ln x}}$;

(9) $\lim\limits_{x\to+\infty}(e^{2x}-x^2)$;

(10) $\lim\limits_{x\to\infty}(\sqrt[5]{x^5+x^4+1}-\sqrt[6]{x^6+x^5+2})$.

2. 讨论 $f(x)=\begin{cases}\left[\dfrac{(1+x)^{\frac{1}{x}}}{e}\right]^{\frac{1}{x}}, & x>0,\\ e^{-\frac{1}{2}}, & x\leqslant 0\end{cases}$ 在 $x=0$ 处的连续性.

3. 求 $f(x)=\begin{cases}\dfrac{e^x-1}{x}, & x>0,\\ \dfrac{1}{2}x+1, & x\leqslant 0\end{cases}$ 的导函数 $f'(x)$，并考虑 $f'(x)$ 在 $x=0$ 处是否连续.

4. 说明 $\lim\limits_{x\to 0}\dfrac{x^2\sin\dfrac{1}{x}}{\sin x}$ 不能用洛必达法则的理由，并求出其极限.

5. $f(x)=\begin{cases}\dfrac{\sin x}{x}, & x>0,\\ x^3+1, & x\leqslant 0.\end{cases}$ 问 $f(x)$ 在 $x=0$ 处二阶可导吗？

§3.3 泰勒公式

在函数的微分部分,当 $f(x)$ 在 x_0 处可微时,$f(x)=f(x_0)+f'(x_0)(x-x_0)+o(x-x_0)$. 这里用了一次多项式 $y=f(x_0)+f'(x_0)(x-x_0)$ 作为 $y=f(x)$ 在 x_0 附近的近似. 为了提高精度,需要提高多项式的次数,使得在 x_0 处此多项式与 $f(x)$ 尽可能一致. 若 $f(x)$ 在 x_0 处 n 阶可导,就需要求一个 n 次多项式 $P_n(x)=a_0+a_1(x-x_0)+\cdots+a_n(x-x_0)^n$,使

$$f^{(m)}(x_0)=P_n^{(m)}(x_0),\quad m=0,1,2,\cdots,n.$$

由 $P_n(x_0)=f(x_0)$,得

$$a_0=f(x_0).$$

$$P_n'(x)=a_1+2a_2(x-x_0)+3a_3(x-x_0)^2+\cdots+na_n(x-x_0)^{n-1},$$

由 $P_n'(x_0)=f'(x_0)$,得

$$a_1=f'(x_0).$$

$$P_n''(x)=2a_2+3\cdot 2a_3(x-x_0)+\cdots+n(n-1)a_n(x-x_0)^{n-2},$$

由 $P_n''(x_0)=f''(x_0)$,得

$$a_2=\frac{f''(x_0)}{2}=\frac{f''(x_0)}{2!}.$$

$$P_n'''(x)=3\cdot 2a_3+4\cdot 3\cdot 2a_4(x-x_0)+\cdots+n(n-1)(n-2)a_n(x-x_0)^{n-3},$$

由 $P_n'''(x_0)=f'''(x_0)$,得

$$a_3=\frac{f'''(x_0)}{3!}.$$

一般可得 $a_m=\dfrac{f^{(m)}(x_0)}{m!}$,$m=0,1,2,\cdots,n$,故

$$P_n(x)=f(x_0)+\frac{f'(x_0)}{1!}(x-x_0)+\frac{f''(x_0)}{2!}(x-x_0)^2+\cdots+\frac{f^{(n)}(x_0)}{n!}(x-x_0)^n.$$

称 $P_n(x)$ 为 $f(x)$ 在 x_0 处的 n 次**泰勒**(Taylor)**多项式**,其中 $a_m=\dfrac{f^{(m)}(x_0)}{m!}$ 为**泰勒系数**.

引理 1 若 $f(x)$ 在 x_0 处 $n+1$ 阶可导,$P_n(x)$ 为 $f(x)$ 在 x_0 处的 n 次泰勒多项式,则 x_0 为 $f(x)-P_n(x)$ 的至少 $n+1$ 重零点.

证明 设 $F(x)=f(x)-P_n(x)$,对任意满足 $0\leqslant m\leqslant n$ 的 m 有:$F^{(m)}(x_0)=f^{(m)}(x_0)-P_n^{(m)}(x_0)=0$. 由函数零点重数的定义知 $x=x_0$ 为 $F(x)=f(x)-P_n(x)$ 的至少 $n+1$ 重零点. 证毕.

定理 1(带拉格朗日余项的泰勒(Taylor)中值定理) 如果函数 $f(x)$ 在含有 x_0 的某个区间 (a,b) 内具有 $n+1$ 阶导数,则对任一 $x\in(a,b)$,有

$$f(x)=f(x_0)+\frac{f'(x_0)}{1!}(x-x_0)+\frac{f''(x_0)}{2!}(x-x_0)^2+\cdots+\frac{f^{(n)}(x_0)}{n!}(x-x_0)^n+R_n(x).$$

(3.3)

其中,

$$R_n(x) = \frac{f^{(n+1)}(\xi)}{(n+1)!}(x-x_0)^{n+1}, \tag{3.4}$$

这里 ξ 为 x_0 与 x 之间某个值.

证法一 对任一固定 $x \in (a,b)$，由引理，可以设

$$f(x) = f(x_0) + \frac{f'(x_0)}{1!}(x-x_0) + \frac{f''(x_0)}{2!}(x-x_0)^2 + \cdots$$
$$+ \frac{f^{(n)}(x_0)}{n!}(x-x_0)^n + C(x-x_0)^{n+1}.$$

其中，C 为待定常数.

令

$$F(t) = f(t) - \left[f(x_0) + \frac{f'(x_0)}{1!}(t-x_0) + \frac{f''(x_0)}{2!}(t-x_0)^2 \right.$$
$$\left. + \cdots + \frac{f^{(n)}(x_0)}{n!}(t-x_0)^n + C(t-x_0)^{n+1} \right],$$

由引理 1 知 $t=x_0$ 为 $F(t)$ 的至少 $n+1$ 重零点，$t=x$ 为 $F(t)$ 的零点，故 $F(t)$ 有至少 $n+2$ 个零点，故 $F^{(n+1)}(t)$ 在 x_0 与 x 间必至少有一零点，设为 ξ，从而 $F^{(n+1)}(\xi)=0$. 而

$$F^{(n+1)}(t) = f^{(n+1)}(t) - (n+1)! \cdot C$$

故

$$C = \frac{f^{(n+1)}(\xi)}{(n+1)!}.$$

即

$$f(x) = P_n(x) + R_n(x),$$

其中

$$R_n(x) = \frac{f^{(n+1)}(\xi)}{(n+1)!}(x-x_0)^{n+1} (\text{证毕}).$$

证法二 设 $F(x) = f(x) - f(x_0) - \frac{f'(x_0)}{1!}(x-x_0) - \cdots - \frac{f^{(n)}(x_0)}{n!}(x-x_0)^n$，$G(x) = (x-x_0)^{n+1}$. 易知

$$F^{(m)}(x_0) = G^{(m)}(x_0) = 0, \quad m = 0, 1, 2, \cdots, n,$$
$$F^{(n+1)}(x) = f^{(n+1)}(x), \quad G^{(n+1)}(x) = (n+1)!.$$

根据 Cauchy 中值定理，分别存在 $\xi_1, \xi_2, \cdots, \xi_n, \xi$ 在 x_0 与 x 之间，使得

$$\frac{F(x)}{G(x)} = \frac{F(x)-F(x_0)}{G(x)-G(x_0)} = \frac{F'(\xi_1)}{G'(\xi_1)} = \frac{F'(\xi_1)-F'(x_0)}{G'(\xi_1)-G'(x_0)} = \frac{F''(\xi_2)}{G''(\xi_2)} = \cdots = \frac{F^{(n)}(\xi_n)-F^{(n)}(x_0)}{G^{(n)}(\xi_n)-G^{(n)}(x_0)}$$
$$= \frac{F^{(n+1)}(\xi)}{G^{(n+1)}(\xi)} = \frac{f^{(n+1)}(\xi)}{(n+1)!} (\text{证毕}).$$

表达式 $R_n(x)$ 称为拉格朗日余项.

当 $n=0$ 时，泰勒公式变成拉格朗日中值公式，即

$$f(x) = f(x_0) + f'(\xi)(x-x_0) \quad (\xi \text{ 在 } x_0 \text{ 与 } x \text{ 之间}).$$

因此，泰勒中值定理是拉格朗日中值定理的推广，公式(3.3)也称为 $f(x)$ 按 $(x-x_0)$ 的幂展开的带拉格朗日余项的 n 次泰勒公式.

定理 2(带皮亚诺(Peano)余项的泰勒公式) $f(x)$ 在 x_0 处 $f^{(n)}(x_0)$ 存在,则

$$f(x) = f(x_0) + \frac{f'(x_0)}{1!}(x-x_0) + \frac{f''(x_0)}{2!}(x-x_0)^2 + \cdots$$
$$+ \frac{f^{(n)}(x_0)}{n!}(x-x_0)^n + o((x-x_0)^n).$$

证明 根据高阶无穷小的定义,需证以下极限为 0.

$$\lim_{x \to x_0} \frac{f(x) - \left[f(x_0) + \frac{f'(x_0)}{1!}(x-x_0) + \frac{f''(x_0)}{2!}(x-x_0)^2 + \cdots + \frac{f^{(n)}(x_0)}{n!}(x-x_0)^n \right]}{(x-x_0)^n}$$

$$= \lim_{x \to x_0} \frac{f(x) - f(x_0) - \frac{f'(x_0)}{1!}(x-x_0) - \cdots - \frac{f^{(n-1)}(x_0)}{(n-1)!}(x-x_0)^{n-1}}{(x-x_0)^n} - \frac{f^{(n)}(x_0)}{n!}$$

$$\overset{\frac{0}{0}}{=} \lim_{x \to x_0} \frac{f'(x) - f'(x_0) - \frac{f''(x_0)}{1!}(x-x_0) - \cdots - \frac{f^{(n-1)}(x_0)}{(n-2)!}(x-x_0)^{n-2}}{n(x-x_0)^{n-1}} - \frac{f^{(n)}(x_0)}{n!}$$

$$= \cdots (\text{用 } n-1 \text{ 次洛必达法则})$$

$$= \lim_{x \to x_0} \frac{f^{n-1}(x) - f^{(n-1)}(x_0)}{n! \ (x-x_0)} - \frac{f^{(n)}(x_0)}{n!}$$

$$= \frac{1}{n!} f^{(n)}(x_0) - \frac{1}{n!} f^{(n)}(x_0) (\text{用高阶导数定义})$$

$$= 0.$$

从而

$$f(x) = f(x_0) + \frac{f'(x_0)}{1!}(x-x_0) + \cdots + \frac{f^{(n)}(x_0)}{n!}(x-x_0)^n + o((x-x_0)^n).$$

证毕.

泰勒公式的两种余项的比较如下:

(1)拉格朗日余项要求 $f(x)$ 在一区间上 $n+1$ 阶可导,皮亚诺余项只要 $f^{(n)}(x)$ 在 x_0 处存在;

(2)拉格朗日余项用于误差估计,皮亚诺余项可用于求函数的极限;

(3)拉格朗日余项用在一固定区间,皮亚诺余项用在 x_0 的充分小邻域内.

特别地,当 $x_0 = 0$ 时的泰勒公式称为麦克劳林(Maclaurin)公式,即

$$f(x) = f(0) + \frac{f'(0)}{1!}x + \frac{f''(0)}{2!}x^2 + \cdots + \frac{f^{(n)}(0)}{n!}x^n + R_n(x),$$

$$R_n(x) = \frac{f^{(n+1)}(\theta x)}{(n+1)!} x^{n+1}, \quad 0 < \theta < 1,$$

为拉格朗日余项,

$$R_n(x) = o(x^n),$$

为皮亚诺余项.

例 1 推导下列各公式:

(1) $e^x = 1 + x + \frac{x^2}{2!} + \cdots + \frac{x^n}{n!} + R_n(x)$;

(2) $\sin x = x - \dfrac{x^3}{3!} + \dfrac{x^5}{5!} - \dfrac{x^7}{7!} + \cdots + \dfrac{(-1)^{n-1}x^{2n-1}}{(2n-1)!} + R_{2n}(x)$;

(3) $\cos x = 1 - \dfrac{x^2}{2!} + \dfrac{x^4}{4!} - \dfrac{x^6}{6!} + \cdots + \dfrac{(-1)^n x^{2n}}{(2n)!} + R_{2n+1}(x)$;

(4) $(1+x)^\alpha = 1 + \alpha x + \dfrac{\alpha(\alpha-1)}{2!}x^2 + \cdots + \dfrac{\alpha(\alpha-1)\cdots(\alpha-n+1)}{n!}x^n + R_n(x)$;

(5) $\ln(1+x) = x - \dfrac{1}{2}x^2 + \dfrac{1}{3}x^3 - \cdots + (-1)^{(n-1)}\dfrac{1}{n}x^n + R_n(x)$.

证明 只证 e^x, $\sin x$，其他的证明类似.

(1) $f(x) = e^x$，则 $f(x) = f'(x) = f''(x) = \cdots = f^{(n)}(x) = e^x$.

由泰勒公式，有

$$f(x) = f(0) + \dfrac{f'(0)}{1!}x + \dfrac{f''(0)}{2!}x^2 + \cdots + \dfrac{f^{(n)}(0)}{n!}x^n + R_n(x)$$

$$= 1 + \dfrac{1}{1!}x + \dfrac{1}{2!}x^2 + \cdots + \dfrac{1}{n!}x^n + R_n(x).$$

其中，$R_n(x) = \dfrac{e^{\theta x}}{(n+1)!}x^{n+1}\,(0<\theta<1)$ 或 $R_n(x) = o(x^n)$.

(2) 设 $f(x) = \sin x$，则

$$f^{(m)}(x) = \sin\left(x + \dfrac{m\pi}{2}\right).$$

所以 $f(0) = 0$, $f'(0) = 1$, $f''(0) = 0$, $f'''(0) = -1$, $f^{(4)}(0) = 0$, 等等，它们按顺序循环地取四个数 $0, 1, 0, -1$. 从而由泰勒公式有

$$\sin x = x - \dfrac{x^3}{3!} + \dfrac{x^5}{5!} - \cdots + (-1)^{n-1}\dfrac{x^{2n-1}}{(2n-1)!} + R_{2n}(x).$$

其中，$R_{2n}(x) = \dfrac{\sin\left[\theta x + (2n+1)\dfrac{\pi}{2}\right]}{(2n+1)!}x^{2n+1}$ 或 $R_{2n}(x) = o(x^{2n})$.

本例中公式需要熟记.

例 2 求无理数 e 的近似值，其误差不超过 10^{-6}.

解 利用指数函数 e^x 的麦克劳林公式，我们有

$$e = 1 + 1 + \dfrac{1}{2!} + \dfrac{1}{3!} + \cdots + \dfrac{1}{n!} + R_n(1), \quad R_n(1) = \dfrac{e^\theta}{(n+1)!}\,(0<\theta<1),$$

则有

$$|R_n(1)| < \dfrac{e}{(n+1)!} < \dfrac{3}{(n+1)!}.$$

当 $n = 10$ 时，有 $|R_n(1)| < 10^{-6}$，此时 $e \approx 1 + 1 + \dfrac{1}{2!} + \dfrac{1}{3!} + \cdots + \dfrac{1}{10!} \approx 2.718282$.

例 3 求 $\lim\limits_{x \to 0}\dfrac{\cos x - e^{-\frac{x^2}{2}}}{x^2[x + \ln(1-x)]}$.

解 本题是 $\dfrac{0}{0}$ 型的未定式求极限. 如果用洛必达法则太烦琐，我们利用函数的泰勒公式求极限. 因为在 $x \to 0$ 时，

$$\cos x = 1 - \dfrac{1}{2!}x^2 + \dfrac{1}{4!}x^4 + o(x^4),$$

$$e^{-\frac{x^2}{2}} = 1 + \frac{1}{1!}(-\frac{x^2}{2}) + \frac{1}{2!}(-\frac{x^2}{2})^2 + o(x^4),$$

则有

$$\cos x - e^{-\frac{x^2}{2}} = -\frac{1}{12}x^4 + o(x^4) \sim -\frac{1}{12}x^4.$$

$$\ln(1-x) = -x - \frac{1}{2}x^2 + o(x^2),$$

故

$$x^2[x + \ln(1-x)] = -\frac{1}{2}x^4 + o(x^4) \sim -\frac{1}{2}x^4.$$

所以

$$原式 = \lim_{x \to 0} \frac{-\frac{1}{12}x^4}{-\frac{1}{2}x^4} = \frac{1}{6}.$$

例 4 若 $f(x)$ 在 $[a,b]$ 上具有 n 阶导数,且 $f(a) = f(b) = f'(b) = f''(b) = \cdots = f^{(n-1)}(b) = 0$,则存在 $\xi \in (a,b)$,使 $f^{(n)}(\xi) = 0$.

证明 本题是 §3.1 中推论 1 的直接结论,这里我们用泰勒公式直接证明. 由于已知点 b 处高阶导数,考虑函数的特性,我们可利用函数在这点的泰勒公式求解. 在 $x_0 = b$ 处用带拉格朗日余项的泰勒公式:

$$f(x) = f(b) + \frac{f'(b)}{1!}(x-b) + \frac{f''(b)}{2!}(x-b)^2 + \cdots + \frac{f^{(n-1)}(b)}{(n-1)!}(x-b)^{n-1}$$
$$+ \frac{1}{n!}f^{(n)}(\xi)(x-b)^n \quad (x < \xi < b).$$

令 $x = a$,由题设,则 $f^{(n)}(\xi) = 0$,其中 $a < \xi < b$.

例 5 已知 $f(x)$ 在 $[0,1]$ 上二阶导函数连续,$f(0) = f(1)$,并且 $x \in (0,1)$ 时,$|f''(x)| \leqslant 1$,求证:$|f'(x)| \leqslant \frac{1}{2}, x \in [0,1]$.

证明 本题已知函数 $f(x)$ 和 $f''(x)$ 的一些特性,要证 $f'(x)$ 不等式. 考虑用带拉格朗日余项的泰勒公式把已知和求证联系在一起.

根据泰勒中值定理,对任意固定的 $x \in [0,1]$ 和任意 $t \in [0,1]$,有

$$f(t) = f(x) + f'(x)(t-x) + \frac{f''(\xi)}{2}(t-x)^2.$$

其中 ξ 在 t 与 x 之间. 分别设 $t = 0, 1$,有

$$f(0) = f(x) - f'(x)x + \frac{f''(\xi_1)}{2}x^2, \tag{3.5}$$

$$f(1) = f(x) + f'(x)(1-x) + \frac{f''(\xi_2)}{2}(1-x)^2. \tag{3.6}$$

由 $f(0) = f(1)$,式(3.5)−式(3.6)可得

$$f'(x) = \frac{f''(\xi_1)}{2}x^2 - \frac{f''(\xi_2)}{2}(1-x)^2.$$

再根据 $|f''(x)| \leqslant 1, x \in (0,1)$,可知

$$|f'(x)| \leqslant \frac{x^2}{2} + \frac{(1-x)^2}{2} \leqslant \frac{1}{2}.$$

证毕.

习题 3-3

1. 将 $f(x)=\arctan x$ 在 $x_0=1$ 处展开为二次的泰勒公式，并写出相应的拉格朗日余项和皮亚诺余项.

2. 将 $f(x)=x^4-3x^2+2x+3$ 写成 $x-2$ 的幂的多项式.

3. 求 $f(x)=\ln x$ 按 $x-2$ 的幂展开的带皮亚诺余项的 n 次泰勒公式.

4. 验证当 $0<x\leqslant\frac{1}{2}$ 时，按公式 $\sin x\approx x-\frac{x^3}{3!}$，计算 $\sin x$ 的近似值时，所产生的误差小于 0.001，并求 $\sin\frac{1}{2}$ 的近似值，使误差小于 0.001.

5. 用三次泰勒公式求 $\sqrt[3]{29}$ 的近似值，并估计误差.

6. 求下列各极限.

(1) $\lim\limits_{x\to 0}\dfrac{(\cos x-1+\frac{1}{2}x^2)\sin x}{(x-\sin x)[x+\ln(1-x)]}$；

(2) $\lim\limits_{x\to\infty}[x-x^2\ln(1+\frac{1}{x})]$；

(3) $\lim\limits_{x\to 0}\dfrac{\sin x-x\cos x}{x-\sin x}$；

(4) $\lim\limits_{x\to 0}\dfrac{x^2}{\sqrt[5]{1+5x}-(1+x)}$.

7. 已知 $f(x)$ 在 $[0,+\infty)$ 无穷阶可导，且 $f^{(m)}(0)=0$，对 $m=0,1,2,\cdots$ 均成立，又存在常数 $M>0$，使任意阶导数 $|f^{(n)}(x)|\leqslant M$，求证 $f(x)\equiv 0$，$x\in(0,+\infty)$.

8. 设 $f(x)$ 在 $[a,b]$ 上连续，在 (a,b) 内二阶连续导数，试证：至少存在一个 $\xi\in(a,b)$，使

$$f(b)-2f\left(\frac{a+b}{2}\right)+f(a)=\frac{(b-a)^2}{4}f''(\xi).$$

9. $x\to 0$ 时，$f(x)=e^{x^2}-1-\ln(1+x^2)$ 是 x 的几阶无穷小？

10. 已知 $f(x)$ 在 $x=0$ 处具有二阶导数，且 $\lim\limits_{x\to 0}\dfrac{f(x)+\sqrt[5]{1+2x}}{x^2}=1$. 求 $f(0)$，$f'(0)$，$f''(0)$.

§3.4 函数的单调性与曲线的凹凸性

§3.4.1 函数的单调性

在图 3.4 中，$y=f(x)$ 单增、单减时，其切线倾角有锐角、钝角之分，根据导数几何意义可知，单调递增时 $f'(x) \geqslant 0$，单调递减时 $f'(x) \leqslant 0$.

定义 1 若 $f(x)$ 在 x_0 处满足 $f'(x_0)=0$，称 x_0 为 $f(x)$ 的**驻点**.

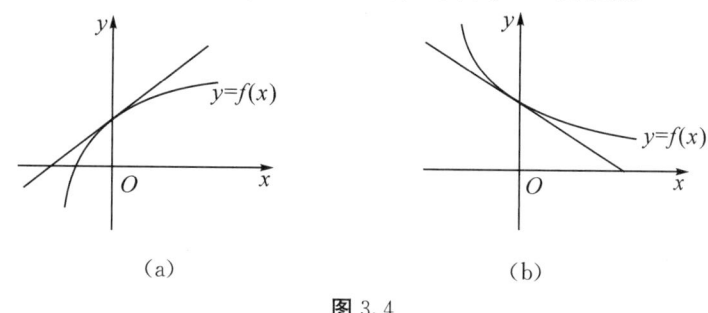

图 3.4

定理 1 $f(x)$ 在区间 I 上可导，若 $f'(x)>0$（或 $f'(x)<0$）时，则 $f(x)$ 在 I 上单调递增（或单调递减）.

证明 任取 $x_1<x_2 \in I$. 由拉格朗日中值定理，$f(x_2)-f(x_1)=f'(\xi)(x_2-x_1)$，$x_1<\xi<x_2$，可知 $f(x_1)<f(x_2)$. 从而 $f(x)$ 在 I 上递增. 证毕.

注：比定理 1 更全面的结论是：

设函数 $f(x)$ 在区间 I 上可导，则 $f(x)$ 在 I 上单调增加（减少）的充分必要条件是：对于任意 $x \in I$ 有 $f'(x) \geqslant 0$（$f'(x) \leqslant 0$）.

特别地，在 I 中除有限个点外，都有 $f'(x)>0(<0)$，则 $f(x)$ 在 I 上严格单调增加（减少）.

在图 3.5 中，x_1, x_2, x_3 均为单调区间分界点，x_1 处有平行于 x 轴的切线，从而 $f'(x_1)=0$，即 x_1 为 $f(x)$ 的驻点；x_2 处无切线，即 $f'(x_2)$ 不存在；x_3 处有切线，但切线垂直于 x 轴，从而 $f'(x_3)=\infty$（也是不存在）. 对函数 $y=f(x)$ 单调区间的考虑，需要在定义域中考虑驻点、不可导点.

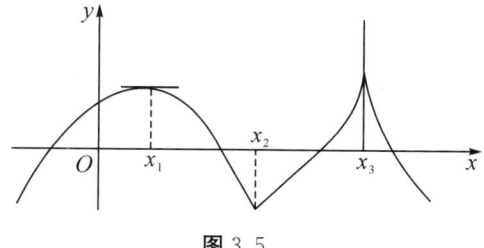

图 3.5

由上面讨论可知，考虑 $y=f(x)$ 单调区间的步骤如下：

(1)求出 $y=f(x)$ 定义域；

(2)求出 $f'(x)$，并由此求出驻点和定义域中不可导点；

(3)列表讨论单调区间.

例1 求 $f(x)=x^2+4x-6\ln|x|$ 的单调区间.

解 (1)定义域 $D=(-\infty,0)\cup(0,+\infty)$.

(2)求函数的导数 $f'(x)=2x+4-\dfrac{6}{x}=2\dfrac{(x-1)(x+3)}{x}$，故 $f'(x)=0$，有驻点 $x=1$，-3.

(3)列表如下：

x	$(-\infty,-3)$	-3	$(-3,0)$	0	$(0,1)$	1	$(1,+\infty)$
$f'(x)$	$-$	0	$+$	无意义	$-$	0	$+$
$f(x)$	单减		单增	无意义	单减		单增

可知 $f(x)$ 在 $[-3,0),[1,+\infty)$ 上单增；在 $(-\infty,-3],(0,1]$ 上单减.

注意：对于连续的分段函数的分段点可不考虑其可导性，直接包括在单调区间的分界疑点中.

例2 求 $f(x)=\begin{cases}\sqrt[3]{x^2}, & x\leqslant 1,\\ 2x^3-15x^2+36x-22, & x>1\end{cases}$ 的单调区间.

解 (1)定义域 $D=(-\infty,+\infty)$. 并且由 $\lim\limits_{x\to 1^+}f(x)=\lim\limits_{x\to 1^-}f(x)=f(1)=1$. 知 $f(x)$ 在 $(-\infty,+\infty)$ 上连续.

(2)$x\neq 1$ 时，$f'(x)=\begin{cases}\dfrac{2}{3\sqrt[3]{x}}, & x<1,\\ 6x^2-30x+36, & x>1.\end{cases}$

从而 $x=0$ 时，$f'(x)=\infty$；$x=2,3$ 均为 $f(x)$ 的驻点.

(3)列表如下：

x	$(-\infty,0)$	0	$(0,1)$	1	$(1,2)$	2	$(2,3)$	3	$(3,+\infty)$
$f'(x)$	$-$	∞	$+$		$+$		$-$		$+$
$f(x)$	单减		单增		单增		单减		单增

由表可知 $f(x)$ 在 $(0,2],[3,+\infty)$ 内单增；在 $(-\infty,0],[2,3]$ 内单减.

本例中没有考虑分段函数 $f(x)$ 在分段点 $x=1$ 处导数，而直接将其纳入单调区间的分界疑点中.

驻点未必是单调区间的分界点.

例3 讨论 $f(x)=x^3$ 的单调区间.

解 (1)定义域 $D=(-\infty,+\infty)$.

(2)求导 $y'=3x^2$，知 $x=0$ 为函数的驻点.

(3)列表如下(如图3.6所示)：

x	$(-\infty, 0)$	0	$(0, +\infty)$
y'	+	0	+
y	单增		单增

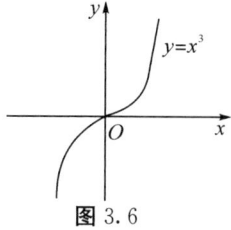

图 3.6

由表可知 $y=x^3$ 在 $(-\infty, +\infty)$ 均单增. 这里 $x=0$ 为 $y=x^3$ 驻点,但不是单调区间的分界点.

§3.4.2 曲线的凹凸性与拐点

函数单调性反映了曲线的升降,而函数的图形还需考虑其弯曲方向,也就是凹凸性.

在图 3.7 中,(a),(b)均为单增,(c),(d)均为单减,但它们弯曲方向各不相同,其中(a)与(c),(b)与(d)弯曲方向一致,在(a),(c)中任一条弦均在曲线的下方,而(b)与(d)中任一条弦均在曲线上方.

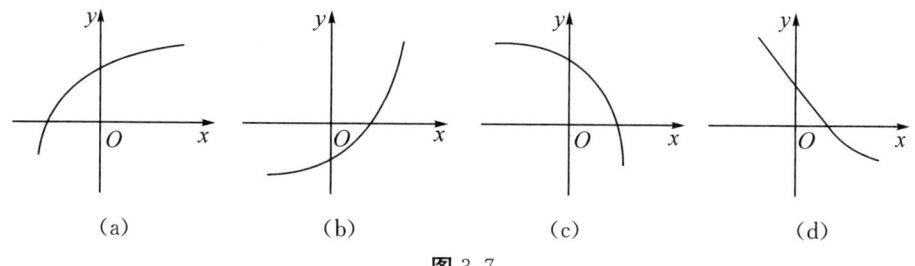

图 3.7

由图 3.8 特征,可得曲线凹凸性的定义.

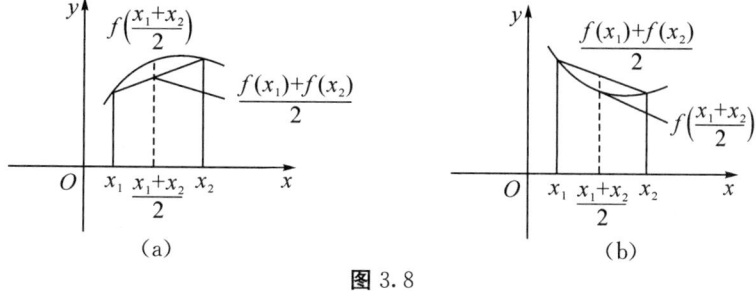

图 3.8

定义 2 设函数 $f(x)$ 在区间 I 上连续. 如果对 I 上任意两点 x_1, x_2,恒有 $f\left(\dfrac{x_1+x_2}{2}\right) < \dfrac{f(x_1)+f(x_2)}{2}$,那么称 $f(x)$ 在 I 上的图形是**凹的**(或下凸);如果恒有 $f\left(\dfrac{x_1+x_2}{2}\right) >$

$\dfrac{f(x_1)+f(x_2)}{2}$,那么称 $f(x)$ 在 I 上的图形是**凸的**(或上凸).

凸的曲线(如图 3.9(a)所示),其切线倾角 α 随 x 的增大而减小,即 $f'(x)$ 是减函数,而凹曲线 $f'(x)$ 是增函数,从而有以下定理.

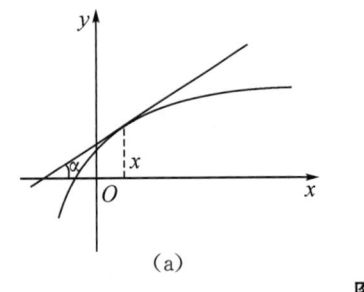 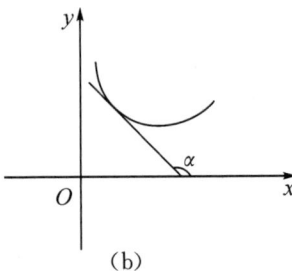

图 3.9

定理 2 设 $f(x)$ 在 $[a,b]$ 上连续,在 (a,b) 内具有一阶和二阶导数,那么

(1)若在 (a,b) 内 $f''(x)>0$,则 $f(x)$ 在 $[a,b]$ 上的图形是凹的;

(2)若在 (a,b) 内 $f''(x)<0$,则 $f(x)$ 在 $[a,b]$ 上的图形是凸的.

证明 只证(1),同理可得(2). 设 x_1 和 x_2 为 $[a,b]$ 内任意两点,且 $x_1<x_2$,记 $\dfrac{x_1+x_2}{2}=x_0$,由带拉格朗日余项的泰勒公式:

$$f(x)=f(x_0)+\dfrac{f'(x_0)}{1!}(x-x_0)+\dfrac{f''(\xi)}{2!}(x-x_0)^2,$$

其中,ξ 介于 x_0 与 x 之间,所以

$$f(x_1)=f(x_0)+\dfrac{f'(x_0)}{1!}(x_1-x_0)+\dfrac{f''(\xi_1)}{2!}(x_1-x_0)^2, \tag{3.7}$$

$$f(x_2)=f(x_0)+\dfrac{f'(x_0)}{1!}(x_2-x_0)+\dfrac{f''(\xi_2)}{2!}(x_2-x_0)^2, \tag{3.8}$$

由式(3.7)加式(3.8)得

$$f(x_1)+f(x_2)=2f(x_0)+\dfrac{(x_2-x_1)^2}{8}[f''(\xi_1)+f''(\xi_2)]>2f(x_0),$$

即 $f\left(\dfrac{x_1+x_2}{2}\right)<\dfrac{f(x_1)+f(x_2)}{2}$,从而 $f(x)$ 的曲线为凹的. 证毕.

把 $y=f(x)$ 的曲线上凹凸性的分界点 $(x_0,f(x_0))$ 称为曲线 $y=f(x)$ 的**拐点**.

对于连续函数 $y=f(x)$,$(x_0,f(x_0))$ 为 $y=f(x)$ 的拐点,则 x_0 可能满足 $f''(x_0)=0$、$f''(x_0)$ 不存在或 x_0 为 $f(x)$ 的分段点(把分段函数的分段点列为疑点主要是为了避开求分段点处的二阶导数).

求 $y=f(x)$ 的凹凸区间的步骤如下:

(1)求定义域 D.

(2)求 $f''(x)$,解出 $f''(x)=0$ 的 x,以及 $f''(x)$ 不存在的 x,并把分段点直接包括在内. 这里需注意,若 $f(x)$ 在 $[a,x_0]$ 和 $[x_0,b]$ 上分别为凸函数,未必能得出 $f(x)$ 在 $[a,b]$ 上为凸函数,需要结合函数 $f(x)$ 在 x_0 处可导才能判定其凹凸情况. 一般 $f(x)$ 在 $[a,x_0]$,$[x_0,b]$ 为凸(凹)函数,且 $f(x)$ 在 x_0 处可导,那么 $f(x)$ 在 $[a,b]$ 上为凸(凹)函数.

(3)列表考虑凹凸区间.

例 4 求 $f(x)=\begin{cases}3x^4-4x^3+1, & x\leqslant 1,\\ -x^4+12x^3-48x^2+37, & x>1\end{cases}$ 的凹凸区间和拐点.

解 (1)定义域 $D=(-\infty,+\infty)$.

$\lim\limits_{x\to 1^+}f(x)=\lim\limits_{x\to 1^-}f(x)=f(1)=0$. 从而知道 $f(x)$ 在 $(-\infty,+\infty)$ 上连续. $f'_+(1)=-64$, $f'_-(1)=0$, $f(x)$ 在 $x=1$ 处不可导.

(2)求二阶导数,找出凹凸区间分界疑点.

$x\neq 1$ 时, $f'(x)=\begin{cases}12x^3-12x^2, & x<1,\\ -4x^3+36x^2-96x, & x>1.\end{cases}$

$f''(x)=\begin{cases}36x^2-24x=36x(x-\dfrac{2}{3}), & x<1,\\ -12x^2+72x-96=-12(x-2)(x-4), & x>1.\end{cases}$

$f''(x)=0$,有 $x=0,\dfrac{2}{3},2,4$.

(3)列表如下:

x	$(-\infty,0)$	0	$(0,\dfrac{2}{3})$	$\dfrac{2}{3}$	$(\dfrac{2}{3},1)$	1	$(1,2)$	2	$(2,4)$	4	$(4,+\infty)$
$f''(x)$	+	0	−	0	+		−	0	+	0	−
$f(x)$	凹	1	凸	$\dfrac{11}{27}$	凹	0	凸	−75	凹	−219	凸

由此可知 $y=f(x)$ 在 $(-\infty,0]$,$[\dfrac{2}{3},1]$,$[2,4]$ 上的曲线为凹形;在 $[0,\dfrac{2}{3}]$,$[1,2]$,$[4,+\infty)$ 内的曲线为凸形.

拐点有 $(0,1)$, $(\dfrac{2}{3},\dfrac{11}{27})$, $(1,0)$, $(2,-75)$, $(4,-219)$.

$f''(x)=0$ 的 x 未必能构造 $y=f(x)$ 曲线的拐点,$f''(x)$ 不存在时的 x 也能构成曲线的拐点.

本例中把 $f(x)$ 的分段点 $x=1$ 直接列入凹凸区间的分界疑点中,避开了求 $x=1$ 处的二阶导数.

例 5 求 $f(x)=x^4$ 的凹凸区间和拐点.

解 (1)定义域 $D=(-\infty,+\infty)$.

(2)求二阶导数,找出凹凸区间分界疑点. $f''(x)=12x^2$,由 $f''(x)=0$,有 $x=0$.

(3)列表如下:

x	$(-\infty,0)$	0	$(0,+\infty)$
$f''(x)$	+	0	+
$f(x)$	凹	0	凹

而 $f(x)$ 在 $x=0$ 处可导,由此可知 $f(x)=x^4$ 在 $(-\infty,+\infty)$ 均为凹的,其曲线无拐点.

例 6 求 $f(x)=\sqrt[3]{x}$ 的凹凸区间和拐点.

解 (1)定义域 $D=(-\infty,+\infty)$.

(2) $f'(x)=\dfrac{1}{3}x^{-\frac{2}{3}}$, $f''(x)=-\dfrac{2}{9}x^{-\frac{5}{3}}$, $x=0$ 时 $f''(x)$ 不存在.

(3)列表如下：

x	$(-\infty,0)$	0	$(0,+\infty)$
$f''(x)$	+	∞	−
$f(x)$	凹	0	凸

可知 $f(x)$ 在 $(-\infty,0]$ 上的曲线为凹的；在 $[0,+\infty)$ 上的曲线为凸的；$(0,0)$ 为其曲线的拐点. 本例说明 $f''(x_0)$ 不存在时 $(x_0,f(x_0))$ 也可构成曲线 $f(x)$ 的拐点.

习题 3-4

1. 举出一个函数 $y=f(x)$，$x=x_0$ 为它的单调区间分界点，且 $(x_0,f(x_0))$ 是其曲线的拐点.

2. 一质点在直线上移动，其位移函数为
$$s(t)=2t^3-14t^2+22t-5,\quad t\geqslant 0.$$
根据其运动的速度和加速度，描述质点的运动情况.

3. 求函数 $f(x)=x^4-4x^3+10$ 的单调区间、凹凸区间及拐点.

4. 求 $f(x)=\begin{cases}x^2-2x+6, & x\leqslant 0,\\ 2x^3-9x^2+12x+6, & x>0\end{cases}$ 的单调区间、凹凸区间和拐点.

5. 证明下列不等式.

(1) $0<x,y<\pi$ 时，$\sin\dfrac{x+y}{2}\geqslant\dfrac{\sin x+\sin y}{2}$；

(2) $x,y>0$ 时，$\arctan\dfrac{x+y}{2}\geqslant\dfrac{\arctan x+\arctan y}{2}$.

6. 证明三次多项式 $f(x)=ax^3+bx^2+cx+d\,(a\neq 0)$ 有且仅有一个拐点 $(x_0,f(x_0))$，且若 $f(x_1)=f(x_2)=f(x_3)=0$，则 $x_0=\dfrac{x_1+x_2+x_3}{3}$.

7. 证明 $f(x)=x+\sin x$ 一定存在反函数 $f^{-1}(x)$，并求 $(f^{-1})'(1+\dfrac{\pi}{2})$.

§3.5 函数的渐近线和函数曲线

§3.5.1 函数的渐近线

对 $f(x)=\dfrac{1}{x}$，由于 $\lim\limits_{x\to\infty}f(x)=0$，从而 $x\to\infty$ 时，曲线 $f(x)=\dfrac{1}{x}$ 无限接近于 $y=0$；又 $\lim\limits_{x\to 0}f(x)=\infty$，从而 $x\to 0$ 时，曲线 $f(x)=\dfrac{1}{x}$ 无限接近于 $x=0$.

定义 1 若 $\lim\limits_{x\to\infty}f(x)=A$，则 $x\to\infty$ 时，曲线 $y=f(x)$ 无限接近于 $y=A$，称 $y=A$ 为曲线 $y=f(x)$ 的一条**水平渐近线**.

同理，可定义 $x\to+\infty$，$x\to-\infty$ 时曲线 $y=f(x)$ 的**水平渐近线**.

定义 2 $\lim\limits_{x\to x_0}f(x)=\infty$，称 $x=x_0$ 为 $y=f(x)$ 在 $x=x_0$ 的**竖直(垂直)渐近线**.

同理，根据 $f(x)$ 在 x_0 处左、右极限，定义 $y=f(x)$ 在 x_0 处以 $x=x_0$ 为(单侧)竖直渐近线，也称为垂直渐近线.

例 1 求 $f(x)=\dfrac{3x^2}{(x-1)(x-2)}$ 的渐近线.

解 因 $\lim\limits_{x\to\infty}f(x)=3$，故 $y=3$ 为 $x\to\infty$ 的水平渐近线.
$$\lim_{x\to 1}f(x)=\infty,\quad \lim_{x\to 2}f(x)=\infty,$$
故 $x=1$，$x=2$ 均为 $f(x)$ 的竖直渐近线.

例 2 求 $f(x)=\mathrm{e}^{\frac{1}{x}}$ 的渐近线.

解 因 $\lim\limits_{x\to\infty}f(x)=1$，故 $y=1$ 为 $x\to\infty$ 的水平渐近线.

$\lim\limits_{x\to 0^+}f(x)=\infty$，而 $\lim\limits_{x\to 0^-}f(x)=0$，知 $x=0$ 为 $f(x)$ 的右侧竖直渐近线，而不是其左侧渐近线.

定义 3 若直线 $y=ax+b(a\neq 0)$ 满足：$\lim\limits_{x\to\infty}(f(x)-ax-b)=0$，称 $y=ax+b$ 为 $y=f(x)$ 的**斜渐近线**.

定义 3 中的 $x\to\infty$ 换成 $x\to+\infty$ 或 $x\to-\infty$ 可得单侧的斜渐近线，也称为斜渐近线.

下面讨论斜渐近线求法.

因为 $\lim\limits_{x\to\infty}(f(x)-ax-b)=0$，故
$$\lim_{x\to\infty}\left(\frac{f(x)}{x}-a-\frac{b}{x}\right)=0.$$
从而
$$a=\lim_{x\to\infty}\frac{f(x)}{x},\quad b=\lim_{x\to\infty}(f(x)-ax).$$

例 3 求 $f(x)=\dfrac{3x^2+2x+1}{x-1}$ 的渐近线.

解 $\lim\limits_{x\to 1}f(x)=\infty$，故 $x=1$ 为 $f(x)$ 的竖直渐近线.

显然 $f(x)$ 无水平渐近线，下面考虑斜渐近线.
$$a=\lim_{x\to\infty}\frac{f(x)}{x}=\lim_{x\to\infty}\frac{3x^2+2x+1}{x(x-1)}=3,$$
$$b=\lim_{x\to\infty}(f(x)-ax)=\lim_{x\to\infty}\frac{5x+1}{x-1}=5,$$
从而 $y=3x+5$ 为 $f(x)$ 的斜渐近线.

由于水平渐近线、斜渐近线均为 $x\to\infty$ 时 $y=f(x)$ 曲线的趋势，从而这两类渐近线一共不超过两条.

§3.5.2 直角坐标系下函数曲线的作法

对于函数 $y=f(x)$，其曲线应按以下步骤作出：

(1)求定义域 D，并考虑周期性和奇偶性；

(2)求出一阶、二阶导数 y', y''，并在定义域内求出 $y'=0$, $y''=0$ 的点以及 y', y'' 不存在的点；

(3)列表考虑 $y=f(x)$ 的单调性和凹凸性；

(4)求出 $y=f(x)$ 的渐近线；

(5)适当补充一些点，画出 $y=f(x)$ 的曲线.

例 4 作出 $f(x)=xe^{\frac{1}{x}}$ 的图形.

解 (1)定义域 $D=\{x\mid x\neq 0\}$.

(2)求出 $f'(x)$, $f''(x)$ 以及单调区间、凹凸区间的分界疑点. $f'(x)=\dfrac{x-1}{x}e^{\frac{1}{x}}$, $f''(x)=\dfrac{1}{x^3}e^{\frac{1}{x}}$，可知 $x=1$ 为驻点.

(3)列表如下：

x	$(-\infty, 0)$	0	$(0, 1)$	1	$(1, +\infty)$
$f'(x)$	+	无	−	0	+
$f''(x)$	−	定	+	e	+
$f(x)$	↗	义	↘	e	↗

(4)求出函数的渐近线.

$\lim\limits_{x\to\infty}f(x)=\infty$，故无水平渐近线.

$\lim\limits_{x\to 0^+}f(x)\xlongequal{t=\frac{1}{x}}\lim\limits_{t\to+\infty}\dfrac{e^t}{t}=\infty$, $\lim\limits_{x\to 0^-}f(x)=0$，故 $x=0$ 为右侧竖直渐近线.

$a=\lim\limits_{x\to\infty}\dfrac{f(x)}{x}=\lim\limits_{x\to\infty}e^{\frac{1}{x}}=1$.

$b=\lim\limits_{x\to\infty}(f(x)-ax)=\lim\limits_{x\to\infty}(xe^{\frac{1}{x}}-x)\xlongequal{t=\frac{1}{x}}\lim\limits_{t\to 0}\dfrac{e^t-1}{t}=1$.

故 $y=x+1$ 为 $f(x)$ 的斜渐近线.

(5)补充点 $\left(-1, -\dfrac{1}{e}\right)$.

(6)作出 $f(x)$ 的图形，如图 3.10 所示.

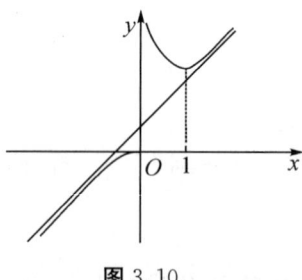

图 3.10

例5 作出 $f(x) = \dfrac{x-1}{x}$ 的图形.

解 (1)定义域 $D = \{x \mid x \neq 0\}$.

(2) $f'(x) = \dfrac{1}{x^2}$, $f''(x) = -\dfrac{2}{x^3}$.

(3)列表如下:

x	$(-\infty, 0)$	0	$(0, +\infty)$
$f'(x)$	+	不存在	+
$f''(x)$	+	不存在	−
$f(x)$	↗	不存在	↗

(4)渐近线.

因 $\lim\limits_{x \to 0} f(x) = \infty$,故 $x = 0$ 为其竖直渐近线.

$\lim\limits_{x \to \infty} f(x) = 1$,故 $y = 1$ 为其水平渐近线.

(5) $M_1(1, 0)$, $M_2(2, \dfrac{1}{2})$, $M_3(-1, 2)$, $M_4(-2, \dfrac{3}{2})$.

(6)作出 $f(x)$ 图示如图 3.11 所示.

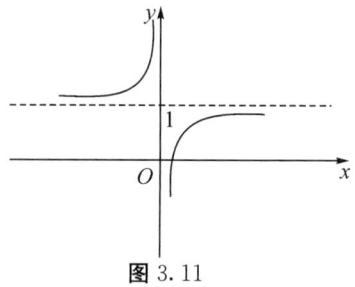

图 3.11

*§3.5.3 极坐标系下函数的曲线

平面极坐标系由极点 O 和极轴 ρ 构成(如图3.12所示),极坐标系下点的坐标由两条线交点确定:一是以极点 O 为端点的射线 OA,它与极轴夹角为 α,则射线 OA 在极坐标下记为 $\theta = \alpha$;另一是以极点为圆心,R 为半径的圆 C,C 的方程记为 $\rho = R$. 这两条曲线的交点 M 的极坐标记为 $M(2k\pi + \alpha, R)$,也可记为 $M((2k+1)\pi + \alpha, -R)$,从而极坐标下点的坐标有无穷多种表示法.

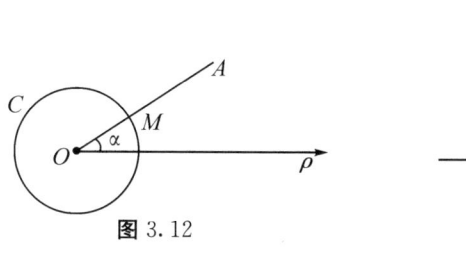

图 3.12

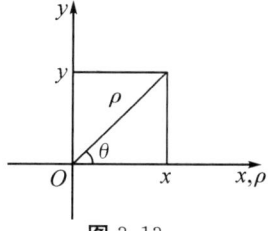

图 3.13

最常用的与直角坐标系相关的极坐标系是以直角坐标系的原点为极点,以 x 轴正半轴为极轴,如图 3.13 所示,此时平面上同一点在两坐标系下坐标之间的关系为

$$\begin{cases} x = \rho\cos\theta, \\ y = \rho\sin\theta. \end{cases}$$

从而

$$\begin{cases} \rho^2 = x^2 + y^2, \\ \tan\theta = \dfrac{y}{x}. \end{cases}$$

从而在一、四象限,$\theta = \arctan\dfrac{y}{x}$;在二、三象限,$\theta = \pi + \arctan\dfrac{y}{x}$.

由极坐标给出的函数 $\rho = \rho(\theta)$ 的图形作法大致有两类:一类是转化为直角坐标系下的方程作出图形,另一类是直接利用导数等作出图形.

例 6 作出下列极坐标下的图形.

(1) $\rho = 2$; (2) $\rho = \dfrac{1}{\sin\theta + \cos\theta}$; (3) $\rho = 2\cos\theta$.

解 本题均可转化为直角坐标系后作出图形.

(1) $\rho = 2$,即 $x^2 + y^2 = 4$(见图 3.14).

(2) $\rho = \dfrac{1}{\sin\theta + \cos\theta}$,即 $x + y = 1$(见图 3.15).

(3) $\rho = 2\cos\theta$,即 $\rho^2 = 2\rho\cos\theta$,从而 $x^2 + y^2 = 2x$(见图 3.16).

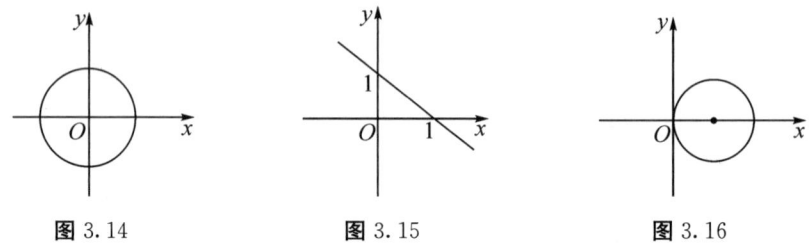

图 3.14　　　　　　图 3.15　　　　　　图 3.16

但有些函数 $\rho = \rho(\theta)$ 转化成直角坐标系下的方程后不易作图,可按下列步骤作图:

(1) 若 $\rho = \rho(\theta)$ 是周期函数,只需在一个周期中先考虑 $\rho = \rho(\theta)$ 图形,否则需在整个定义域考虑.

(2) 把(1)中 θ 的范围分成 $\rho(\theta) \geqslant 0$ 和 $\rho(\theta) \leqslant 0$ 的范围.注意 $\rho(\theta_0) = 0$,则 $\theta = \theta_0$ 为曲线的切线.

(3) 在(1)中范围内,求出 $\rho = \rho(\theta)$ 单调区间.在 $\rho > 0$ 范围内,$\rho' > 0$ 表示曲线逆时针旋转时远离极点,$\rho' < 0$ 表示曲线逆时针旋转时接近极点;在 $\rho < 0$ 范围内,$\rho' > 0$ 表示逆时针旋转时曲线接近极点,$\rho' < 0$ 表示逆时针旋转时曲线远离极点.

(4) 作出(1)范围中 $\rho = \rho(\theta)$ 图形.若 $\rho = \rho(\theta)$ 为周期函数,再以周期旋转曲线,直到完全重合为止.

例 7 作出四叶玫瑰线 $\rho = a\cos2\theta\,(a > 0)$ 的图形.

解 (1) $\rho = a\cos2\theta$ 以 π 为周期,在一个周期 $[0, \pi]$ 中,$\theta \in \left(0, \dfrac{\pi}{4}\right)$ 或 $\left[\dfrac{3\pi}{4}, \pi\right]$ 时,$\rho \geqslant$

0；$\theta \in [\frac{\pi}{4}, \frac{3\pi}{4}]$ 时，$\rho \leq 0$.

(2) $\rho' = -2a\sin 2\theta$，故有：

$\theta \in (0, \frac{\pi}{4}]$ 时，$\rho'(\theta) \leq 0$；$\theta \in [\frac{3\pi}{4}, \pi]$ 时，$\rho'(\theta) \geq 0$；

$\theta \in [\frac{\pi}{4}, \frac{\pi}{2}]$ 时，$\rho'(\theta) \leq 0$；$\theta \in [\frac{\pi}{2}, \frac{3}{4}\pi]$ 时，$\rho'(\theta) \geq 0$.

而 $\rho(\frac{\pi}{4}) = \rho(\frac{3\pi}{4}) = 0$，$\rho(0) = \rho(\pi) = a$，$\rho(\frac{\pi}{2}) = -a$.

(3) 在 $\theta \in [0, \pi]$ 中图形为图 3.17.

(4) 再以 π 为周期旋转图 3.17，知旋转二次完全重合，可得所作四叶玫瑰线为图 3.18.

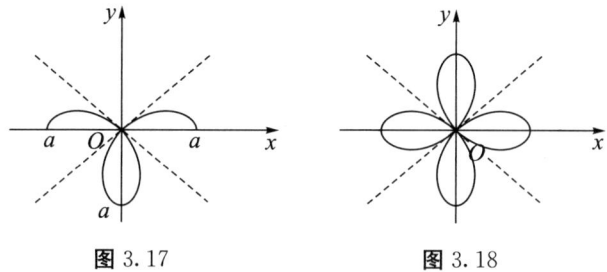

图 3.17　　　　　　图 3.18

例 8　作出 $\rho = 1 + \cos\theta$ 的图形（心形线）.

解　(1) $\rho = 1 + \cos\theta$ 以 2π 为周期. 在一个周期 $[0, 2\pi]$ 中，$\rho \geq 0$，且 $\rho(\pi) = 0$，故 $\theta = \pi$ 为其切线.

(2) $\rho'(\theta) = -\sin\theta$，$\rho'(\theta) = 0$，有 $\theta = 0, \pi, 2\pi$.

$\theta \in [0, \pi]$ 时，$\rho'(\theta) \leq 0$；$\theta \in [\pi, 2\pi]$ 时，$\rho'(\theta) \geq 0$.

(3) $\theta \in [0, 2\pi]$ 时图形为图 3.19. 其中 $\rho(0) = \rho(2\pi) = 2$，$\rho(\pi) = 0$.

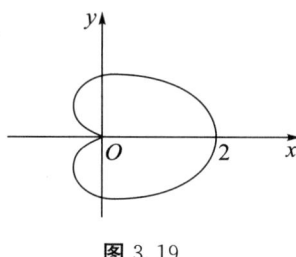

图 3.19

*§3.5.4　参数方程决定的曲线

参数方程 $\begin{cases} x = \varphi(t) \\ y = \psi(t) \end{cases}$ 的作图，需注意以下几点：

(1) 若 $x = \varphi(t)$，$y = \psi(t)$ 是周期函数，只需在它们一个共同最小周期内作图.

(2) 求出 $\dfrac{dy}{dx}$，$\dfrac{d^2y}{dx^2}$ 以及 $\dfrac{dy}{dx} = 0$，$\dfrac{d^2y}{dx^2} = 0$ 和 $\dfrac{dy}{dx}$，$\dfrac{d^2y}{dx^2}$ 不存在的 t 的值.

(3)将 t 的区间转化为 x 的范围,并考虑 $\dfrac{\mathrm{d}y}{\mathrm{d}x}$,$\dfrac{\mathrm{d}^2 y}{\mathrm{d}x^2}$ 的正、负以确定函数的单调性和凹凸性.

(4)水平渐近线:$\lim\limits_{t\to t_0}\psi(t)=A$,且 $\lim\limits_{t\to t_0}\varphi(t)=\infty$,则 $y=A$ 为水平渐近线.

竖直渐近线:$\lim\limits_{t\to t_0}\psi(t)=\infty$,且 $\lim\limits_{t\to t_0}\varphi(t)=x_0$,则 $x=x_0$ 为竖直渐近线.

斜渐近线:若 $\lim\limits_{t\to t_0}\varphi(t)=\infty$,且 $\lim\limits_{t\to t_0}\dfrac{\psi(t)}{\varphi(t)}=a$,$b=\lim\limits_{t\to t_0}(\psi(t)-a\varphi(t))$,则 $y=ax+b$ 为斜渐近线(这里 t_0 可为 ∞).

例 9 作星形线 $\begin{cases} x=a\cos^3 t, \\ y=a\sin^3 t, \end{cases} a>0.$

解 (1)在 $x=a\cos^3 t$,$y=a\sin^3 t$ 共同周期 $[0,2\pi]$ 内作图即可.

(2)$\dfrac{\mathrm{d}y}{\mathrm{d}x}=\dfrac{3a\sin^2 t\cos t}{-3a\cos^2 t\sin t}=-\tan t$.

$\dfrac{\mathrm{d}^2 y}{\mathrm{d}x^2}=\dfrac{1}{3a}\dfrac{1}{\cos^4 t\cdot\sin t}.$

(3)需考虑 $t=0,\dfrac{\pi}{2},\pi,\dfrac{3}{2}\pi,2\pi$ 的情况:

当 $0\leqslant t\leqslant\dfrac{\pi}{2}$ 时,$0\leqslant x\leqslant a$,$\dfrac{\mathrm{d}y}{\mathrm{d}x}<0$,$\dfrac{\mathrm{d}^2 y}{\mathrm{d}x^2}>0$.

当 $\dfrac{\pi}{2}\leqslant t\leqslant\pi$ 时,$-a\leqslant x\leqslant 0$,$\dfrac{\mathrm{d}y}{\mathrm{d}x}>0$,$\dfrac{\mathrm{d}^2 y}{\mathrm{d}x^2}>0$.

当 $\pi\leqslant t\leqslant\dfrac{3}{2}\pi$ 时,$-a\leqslant x\leqslant 0$,$\dfrac{\mathrm{d}y}{\mathrm{d}x}<0$,$\dfrac{\mathrm{d}^2 y}{\mathrm{d}x^2}<0$.

当 $\dfrac{3}{2}\pi\leqslant t\leqslant 2\pi$ 时,$0\leqslant x\leqslant a$,$\dfrac{\mathrm{d}y}{\mathrm{d}x}>0$,$\dfrac{\mathrm{d}^2 y}{\mathrm{d}x^2}<0$.

且 $t=0$,$(x,y)=(a,0)$;$t=\dfrac{\pi}{2}$,$(x,y)=(0,a)$;$t=\pi$,$(x,y)=(-a,0)$;$t=\dfrac{3}{2}\pi$,$(x,y)=(0,-a)$;$t=2\pi$,$(x,y)=(a,0)$.

(4)显然无渐近线.

(5)作图,如图 3.20 所示.

例 10 作出笛卡儿叶形线 $\begin{cases} x=\dfrac{t}{1+t^3}, \\ y=\dfrac{t^2}{1+t^3}. \end{cases}$

解 $x'_t=\dfrac{1-2t^3}{(1+t^3)^2}$,$y'_t=\dfrac{t(2-t^3)}{(1+t^3)^2}$.

故 $\dfrac{\mathrm{d}y}{\mathrm{d}x}=\dfrac{t(2-t^3)}{1-2t^3}$,$\dfrac{\mathrm{d}^2 y}{\mathrm{d}x^2}=\dfrac{2(1+t^3)^2(1+t^3)^2}{(1-2t^3)^3}$.

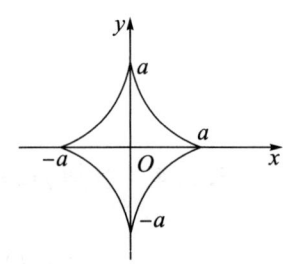

图 3.20

为了将 t 的范围转化为 x 的范围考虑单调性和凹凸性,t 的区间有:$(-\infty,-1)$,

$(-1,0)$, $(0,\frac{1}{\sqrt[3]{2}})$, $(\frac{1}{\sqrt[3]{2}},\sqrt[3]{2})$, $(\sqrt[3]{2},+\infty)$, 相应的 x 区间有：

(1) $(0,+\infty)$, $\frac{dy}{dx}<0$, $\frac{d^2y}{dx^2}>0$；

(2) $(-\infty,0)$, $\frac{dy}{dx}>0$, $\frac{d^2y}{dx^2}>0$；

(3) $(0,\frac{1}{3}\sqrt[3]{4})$, $\frac{dy}{dx}>0$, $\frac{d^2y}{dx^2}>0$；

(4) $(\frac{1}{3}\sqrt[3]{2},\frac{1}{3}\sqrt[3]{4})$, $\frac{dy}{dx}<0$, $\frac{d^2y}{dx^2}<0$；

(5) $(0,\frac{1}{3}\sqrt[3]{2})$, $\frac{dy}{dx}>0$, $\frac{d^2y}{dx^2}<0$.

$t=0$, $(x,y)=(0,0)$；$t=\frac{1}{\sqrt[3]{2}}$, $(x,y)=(\frac{1}{3}\sqrt[3]{4},\frac{1}{3}\sqrt[3]{2})$；$t=\sqrt[3]{2}$, $(x,y)=(\frac{1}{3}\sqrt[3]{2},\frac{1}{3}\sqrt[3]{4})$.

渐近线：易知无水平、竖直渐近线，考虑斜渐近线，由于
$$\lim_{t\to-1}x=\infty, \quad a=\lim_{t\to-1}\frac{y}{x}=-1, \quad b=\lim_{t\to-1}(y-ax)=\lim_{t\to-1}\frac{t^2+t}{1+t^3}=-\frac{1}{3},$$
故有斜渐近线：$y=-x-\frac{1}{3}$. 如图 3.21 所示.

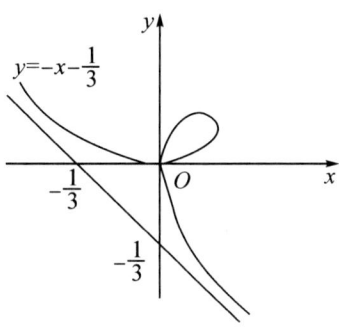

图 3.21

习题 3-5

1. 求下列各曲线的渐近线.

(1) $f(x)=\dfrac{x^2+1}{(x-1)(x-2)}$；

(2) $f(x)=\dfrac{x+2}{x^2+1}$；

(3) $\begin{cases}x=\dfrac{t}{1+t^3},\\ y=\dfrac{t+2}{(1+t^4)(1-t)};\end{cases}$

(4) $\begin{cases}x=\dfrac{t^2}{t+2},\\ y=\dfrac{t}{(t-1)(t+2)};\end{cases}$

(5) $f(x) = \dfrac{x^2-1}{x+2}$.

2. 作出下列曲线.

(1) $y = x^2 + \dfrac{1}{x}$;

(2) $y = \dfrac{2x+1}{x^2}$;

(3) $\rho = 2\theta$;

(4) $\rho = \sin 3\theta$;

(5) $\begin{cases} x = \theta - \sin\theta \\ y = 1 - \cos\theta \end{cases} (0 \leqslant \theta \leqslant 2\pi)$;

(6) $y = e^{-x^2}$.

3. 已知极坐标下曲线 $\rho = e^\theta$,求在极坐标 $(\dfrac{\pi}{2}, e^{\frac{\pi}{2}})$ 处的切线方程和法线方程.

*4. 在直线坐标系下,以 $(C, 0)$ 为极点,x 轴正半轴方向为极轴时,写出用极坐标表示直角坐标的公式,并由此写出以右焦点 $(C, 0)$ 为极点,x 轴正半轴方向为极轴的极坐标系下,椭圆 $\dfrac{x^2}{a^2} + \dfrac{y^2}{b^2} = 1$,双曲线 $\dfrac{x^2}{a^2} - \dfrac{y^2}{b^2} = 1$ 的极坐标方程.

5. 已知曲线的极坐标方程是 $\rho = 1 - \cos\theta$. 求该曲线上对应于 $\theta = \dfrac{\pi}{6}$ 处的切线和法线的直角坐标方程.

§3.6 极值和导数的应用

§3.6.1 函数的极值

如图 3.22 中,在 x_1,x_3 充分小邻域内 $f(x_1)$,$f(x_3)$ 是最小值,在 x_2,x_4 充分小邻域内 $f(x_2)$,$f(x_4)$ 是最大值. 这些点在函数的应用方面很重要.

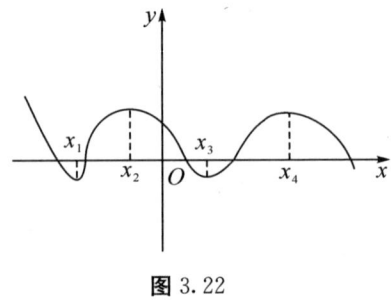

图 3.22

定义 1 设函数 $f(x)$ 在点 x_0 的某邻域 $U(x_0)$ 内有定义,如果对于去心邻域 $\overset{\circ}{U}(x_0)$ 内的任一 x 有

$$f(x) \leqslant f(x_0) \quad (\text{或 } f(x) \geqslant f(x_0)),$$

那么就称 $f(x_0)$ 是函数的一个**极大值**(或**极小值**),x_0 称为**极大值点**(或**极小值点**).

极值点 x_0 处有下列几种情况:

(1) $f'(x_0)$存在,且 $f'(x_0)=0$,即切线平行于 x 轴,如 $f(x)=x^2$ 在 $x=0$ 处切线平行于 x 轴,并为极小值点;

(2) $f'(x_0)$不存在,但 $f'(x_0)=\infty$,即切线垂直于 x 轴,如 $f(x)=\sqrt[3]{x^2}$ 在 $x=0$ 处切线垂直于 x 轴,并为极小值点;

(3) $f'(x_0)$不存在,且无切线. 如 $f(x)=|x|$ 在 $x=0$ 处无切线,但为极小值点.

定理 1(必要条件)   设函数 $f(x)$ 在 x_0 处可导,且在 x_0 处取得极值,那么 $f'(x_0)=0$.

证明   设 $f(x_0)$ 为极大值,从而存在一个邻域 $U(x_0)$,$f(x)$ 在 x_0 处取得最大值,由费马引理知 $f'(x_0)=0$. 证毕.

我们既不能说极值点是驻点(如 $f(x)=\sqrt[3]{x^2}$),也不能说驻点一定是极值点(如 $f(x)=x^3$),只有当 $f'(x_0)$ 存在且 x_0 为极值点时才能有 x_0 为驻点.

定理 2(第一充分条件)   设函数 $f(x)$ 在 x_0 处连续,且在 x_0 的某去心邻域 $\mathring{U}(x_0,\delta)$ 内可导.

(1) 若 $x\in(x_0-\delta,x_0)$ 时,$f'(x)>0$,而 $x\in(x_0,x_0+\delta)$ 时,$f'(x)<0$,则 $f(x)$ 在 x_0 处取得极大值;

(2) 若 $x\in(x_0-\delta,x_0)$ 时,$f'(x)<0$,而 $x\in(x_0,x_0+\delta)$ 时,$f'(x)>0$,则 $f(x)$ 在 x_0 处取得极小值;

(3) 若 $x\in\mathring{U}(x_0,\delta)$ 时,$f'(x)$ 的符号不变,则 $f(x)$ 在 x_0 处没有极值.

本定理的直观描述见图 3.23,其证明省略.

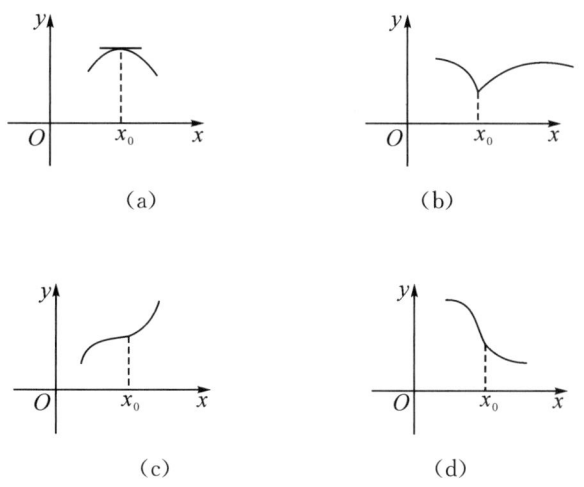

图 3.23

定理 2 必须要求 $f(x)$ 在 x_0 处连续,如 $f(x)=\begin{cases}\sin x, & x\neq 0,\\ \dfrac{1}{2}, & x=0,\end{cases}$ 易知 $f(x_0)=\dfrac{1}{2}$ 为极大值,但 $\mathring{U}(0,1)$ 内 $f'(x)$ 不变号.

求连续函数极值的步骤如下:

(1)求出 $f(x)$ 的定义域；
(2)求出导数 $f'(x)$；
(3)求出 $f(x)$ 的全部驻点和不可导点，分段函数分段点直接为极值疑点；
(4)利用定理 2 判定(3)中所有点.

例 1　求 $f(x)=\sqrt[3]{x}(x-4)$ 的极值.

解　(1)定义域 $D=(-\infty,+\infty)$.

(2)$f'(x)=\dfrac{4(x-1)}{3\sqrt[3]{x^2}}$.

(3)极值疑点有 $x=1,0$.

(4)列表如下：

x	$(-\infty, 0)$	0	$(0, 1)$	1	$(1, +\infty)$
$f'(x)$	−	∞	−	0	+
$f(x)$	↘		↘	−3	↗

$x=0$ 不是极值点，$x=1$ 为极小值点，$f(1)=-3$ 为极小值，如图 3.24 所示.

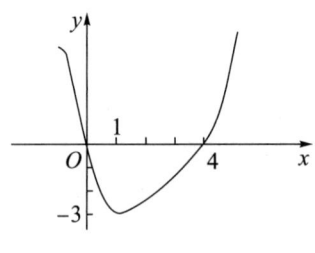

图 3.24

定理 3(第二充分条件)　设函数 $f(x)$ 在 x_0 处具有二阶导数，且 $f'(x_0)=0$，$f''(x_0)\neq 0$，那么

(1)当 $f''(x_0)<0$ 时，函数 $f(x)$ 在 x_0 处取得极大值；

(2)当 $f''(x_0)>0$ 时，函数 $f(x)$ 在 x_0 处取得极小值.

证明　由 $f(x)=f(x_0)+\dfrac{f'(x_0)}{1!}(x-x_0)+\dfrac{f''(x_0)}{2!}(x-x_0)^2+o((x-x_0)^2)$

$=f(x_0)+\dfrac{f''(x_0)}{2}(x-x_0)^2+o((x-x_0)^2)$，

从而 $\lim\limits_{x\to x_0}\dfrac{f(x)-f(x_0)}{(x-x_0)^2}=\dfrac{1}{2}f''(x_0)$.

若 $f''(x_0)>0$，则存在 $U(x_0,\delta)$ 当 $x\in U(x_0,\delta)$ 时 $f(x)\geqslant f(x_0)$，从而 $f(x_0)$ 为极小值.

若 $f''(x_0)<0$，则存在 $U(x_0,\delta)$ 当 $x\in U(x_0,\delta)$ 时 $f(x)\leqslant f(x_0)$，从而 $f(x_0)$ 为极大值. 证毕.

如 $f(x)=x^4$，$g(x)=x^5$，可知 $f'(x_0)=0$，$f''(x_0)=0$ 时 $f(x_0)$ 可以是极值，也可以不是极值. 需用更高阶导数判定，参见本节习题 11 的结论.

例 2　已知 $f(x)=ae^x+bx^3$ 有极值 $f(1)=1$，求常数 a,b，并判定 $f(1)$ 是极大值还

是极小值.

解 由 $f(1)=1$ 有
$$a\mathrm{e} + b = 1. \tag{3.9}$$
由 $f'(x)=a\mathrm{e}^x+3bx^2$ 有
$$f'(1) = a\mathrm{e} + 3b = 0. \tag{3.10}$$
由式(3.9)和式(3.10)得
$$b = -\frac{1}{2}, \quad a = \frac{3}{2\mathrm{e}}.$$
由 $f''(x)=a\mathrm{e}^x+6bx$ 有 $f''(1)=\frac{3}{2}-3=-\frac{3}{2}<0$,从而 $f(1)=1$ 为极大值. 本例中由于有函数 e^x,不容易求出 $f(x)$ 的单调区间,我们用定理 3 考虑了极值点的类型.

§3.6.2 最大值、最小值问题

最值问题是几乎所有科学技术、实际活动需考虑的问题.

若 $f(x)$ 在 $[a,b]$ 上连续,则 $f(x)$ 在 $[a,b]$ 上必有最大值、最小值. 最值疑点有:驻点、不可导点、端点、分段函数的分段点. 求闭区间上连续函数的最大值或最小值就必须先找出这些最值疑点,再求出这些点的函数值,比较大小后得到所求的最值.

例 3 求 $f(x)=\begin{cases}2x^3-9x^2+12x+1, & x\geqslant 0,\\ x^2+2x+1, & x<0\end{cases}$ 在 $[-2,3]$ 上的最大值、最小值.

解 由 $\lim\limits_{x\to 0^+}f(x)=\lim\limits_{x\to 0^-}f(x)=f(0)=1$,知 $f(x)$ 在 $[-2,3]$ 上连续,$x\neq 0$ 时,有
$$f'(x) = \begin{cases}6x^2-18x+12=6(x-1)(x-2), & x>0,\\ 2x+2, & x<0.\end{cases}$$
故 $f'(x)=0$ 有 $x=1,2,-1$.

而 $f(0)=1,f(-1)=0,f(1)=6,f(2)=5,f(-2)=1,f(3)=10$. 所以
$$\max_{x\in[-2,3]}f(x) = 10, \quad \min_{x\in[-2,3]}f(x) = 0.$$

例 4 如图 3.25 中,要在半圆盘 $0\leqslant y\leqslant\sqrt{4-x^2}$ 截一个一边在直径上的矩形,求能截得的矩形最大面积.

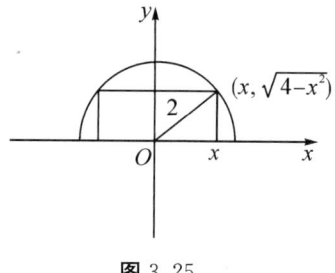

图 3.25

解 如图 3.25 所示,先建立函数,设矩形的面积为 $A(x)$,则
$$A(x) = 2x\sqrt{4-x^2} \quad (0\leqslant x\leqslant 2),$$

求导数,则有
$$\frac{dA}{dx}=\frac{-2x^2}{\sqrt{4-x^2}}+2\sqrt{4-x^2}=2\frac{4-2x^2}{\sqrt{4-x^2}}.$$

由 $\frac{dA}{dx}=0$,有驻点 $x=\sqrt{2}$. 从而 $A(x)$ 的最值必在 $x=0,2,\sqrt{2}$ 处取到.

由 $A(0)=0$, $A(2)=0$, $A(\sqrt{2})=4$,知所求矩形的最大面积为 4.

例 5 一"T"形河由 A 河、B 河组成(如图 3.26 所示), A 河宽 a 米, B 河宽 b 米,问能从 A 河驶入 B 河的最长的船的船长是多少?

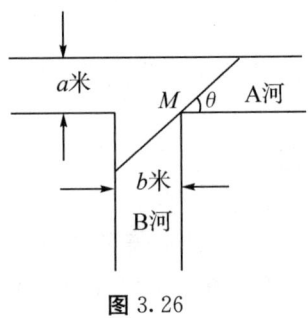

图 3.26

解 先建立函数,当 θ 固定,设能通过的船的最长船长值为 $l(\theta)$,则
$$l(\theta)=\frac{a}{\sin\theta}+\frac{b}{\cos\theta} \quad (0<\theta<\frac{\pi}{2}),$$

由于对 $0<\theta<\frac{\pi}{2}$ 每个角要能转过去,所求的船长是 $l(\theta)$ 的最小值,即
$$l'(\theta)=\frac{-a\cos\theta}{\sin^2\theta}+\frac{b\sin\theta}{\cos^2\theta}.$$

设 $l'(\theta)=0$,可得 $\tan^3\theta=\frac{a}{b}$,即 $\tan\theta=\sqrt[3]{\frac{a}{b}}$.

根据实际问题有解,从而 $\tan\theta=\sqrt[3]{\frac{a}{b}}$ 时 $l(\theta)$ 为所求的最长的船长,此时 $l=(a^{\frac{2}{3}}+b^{\frac{2}{3}})^{\frac{3}{2}}$.

§3.6.3 利用函数的单调性、凹凸性证明一些基本不等式

(1) 若 $f\in C[a,b]$ 且 $f(x)$ 单调递增,则 $a\leqslant x\leqslant b$ 有 $f(a)\leqslant f(x)\leqslant f(b)$.

若 $f\in C[a,b]$ 且 $f(x)$ 单调递增,则 $a<x<b$ 有 $f(a^+)<f(x)<f(b^-)$.

(2) 若 $f(x)$ 在区间 $[a,b]$ 为凹(或凸),且 $x_0\in[a,b]$, $f'(x_0)=0$,则
$$\max_{x\in[a,b]} f(x)=\max(f(b),f(a)) \quad (\text{或} \min_{x\in[a,b]} f(x)=\min(f(a),f(b))).$$
$$\min_{a\leqslant x\leqslant b} f(x)=f(x_0) \quad (\text{或} \max_{x\in[a,b]} f(x)=f(x_0)).$$

例 6 $0<x\leqslant\frac{\pi}{2}$,求证 $\frac{2}{\pi}\leqslant\frac{\sin x}{x}\leqslant 1$.

证明 设 $f(x)=\dfrac{\sin x}{x}(0<x\leqslant\dfrac{\pi}{2})$，则
$$f'(x)=\dfrac{x\cos x-\sin x}{x^2}=\dfrac{\cos x(x-\tan x)}{x^2}. \tag{3.11}$$

为了得到 $f'(x)$ 的正负，令 $g(x)=x-\tan x(0<x<\dfrac{\pi}{2})$，$g'(x)=1-\sec^2 x<0$，从而 $g(x)$ 在 $(0,\dfrac{\pi}{2})$ 单减，$g(x)<g(0^+)=0$，代入式(3.11)，$f'(x)<0$，故 $f(x)$ 在 $(0,\dfrac{\pi}{2})$ 上单减，又 $f\in C(0,\dfrac{\pi}{2}]$，所以 $f(\dfrac{\pi}{2})\leqslant f(x)<f(0^+)$，$f(\dfrac{\pi}{2})=\dfrac{2}{\pi}$，$f(0^+)=1$，故 $\dfrac{2}{\pi}\leqslant\dfrac{\sin x}{x}\leqslant 1$.

例 7 求证不等式 $\cos x\leqslant 1-\dfrac{x^2}{2!}+\dfrac{x^4}{4!}$，$x\in\mathbf{R}$.

证明 设 $f(x)=\cos x-1+\dfrac{x^2}{2!}-\dfrac{x^4}{4!}$，则
$$f'(x)=-\sin x+x-\dfrac{x^3}{3!},$$
$$f''(x)=-\cos x+1-\dfrac{x^2}{2!},$$
$$f'''(x)=\sin x-x,$$
$$f^{(4)}(x)=\cos x-1\leqslant 0,$$

从而 $f''(x)$ 为凸函数；又因 $f'''(0)=0$，故
$$\max_{x\in\mathbf{R}}f''(x)=f''(0)=0.$$

即 $f''(x)\leqslant 0$，$f(x)$ 在 $\mathbf{R}$ 上为凸函数；又 $f'(0)=0$，故 $\max\limits_{x\in\mathbf{R}}f(x)=f(0)=0$，即 $f(x)\leqslant 0$，所证不等式成立.

例 8 $f\in C[0,+\infty)$，$f(0)=0$，$x\in(0,+\infty)$ 有 $f''(x)>0$，求证：对任意 $0<x_1<x_2$，有 $x_2 f(x_1)<x_1 f(x_2)$.

证明 设 $F(x)=\dfrac{f(x)}{x}$.
$$F'(x)=\dfrac{xf'(x)-f(x)}{x^2}$$
$$=\dfrac{xf'(x)-[f(x)-f(0)]}{x^2}$$
$$=\dfrac{x[f'(x)-f'(\xi)]}{x^2},\ 0<\xi<x.$$

又因 $f''(x)>0$，从而 $f'(x)$ 在 $(0,+\infty)$ 上单增，故 $f'(x)>f'(\xi)$.

因此 $F'(x)>0$，$F(x)$ 在 $(0,+\infty)$ 上单增，若 $0<x_1<x_2$，则 $F(x_1)<F(x_2)$，由此可知 $x_2 f(x_1)<x_1 f(x_2)$.

§3.6.4 由函数单调性讨论方程 $f(x)=0$ 根的个数

如果利用导数的性质，将函数 $f(x)$ 的曲线特征分析清楚，就能直观地了解方程 $f(x)=0$

的根的分布情况.

考虑方程 $f(x)=0$ 根的步骤为：①先求定义域；②求出 $f(x)$ 的单调区间；③讨论每个单调区间端点处 $f(x)$ 的正负；④作出 $f(x)$ 的曲线轮廓，得出方程 $f(x)=0$ 的根的个数和分布区间.

例9 方程 $12x^5+15x^4-20x^3+30x^2-120x+1=0$ 有多少个不同的根？并指出它们所在区间.

解 设 $f(x)=12x^5+15x^4-20x^3+30x^2-120x+1$，
$$f'(x)=60x^4+60x^3-60x^2+60x-120$$
$$=60(x^4+x^3-x^2+x-2)=60(1+x^2)(x+2)(x-1).$$

设 $f'(x)=0$，有 $x=1$，-2.

x	$(-\infty,-2)$	-2	$(-2,1)$	1	$(1,+\infty)$
$f'(x)$	$+$	0	$-$	0	$+$
$f(x)$	↗		↘		↗

且 $\lim\limits_{x\to-\infty}f(x)=-\infty<0$，$f(-2)=377$，$f(1)=-82<0$，$\lim\limits_{x\to+\infty}f(x)=+\infty>0$.

从而，原方程有三个根，分别在区间 $(-\infty,-2)$，$(-2,1)$，$(1,+\infty)$ 内，如图 3.27 所示.

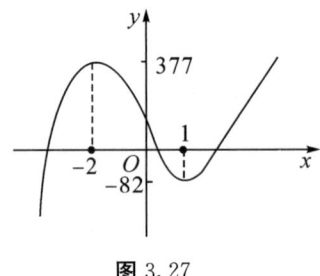

图 3.27

从例 9 可知，讨论方程根个数主要需求出相应函数的单调区间以及每个区间端点函数值，这里用了连续函数的零点定理.

习题 3-6

1. 求下列函数极值，并判定类型.

   (1) $y=x-\ln(1+x)$；

   (2) $y=\dfrac{1+3x}{\sqrt{4+5x^2}}$；

   (3) $y=\dfrac{x+1}{x^2+2x+2}$；

   (4) $\begin{cases}x=t^2+2t+2,\\ y=2t^3-3t^2+4.\end{cases}$

2. 求下列函数的最大值、最小值.

   (1) $y=x^4-8x^2+2$，$-1\leqslant x\leqslant 3$；

   (2) $y=\begin{cases}x^2-4x+3, & x\geqslant 1,\\ \ln x-2x^2+2, & x<1,\end{cases}$ $x\in\left[\dfrac{1}{4},3\right]$.

3. 试问 a 为何值时,函数 $f(x)=a\sin x+\frac{1}{3}\sin 3x$ 在 $x=\frac{\pi}{3}$ 处取得极值? 它是极大值还是极小值? 并求此值.

4. 讨论方程 $\ln x=ax(a>0)$ 有几个实根.

5. 证明下列不等式.

(1) $x>0$ 时, $1+x\ln(x+\sqrt{1+x^2})>\sqrt{1+x^2}$;

(2) $0<x<\frac{\pi}{2}$ 时, $\sin x+\tan x>2x$;

(3) $x>0$ 时, $\arctan x>x-\frac{x^3}{3}$;

(4) $k\geqslant 2$, $x\geqslant 0$ 时, $kx^{k-1}-(k-1)x^k\leqslant 1$;

(5) $p>1$, $0\leqslant x\leqslant 1$ 时, $\frac{1}{2^{p-1}}\leqslant x^p+(1-x)^p\leqslant 1$.

6. 如第6题图,设 A, D 分别是曲线 $y=\mathrm{e}^x$ 和 $y=\mathrm{e}^{-2x}$ 上的点,AB, DC 均垂直于 x 轴,求:(1) A, D 的横坐标,使矩形 $ABCD$ 面积最大;(2)是否存在矩形 $ABCD$,使得 $|AB|:|BC|=1:2$?

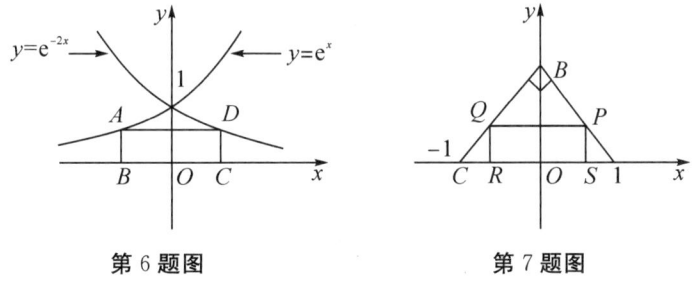

第6题图   第7题图

7. 如第7题图,求底边在 x 轴最大矩形的面积.

8. 要做一个容积为 1000 m³ 的有盖的圆柱形容器,问怎么做才能使所用的材料最省?

9. 已知曲线 $y=\frac{1}{x^2}$, $x>0$,试问该曲线上哪一点的切线被两坐标轴所截的线段最短?

10. 设某产品的成本函数 $C=aQ^2+bQ+c$,需求函数 $Q=\frac{1}{e}(d-p)(0\leqslant p\leqslant d)$,其中 p 为价格,a, b, c, d, e 均为正常数,且 $d>b$,求:利润最大时的产量是多少?

11. $f(x)$ 在 x_0 处 n 阶可导,且 $f'(x_0)=f''(x_0)=\cdots=f^{(n-1)}(x_0)=0$, $f^{(n)}(x_0)\neq 0$,则:
(1)当 n 为偶数时,若 $f^{(n)}(x_0)>0$,则 $f(x_0)$ 为极小值;若 $f^{(n)}(x_0)<0$,则 $f(x_0)$ 为极大值.
(2)当 n 为奇数时,$f(x_0)$ 一定不为极值,但 $(x_0, f(x_0))$ 必为 $y=f(x)$ 曲线的拐点.

*§3.7 曲 率

现实中,经常考虑曲线的弯曲程度,如高速公路的弯曲度、砂轮的弯曲度等. 为了考虑曲线的弯曲度,先要有弧微分作为预备知识.

§3.7.1 弧微分

设函数 $f(x)$ 在区间 (a,b) 内具有连续导数,在曲线 $y=f(x)$ 上取固定点 $M_0(x_0,y_0)$ 作为度量弧长的起点(如图 3.28 所示),并规定依 x 增大的方向作为曲线的正向. 从而有向弧 $\widehat{M_0M}$ 与 Δx 总是同号,即 $\dfrac{\widehat{M_0M}}{\Delta x}>0$,显然弧长 s 是 x 的函数:$s=s(x)$,不过这个函数显式表达式不容易得到.

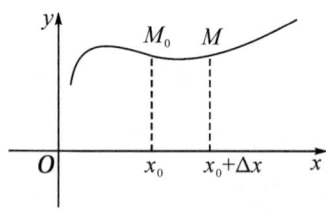

图 3.28

由于 $\dfrac{\widehat{M_0M}}{\Delta x} \approx \dfrac{\overline{M_0M}}{\Delta x}$,且

$$s'(x_0) = \lim_{\Delta x \to 0} \dfrac{\widehat{M_0M}}{\Delta x} = \lim_{\Delta x \to 0} \dfrac{\overline{M_0M}}{\Delta x}$$
$$= \lim_{\Delta x \to 0}\left|\dfrac{M_0M}{\Delta x}\right| = \lim_{\Delta x \to 0}\left|\dfrac{\sqrt{(\Delta x)^2+(\Delta y)^2}}{\Delta x}\right|$$
$$= \lim_{\Delta x \to 0}\sqrt{1+\left(\dfrac{\Delta y}{\Delta x}\right)^2} = \sqrt{1+y'^2}.$$

由此可知弧微分公式为

$$ds = \sqrt{1+y'^2}\,dx.$$

例 1 设 $y=x^2(0\leqslant x\leqslant 4)$ 上以 $(0,0)$ 为起点到 (x,x^2) 的长度为 $s(x)$,求 $s'(1)$.

解 由于 $s'(x)=\sqrt{1+y'^2}$,所以 $s'(x)=\sqrt{1+4x^2}$,故 $s'(1)=\sqrt{5}$.

若曲线用参数方程 $\begin{cases} x=\varphi(t), \\ y=\psi(t), \end{cases}$ 其中 $\varphi(t),\psi(t)$ 连续可导,并规定弧长计量 t 增大方向为正,则由 $\dfrac{dy}{dx}=\dfrac{\psi'(t)}{\varphi'(t)}$ 可得参数方程下曲线的弧微分公式为

$$ds = \sqrt{\varphi'^2(t)+\psi'^2(t)}\,dt.$$

若曲线为极坐标 $\rho=\rho(\theta)$,利用极坐标和直角坐标关系:

$$\begin{cases} x=\rho\cos\theta = \rho(\theta)\cos\theta, \\ y=\rho\sin\theta = \rho(\theta)\sin\theta, \end{cases}$$

并代入上面的参数式的弧微分公式中,规定逆时针方向弧长计量为正,可得极坐标下的弧微分公式为

$$ds = \sqrt{\rho^2(\theta)+\rho'^2(\theta)}\,d\theta.$$

§3.7.2 曲率及其计算公式

一质点在一条 xOy 面上的曲线上运动,它冲出轨道的方向一定是曲线切线方向,从而曲线的弯曲度与切线方向变化快慢有关.如果运动的弧长越短,切线方向改变越大,则曲线必然越弯曲,而切线方向的改变是由切线相对于 x 轴的倾斜角 α 决定的.由此可知,曲线的弯曲程度实际上是 α 相对于弧长 s 的变化率.

定义 1 设 α 为平面曲线的切线倾斜角,s 为弧长,把 $\left|\dfrac{\mathrm{d}\alpha}{\mathrm{d}s}\right|$ 记为 K,称为曲线的**曲率**.

$K = \left|\dfrac{\mathrm{d}\alpha}{\mathrm{d}s}\right|$ 反映了曲线的弯曲程度.

定理 1 设 $y = f(x)$ 为二阶可导函数,则其曲率 $K = \dfrac{|y''|}{(1+y'^2)^{3/2}}$.

证明 由于 $\tan\alpha = y'$,两边对 x 求导:

$$\sec^2\alpha \cdot \frac{\mathrm{d}\alpha}{\mathrm{d}x} = y'',$$

故

$$\frac{\mathrm{d}\alpha}{\mathrm{d}x} = \frac{y''}{1+y'^2}. \tag{3.12}$$

又根据弧微分公式:

$$\frac{\mathrm{d}s}{\mathrm{d}x} = \sqrt{1+y'^2}, \tag{3.13}$$

由式(3.12)除以式(3.13),得

$$\frac{\mathrm{d}\alpha}{\mathrm{d}s} = \frac{y''}{(1+y'^2)^{3/2}}.$$

所以

$$K = \left|\frac{\mathrm{d}\alpha}{\mathrm{d}s}\right| = \frac{|y''|}{(1+y'^2)^{3/2}}.$$

证毕.

例 2 求圆 $x^2 + y^2 = R^2$ 上任一点的曲率.

解 将 $x^2 + y^2 = R^2$ 两边对 x 求导,有

$$2x + 2yy' = 0.$$

故

$$y' = -\frac{x}{y}, \quad y'' = -\frac{y - xy'}{y^2} = -\frac{y + \dfrac{x^2}{y}}{y^2} = -\frac{R^2}{y^3}.$$

由

$$K = \left|\frac{y''}{(1+y'^2)^{3/2}}\right| = \left|\frac{-\dfrac{R^2}{y^3}}{\left[1+\left(-\dfrac{x}{y}\right)^2\right]^{3/2}}\right| = \frac{R^2}{(x^2+y^2)^{3/2}} = \frac{1}{R}.$$

因此可以看出,半径越小,圆越弯曲;半径越大,圆弯曲度越小,这与实际相符.

例3 求曲线 $y=\dfrac{1}{x^2}$ 在其上 $(2,\dfrac{1}{4})$ 处的曲率.

解 由 $y=\dfrac{1}{x^2}$，得
$$y'=-\frac{2}{x^3},\quad y''=\frac{6}{x^4},$$
从而
$$y'|_{x=2}=-\frac{1}{4},\quad y''|_{x=2}=\frac{3}{8}.$$
由曲率公式，可得
$$K=\left|\frac{y''}{(1+y'^2)^{3/2}}\right|=\frac{\dfrac{3}{8}}{\left[1+(-\dfrac{1}{4})^2\right]^{3/2}}=\frac{24\sqrt{17}}{289}.$$

§3.7.3 曲率圆与曲率半径

设曲线 $y=f(x)$ 在点 $M(x,y)$ 处的曲率为 $K(K\neq 0)$，在点 M 处的曲线的法线上，在凹的一侧取一点 D，使 $|DM|=\dfrac{1}{K}=\rho$，以 D 为圆心，ρ 为半径的圆（如图 3.29 所示）称为曲线在点 M 处的**曲率圆**，曲率圆的圆心 D 叫做曲线在 M 处的**曲率中心**，曲率圆的半径 ρ 叫做曲线在点 M 处的**曲率半径**.

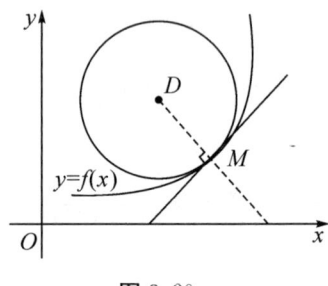

图 3.29

由定义知曲率圆的作用在于它在 M 处与曲线 $y=f(x)$ 有相同切线和曲率，且凹向相同，从而在 M 处两曲线极其吻合.

由 $\rho=\dfrac{1}{K}$，知曲率与曲率半径互为倒数.

例4 求曲线 $y=x^3$ 在其上 $(1,1)$ 处的曲率圆方程.

解 由 $y=x^3$，得
$$y'=3x^2,\quad y''=6x,$$
故 $y=x^3$ 在 $(1,1)$ 处
$$K=\left|\frac{y''}{(1+y'^2)^{3/2}}\right|=\frac{6}{(1+3^2)^{3/2}}=\frac{3}{5\sqrt{10}},$$

即
$$\rho = \frac{1}{K} = \frac{5}{3}\sqrt{10}.$$

又 M 处法线方程为
$$y - 1 = -\frac{1}{3}(x-1), \quad 即\ y = -\frac{1}{3}x + \frac{4}{3}.$$

设 $D(x_0, -\frac{1}{3}x_0 + \frac{4}{3})$,从而 $(x_0-1)^2 + (-\frac{1}{3}x_0 + \frac{4}{3} - 1)^2 = \frac{250}{9}$, $x_0 = 6$ 或 -4,由于 D 在 $y = x^3$ 凹向一侧,故 $x_0 = -4$, $D(-4, \frac{8}{3})$,如图 3.30 所示.

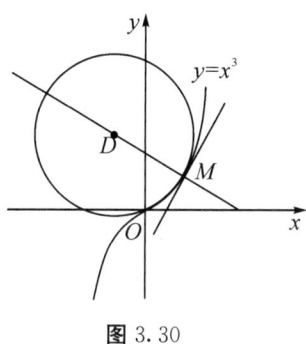

图 3.30

因此所求曲率圆为
$$(x+4)^2 + (y - \frac{8}{3})^2 = \frac{250}{9}.$$

例 5 用一砂轮对内表面为抛物线 $y = 0.4x^2$ 的工件进行磨削,问用半径多大的砂轮才比较合适?

解 由 $y = 0.4x^2$,得 $y' = 0.8x$,$y'' = 0.8$,故 $K = \dfrac{0.8}{(1+0.64x^2)^{3/2}}$,由此可知 $x = 0$ 时,K 最大且最大值为 0.8,从而砂轮的半径 $R = \dfrac{1}{K} = 1.25$ 时这砂轮最合适.

习题 3-7

1. 求下列各曲线的弧微分.
 (1) $y = x^3$;
 (2) $y = e^{2x}$;
 (3) $y = \sqrt{1-x^2}$;
 (4) $\begin{cases} y = t^2 - t + 2, \\ x = t^2 + t - 1; \end{cases}$
 (5) $\rho = \sin\theta$;
 (6) $\rho = a\theta\ (a > 0)$.

2. 已知 $y = \sqrt{1+x^2}$,$s = s(x)$ 表示该曲线的弧长,证明:$\dfrac{ds}{dx} \cdot \dfrac{d^2 s}{dx^2} = \dfrac{x}{y^4}$.

3. 求曲线 $y = x^2$ 在其上 $(1,1)$ 处曲率圆方程.

4. 对数曲线 $y = \ln x$ 上哪一点处的曲率半径最小?求出该点处的曲率半径.

5. 曲线参数方程 $\begin{cases} x = \varphi(t), \\ y = \psi(t). \end{cases}$ 其中 $\varphi(t), \psi(t)$ 均有二阶连续导数. 求证:曲线的曲率 $K = \dfrac{|\varphi'(t)\psi''(t) - \varphi''(t)\psi'(t)|}{[\varphi'^2(t) + \psi'^2(t)]^{3/2}}$.

*§3.8 方程的近似解

在科学技术问题中,常会遇到求方程 $f(x) = 0$ 的近似解,本节介绍两种求近似解的基本方法.

求方程的近似解可分两步:

(1)隔离方程的根:通过函数 $y = f(x)$ 的曲线特征,将 $f(x) = 0$ 隔离在不同区间上,使每个区间上最多有方程的一个根.

(2)改善近似解的精度:以隔离的区间某端点为初始近似值,通过一定的方法提高近似解的精度. 这里主要介绍二分法和牛顿切线法.

§3.8.1 二分法

设 $f(x)$ 在区间 $[a,b]$ 上连续, $f(a) \cdot f(b) < 0$,且方程 $f(x) = 0$ 在 (a,b) 内仅有一个实根 ξ,于是 $[a,b]$ 即是这个根的一个隔离区间.

取 $[a,b]$ 的中点 $\xi_1 = \dfrac{a+b}{2}$,计算 $f(\xi_1)$.

如果 $f(\xi_1) = 0$,那么 $\xi = \xi_1$;如果 $f(\xi_1)$ 与 $f(a)$ 同号,那么取 $a_1 = \xi_1, b_1 = b$,由 $f(a_1) \cdot f(b_1) < 0$,即知 $a_1 < \xi < b_1$,且 $b_1 - a_1 = \dfrac{b-a}{2}$;如果 $f(\xi_1)$ 与 $f(b)$ 同号,那么取 $a_1 = a, b_1 = \xi_1$,也有 $a_1 < \xi < b_1$ 及 $b_1 - a_1 = \dfrac{b-a}{2}$.

总之,当 $\xi \neq \xi_1$ 时,可求得 $a_1 < \xi < b_1$,且 $b_1 - a_1 = \dfrac{b-a}{2}$. 以 $[a_1, b_1]$ 作为新的隔离区间,重复上述做法,当 $\xi \neq \xi_2 = \dfrac{a_1 + b_1}{2}$ 时,可得 $a_2 < \xi < b_2$,且 $b_2 - a_2 = \dfrac{b-a}{2^2}$.

如此重复 n 次,可求得 $a_n < \xi < b_n$,且 $b_n - a_n = \dfrac{b-a}{2^n}$. 由此可知,以 a_n 或 b_n 作为 ξ 的近似值,那么其误差小于 $\dfrac{b-a}{2^n}$.

例 1 用二分法求方程 $x^3 + x - 1 = 0$ 实根的近似值,使误差不超过 10^{-2}.

解 设 $f(x) = x^3 + x - 1$,$f'(x) = 3x^2 + 1 > 0$,$\lim\limits_{x \to +\infty} f(x) = +\infty > 0$,$\lim\limits_{x \to -\infty} f(x) = -\infty < 0$,故原方程有且仅有一个实根.

由 $f(0) = -1 < 0$,$f(1) = 1 > 0$,知 $f(x) = 0$ 的实根必在区间 $[0,1]$ 内,取 $a = 0, b = 1$,计算得:

$\xi_1 = 0.5$,$f(\xi_1) = -0.375 < 0$,故 $a_1 = 0.5, b_1 = 1$;

$\xi_2=0.75, f(\xi_2)\approx 0.172>0$,故 $a_2=0.5, b_2=0.75$；
$\xi_3=0.625, f(\xi_3)\approx -0.131<0$,故 $a_3=0.625, b_3=0.75$；
$\xi_4=0.687, f(\xi_4)\approx 0.011>0$,故 $a_4=0.625, b_4=0.687$；
$\xi_5=0.656, f(\xi_5)\approx -0.06<0$,故 $a_5=0.656, b_5=0.687$；
$\xi_6=0.672, f(\xi_6)\approx -0.02<0$,故 $a_6=0.672, b_6=0.687$；
$\xi_7=0.6795, f(\xi_7)\approx -0.006<0$,故 $a_7=0.6795, b_7=0.687$.

于是 $0.6795<\xi<0.687$，即 $\xi\approx 0.68$ 作为根的近似值误差不超过 10^{-2}.

§3.8.2 切线法(也称牛顿切线法)

设 $f(x)$ 在 $[a,b]$ 上具有二阶连续的导函数，$f(a)\cdot f(b)<0$，且 $f'(x)$ 及 $f''(x)$ 在 $[a,b]$ 上保持定号(即隔离区间单调性、凹凸性不变). 在上述条件下，方程 $f(x)=0$ 在 (a,b) 内有唯一的实根 r，对于 x_0 需按图 3.31 选取.

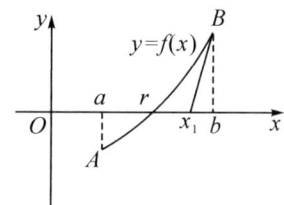
(a) $f'(x)>0, f''(x)>0$，取 $x_0=b$

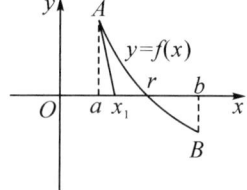
(b) $f'(x)<0, f''(x)>0$，取 $x_0=a$

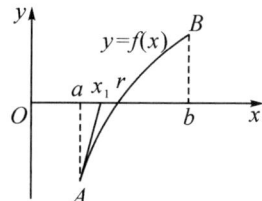
(c) $f'(x)>0, f''(x)<0$，取 $x_0=a$

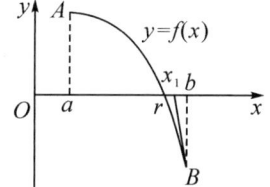
(d) $f'(x)<0, f''(x)<0$，取 $x_0=b$

图 3.31

在 $(x_0, f(x_0))$ 处切线为 $y-f(x_0)=f'(x_0)(x-x_0)$，令 $y=0$ 时求出切线与 x 轴的交点 x_1，即

$$x_1=x_0-\frac{f(x_0)}{f'(x_0)}.$$

如果按图 3.31 的方法取 x_0，易知 $a<x_1<b$，且

$$\begin{aligned}|x_1-r| &= \left|x_0-r-\frac{f(x_0)}{f'(x_0)}\right| \\ &= \left|x_0-r-\frac{f(x_0)-f(r)}{f'(x_0)}\right| \\ &= |x_0-r|\left|1-\frac{f'(\xi_1)}{f'(x_0)}\right|,\end{aligned}$$

其中，ξ_1 在 x_0 与 r 之间.

由图 3.31 每一类均可知 $|x_1-r|<|x_0-r|$，从而 x_1 作为 r 近似值比 x_0 作为 r 近似值精度更高. 同理，在点 $(x_1,f(x_1))$ 作切线，可得根的近似值 x_2，如此下去，一般地，在点 $(x_n,f(x_n))$ 作切线，得根的近似值 x_{n+1}：

$$x_{n+1}=x_n-\frac{f(x_n)}{f'(x_n)} \tag{3.14}$$

设 $\max\limits_{x\in[a,b]}|f''(x)|=M$，$\min\limits_{x\in[a,b]}|f'(x)|=m$. 则

$$\begin{aligned}
|x_{n+1}-r| &= \left|x_n-r-\frac{f(x_n)-f(r)}{f'(x_n)}\right|\\
&= |x_n-r|\left|\frac{f'(x_n)-f'(\xi_1)}{f'(x_n)}\right|\\
&= |x_n-r||x_n-\xi|\left|\frac{f''(\xi)}{f'(x_n)}\right|\\
&< |x_n-r|^2\frac{M}{m}.
\end{aligned}$$

其中，ξ_1 在 r 与 x_n 之间.

由此可知，用切线法时取 x_0 更接近 r，这样会很快得到满足精度的近似值.

例 2 利用函数 $f(x)=x^2-2$，用切线法得到 $\sqrt{2}$ 的不超过 0.00001 的近似值.

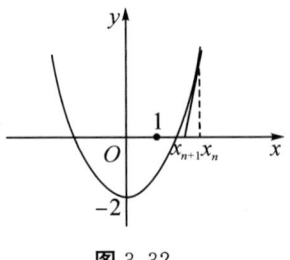

图 3.32

解 $f(x)=x^2-2$，$f'(x)=2x$，代入式(3.12)可得切线法的递推公式(如图 3.32 所示)：

$$x_{n+1}=x_n-\frac{x_n^2-2}{2x_n}=\frac{x_n}{2}+\frac{1}{x_n}, \quad \sqrt{2}\in(1,2).$$

取 $x_0=2$，$x_1=1.5$，$x_2=1.41667$，$x_3=1.41422$，由曲线和切线法易知 $\sqrt{2}<1.41422$. 而 $f(1.41421)\approx -0.00001<0$，$f(1.41422)\approx 0.000018>0$.

因此 $1.41421<\sqrt{2}<1.41422$，从而 1.41421 或 1.41422 作为 $\sqrt{2}$ 的近似值其误差不会超过 0.00001.

习题 3—8

1. 试证 $x^3-3x^2+5x-1=0$ 在区间 $(0,1)$ 有且仅有一个根，并用二分法求这个根的近似值，使误差不超过 0.01.

2. 用切线法求 $\sqrt{3}$ 的近似值，误差不超过 10^{-5}.

3. 求方程 $x^3+3x-1=0$ 的近似根，使误差不超过 0.01.

总复习题三

◀ **A 组**

1. 在 $[-1,1]$ 上，下列函数中满足罗尔定理的条件是（ ）.

   A. $f(x)=\begin{cases}\ln x, & x>0 \\ x+1, & x\leqslant 0\end{cases}$
   B. $g(x)=\begin{cases}e^x-1, & x\geqslant 0 \\ x, & x\leqslant 0\end{cases}$

   C. $h(x)=\begin{cases}x^2\cos\dfrac{1}{x}, & x\neq 0 \\ 0, & x=0\end{cases}$
   D. $w(x)=\begin{cases}x\sin\dfrac{1}{x}, & x\neq 0 \\ 0, & x=0\end{cases}$

2. 函数 $f(x)=\dfrac{x}{1+e^{\frac{1}{x}}}$ 在（ ）上不满足拉格朗日中值定理的条件.

   A. $[0,1]$
   B. $[-1,0]$
   C. $[0,e]$
   D. $[-1,1]$

3. 在求极限时，下列函数中能直接用洛必达法则的是（ ）.

   A. $\lim\limits_{x\to\infty}\dfrac{\tan 5x}{\sin 3x}$
   B. $\lim\limits_{x\to 0}\dfrac{\tan 5x}{\sin 3x}$

   C. $\lim\limits_{x\to\frac{\pi}{2}}\dfrac{\tan 5x}{\sin 3x}$
   D. $\lim\limits_{x\to 0}\dfrac{5x\tan\dfrac{1}{5x}}{\sin 3x}$

4. 下列各式中运用洛必达法则正确的是（ ）.

   A. $\lim\limits_{n\to\infty}\sqrt[n]{n}=e^{\lim\limits_{n\to\infty}\frac{(\ln n)'}{(n)'}}=e^{\lim\limits_{n\to\infty}\frac{1}{1}}=1$

   B. $\lim\limits_{x\to 0}\dfrac{x+\sin x}{x-\sin x}=\lim\limits_{x\to 0}\dfrac{1+\cos x}{1-\cos x}=\infty$

   C. $\lim\limits_{x\to 0}\dfrac{x^2\sin\dfrac{1}{x}}{\sin x}=\lim\limits_{x\to 0}\dfrac{2x\sin\dfrac{1}{x}-\cos\dfrac{1}{x}}{\cos x}$ 不存在

   D. $\lim\limits_{x\to 0}\dfrac{x}{e^x}=\lim\limits_{x\to 0}\dfrac{1}{e^x}=1$

5. 设 $f(x)$ 存在二阶导数，下列结论正确的是（ ）.

   A. 若 $f(x)$ 只有两个零点，则 $f'(x)$ 必定只有一个零点
   B. 若 $f''(x)$ 正好有一个零点，则 $f(x)$ 必恰有三个零点
   C. 若 $f(x)$ 没有零点，则 $f'(x)$ 至多有一个零点
   D. 若 $f''(x)$ 至多有两个零点，则 $f(x)$ 至多有四个零点

6. 函数 $f(x)=\ln x-\dfrac{x}{e}+1$ 在区间 $(0,+\infty)$ 上的零点个数为（ ）.

   A. 0
   B. 恰有 1 个
   C. 恰有 2 个
   D. 至少 3 个

7. 函数 $f(x)$ 在区间 $[a,b]$ 上连续,在 (a,b) 内二阶可导,$f(a)<0$,$f(b)>0$,$f''(x)>0$,则 $f(x)$ 在 (a,b) 内( ).

  A. 没有零点   B. 恰有 1 个零点

  C. 恰有 2 个零点   D. 至少有 2 个零点

8. 函数 $f(x)$ 在点 x_0 的某邻域内可导,且 $\lim\limits_{x \to x_0} \dfrac{f'(x)}{x-x_0}>0$,则( ).

  A. $f(x_0)$ 为 $f(x)$ 的极大值

  B. $f(x_0)$ 为 $f(x)$ 的极小值

  C. 在 x_0 的某邻域内 $f(x)$ 单调增加

  D. 在 x_0 的某邻域内 $f(x)$ 单调减少

9. 函数 $f(x)=\begin{cases} x^2\left(2+\sin\dfrac{1}{x}\right), & x \neq 0 \\ 0, & x=0 \end{cases}$ 则( ).

  A. $x=0$ 不是 $f(x)$ 的驻点

  B. $x=0$ 是 $f(x)$ 的一个驻点,且为 $f(x)$ 的极小值点

  C. $x=0$ 是 $f(x)$ 的一个驻点,且为 $f(x)$ 的极大值点

  D. 存在 $x=0$ 的某去心邻域,$f(x)$ 在该邻域左侧单调减少,在该邻域的右侧单调递增

10. 函数 $f(x)$ 在 $(0,+\infty)$ 上可导,则下列命题中正确的命题个数是( ).

  (1)若 $f(x)$ 在 $(0,+\infty)$ 上无界,则 $f'(x)$ 在 $(0,+\infty)$ 上有界.

  (2)若 $f'(x)$ 在 $(0,+\infty)$ 上无界,则 $f(x)$ 在 $(0,+\infty)$ 上有界.

  (3)若 $f(x)$ 在 $(0,+\infty)$ 上无界,则 $f'(x)$ 在 $(0,+\infty)$ 上无界.

  (4)若 $f'(x)$ 在 $(0,+\infty)$ 上无界,则 $f(x)$ 在 $(0,+\infty)$ 上无界.

  A. 0   B. 1

  C. 2   D. 3

11. 函数 $f(x)$ 在 $[a,b]$ 上连续,在 (a,b) 内可导,$f(a)<f(b)$,$f(x)$ 不是一条直线. 则下列命题中正确的命题个数是( ).

  (1)至少存在一点 $\xi_1 \in (a,b)$ 使若 $f'(\xi_1)>\dfrac{f(b)-f(a)}{b-a}$.

  (2)至少存在一点 $\xi_2 \in (a,b)$ 使若 $f'(\xi_2)<\dfrac{f(b)-f(a)}{b-a}$.

  (3)至少存在一点 $\xi_3 \in (a,b)$ 使若 $f'(\xi_3)=\dfrac{f(b)-f(a)}{b-a}$.

  (4)至少存在一点 $\xi_4 \in (a,b)$ 使若 $f'(\xi_4)=0$.

  A. 1   B. 2

  C. 3   D. 4

12. 函数 $f(x)$ 在点 x_0 的某邻域内二阶可导,且 $\lim\limits_{x \to x_0} \dfrac{f''(x)}{x-x_0}>0$,则存在点 $(x_0,f(x_0))$ 左、右侧邻近 U、V,曲线 $y=f(x)$( ).

  A. 在 U 内是凹的,在 V 内是凸的

  B. 在 U 内是凸的,在 V 内是凹的

C. 在 U 和 V 内都是凹的
D. 在 U 和 V 内都是凸的

13. 函数 $f(x)=(x^2-3)|x-4|$，则曲线 $y=f(x)$ 的拐点个数为(　　).
A. 0　　　　　　　　　　　　B. 1
C. 2　　　　　　　　　　　　D. 3

14. 函数 $f(x)$ 在 $x=1$ 的某邻域内连续，且 $\lim\limits_{x\to 0}\dfrac{\ln[f(x+1)+1+3\sin^2 x]}{1-\cos x}=4$，则 $x=1$ 是 $f(x)$ 的(　　).

A. 不可导点
B. 可导点但不是驻点
C. 驻点且是极大值点
D. 驻点且是极小值点

15. 曲线 $y=x+\sqrt{x^2-x+1}$ 的渐近线(　　).
A. 只有水平渐近线没有斜渐近线
B. 只有斜渐近线没有水平渐近线
C. 既有水平渐近线又有斜渐近线
D. 没有水平渐近线也没有斜渐近线

16. 函数 $f(x)$ 与 $g(x)$ 在点 $x=a$ 处存在二阶导数，$f(a)=g(a)=0$，$f'(a)g'(a)<0$. 则对函数 $F(x)=f(x)g(x)$(　　).
A. a 不是 $F(x)$ 的驻点
B. a 是 $F(x)$ 的驻点，但不是它的极值点
C. a 是 $F(x)$ 的极小值点
D. a 是 $F(x)$ 的极大值点

17. 设 ξ 是函数 $y=\arcsin x$ 在区间 $[0,b]$ 上使用拉格朗日中值定理中的"中值"，则极限 $\lim\limits_{b\to 0^+}\dfrac{\xi}{b}=$(　　).

A. $\dfrac{1}{\sqrt{6}}$　　　　　　　　　　　B. $\dfrac{1}{2}$

C. $\dfrac{1}{\sqrt{3}}$　　　　　　　　　　　D. $\dfrac{1}{\sqrt{2}}$

◀ **B组**

1. 试讨论方程 $xe^{-x}=a(a>0)$ 的实根的个数.

2. 由直线 $y=0$，$x=8$ 及抛物线 $y=x^2$ 围成一个曲边三角形，在曲边 $y=x^2$ 上求一点，使曲线在该点处的切线与直线 $y=0$ 及 $x=8$ 所围成的三角形面积最大，并求出最大面积.

3. 求下列极限.

(1) $\lim\limits_{x\to 1}\dfrac{x-x^x}{1-x+\ln x}$;

(2) $\lim\limits_{x \to +\infty} x^2 [\ln\arctan(x+1) - \ln\arctan x]$;

(3) $\lim\limits_{x \to 0^+} (1 + x^2 - \cos 2x)^{\frac{1}{\ln x}}$;

(4) $\lim\limits_{x \to 0} \dfrac{\arctan x - \tan x}{\arcsin x - \sin x}$;

(5) $\lim\limits_{x \to 0} \dfrac{e^{x^2} + 2\cos x - 3}{[x + \ln(1-x)] \cdot \left[\sqrt[4]{1+x} - 1 - \dfrac{x}{4}\right]}$;

(6) $\lim\limits_{x \to +\infty} \left(e^{-x} + \dfrac{2}{\pi}\arctan x\right)^x$;

(7) $\lim\limits_{x \to 0} \left(\dfrac{1}{\arcsin x} - \dfrac{1}{\sin x}\right)$;

(8) $\lim\limits_{x \to 0} \dfrac{x \sin x - e^{x^2} + 1}{x \left[\ln(1-x) + \sin x + \dfrac{x^2}{2}\right]}$.

4. 证明下列不等式.

(1) $x > 0$ 时, $\arctan x + \dfrac{1}{x} > \dfrac{\pi}{2}$;

(2) 设 $b > a > 0$, 证明 $\ln \dfrac{b}{a} > \dfrac{2(b-a)}{a+b}$;

(3) m, n 均为正整数, 则 $x^m (a-x)^n \leqslant \dfrac{m^m n^n}{(m+n)^{m+n}} a^{m+n}$;

(4) $x > 0, y > 0, x \neq y$, 有 $x\ln x + y\ln y > (x+y)\ln \dfrac{x+y}{2}$;

(5) $0 < x < 1$, 有 $\sqrt{\dfrac{1-x}{1+x}} < \dfrac{\ln(1+x)}{\arcsin x}$.

5. 设 $f''(x) < 0, f(0) = 0$, 证明: 对任意 $x_1 > 0, x_2 > 0$, 有
$$f(x_1 + x_2) < f(x_1) + f(x_2).$$

6. $f(x)$ 在 $(-\infty, +\infty)$ 上可导. 证明: 对任何 $a, b (a \neq b)$ 总存在 ξ, η, 使
$$\dfrac{a+b}{2} f'(\xi) = \eta f'(\eta^2).$$

7. 设函数 $f(x)$ 在 $[0, 1]$ 上具有三阶连续导数且 $f(0) = 1, f(1) = 2, f'\left(\dfrac{1}{2}\right) = 0$. 证明: 存在 $\xi \in (0, 1)$, 使 $|f'''(\xi)| \geqslant 24$.

8. $f(x)$ 在 x_0 处可导, $\alpha_n > 0, \beta_n > 0$, 且 $n \to +\infty$ 时, 有 $\alpha_n \to 0, \beta_n \to 0$, 求
$\lim\limits_{n \to +\infty} \dfrac{f(x_0 + \alpha_n) - f(x_0 - \beta_n)}{\alpha_n + \beta_n}$.

9. $f \in C[0, 1]$, 在 $(0, 1)$ 上可导, $|f'(x)| < 1, f(0) = f(1)$, 则任 $x_1, x_2 \in [0, 1]$ 有 $|f(x_1) - f(x_2)| < \dfrac{1}{2}$.

10. $f(x)$ 在 $[0, +\infty)$ 上二阶可导, $f(0) = \lim\limits_{x \to +\infty} f(x) = 0$ 且 $f''(x) + \cos f'(x) = e^{f(x)}$, 则 $f(x) \equiv 0, x \in [0, +\infty)$.

11. $f(x)$ 在 $(-\infty, +\infty)$ 上二阶可导, 且方程 $f(x) = 0$ 有两个不同根, 对于任 $x \in \mathbf{R}$,

$f''(x) \neq 3 f'(x)$,证明:$f'(x) - 3f(x) = 0$ 有且仅有一根.

12. $f(x)$在$[a,b]$上可导,$f(a) = f(b)$,证明存在两个不同ξ, η,使
$$\frac{f'(\xi)}{3b+a} + \frac{f'(\eta)}{4\eta} = 0.$$

13. 求 $y = \sin x$ 在$(\frac{\pi}{2}, 1)$的曲率和曲率圆.

14. 试确定常数a, b,使$f(x) = x - (a + b\cos x)\sin x$ 为当$x \to 0$ 时关于x的尽可能高阶的无穷小,并求其最高阶数.

15. 证明:方程 $e^{-\frac{x}{2}} = x(x^2 - 3)$ 在$(-\infty, +\infty)$内有且仅有 3 个实根.

16. 求 $f(x) = (1 + \frac{1}{x})^x$ 在$x > 0$ 的单调区间.

17. $f(x)$在$[a, b]$上连续,(a, b)内可导,$f(a) = f(b) = 1$. 求证存在$\xi, \eta \in a, b)$,使 $f(\xi) - f'(\xi) = e^{\xi - \eta}$.

18. $f(x)$在区间I上可导,存在$x_1, x_2 \in I$,且$f'(x_1) > 0$,$f'(x_2) < 0$,则在x_1 与 x_2之间必存在一ξ,使$f'(\xi) = 0$,并由此推导在一区间可导函数的导数构成一个区间.

19. 如第 19 题图中,RS,RT 与椭圆 $\frac{x^2}{100} + \frac{(y-5)^2}{25} = 1$ 分别相切于 $P(x, y)$,$Q(-x, y)$,问 OR 为何值时,三角形 RST 的面积最小?

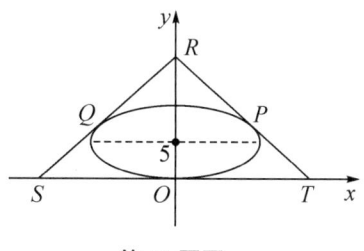

第 19 题图

20. 求 $f(x) = \begin{cases} \dfrac{\sin x}{x}, & x \neq 0, \\ 1, & x = 0 \end{cases}$ 的二阶导函数.

21. 设 $f(x)$在$[0,1]$上连续,在$(0,1)$内可导,$f(0) = f(1) = 0$,记 $M = \max\limits_{0 \leqslant x \leqslant 1} |f(x)|$. 证明:至少存在一$\xi \in (0, 1)$,使$|f'(\xi)| \geqslant 2M$.

22. 设 $f(x)$在(a, b)内二阶可导,且$f''(x) \geqslant 0$. 证明对于(a, b)内任意两点 x_1, x_2 及 $0 \leqslant t \leqslant 1$,有
$$f[(1-t)x_1 + tx_2] \leqslant (1-t)f(x_1) + tf(x_2).$$

23. 已知无穷正项数列 $\{x_n\}$ 满足:$\ln x_n + \dfrac{2}{x_{n+1}^2} < \ln 2 + \dfrac{1}{2}$. 求证:对任意 $n \in \mathbf{N}^*$,$x_n < 2$.

24. 已知函数列 $f_n(x) = n^3 x + \ln x$. (1)求证:对任意$n \in \mathbf{N}^*$,存在唯一的 $\xi_n \in (0, +\infty)$,使 $f_n(\xi_n) = 0$;(2)求$\lim\limits_{n \to \infty} n \xi_n$;(3)求证数列$\{\xi_n\}$是单调数列;(4)求 $\lim\limits_{n \to \infty} \dfrac{n^3 \ln(1 + 2\xi_n)}{\ln \xi_n}$.

25. 已知 $f(x)$ 是定义域为实数集 **R** 的有界单调的可导函数，存在常数 $L<1$，对任意 $x\in\mathbf{R}$ 有 $|f'(x)|\leqslant L$，由 $f(x)$ 构成的递归数列 $x_{n+1}=f(x_n)$. 求证：数列 $\{x_n\}$ 必定收敛.

26. $f(x)=\ln x+ax^3-a$，求出所有使方程组 $\begin{cases} f(x)=0 \\ f'(x)=0 \end{cases}$ 有解的 a 的值，并说明原因.

第 4 章 不定积分

第 2 章讨论了函数的导数与微分,但是实际问题中还常常需要解决相反的问题,由一个函数的已知导数,求出这个函数,这种运算叫做求不定积分.

§4.1 不定积分的概念和运算法则

§4.1.1 不定积分的概念

如果某物体的运动规律由方程
$$s = f(t)$$
给出,其中 t 是时间,s 是物体走过的路程,则对函数 $f(t)$ 求导数就得到这个物体在时刻 t 的瞬时速度,即
$$v = f'(t).$$

但是在力学里也常遇到它的相反问题,即已知物体在任一时刻 t 的速度 $v = v(t)$,而要去找出这个物体的运动规律,也就是说,要去找出它所走过的路程 s 与时间 t 的依赖关系 $s = f(t)$. 在数学上这个问题就是找一个函数 $s = f(t)$,使其导数 $f'(t)$ 等于已知函数 $v(t)$. 它正好是导数运算的逆运算,即已知函数的导数,要找出原来的函数,这就是本章要讨论的中心问题.

下面先引进原函数的概念.

定义 1 如果在区间 I 内,可导函数 $F(x)$ 的导函数为 $f(x)$,即 $\forall x \in I$,都有 $F'(x) = f(x)$ 或 $dF(x) = f(x)dx$,那么函数 $F(x)$ 就称为 $f(x)$ 或 $f(x)dx$ 在区间 I 内的一个**原函数**.

例如:$(\sin x)' = \cos x$,$\sin x$ 是 $\cos x$ 的一个原函数.

$(\ln x)' = \dfrac{1}{x} (x > 0)$,$\ln x$ 是 $\dfrac{1}{x}$ 在区间 $(0, +\infty)$ 内的一个原函数.

问题:(1) 原函数是否存在?

(2) 原函数是否唯一?

(3) 若不唯一,它们之间有什么联系?

原函数存在定理 如果函数 $f(x)$ 在区间 I 内连续,那么在区间 I 内存在可导函数 $F(x)$,使 $\forall x \in I$,都有 $F'(x) = f(x)$.

证明见定积分部分.

例如：$(\sin x)' = \cos x$，$(\sin x + C)' = \cos x$（C 为任意常数）.

关于原函数的说明如下：

(1) 若 $F'(x) = f(x)$，则对于任意常数 C，$F(x) + C$ 都是 $f(x)$ 的原函数；

(2) 若 $F(x)$ 和 $G(x)$ 都是 $f(x)$ 的原函数，则 $F(x) - G(x) = C$（C 为任意常数）.

事实上因为 $[F(x) - G(x)]' = F'(x) - G'(x) = f(x) - f(x) = 0$，所以 $F(x) - G(x) = C$（C 为任意常数）.

因此，函数 $f(x)$ 有一个原函数 $F(x)$ 时，它就有无穷多个原函数，而且所有原函数都可以写成 $F(x) + C$ 的形式，即函数 $f(x)$ 的原函数的一般表达式是 $F(x) + C$.

不定积分的定义 在区间 I 内，函数 $f(x)$ 的带有任意常数项的原函数称为 $f(x)$ 在区间 I 内的**不定积分**，记为 $\int f(x) \mathrm{d}x$. 即

$$\int f(x) \mathrm{d}x = F(x) + C.$$

其中：$f(x)$ 称为**被积函数**；$f(x) \mathrm{d}x$ 称为**被积表达式**；$\int$ 称为**积分号**；$F(x)$ 是 $f(x)$ 的一个**原函数**；C 是任意常数，称为**积分常数**；x 称为**积分变量**. 若 $f(x)$ 存在原函数，则称 $f(x)$ **可积**.

函数不定积分的几何意义是：函数 $f(x)$ 的一个原函数 $y = F(x)$ 的图形称为 $f(x)$ 的一条积分曲线，曲线上任意一点 $(x, F(x))$ 的切线斜率等于 $f(x)$. 曲线 $y = F(x)$ 沿 y 轴平行移动，得到一族平行曲线 $y = F(x) + C$，它们都是 $f(x)$ 的原函数的曲线，称为 $f(x)$ 的积分曲线族. 在曲线族中每一条积分曲线上横坐标相同处的切线必是相互平行的，如图 4.1 所示.

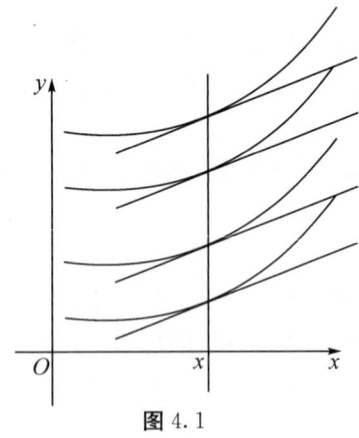

图 4.1

例 1 求 $\int x^5 \mathrm{d}x$.

解 因为 $\left(\dfrac{x^6}{6}\right)' = x^5$，所以 $\int x^5 \mathrm{d}x = \dfrac{x^6}{6} + C$.

例 2 求 $\int \dfrac{1}{1+x^2} \mathrm{d}x$.

解 因为 $(\arctan x)' = \dfrac{1}{1+x^2}$，所以 $\int \dfrac{1}{1+x^2} \mathrm{d}x = \arctan x + C$.

例3 设曲线通过点(1,2),且其上任一点处的切线斜率等于这点横坐标的2倍,求此曲线方程.

解 设曲线方程为 $y=f(x)$,根据题意知 $\dfrac{dy}{dx}=2x$,即 $f(x)$ 是 $2x$ 的一个原函数.

因为 $\int 2x dx = x^2 + C$,所以 $f(x) = x^2 + C$.

由曲线通过点(1,2)可得 $C=1$,则所求曲线方程为 $y=x^2+1$.

求函数的原函数的方法称为积分法,因为一切初等函数在其定义区间内都是连续函数. 因此,初等函数在定义区间内有原函数.

§4.1.2 基本积分公式与不定积分的性质

1. 基本积分公式

既然积分运算和微分运算是互逆的,因此可以根据求导公式得出积分公式. 基本积分公式如下:

(1) $\int k dx = kx + C$(k 是常数);

(2) $\int x^\mu dx = \dfrac{x^{\mu+1}}{\mu+1} + C$($\mu \neq -1$);

(3) $\int \dfrac{dx}{x} = \ln|x| + C$;

说明: $x>0 \Rightarrow \int \dfrac{dx}{x} = \ln x + C$; $x<0$, $[\ln(-x)]' = \dfrac{1}{-x}(-x)' = \dfrac{1}{x} \Rightarrow \int \dfrac{dx}{x} = \ln(-x) + C$. 所以 $\int \dfrac{dx}{x} = \ln|x| + C$.

(4) $\int \dfrac{1}{1+x^2} dx = \arctan x + C$;

(5) $\int \dfrac{1}{\sqrt{1-x^2}} dx = \arcsin x + C$;

(6) $\int \cos x dx = \sin x + C$;

(7) $\int \sin x dx = -\cos x + C$;

(8) $\int \dfrac{dx}{\cos^2 x} = \int \sec^2 x dx = \tan x + C$;

(9) $\int \dfrac{dx}{\sin^2 x} = \int \csc^2 x dx = -\cot x + C$;

(10) $\int \sec x \tan x dx = \sec x + C$;

(11) $\int \csc x \cot x dx = -\csc x + C$;

(12) $\int e^x dx = e^x + C$;

(13) $\int a^x \, dx = \dfrac{a^x}{\ln a} + C$;

(14) $\int \tan x \, dx = -\ln|\cos x| + C$;

(15) $\int \cot x \, dx = \ln|\sin x| + C$;

(16) $\int \sec x \, dx = \ln|\sec x + \tan x| + C$;

(17) $\int \csc x \, dx = \ln|\csc x - \cot x| + C$;

(18) $\int \dfrac{1}{a^2 + x^2} \, dx = \dfrac{1}{a} \arctan \dfrac{x}{a} + C$;

(19) $\int \dfrac{1}{x^2 - a^2} \, dx = \dfrac{1}{2a} \ln \left| \dfrac{x-a}{x+a} \right| + C$;

(20) $\int \dfrac{1}{a^2 - x^2} \, dx = \dfrac{1}{2a} \ln \left| \dfrac{a+x}{a-x} \right| + C$;

(21) $\int \dfrac{1}{\sqrt{a^2 - x^2}} \, dx = \arcsin \dfrac{x}{a} + C \ (a > 0)$;

(22) $\int \dfrac{1}{\sqrt{x^2 \pm a^2}} \, dx = \ln|x + \sqrt{x^2 \pm a^2}| + C$.

基本积分公式(14)~(22)可以直接利用不定积分的定义验证,也可以利用后面的不定积分的性质及换元法推导出.

例 4 求不定积分 $\int x^2 \sqrt{x} \, dx$.

解 根据积分公式 $\int x^\mu \, dx = \dfrac{x^{\mu+1}}{\mu+1} + C$,有

$$\int x^2 \sqrt{x} \, dx = \int x^{\frac{5}{2}} \, dx = \dfrac{x^{\frac{5}{2}+1}}{\frac{5}{2}+1} + C = \dfrac{2}{7} x^{\frac{7}{2}} + C.$$

2. 不定积分的性质

(1) $\int [f(x) \pm g(x)] \, dx = \int f(x) \, dx \pm \int g(x) \, dx$;

证明 因为 $\left[\int f(x) \, dx \pm \int g(x) \, dx \right]' = \left[\int f(x) \, dx \right]' \pm \left[\int g(x) \, dx \right]' = f(x) \pm g(x)$,所以等式成立.(此性质可推广到有限多个函数之和的情况)

(2) $\int k f(x) \, dx = k \int f(x) \, dx$. ($k$ 是常数,$k \neq 0$)

例 5 求不定积分 $\int \left(\dfrac{3}{1+x^2} - \dfrac{2}{\sqrt{1-x^2}} \right) dx$.

解 $\int \left(\dfrac{3}{1+x^2} - \dfrac{2}{\sqrt{1-x^2}} \right) dx = 3 \int \dfrac{1}{1+x^2} \, dx - 2 \int \dfrac{1}{\sqrt{1-x^2}} \, dx$

$= 3 \arctan x - 2 \arcsin x + C.$

例 6 求不定积分 $\int \dfrac{1+x+x^2}{x(1+x^2)} \, dx$.

解 $\int \frac{1+x+x^2}{x(1+x^2)}dx = \int \frac{x+(1+x^2)}{x(1+x^2)}dx = \int \left(\frac{1}{1+x^2}+\frac{1}{x}\right)dx$
$= \int \frac{1}{1+x^2}dx + \int \frac{1}{x}dx = \arctan x + \ln x + C.$

例 7 求不定积分 $\int \frac{1+2x^2}{x^2(1+x^2)}dx$.

解 $\int \frac{1+2x^2}{x^2(1+x^2)}dx = \int \frac{1+x^2+x^2}{x^2(1+x^2)}dx$
$= \int \frac{1}{x^2}dx + \int \frac{1}{1+x^2}dx$
$= -\frac{1}{x} + \arctan x + C.$

例 8 求不定积分 $\int \frac{1}{1+\cos 2x}dx$.

解 $\int \frac{1}{1+\cos 2x}dx = \int \frac{1}{1+2\cos^2 x - 1}dx$
$= \frac{1}{2}\int \frac{1}{\cos^2 x}dx = \frac{1}{2}\tan x + C.$

以上几例中的被积函数都需要进行恒等变形，才能使用基本积分公式.

习题 4-1

求下列不定积分.

(1) $\int x\sqrt{x}\,dx$;

(2) $\int \frac{dx}{x^2\sqrt{x}}$;

(3) $\int (x^2-3x+2)dx$;

(4) $\int (\sqrt{x}+1)(\sqrt{x^3}-1)dx$;

(5) $\int \frac{(1-x)^2}{\sqrt{x}}dx$;

(6) $\int \frac{x^2}{1+x^2}dx$;

(7) $\int \frac{2 \cdot 3^x - 5 \cdot 2^x}{3^x}dx$;

(8) $\int \cos^2 \frac{x}{2}dx$;

(9) $\int \frac{\cos 2x}{\cos^2 x \sin^2 x}dx$;

(10) $\int (1-\frac{1}{x^2})\sqrt{x\sqrt{x}}\,dx$;

(11) $\int \frac{x^2+\sin^2 x}{x^2+1}\sec^2 x\,dx$.

§4.2 积分法

§4.2.1 第一类换元法

利用基本积分公式和积分性质可求得一些函数的原函数，但仅此远不能解决问题，如

$$\int \cos 2x \, \mathrm{d}x$$

就不能直接使用积分公式求出,因此,还需要进一步研究求不定积分的方法.

下面先介绍不定积分的第一类换元法. 第一类换元法的基本思想是把要计算的积分通过变量代换,化成基本积分公式中的某一种形式. 算出原函数后,再换回原来的变量.

例 1 求 $\int \cos 2x \, \mathrm{d}x$.

解 令 $t = 2x \Rightarrow \mathrm{d}x = \dfrac{1}{2} \mathrm{d}t$,代入原式,得

$$\int \cos 2x \, \mathrm{d}x = \frac{1}{2} \int \cos t \, \mathrm{d}t = \frac{1}{2} \sin t + C = \frac{1}{2} \sin 2x + C.$$

在一般情况下,设 $F'(u) = f(u)$,则

$$\int f(u) \, \mathrm{d}u = F(u) + C.$$

如果 $u = \varphi(x)$(可微),因为 $\mathrm{d}F[\varphi(x)] = f[\varphi(x)] \varphi'(x) \mathrm{d}x$,所以

$$\int f[\varphi(x)] \varphi'(x) \, \mathrm{d}x = F[\varphi(x)] + C = \left[\int f(u) \, \mathrm{d}u \right]_{u=\varphi(x)}.$$

由此可得第一类换元法定理.

定理 1 设 $f(u)$ 具有原函数,$u = \varphi(x)$ 可导,则有换元公式

$$\int f[\varphi(x)] \varphi'(x) \, \mathrm{d}x = \left[\int f(u) \, \mathrm{d}u \right]_{u=\varphi(x)}.$$

这就是第一类换元公式(又称凑微分法).

说明:使用此公式的关键在于将 $\int g(x) \, \mathrm{d}x$ 化为 $\int f[\varphi(x)] \varphi'(x) \, \mathrm{d}x$. 观察重点不同,所得结论形式不同.

例 2 求 $\int \sin 2x \, \mathrm{d}x$.

解法一 $\int \sin 2x \, \mathrm{d}x = \dfrac{1}{2} \int \sin 2x \, \mathrm{d}(2x) = -\dfrac{1}{2} \cos 2x + C$;

解法二 $\int \sin 2x \, \mathrm{d}x = 2 \int \sin x \cos x \, \mathrm{d}x = 2 \int \sin x \, \mathrm{d}(\sin x) = (\sin x)^2 + C$;

解法三 $\int \sin 2x \, \mathrm{d}x = 2 \int \sin x \cos x \, \mathrm{d}x = -2 \int \cos x \, \mathrm{d}(\cos x) = -(\cos x)^2 + C.$

例 3 求 $\int \dfrac{1}{3+2x} \, \mathrm{d}x$.

解 $\dfrac{1}{3+2x} = \dfrac{1}{2} \cdot \dfrac{1}{3+2x} \cdot (3+2x)'.$

$\int \dfrac{1}{3+2x} \, \mathrm{d}x = \dfrac{1}{2} \int \dfrac{1}{3+2x} \cdot (3+2x)' \, \mathrm{d}x \quad (令 u = 3+2x)$

$\qquad = \dfrac{1}{2} \int \dfrac{1}{u} \, \mathrm{d}u = \dfrac{1}{2} \ln|u| + C = \dfrac{1}{2} \ln|3+2x| + C.$

一般地,$\int f(ax+b) \, \mathrm{d}x = \dfrac{1}{a} \left[\int f(u) \, \mathrm{d}u \right]_{u=ax+b}.$

例 4 求 $\int \dfrac{1}{x(1+2\ln x)} \, \mathrm{d}x$.

解 $\int \dfrac{1}{x(1+2\ln x)}\mathrm{d}x = \int \dfrac{1}{1+2\ln x}\mathrm{d}(\ln x)$

$\qquad\qquad\qquad = \dfrac{1}{2}\int \dfrac{1}{1+2\ln x}\mathrm{d}(1+2\ln x)\quad$ (令 $u=1+2\ln x$)

$\qquad\qquad\qquad = \dfrac{1}{2}\int \dfrac{1}{u}\mathrm{d}u = \dfrac{1}{2}\ln|u|+C = \dfrac{1}{2}\ln|1+2\ln x|+C.$

例 5 求 $\int \dfrac{x}{(1+x)^3}\mathrm{d}x.$

解 $\int \dfrac{x}{(1+x)^3}\mathrm{d}x = \int \dfrac{x+1-1}{(1+x)^3}\mathrm{d}x$

$\qquad\qquad\qquad = \int \left[\dfrac{1}{(1+x)^2} - \dfrac{1}{(1+x)^3}\right]\mathrm{d}(1+x)$

$\qquad\qquad\qquad = -\dfrac{1}{1+x} + \dfrac{1}{2(1+x)^2} + C.$

例 6 求 $\int \dfrac{1}{a^2+x^2}\mathrm{d}x.$

解 $\int \dfrac{1}{a^2+x^2}\mathrm{d}x = \dfrac{1}{a^2}\int \dfrac{1}{1+\dfrac{x^2}{a^2}}\mathrm{d}x = \dfrac{1}{a}\int \dfrac{1}{1+\left(\dfrac{x}{a}\right)^2}\mathrm{d}\left(\dfrac{x}{a}\right) = \dfrac{1}{a}\arctan\dfrac{x}{a} + C.$

例 7 求 $\int \dfrac{1}{x^2-8x+25}\mathrm{d}x.$

解 $\int \dfrac{1}{x^2-8x+25}\mathrm{d}x = \int \dfrac{1}{(x-4)^2+9}\mathrm{d}x = \dfrac{1}{3^2}\int \dfrac{1}{\left(\dfrac{x-4}{3}\right)^2+1}\mathrm{d}x$

$\qquad\qquad\qquad = \dfrac{1}{3}\int \dfrac{1}{\left(\dfrac{x-4}{3}\right)^2+1}\mathrm{d}\left(\dfrac{x-4}{3}\right) = \dfrac{1}{3}\arctan\dfrac{x-4}{3} + C.$

例 8 求 $\int \dfrac{1}{1+\mathrm{e}^x}\mathrm{d}x.$

解 $\int \dfrac{1}{1+\mathrm{e}^x}\mathrm{d}x = \int \dfrac{1+\mathrm{e}^x-\mathrm{e}^x}{1+\mathrm{e}^x}\mathrm{d}x = \int \left(1-\dfrac{\mathrm{e}^x}{1+\mathrm{e}^x}\right)\mathrm{d}x$

$\qquad\qquad = \int \mathrm{d}x - \int \dfrac{\mathrm{e}^x}{1+\mathrm{e}^x}\mathrm{d}x = \int \mathrm{d}x - \int \dfrac{1}{1+\mathrm{e}^x}\mathrm{d}(1+\mathrm{e}^x)$

$\qquad\qquad = x - \ln(1+\mathrm{e}^x) + C.$

例 9 求 $\int \left(1-\dfrac{1}{x^2}\right)\mathrm{e}^{x+\frac{1}{x}}\mathrm{d}x.$

解 $\left(x+\dfrac{1}{x}\right)' = 1-\dfrac{1}{x^2}.$

$\qquad \int \left(1-\dfrac{1}{x^2}\right)\mathrm{e}^{x+\frac{1}{x}}\mathrm{d}x = \int \mathrm{e}^{x+\frac{1}{x}}\mathrm{d}\left(x+\dfrac{1}{x}\right) = \mathrm{e}^{x+\frac{1}{x}} + C.$

例 10 求 $\int \dfrac{1}{\sqrt{2x+3}+\sqrt{2x-1}}\mathrm{d}x.$

解 原式 $= \int \dfrac{\sqrt{2x+3}-\sqrt{2x-1}}{(\sqrt{2x+3}+\sqrt{2x-1})(\sqrt{2x+3}-\sqrt{2x-1})}\mathrm{d}x$

$$= \frac{1}{4} \int \sqrt{2x+3}\, dx - \frac{1}{4} \int \sqrt{2x-1}\, dx$$

$$= \frac{1}{8} \int \sqrt{2x+3}\, d(2x+3) - \frac{1}{8} \int \sqrt{2x-1}\, d(2x-1)$$

$$= \frac{1}{12}(\sqrt{2x+3})^3 - \frac{1}{12}(\sqrt{2x-1})^3 + C.$$

例 11 求 $\int \dfrac{1}{1+\cos x}\, dx$.

解
$$\int \frac{1}{1+\cos x}\, dx = \int \frac{1-\cos x}{(1+\cos x)(1-\cos x)}\, dx$$

$$= \int \frac{1-\cos x}{1-\cos^2 x}\, dx = \int \frac{1-\cos x}{\sin^2 x}\, dx$$

$$= \int \frac{1}{\sin^2 x}\, dx - \int \frac{1}{\sin^2 x}\, d(\sin x)$$

$$= -\cot x + \frac{1}{\sin x} + C.$$

例 12 求 $\int \sin^2 x \cdot \cos^5 x\, dx$.

解
$$\int \sin^2 x \cdot \cos^5 x\, dx = \int \sin^2 x \cdot \cos^4 x\, d(\sin x)$$

$$= \int \sin^2 x \cdot (1-\sin^2 x)^2\, d(\sin x)$$

$$= \int (\sin^2 x - 2\sin^4 x + \sin^6 x)\, d(\sin x)$$

$$= \frac{1}{3}\sin^3 x - \frac{2}{5}\sin^5 x + \frac{1}{7}\sin^7 x + C.$$

说明：当被积函数是三角函数相乘时，拆开奇次幂项去凑微分.

例 13 求 $\int \cos 3x \cos 2x\, dx$.

解 $\cos A \cos B = \dfrac{1}{2}[\cos(A-B) + \cos(A+B)]$,

$$\cos 3x \cos 2x = \frac{1}{2}(\cos x + \cos 5x),$$

$$\int \cos 3x \cos 2x\, dx = \frac{1}{2}\int (\cos x + \cos 5x)\, dx = \frac{1}{2}\sin x + \frac{1}{10}\sin 5x + C.$$

例 14 求 $\int \csc x\, dx$.

解法一
$$\int \csc x\, dx = \int \frac{1}{\sin x}\, dx = \int \frac{1}{2\sin \frac{x}{2} \cos \frac{x}{2}}\, dx$$

$$= \int \frac{1}{\tan \frac{x}{2}\left(\cos \frac{x}{2}\right)^2}\, d\left(\frac{x}{2}\right) = \int \frac{1}{\tan \frac{x}{2}}\, d\left(\tan \frac{x}{2}\right)$$

$$= \ln\left|\tan \frac{x}{2}\right| + C.$$

该方法使用了三角函数恒等变形.

解法二 $\int \csc x \, dx = \int \frac{1}{\sin x} dx = \int \frac{\sin x}{\sin^2 x} dx$

$$= -\int \frac{1}{1-\cos^2 x} d(\cos x) \quad (令 u = \cos x)$$

$$= -\int \frac{1}{1-u^2} du = -\frac{1}{2} \int \left(\frac{1}{1-u} + \frac{1}{1+u} \right) du$$

$$= \frac{1}{2} \ln \left| \frac{1-u}{1+u} \right| + C = \frac{1}{2} \ln \frac{1-\cos x}{1+\cos x} + C.$$

解法三 $\int \csc x \, dx = \int \frac{\csc x}{1} dx = \int \frac{\csc x (\csc x - \cot x)}{\csc x - \cot x} dx$

$$= \int \frac{1}{\csc x - \cot x} d(\csc x - \cot x)$$

$$= \ln |\csc x - \cot x| + C.$$

类似地，可推出 $\int \sec x \, dx = \ln |\sec x + \tan x| + C$.

例15 求 $\int \frac{1}{\sqrt{4-x^2} \arcsin \frac{x}{2}} dx$.

解 $\int \frac{1}{\sqrt{4-x^2} \arcsin \frac{x}{2}} dx = \int \frac{1}{\sqrt{1-\left(\frac{x}{2}\right)^2} \arcsin \frac{x}{2}} d\frac{x}{2}$

$$= \int \frac{1}{\arcsin \frac{x}{2}} d\left(\arcsin \frac{x}{2} \right)$$

$$= \ln \left| \arcsin \frac{x}{2} \right| + C.$$

§4.2.2 第二类换元法

有些积分一开始就要作变量代换将积分化简.

例16 求 $\int \sqrt{1-x^2} \, dx$.

解决方法是改变中间变量的设置方法.

解 令 $x = \sin t$, $t \in \left[-\frac{\pi}{2}, \frac{\pi}{2} \right]$, 则 $dx = \cos t \, dt$,

$$\int \sqrt{1-x^2} \, dx = \int \sqrt{1-\sin^2 t} \cos t \, dt = \int \cos^2 t \, dt = \cdots$$

应用"凑微分"即可求出结果.

定理2 设 $x = \psi(t)$ 是单调的、可导的函数，并且 $\psi'(t) \neq 0$，又设 $f[\psi(t)]\psi'(t)$ 具有原函数，则有换元公式

$$\int f(x) dx = \left[\int f[\psi(t)] \psi'(t) dt \right]_{t = \psi^{-1}(x)}.$$

其中，$\psi^{-1}(x)$ 是 $x = \psi(t)$ 的反函数.

证明 设 $\Phi(t)$ 为 $f[\psi(t)]\psi'(t)$ 的原函数.

令 $F(x) = \Phi[\psi^{-1}(x)]$,则

$$F'(x) = \frac{\mathrm{d}\Phi}{\mathrm{d}t} \cdot \frac{\mathrm{d}t}{\mathrm{d}x} = f[\psi(t)]\psi'(t) \cdot \frac{1}{\psi'(t)} = f[\psi(t)] = f(x).$$

所以

$$\int f(x)\mathrm{d}x = F(x) + C = \Phi[\psi^{-1}(x)] + C,$$

$$\int f(x)\mathrm{d}x = \left[\int f[\psi(t)]\psi'(t)\mathrm{d}t\right]_{t=\psi^{-1}(x)}.$$

这就是第二类换元积分法.

例 17 求 $\displaystyle\int \frac{1}{\sqrt{x^2+a^2}}\mathrm{d}x\,(a>0)$.

解 令 $x = a\tan t$,则 $\mathrm{d}x = a\sec^2 t\,\mathrm{d}t$,$t \in \left(-\dfrac{\pi}{2}, \dfrac{\pi}{2}\right)$.

$$\int \frac{1}{\sqrt{x^2+a^2}}\mathrm{d}x = \int \frac{1}{a\sec t} \cdot a\sec^2 t\,\mathrm{d}t$$

$$= \int \sec t\,\mathrm{d}t = \ln|\sec t + \tan t| + C_1$$

$$= \ln\left(\frac{x}{a} + \frac{\sqrt{x^2+a^2}}{a}\right) + C_1$$

$$= \ln(x + \sqrt{x^2+a^2}) + C,\ C = C_1 - \ln a$$

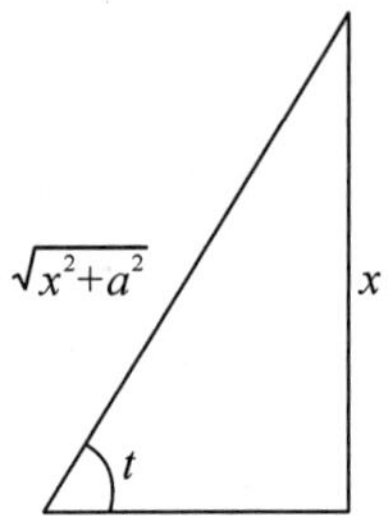

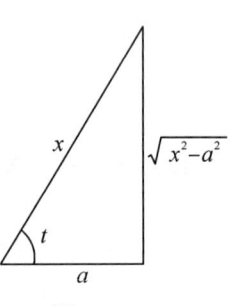

图 4.2

例 18 求 $\displaystyle\int \frac{1}{\sqrt{x^2-a^2}}\mathrm{d}x\,(a>0)$.

解 当 $x > a$ 时,令 $x = a\sec t$,则 $\mathrm{d}x = a\sec t\tan t\,\mathrm{d}t$,$t \in \left(0, \dfrac{\pi}{2}\right)$.

$$\int \frac{1}{\sqrt{x^2-a^2}}\mathrm{d}x = \int \frac{a\sec t \cdot \tan t}{a\tan t}\mathrm{d}t$$

$$= \int \sec t\,\mathrm{d}t$$

$$= \ln|\sec t + \tan t| + C_1$$

$$= \ln\left|\frac{x}{a} + \frac{\sqrt{x^2-a^2}}{a}\right| + C_1$$

$$= \ln|x + \sqrt{x^2-a^2}| + C,\ C = C_1 - \ln a$$

图 4.3

当 $x < -a$ 时,令 $u = -x$,利用前面的结论可得

$$\int \frac{1}{\sqrt{x^2-a^2}}\mathrm{d}x = \ln|x + \sqrt{x^2-a^2}| + C.$$

综合例 17,例 18 可得

$$\int \frac{1}{\sqrt{x^2 \pm a^2}}\mathrm{d}x = \ln|x + \sqrt{x^2 \pm a^2}| + C.$$

例 19 求 $\displaystyle\int x^3\sqrt{4-x^2}\,\mathrm{d}x$.

解 令 $x=2\sin t, \mathrm{d}x=2\cos t\,\mathrm{d}t$, $t\in\left(-\dfrac{\pi}{2},\dfrac{\pi}{2}\right)$.

$$\int x^3\sqrt{4-x^2}\,\mathrm{d}x = \int (2\sin t)^3\sqrt{4-4\sin^2 t}\cdot 2\cos t\,\mathrm{d}t$$

$$= 32\int \sin^3 t\cos^2 t\,\mathrm{d}t$$

$$= 32\int \sin t(1-\cos^2 t)\cos^2 t\,\mathrm{d}t$$

$$= -32\int (\cos^2 t-\cos^4 t)\,\mathrm{d}\cos t$$

$$= -32\left(\dfrac{1}{3}\cos^3 t-\dfrac{1}{5}\cos^5 t\right)+C$$

$$= -\dfrac{4}{3}(\sqrt{4-x^2})^3+\dfrac{1}{5}(\sqrt{4-x^2})^5+C.$$

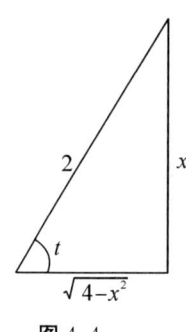

图 4.4

以上几例所使用的均为三角代换. 三角代换的目的是化掉根式.

一般规律：当被积函数中含有 $\sqrt{a^2-x^2}$，可令 $x=a\sin t$；含有 $\sqrt{a^2+x^2}$，可令 $x=a\tan t$；含有 $\sqrt{x^2-a^2}$，可令 $x=a\sec t$.

积分中为了化掉根式，除了采用三角代换外，还可用双曲代换.

因为 $\cosh^2 t-\sinh^2 t=1$，所以 $x=a\sinh t$，或 $x=a\cosh t$，也可以化掉根式.

例 17 中，令 $x=a\sinh t, \mathrm{d}x=a\cosh t\,\mathrm{d}t$，则

$$\int \dfrac{1}{\sqrt{x^2+a^2}}\,\mathrm{d}x = \int \dfrac{a\cosh t}{a\cosh t}\,\mathrm{d}t = \int \mathrm{d}t = t+C$$

$$= \operatorname{arsinh}\dfrac{x}{a}+C = \ln\left(\dfrac{x}{a}+\dfrac{\sqrt{x^2+a^2}}{a}\right)+C.$$

积分中为了化掉根式是否一定采用三角代换（或双曲代换）并不是绝对的，需根据被积函数的情况来定.

例 20 求 $\int \dfrac{x^5}{\sqrt{1+x^2}}\,\mathrm{d}x$. （三角代换很烦琐）

解 令 $t=\sqrt{1+x^2}\Rightarrow x^2=t^2-1$, $x\,\mathrm{d}x=t\,\mathrm{d}t$.

$$\int \dfrac{x^5}{\sqrt{1+x^2}}\,\mathrm{d}x = \int \dfrac{(t^2-1)^2}{t}t\,\mathrm{d}t = \int (t^4-2t^2+1)\,\mathrm{d}t$$

$$= \dfrac{1}{5}t^5-\dfrac{2}{3}t^3+t+C$$

$$= \dfrac{1}{15}(8-4x^2+3x^4)\sqrt{1+x^2}+C.$$

例 21 求 $\int \dfrac{1}{\sqrt{1+\mathrm{e}^x}}\,\mathrm{d}x$.

解 令 $t=\sqrt{1+\mathrm{e}^x}\Rightarrow \mathrm{e}^x=t^2-1$, $x=\ln(t^2-1), \mathrm{d}x=\dfrac{2t}{t^2-1}\,\mathrm{d}t$.

$$\int \dfrac{1}{\sqrt{1+\mathrm{e}^x}}\,\mathrm{d}x = \int \dfrac{2}{t^2-1}\,\mathrm{d}t = \int\left(\dfrac{1}{t-1}-\dfrac{1}{t+1}\right)\mathrm{d}t$$

$$=\ln\left|\frac{t-1}{t+1}\right|+C=2\ln(\sqrt{1+e^x}-1)-x+C.$$

当分母比分子的次数高时，可采用倒代换 $x=\dfrac{1}{t}$.

例 22 求 $\displaystyle\int\frac{1}{x(x^7+2)}dx$.

解 令 $x=\dfrac{1}{t}\Rightarrow dx=-\dfrac{1}{t^2}dt$.

$$\int\frac{1}{x(x^7+2)}dx=\int\frac{t}{\left(\dfrac{1}{t}\right)^7+2}\cdot\left(-\frac{1}{t^2}\right)dt=-\int\frac{t^6}{1+2t^7}dt$$

$$=-\frac{1}{14}\ln|1+2t^7|+C=-\frac{1}{14}\ln|2+x^7|+\frac{1}{2}\ln|x|+C.$$

例 23 求 $\displaystyle\int\frac{1}{x^4\sqrt{x^2+1}}dx$.

解 令 $x=\dfrac{1}{t}\Rightarrow dx=-\dfrac{1}{t^2}dt$.

$$\int\frac{1}{x^4\sqrt{x^2+1}}dx=\int\frac{1}{\left(\dfrac{1}{t}\right)^4\sqrt{\left(\dfrac{1}{t}\right)^2+1}}\left(-\frac{1}{t^2}\right)dt$$

$$=-\int\frac{t^3}{\sqrt{1+t^2}}dt=-\frac{1}{2}\int\frac{t^2}{\sqrt{1+t^2}}dt^2\quad(\text{令 }u=t^2)$$

$$=-\frac{1}{2}\int\frac{u}{\sqrt{1+u}}du=\frac{1}{2}\int\frac{1-1-u}{\sqrt{1+u}}du$$

$$=\frac{1}{2}\int\left(\frac{1}{\sqrt{1+u}}-\sqrt{1+u}\right)d(1+u)$$

$$=-\frac{1}{3}(\sqrt{1+u})^3+\sqrt{1+u}+C$$

$$=-\frac{1}{3}\left(\frac{\sqrt{1+x^2}}{x}\right)^3+\frac{\sqrt{1+x^2}}{x}+C.$$

当被积函数含有两种或两种以上的根式 $\sqrt[k]{x},\cdots,\sqrt[l]{x}$ 时，可令 $x=t^n$（其中 n 为各根指数的最小公倍数）.

例 24 求 $\displaystyle\int\frac{1}{\sqrt{x}(1+\sqrt[3]{x})}dx$.

解 令 $x=t^6\Rightarrow dx=6t^5dt$.

$$\int\frac{1}{\sqrt{x}(1+\sqrt[3]{x})}dx=\int\frac{6t^5}{t^3(1+t^2)}dt=\int\frac{6t^2}{1+t^2}dt$$

$$=6\int\frac{t^2+1-1}{1+t^2}dt=6\int\left(1-\frac{1}{1+t^2}\right)dt$$

$$=6(t-\arctan t)+C=6(\sqrt[6]{x}-\arctan\sqrt[6]{x})+C.$$

§4.2.3 分部积分法

对于求 $\int x e^x dx$，解决思路是利用两个函数乘积的求导法则.

设函数 $u=u(x)$ 和 $v=v(x)$ 具有连续导数.
$$(uv)'=u'v+uv', \quad uv'=(uv)'-u'v.$$
$$\int uv' dx = uv - \int u'v dx, \quad \int u dv = uv - \int v du.$$

这就是分部积分公式.

例 25 求积分 $\int x\cos x dx$.

解法一 令 $u=\cos x$，$x dx = \frac{1}{2}dx^2 = dv$.

$$\int x\cos x dx = \frac{x^2}{2}\cos x + \int \frac{x^2}{2}\sin x dx.$$

显然，u，v' 选择不当，积分更难进行.

解法二 令 $u=x$，$\cos x dx = d\sin x = dv$.

$$\int x\cos x dx = \int x d\sin x = x\sin x - \int \sin x dx = x\sin x + \cos x + C.$$

例 26 求积分 $\int x^2 e^x dx$.

解 $u = x^2$，$e^x dx = de^x = dv$.

$$\int x^2 e^x dx = x^2 e^x - 2\int x e^x dx \text{（再次使用分部积分法，} u=x, e^x dx=dv\text{）}$$
$$= x^2 e^x - 2(x e^x - e^x) + C.$$

若被积函数是幂函数和正（余）弦函数或幂函数和指数函数的乘积，就考虑设幂函数为 u，使其降幂一次（假定幂指数是正整数）.

例 27 求积分 $\int x\arctan x dx$.

解 令 $u=\arctan x$，$x dx = d\frac{x^2}{2} = dv$.

$$\int x\arctan x dx = \frac{x^2}{2}\arctan x - \int \frac{x^2}{2}d(\arctan x)$$
$$= \frac{x^2}{2}\arctan x - \int \frac{x^2}{2} \cdot \frac{1}{1+x^2}dx$$
$$= \frac{x^2}{2}\arctan x - \int \frac{1}{2} \cdot (1 - \frac{1}{1+x^2})dx$$
$$= \frac{x^2}{2}\arctan x - \frac{1}{2}(x - \arctan x) + C.$$

例 28 求积分 $\int x^3 \ln x dx$.

解 $u=\ln x$，$x^3 dx = d\frac{x^4}{4} = dv$.

$$\int x^3 \ln x \, dx = \frac{1}{4} x^4 \ln x - \frac{1}{4} \int x^3 \, dx = \frac{1}{4} x^4 \ln x - \frac{1}{16} x^4 + C.$$

若被积函数是幂函数和对数函数或幂函数和反三角函数的乘积，就考虑设对数函数或反三角函数为 u.

例 29 求积分 $\int \sin(\ln x) \, dx$.

解
$$\begin{aligned}
\int \sin(\ln x) \, dx &= x \sin(\ln x) - \int x \, d[\sin(\ln x)] \\
&= x \sin(\ln x) - \int x \cos(\ln x) \cdot \frac{1}{x} \, dx \\
&= x \sin(\ln x) - x \cos(\ln x) + \int x \, d[\cos(\ln x)] \\
&= x[\sin(\ln x) - \cos(\ln x)] - \int \sin(\ln x) \, dx,
\end{aligned}$$

所以
$$\int \sin(\ln x) \, dx = \frac{x}{2} [\sin(\ln x) - \cos(\ln x)] + C.$$

例 30 求积分 $\int e^x \sin x \, dx$.

解
$$\begin{aligned}
\int e^x \sin x \, dx &= \int \sin x \, d e^x = e^x \sin x - \int e^x \, d(\sin x) \\
&= e^x \sin x - \int e^x \cos x \, dx = e^x \sin x - \int \cos x \, d e^x \\
&= e^x \sin x - \left(e^x \cos x - \int e^x \, d\cos x \right) \\
&= e^x (\sin x - \cos x) - \int e^x \sin x \, dx,
\end{aligned}$$

所以
$$\int e^x \sin x \, dx = \frac{e^x}{2} (\sin x - \cos x) + C.$$

例 31 求积分 $\int \frac{x \arctan x}{\sqrt{1+x^2}} \, dx$.

解 因为 $(\sqrt{1+x^2})' = \frac{x}{\sqrt{1+x^2}}$，所以
$$\begin{aligned}
\int \frac{x \arctan x}{\sqrt{1+x^2}} \, dx &= \int \arctan x \, d \sqrt{1+x^2} \\
&= \sqrt{1+x^2} \arctan x - \int \sqrt{1+x^2} \, d(\arctan x) \\
&= \sqrt{1+x^2} \arctan x - \int \sqrt{1+x^2} \cdot \frac{1}{1+x^2} \, dx \\
&= \sqrt{1+x^2} \arctan x - \int \frac{1}{\sqrt{1+x^2}} \, dx.
\end{aligned}$$

令 $x = \tan t$,

$$\int \frac{1}{\sqrt{1+x^2}} dx = \int \frac{1}{\sqrt{1+\tan^2 t}} \sec^2 t \, dt$$
$$= \int \sec t \, dt = \ln|\sec t + \tan t| + C = \ln(x + \sqrt{1+x^2}) + C,$$

所以

$$\int \frac{x \arctan x}{\sqrt{1+x^2}} dx = \sqrt{1+x^2} \arctan x - \ln(x + \sqrt{1+x^2}) + C.$$

例 32 已知 $f(x)$ 的一个原函数是 e^{-x^2}，求 $\int x f'(x) dx$.

解 $\int x f'(x) dx = \int x df(x) = x f(x) - \int f(x) dx.$

因为 $\left(\int f(x) dx\right)' = f(x)$，所以 $\int f(x) dx = e^{-x^2} + C$.

两边同时对 x 求导，得 $f(x) = -2x e^{-x^2}$，所以

$$\int x f'(x) dx = x f(x) - \int f(x) dx = -2x^2 e^{-x^2} - e^{-x^2} + C.$$

例 33 求 $\int \frac{x + \sin x}{1 + \cos x} dx$.

解 原式 $= \int \frac{x + 2\sin\frac{x}{2}\cos\frac{x}{2}}{2\cos^2\frac{x}{2}} dx$

$$= \int \frac{x}{2\cos^2\frac{x}{2}} dx + \int \tan\frac{x}{2} dx$$

$$= x \tan\frac{x}{2} - \int \tan\frac{x}{2} dx + \int \tan\frac{x}{2} dx$$

$$= x \tan\frac{x}{2} + C.$$

例 34 计算不定积分 $\int \ln\left(1 + \sqrt{\frac{1+x}{x}}\right) dx \, (x > 0).$

解 令 $\sqrt{\frac{1+x}{x}} = t$，得 $x = \frac{1}{t^2 - 1}$，$dx = \frac{-2t}{(t^2-1)^2} dt$.

原式 $= \int \ln(1+t) d\left(\frac{1}{t^2-1}\right)$

$$= \frac{\ln(1+t)}{t^2-1} - \int \frac{1}{t^2-1} \cdot \frac{1}{1+t} dt$$

$$= \frac{\ln(1+t)}{t^2-1} - \int \left[\frac{1}{4}\frac{1}{t-1} - \frac{1}{4}\frac{1}{t+1} - \frac{1}{2}\frac{1}{(t+1)^2}\right] dt$$

$$= \frac{\ln(1+t)}{t^2-1} - \left[\frac{1}{4}\ln|t-1| - \frac{1}{4}\ln|t+1| + \frac{1}{2}\frac{1}{t+1}\right] + C$$

$$= x \ln\left(1 + \sqrt{\frac{1+x}{x}}\right) - \frac{1}{4}\ln\left|\frac{\sqrt{\frac{1+x}{x}} - 1}{\sqrt{\frac{1+x}{x}} + 1}\right| - \frac{1}{2}\frac{1}{\sqrt{\frac{1+x}{x}} + 1} + C.$$

习题 4-2

1. 求下列不定积分(第一类换元法).

(1) $\int \dfrac{\sin\sqrt{t}}{\sqrt{t}} dt$;

(2) $\int \dfrac{x^2 dx}{\sqrt{a^2-x^2}}$;

(3) $\int \sqrt{\dfrac{a+x}{a-x}} dx$;

(4) $\int \dfrac{dx}{x\ln x \ln(\ln x)}$;

(5) $\int \tan\sqrt{1+x^2} \cdot \dfrac{x dx}{\sqrt{1+x^2}}$;

(6) $\int \dfrac{dx}{e^x + e^{-x}}$;

(7) $\int x^2 \sqrt{1+x^3} dx$;

(8) $\int \dfrac{\sin x \cos x}{1+\sin^4 x} dx$;

(9) $\int \dfrac{\sin x + \cos x}{\sqrt[3]{\sin x - \cos x}} dx$;

(10) $\int \dfrac{1-x}{\sqrt{9-4x^2}} dx$;

(11) $\int \dfrac{x^3}{9+x^2} dx$;

(12) $\int \dfrac{dx}{x(x^6+4)}$;

(13) $\int \dfrac{\arctan\sqrt{x}}{\sqrt{x}(1+x)} dx$;

(14) $\int \dfrac{x+1}{x(1+xe^x)} dx$;

(15) $\int \dfrac{10^{2\arccos x}}{\sqrt{1-x^2}} dx$;

(16) $\int \dfrac{\ln\tan x}{\cos x \sin x} dx$.

2. 求下列不定积分(第二类换元法).

(1) $\int \dfrac{dx}{x+\sqrt{1-x^2}}$;

(2) $\int \dfrac{dx}{\sqrt{(x^2+1)^3}}$;

(3) $\int \dfrac{dx}{1+\sqrt{2x}}$;

(4) $\int x \sqrt{\dfrac{x}{2a-x}} dx$.

3. 求下列不定积分.

(1) $\int x\sin x dx$;

(2) $\int \arcsin x dx$;

(3) $\int x^2 \cos^2 \dfrac{x}{2} dx$;

(4) $\int \dfrac{(\ln x)^3}{x^2} dx$;

(5) $\int e^{ax} \cos nx dx$;

(6) $\int e^{\sqrt[3]{x}} dx$;

(7) $\int \cos(\ln x) dx$;

(8) $\int \dfrac{x e^{\arctan x}}{(1+x^2)^{\frac{3}{2}}} dx$.

§4.3 几种特殊类型函数的积分

§4.3.1 有理函数的积分

两个多项式之商称为有理函数.

有理函数理论上一定是可积的,它的原函数是初等函数.

有理函数:
$$\frac{P(x)}{Q(x)}=\frac{a_0x^n+a_1x^{n-1}+\cdots+a_{n-1}x+a_n}{b_0x^m+b_1x^{m-1}+\cdots+b_{m-1}x+b_m}.$$

其中,m,n 都是非负整数;a_0,a_1,$\cdots$,a_n 及 b_0,b_1,$\cdots$,b_m 都是实数,并且 $a_0\neq 0$,$b_0\neq 0$.

假定分子与分母之间没有公因式.

(1)$n<m$ 时,这个有理函数是真分式;

(2)$n\geq m$ 时,这个有理函数是假分式.

利用多项式除法,有理函数假分式可以化成一个多项式和一个真分式之和. 例如 $\frac{x^3+x+1}{x^2+1}=x+\frac{1}{x^2+1}$.

对于有理函数真分式分式 $\frac{P(x)}{Q(x)}$,若分母可分解为两个多项式之积 $Q(x)=Q_1(x)\cdot Q_2(x)$. 且 $Q_1(x)$ 与 $Q_2(x)$ 无公因式,则 $\frac{P(x)}{Q(x)}$ 可拆分为两个真分式之和 $\frac{P(x)}{Q(x)}=\frac{P_1(x)}{Q_1(x)}+\frac{P_2(x)}{Q_2(x)}$,上述步骤称为把有理函数真分式化为部分分式之和. 若 $Q_1(x)$ 或 $Q_2(x)$ 还能再分解成两个没有公因式的多项式之和,则可再分拆分更简单的部分分式.

有理函数化为部分分式之和的一般规律如下:

(1)分母中若有因式 $(x-a)^k$,则分解后为
$$\frac{A_1}{(x-a)^k}+\frac{A_2}{(x-a)^{k-1}}+\cdots+\frac{A_k}{x-a},$$

其中,A_1,A_2,$\cdots$,A_k 都是常数.

特殊地,$k=1$,分解后为 $\frac{A}{x-a}$.

(2)分母中若有因式 $(x^2+px+q)^k$,其中 $p^2-4q<0$,则分解后为
$$\frac{M_1x+N_1}{(x^2+px+q)^k}+\frac{M_2x+N_2}{(x^2+px+q)^{k-1}}+\cdots+\frac{M_kx+N_k}{x^2+px+q},$$

其中,M_i,N_i 都是常数($i=1,2,\cdots,k$).

特殊地,$k=1$,分解后为 $\frac{Mx+N}{x^2+px+q}$.

下面介绍真分式化为部分分式之和的待定系数法.

例 1 $\frac{x+3}{x^2-5x+6}=\frac{x+3}{(x-2)(x-3)}=\frac{A}{x-2}+\frac{B}{x-3}$.

因为 $x+3=A(x-3)+B(x-2)$,所以 $x+3=(A+B)x-(3A+2B)$ 根据多项式式相等,同次幂系数相等得 $\begin{cases}A+B=1,\\-(3A+2B)=3\end{cases}$,解得 $\begin{cases}A=-5,\\B=6.\end{cases}$

因此
$$\frac{x+3}{x^2-5x+6}=\frac{-5}{x-2}+\frac{6}{x-3}.$$

例 2 $\frac{1}{x(x-1)^2}=\frac{A}{x}+\frac{B}{(x-1)^2}+\frac{C}{x-1}$,

$$1 = A(x-1)^2 + Bx + Cx(x-1). \qquad (*)$$

代入特殊值来确定系数 A, B, C.

取 $x=0$ 解得 $A=1$；取 $x=1$ 解得 $B=1$；取 $x=2$，并将 A, B 值代入式($*$)解得 $C=-1$. 所以

$$\frac{1}{x(x-1)^2} = \frac{1}{x} + \frac{1}{(x-1)^2} - \frac{1}{x-1}.$$

例 3 $\dfrac{1}{(1+2x)(1+x^2)} = \dfrac{A}{1+2x} + \dfrac{Bx+C}{1+x^2}$,

$$1 = A(1+x^2) + (Bx+C)(1+2x).$$

整理得

$$1 = (A+2B)x^2 + (B+2C)x + C + A,$$

$$\begin{cases} A+2B=0, \\ B+2C=0, \\ A+C=1 \end{cases} \text{解得 } A=\frac{4}{5},\ B=-\frac{2}{5},\ C=\frac{1}{5}.$$

所以

$$\frac{1}{(1+2x)(1+x^2)} = \frac{\frac{4}{5}}{1+2x} + \frac{-\frac{2}{5}x+\frac{1}{5}}{1+x^2}.$$

例 4 求积分 $\displaystyle\int \frac{1}{x(x-1)^2}\mathrm{d}x$.

解 $\displaystyle\int \frac{1}{x(x-1)^2}\mathrm{d}x = \int \left[\frac{1}{x} + \frac{1}{(x-1)^2} - \frac{1}{x-1}\right]\mathrm{d}x$

$$= \int \frac{1}{x}\mathrm{d}x + \int \frac{1}{(x-1)^2}\mathrm{d}x - \int \frac{1}{x-1}\mathrm{d}x$$

$$= \ln|x| - \frac{1}{x-1} - \ln|x-1| + C.$$

例 5 求积分 $\displaystyle\int \frac{1}{(1+2x)(1+x^2)}\mathrm{d}x$.

解 $\displaystyle\int \frac{1}{(1+2x)(1+x^2)}\mathrm{d}x = \int \frac{\frac{4}{5}}{1+2x}\mathrm{d}x + \int \frac{-\frac{2}{5}x+\frac{1}{5}}{1+x^2}\mathrm{d}x$

$$= \frac{2}{5}\ln|1+2x| - \frac{1}{5}\int \frac{2x}{1+x^2}\mathrm{d}x + \frac{1}{5}\int \frac{1}{1+x^2}\mathrm{d}x$$

$$= \frac{2}{5}\ln|1+2x| - \frac{1}{5}\ln(1+x^2) + \frac{1}{5}\arctan x + C.$$

例 6 求积分 $\displaystyle\int \frac{1}{1+\mathrm{e}^{\frac{x}{2}}+\mathrm{e}^{\frac{x}{3}}+\mathrm{e}^{\frac{x}{6}}}\mathrm{d}x$.

解 令 $t = \mathrm{e}^{\frac{x}{6}}$，则 $x = 6\ln t$, $\mathrm{d}x = \dfrac{6}{t}\mathrm{d}t$.

$$\int \frac{1}{1+\mathrm{e}^{\frac{x}{2}}+\mathrm{e}^{\frac{x}{3}}+\mathrm{e}^{\frac{x}{6}}}\mathrm{d}x = \int \frac{1}{1+t^3+t^2+t}\cdot\frac{6}{t}\mathrm{d}t$$

$$= 6\int \frac{1}{t(1+t)(1+t^2)}\mathrm{d}t = \int \left(\frac{6}{t} - \frac{3}{1+t} - \frac{3t+3}{1+t^2}\right)\mathrm{d}t$$

$$= 6\ln t - 3\ln(1+t) - \frac{3}{2}\int \frac{\mathrm{d}(1+t^2)}{1+t^2} - 3\int \frac{1}{1+t^2}\mathrm{d}t$$

$$= 6\ln t - 3\ln(1+t) - \frac{3}{2}\ln(1+t^2) - 3\arctan t + C$$

$$= x - 3\ln(1+\mathrm{e}^{\frac{x}{6}}) - \frac{3}{2}\ln(1+\mathrm{e}^{\frac{x}{3}}) - 3\arctan(\mathrm{e}^{\frac{x}{6}}) + C.$$

说明：将有理函数化为部分分式之和后，只出现三类情况：① 多项式；② $\dfrac{A}{(x-a)^n}$；③ $\dfrac{Mx+N}{(x^2+px+q)^n}$.

讨论积分 $\int \dfrac{Mx+N}{(x^2+px+q)^n}\mathrm{d}x$，因为 $x^2+px+q = \left(x+\dfrac{p}{2}\right)^2 + q - \dfrac{p^2}{4}$，令 $x+\dfrac{p}{2}=t$，记 $x^2+px+q = t^2+a^2$，$Mx+N = Mt+b$，则 $a^2 = q - \dfrac{p^2}{4}$，$b = N - \dfrac{Mp}{2}$，所以

$$\int \frac{Mx+N}{(x^2+px+q)^n}\mathrm{d}x = \int \frac{Mt}{(t^2+a^2)^n}\mathrm{d}t + \int \frac{b}{(t^2+a^2)^n}\mathrm{d}t.$$

(1) $n=1$，$\int \dfrac{Mx+N}{x^2+px+q}\mathrm{d}x = \dfrac{M}{2}\ln(x^2+px+q) + \dfrac{b}{a}\arctan\dfrac{x+\dfrac{p}{2}}{a} + C$；

(2) $n>1$，$\int \dfrac{Mx+N}{(x^2+px+q)^n}\mathrm{d}x = \dfrac{M}{2(n-1)(t^2+a^2)^{n-1}} + b\int \dfrac{1}{(t^2+a^2)^n}\mathrm{d}t.$

这三类积分均可积出，且原函数都是初等函数.

结论 有理函数的原函数都是初等函数.

§4.3.2 三角函数有理式的积分

三角函数有理式是指由三角函数经过四则运算所组成的式子.

因为 $\sin x = 2\sin\dfrac{x}{2}\cos\dfrac{x}{2} = \dfrac{2\tan\dfrac{x}{2}}{\sec^2\dfrac{x}{2}} = \dfrac{2\tan\dfrac{x}{2}}{1+\tan^2\dfrac{x}{2}}$，

$\cos x = \cos^2\dfrac{x}{2} - \sin^2\dfrac{x}{2}$，

$\cos x = \dfrac{1-\tan^2\dfrac{x}{2}}{\sec^2\dfrac{x}{2}} = \dfrac{1-\tan^2\dfrac{x}{2}}{1+\tan^2\dfrac{x}{2}}$，

令 $u = \tan\dfrac{x}{2}$，$x = 2\arctan u$（万能置换公式）.

$\sin x = \dfrac{2u}{1+u^2}$，$\cos x = \dfrac{1-u^2}{1+u^2}$，$\mathrm{d}x = \dfrac{2}{1+u^2}\mathrm{d}u$.

$\int R(\sin x, \cos x)\mathrm{d}x = \int R\left(\dfrac{2u}{1+u^2}, \dfrac{1-u^2}{1+u^2}\right)\dfrac{2}{1+u^2}\mathrm{d}u.$

例 7 求积分 $\int \dfrac{\sin x}{1+\sin x+\cos x}\mathrm{d}x$.

解 由万能置换公式，$\sin x = \dfrac{2u}{1+u^2}, \cos x = \dfrac{1-u^2}{1+u^2}, \mathrm{d}x = \dfrac{2}{1+u^2}du$.

$$\int \dfrac{\sin x}{1+\sin x+\cos x}\mathrm{d}x = \int \dfrac{2u}{(1+u)(1+u^2)}du = \int \dfrac{2u+1+u^2-1-u^2}{(1+u)(1+u^2)}du$$

$$= \int \dfrac{(1+u)^2-(1+u^2)}{(1+u)(1+u^2)}du = \int \dfrac{1+u}{1+u^2}du - \int \dfrac{1}{1+u}du$$

$$= \arctan u + \dfrac{1}{2}\ln(1+u^2) - \ln|1+u| + C \quad (\text{因为 } u = \tan\dfrac{x}{2})$$

$$= \dfrac{x}{2} + \ln|\sec\dfrac{x}{2}| - \ln|1+\tan\dfrac{x}{2}| + C.$$

例 8 求积分 $\int \dfrac{1}{\sin^4 x}\mathrm{d}x$.

解法一 $u = \tan\dfrac{x}{2}, \sin x = \dfrac{2u}{1+u^2}, \mathrm{d}x = \dfrac{2}{1+u^2}du$.

$$\int \dfrac{1}{\sin^4 x}\mathrm{d}x = \int \dfrac{1+3u^2+3u^4+u^6}{8u^4}du$$

$$= \dfrac{1}{8}\left(-\dfrac{1}{3u^3} - \dfrac{3}{u} + 3u + \dfrac{u^3}{3}\right) + C$$

$$= -\dfrac{1}{24\left(\tan\dfrac{x}{2}\right)^3} - \dfrac{3}{8\tan\dfrac{x}{2}} + \dfrac{3}{8}\tan\dfrac{x}{2} + \dfrac{1}{24}\left(\tan\dfrac{x}{2}\right)^3 + C.$$

解法二 修改万能置换公式，令 $u = \tan x, \sin x = \dfrac{u}{\sqrt{1+u^2}}, \mathrm{d}x = \dfrac{1}{1+u^2}du$.

$$\int \dfrac{1}{\sin^4 x}\mathrm{d}x = \int \dfrac{1}{\left(\dfrac{u}{\sqrt{1+u^2}}\right)^4} \cdot \dfrac{1}{1+u^2}du = \int \dfrac{1+u^2}{u^4}du$$

$$= -\dfrac{1}{3u^3} - \dfrac{1}{u} + C = -\dfrac{1}{3}\cot^3 x - \cot x + C.$$

解法三 可以不用万能置换公式.

$$\int \dfrac{1}{\sin^4 x}\mathrm{d}x = \int \csc^2 x(1+\cot^2 x)\mathrm{d}x$$

$$= \int \csc^2 x\,\mathrm{d}x + \int \cot^2 x \csc^2 x\,\mathrm{d}x$$

$$= \int \csc^2 x\,\mathrm{d}x - \int \cot^2 x\,\mathrm{d}(\cot x)$$

$$= -\cot x - \dfrac{1}{3}\cot^3 x + C.$$

结论 比较以上三种解法，便知万能置换不一定是最佳方法，故三角有理式的计算中先考虑其他手段，不得已才用万能置换.

例 9 求积分 $\int \dfrac{1+\sin x}{\sin 3x+\sin x}\mathrm{d}x$.

解 $\sin A + \sin B = 2\sin\dfrac{A+B}{2}\cos\dfrac{A-B}{2}$.

$$\int \dfrac{1+\sin x}{\sin 3x + \sin x}\mathrm{d}x = \int \dfrac{1+\sin x}{2\sin 2x \cos x}\mathrm{d}x$$

$$= \int \dfrac{1+\sin x}{4\sin x \cos^2 x}\mathrm{d}x$$

$$= \dfrac{1}{4}\int \dfrac{1}{\sin x \cos^2 x}\mathrm{d}x + \dfrac{1}{4}\int \dfrac{1}{\cos^2 x}\mathrm{d}x$$

$$= \dfrac{1}{4}\int \dfrac{\sin^2 x + \cos^2 x}{\sin x \cos^2 x}\mathrm{d}x + \dfrac{1}{4}\int \dfrac{1}{\cos^2 x}\mathrm{d}x$$

$$= \dfrac{1}{4}\int \dfrac{\sin x}{\cos^2 x}\mathrm{d}x + \dfrac{1}{4}\int \dfrac{1}{\sin x}\mathrm{d}x + \dfrac{1}{4}\int \dfrac{1}{\cos^2 x}\mathrm{d}x$$

$$= -\dfrac{1}{4}\int \dfrac{1}{\cos^2 x}\mathrm{d}(\cos x) + \dfrac{1}{4}\int \dfrac{1}{\sin x}\mathrm{d}x + \dfrac{1}{4}\int \dfrac{1}{\cos^2 x}\mathrm{d}x$$

$$= \dfrac{1}{4\cos x} + \dfrac{1}{4}\ln\left|\tan\dfrac{x}{2}\right| + \dfrac{1}{4}\tan x + C.$$

例 10 求积分 $\displaystyle\int \dfrac{1}{\sin 2x + 2\sin x}\mathrm{d}x$.

解

$$\int \dfrac{1}{\sin 2x + 2\sin x}\mathrm{d}x = \int \dfrac{1}{2\sin x(\cos x + 1)}\mathrm{d}x$$

$$= \int \dfrac{\sin x}{2(1-\cos^2 x)(\cos x + 1)}\mathrm{d}x$$

$$\xlongequal{\diamondsuit u=\cos x} \int -\dfrac{1}{2}\dfrac{1}{(1-u)(1+u)^2}\mathrm{d}u$$

$$= -\dfrac{1}{8}\int\left[\dfrac{1}{1-u} + \dfrac{2}{(1+u)^2} + \dfrac{1}{1+u}\right]\mathrm{d}u$$

$$= \dfrac{1}{8}\left[\ln|1-u| - \ln|1+u| + \dfrac{2}{1+u}\right] + C$$

$$= \dfrac{1}{8}\left[\ln|1-\cos x| - \ln|1+\cos x| + \dfrac{2}{1+\cos x}\right] + C.$$

§4.3.3 简单无理函数的积分

类型有 $R(x, \sqrt[n]{ax+b})$, $R\left(x, \sqrt[n]{\dfrac{ax+b}{cx+e}}\right)$, 解决方法是作代换去掉根号.

例 11 求积分 $\displaystyle\int \dfrac{1}{x}\sqrt{\dfrac{1+x}{x}}\mathrm{d}x$.

解 令 $\sqrt{\dfrac{1+x}{x}} = t$, 则 $\dfrac{1+x}{x} = t^2$, $x = \dfrac{1}{t^2-1}$, $\mathrm{d}x = -\dfrac{2t\mathrm{d}t}{(t^2-1)^2}$.

$$\int \dfrac{1}{x}\sqrt{\dfrac{1+x}{x}}\mathrm{d}x = -\int (t^2-1)t\dfrac{2t}{(t^2-1)^2}\mathrm{d}t = -2\int \dfrac{t^2\mathrm{d}t}{t^2-1}$$

$$= -2\int\left(1 + \dfrac{1}{t^2-1}\right)\mathrm{d}t = -2t - \ln\left|\dfrac{t-1}{t+1}\right| + C$$

$$= -2\sqrt{\frac{1+x}{x}} - \ln\left[|x|\left(\sqrt{\frac{1+x}{x}}-1\right)^2\right] + C.$$

例 12 求积分 $\int \frac{1}{\sqrt{x+1}+\sqrt[3]{x+1}} dx$.

解 令 $t^6 = x+1$,则 $6t^5 dt = dx$,

$$\int \frac{1}{\sqrt{x+1}+\sqrt[3]{x+1}} dx = \int \frac{1}{t^3+t^2} \cdot 6t^5 dt = 6\int \frac{t^3}{t+1} dt$$

$$= 2t^3 - 3t^2 + 6t - 6\ln|t+1| + C$$

$$= 2\sqrt{x+1} - 3\sqrt[3]{x+1} + 6\sqrt[6]{x+1} - 6\ln(\sqrt[6]{x+1}+1) + C.$$

说明:若被积函数中含有不同根指数的无理函数去根号时,取根指数的最小公倍数作为新变量的次数.

例 13 求积分 $\int \frac{x}{\sqrt{3x+1}+\sqrt{2x+1}} dx$.

解 先对分母进行有理化.

$$原式 = \int \frac{x(\sqrt{3x+1}-\sqrt{2x+1})}{(\sqrt{3x+1}+\sqrt{2x+1})(\sqrt{3x+1}-\sqrt{2x+1})} dx$$

$$= \int (\sqrt{3x+1}-\sqrt{2x+1}) dx$$

$$= \frac{1}{3}\int \sqrt{3x+1}\, d(3x+1) - \frac{1}{2}\int \sqrt{2x+1}\, d(2x+1)$$

$$= \frac{2}{9}(3x+1)^{\frac{3}{2}} - \frac{1}{3}(2x+1)^{\frac{3}{2}} + C.$$

习题 4-3

1. 求下列不定积分.

(1) $\int \frac{x\, dx}{(x+1)(x+2)(x+3)}$;

(2) $\int \frac{dx}{(x^2+1)(x^2+x)}$;

(3) $\int \frac{1}{1+x^4} dx$;

(4) $\int \frac{dx}{3+\sin^2 x}$;

(5) $\int \frac{dx}{2\sin x - \cos x + 5}$;

(6) $\int \frac{\sqrt{x+1}-1}{\sqrt{x+1}+1} dx$;

(7) $\int \sqrt{\frac{1-x}{1+x}} \frac{dx}{x}$;

(8) $\int \frac{dx}{\sqrt[3]{(x+1)^2(x-1)^4}}$.

2. 求下列不定积分.

(1) $\int \frac{x}{(1-x)^3} dx$;

(2) $\int \frac{1+\cos x}{x+\sin x} dx$;

(3) $\int \frac{dx}{x^4\sqrt{1+x^2}}$;

(4) $\int \frac{\sin^2 x}{\cos^3 x} dx$;

(5) $\int \frac{x^3}{(1+x^8)^2} dx$;

(6) $\int \frac{\sin x}{1+\sin x} dx$;

(7) $\int \dfrac{\sqrt[3]{x}}{x(\sqrt{x}+\sqrt[3]{x})}dx$;

(8) $\int \dfrac{xe^x}{(e^x+1)^2}dx$;

(9) $\int [\ln(x+\sqrt{1+x^2})]^2 dx$;

(10) $\int \sqrt{1-x^2}\arcsin x\, dx$;

(11) $\int \dfrac{\sin x \cos x}{\sin x + \cos x}dx$;

(12) $\int \dfrac{dx}{\sqrt{(x-a)(b-x)}}$.

总复习题四

◀ A 组

1. 已知函数 $f(x)$ 可导. 则下列式子中正确的是( )

 A. $\int f(x)dx = f(x)+C$
 B. $\int df(x) = f(x)+C$
 C. $\left[\int df(x)\right]' = f(x)$
 D. $d\left[\int f(x)dx\right] = f(x)$

2. 已知函数 $f(x)$ 可导. 则下列式子中不正确的是( )

 A. $\int f'(x)dx = f(x)+C$
 B. $\left[\int f'(x)dx\right]' = f'(x)+C$
 C. $\left[\int df(x)\right]' = f'(x)$
 D. $d\left[\int f'(x)dx\right] = f'(x)dx$

3. 设 $f(x)$ 的导函数为 $\cos x$, 则下列选项中( )是 $f(x)$ 的原函数.

 A. $1+\sin x$
 B. $1-\sin x$
 C. $1+\cos x$
 D. $1-\cos x$

4. 下列函数中, ( )不是 $f(x)=\dfrac{1}{x}$ 的原函数.

 A. $\ln|x|$
 B. $\ln|cx|$, 常数 $c\neq 0$, $c\neq 1$
 C. $c\ln|x|$, 常数 $c\neq 0$, $c\neq 1$
 D. $\ln|x|+c$, 常数 $c\neq 0$

5. 若 $\int f(2x)dx = \arctan x + C$, 则 $f(x) = ($)

 A. $\dfrac{1}{1+x^2}$
 B. $\dfrac{4}{4+x^2}$
 C. $\arctan x$
 D. $\arctan \dfrac{x}{2}$

6. 已知 $\int f(x)dx = F(x)+C$, C 为任意常数. 则下列式子中正确的是( )

 A. $\int f(ax+b)dx = F(ax+b)+C$
 B. $\int f(ax^n+b)x^{n-1}dx = F(ax^n+b)+C$
 C. $\int f(\ln(ax))\dfrac{1}{x}dx = F(\ln(ax))+C$, $a\neq 0$

D. $\int f(a\sin x + b)\cos x\,dx = F(a\sin x + b) + C$

7. 已知 $f'(x) = e^{-x}$. 则 $\int \dfrac{f'(\ln x)}{x}dx = ($ $)$

A. $-\dfrac{1}{x} + C$ \hspace{2cm} B. $-\ln x + C$

C. $\dfrac{1}{x} + C$ \hspace{2cm} D. $\ln x + C$

8. 已知 $f'(\cos x) = \sin x$. 则 $f(\sin x) = ($ $)$

A. $-\sin x + C$ \hspace{2cm} B. $\sin x + C$

C. $\dfrac{1}{2}\sin x\cos x + \dfrac{1}{2}x + C$ \hspace{1cm} D. $\dfrac{1}{2}\sin x\cos x - \dfrac{1}{2}x + C$

9. $\int x^{n-1}f(x^n)f'(x^n)dx = ($ $)$

A. $\dfrac{1}{n}f(x^n) + C$ \hspace{2cm} B. $\dfrac{1}{n}x^n f(x^n) + C$

C. $\dfrac{1}{n^2}f^2(x^n) + C$ \hspace{2cm} D. $\dfrac{1}{2n}f^2(x^n) + C$

10. $\int (x+1)(x-1)^9 dx = ($ $)$

A. $\dfrac{1}{11}(x-1)^{10} + \dfrac{1}{5}(x-1)^9 + C$

B. $\dfrac{1}{11}(x-1)^{10} - \dfrac{1}{5}(x-1)^9 + C$

C. $\dfrac{1}{11}(x-1)^{11} + \dfrac{1}{5}(x-1)^{10} + C$

D. $\dfrac{1}{11}(x-1)^{11} - \dfrac{1}{5}(x-1)^{10} + C$

11. $\int xf(x)dx = \arctan x + C$,则 $\int f(x)dx = ($ $)$

A. $\dfrac{1}{2}\ln(1+x^2) + C$ \hspace{2cm} B. $\tan x + C$

C. $\ln|x| + \dfrac{1}{2}\ln(1+x^2) + C$ \hspace{1cm} D. $\ln|x| - \dfrac{1}{2}\ln(1+x^2) + C$

12. 已知 $f'(e^x) = x + 1$,则 $\int f(x)dx = ($ $)$

A. $x\ln x + C$

B. $x\ln x - x + C$

C. $\dfrac{1}{2}x^2\ln x - \dfrac{1}{2}x^2 + C_1 x + C_2$,$C_1$,$C_2$ 为任意常数

D. $\dfrac{1}{2}x^2\ln x - \dfrac{1}{4}x^2 + C_1 x + C_2$,$C_1$,$C_2$ 为任意常数

13. 设下列式子以等号右边的函数有定义的集合为定义域,则这些式子中正确的是($\quad$).

A. $\int |x|d|x| = \dfrac{1}{2}x^2 + C$ \hspace{2cm} B. $\int \dfrac{1}{x}d\ln|x| = -\dfrac{1}{x} + C$

C. $\int \dfrac{1}{x} d|x| = \ln|x| + C$
D. $\int e^{|x|} dx = e^{|x|} + C$

14. $f(x)$ 有一个原函数是 e^{x^2}，则 $\int x f'(x) dx = ($ $)$.

A. $2x e^{x^2} + C$
B. $2x^2 e^{x^2} + C$
C. $(2x^2 + 1) e^{x^2} + C$
D. $(2x^2 - 1) e^{x^2} + C$

15. 将 $\dfrac{x+1}{x^2(x^2+1)(x^2+x+1)}$ 分解为部分分式，下列选项中正确的是（ ）.

A. $\dfrac{a}{x^2} + \dfrac{b}{x^2+1} + \dfrac{c}{x^2+x+1}$

B. $\dfrac{a}{x^2} + \dfrac{b}{x^2+1} + \dfrac{c_1 x + c_2}{x^2+x+1}$

C. $\dfrac{a}{x^2} + \dfrac{b_1 x + b_2}{x^2+1} + \dfrac{c_1 x + c_2}{x^2+x+1}$

D. $\dfrac{a_1}{x} + \dfrac{a_2}{x^2} + \dfrac{b_1 x + b_2}{x^2+1} + \dfrac{c_1 x + c_2}{x^2+x+1}$

16. $\int \dfrac{dx}{(a \sin x + b \cos x)^2} = ($ $)$

A. $-\dfrac{\sin x}{a(a \sin x + b \cos x)} + C$
B. $-\dfrac{\cos x}{a(a \sin x + b \cos x)} + C$
C. $-\dfrac{\sin x}{a \sin x + b \cos x} + C$
D. $-\dfrac{\cos x}{a \sin x + b \cos x} + C$

◀ **B 组**

求下列不定积分.

1. $\int \dfrac{\sqrt{x^4 + x^{-4} + 2}}{x^3} dx$.

2. $\int \dfrac{\sqrt{1+x^2} + \sqrt{1-x^2}}{\sqrt{1-x^4}} dx$.

3. $\int \dfrac{e^{3x} + 1}{e^x + 1} dx$.

4. $\int \sin^5 x \cos^2 x \, dx$.

5. $\int \dfrac{\sin x \cdot \cos x}{\sqrt{a^2 \sin^2 x + b^2 \cos^2 x}} dx$ $(ab \neq 0, |a| \neq |b|)$.

6. $\int \dfrac{dx}{\sin^2 x + 2 \cos^2 x}$.

7. $\int \dfrac{x^2 + 1}{x^4 + 1} dx$.

8. $\int \dfrac{dx}{\cos^4 x}$.

9. $\int \dfrac{dx}{e^{2x} + e^x}$.

10. $\int \dfrac{1}{1-x^2} \ln \dfrac{1+x}{1-x} \mathrm{d}x$.

11. $\int \dfrac{1}{(x^2-2)(x^2+3)} \mathrm{d}x$.

12. $\int \dfrac{x^3+1}{x^3-5x^2+6x} \mathrm{d}x$.

13. $\int \dfrac{x}{x^3-3x+2} \mathrm{d}x$.

14. $\int \dfrac{1}{x^3+1} \mathrm{d}x$.

15. $\int \dfrac{1}{x^6+1} \mathrm{d}x$.

16. $\int x^5 (2-5x^3)^{\frac{2}{3}} \mathrm{d}x$.

17. $\int \dfrac{1}{\sqrt{1+\mathrm{e}^x}} \mathrm{d}x$.

18. $\int \dfrac{\mathrm{d}x}{(1-x^2)^{3/2}}$.

19. $\int \dfrac{1}{x(1+2\sqrt{x}+\sqrt[3]{x})} \mathrm{d}x$.

20. $\int \dfrac{1}{(1-x)^2 \sqrt{1-x^2}} \mathrm{d}x$.

21. $\int \dfrac{1}{x^3 \sqrt{x^2+1}} \mathrm{d}x$.

22. $\int x^2 \mathrm{e}^{-2x} \mathrm{d}x$.

23. $\int \dfrac{\arcsin x}{x^2} \mathrm{d}x$.

24. $\int x \ln \dfrac{1+x}{1-x} \mathrm{d}x$.

25. $\int \sqrt{x^2+a^2} \mathrm{d}x$.

26. $\int \dfrac{\operatorname{arccot} \mathrm{e}^x}{\mathrm{e}^x} \mathrm{d}x$.

27. $\int x \ln(4+x^4) \mathrm{d}x$.

28. $\int \dfrac{1+\sin x}{\sin x(1+\cos x)} \mathrm{d}x$.

29. $\int f(x) \mathrm{d}x$，其中，$f(x) = \begin{cases} 1-x^2, & |x| \leqslant 1, \\ 1-x, & |x| > 1. \end{cases}$

30. 隐函数 $y = y(x)$ 由方程 $y^2(x-y) = x^2$ 决定，求 $\int \dfrac{1}{y^2} \mathrm{d}x$.（提示：令 $\dfrac{x}{y} = t$，化为参数方程来积分）

第 5 章 定积分

积分方法是研究许多实际问题的重要方法. 如关于几何图形的面积、体积, 以及电学中功率, 各种整流电路中电流、电压平均值等, 都需要用积分方法来解决.

本章首先以几个实际问题为例, 说明分析问题、解决问题的方法, 从中抽象出一般的积分概念和计算公式, 并讨论积分在几何、物理等方面的一些应用.

§5.1 基本概念和性质

§5.1.1 问题的提出

实例 1 求曲边梯形的面积.

如图 5.1 所示, 曲边梯形由连续曲线 $y = f(x)(f(x) \geq 0)$, x 轴以及两条直线 $x = a$, $x = b$ 所围成.

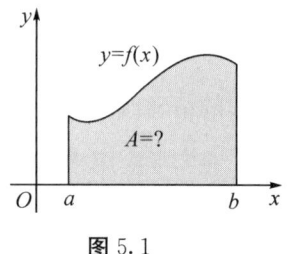

图 5.1

可用矩形面积近似表示曲边梯形面积, 如图 5.2 和图 5.3 所示.

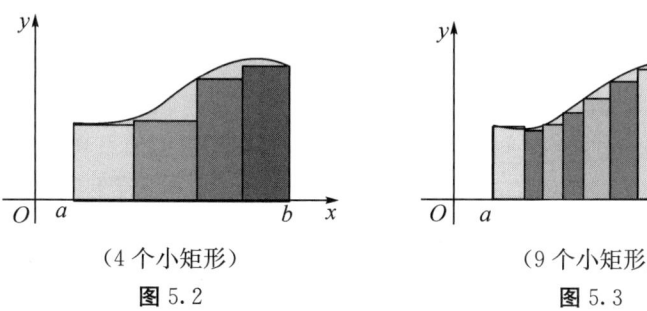

(4 个小矩形)　　　　　(9 个小矩形)

图 5.2　　　　　　　　图 5.3

显然, 小矩形越多, 矩形总面积越接近曲边梯形面积.

曲边梯形如图 5.4 所示, 在区间 $[a, b]$ 内插入若干个分点, $a = x_0 < x_1 < x_2 < \cdots < x_{n-1} < x_n = b$, 把区间 $[a, b]$ 分成 n 个小区间 $[x_{i-1}, x_i]$, 长度为 $\Delta x_i = x_i - x_{i-1}$; 在每个小区间 $[x_{i-1}, x_i]$ 上任取一点 ξ_i, 以 $[x_{i-1}, x_i]$ 为底, $f(\xi_i)$ 为高的小矩形面积为

$$A_i = f(\xi_i) \Delta x_i.$$

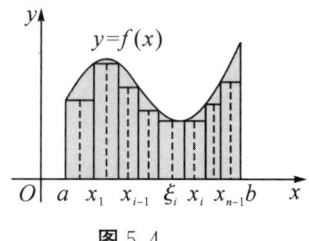

图 5.4

曲边梯形面积的近似值为
$$A \approx \sum_{i=1}^{n} f(\xi_i) \Delta x_i.$$

当分割无限加细，即小区间的最大长度 $\lambda = \max\{\Delta x_1, \Delta x_2, \cdots, \Delta x_n\}$ 趋近于零($\lambda \to 0$)时，曲边梯形面积为
$$A = \lim_{\lambda \to 0} \sum_{i=1}^{n} f(\xi_i) \Delta x_i.$$

实例2 求变速直线运动的路程.

设某物体作直线运动，已知速度 $v = v(t)$ 是时间间隔$[T_1, T_2]$上的一个连续函数，且 $v(t) \geq 0$，求物体在这段时间内所经过的路程.

思路：把整段时间分割成若干小段，每小段上速度看做不变，求出各小段的路程再相加，便得到路程的近似值，最后通过对时间的无限细分求得路程的精确值.

(1)分割　　$T_1 = t_0 < t_1 < t_2 < \cdots < t_{n-1} < t_n = T_2$，

每一小段的时间记为 $\Delta t_i = t_i - t_{i-1}$，由于速度是连续变化的，这一小段上速度可用某时刻 $\tau_i \in [t_{i-1}, t_i]$ 的速度值来代替，从而这一段对应的部分路程值 $\Delta s_i \approx v(\tau_i) \Delta t_i$.

(2)求和　　路程近似值 $s \approx \sum_{i=1}^{n} v(\tau_i) \Delta t_i$.

(3)取极限　　令 $\lambda = \max\{\Delta t_1, \Delta t_2, \cdots, \Delta t_n\}$，则得

路程的精确值
$$s = \lim_{\lambda \to 0} \sum_{i=1}^{n} v(\tau_i) \Delta t_i.$$

在实际应用中还有很多用类似方法求解的问题.

§5.1.2　定积分的定义

以上两个例子，虽然问题不同，但解决的方法是相同的：就是要求一个量，总是先把自变量的区间分成有限多个小段，从而所要计算的那个量也相应地分成有限多个部分量，求得每一个部分量的近似值，把它们累加起来，就是整体的近似值.

当区间越分越细，每一个小区间的长度趋于零时，整体的近似值就转化为它们的精确值.

定义1　设函数 $f(x)$ 在$[a,b]$上有界，在$[a,b]$中任意插入若干个分点 $a = x_0 < x_1 < x_2 < \cdots < x_{n-1} < x_n = b$，把区间$[a,b]$分成 n 个小区间，各小区间的长度依次为 $\Delta x_i = x_i - x_{i-1}(i = 1, 2, \cdots)$，在各小区间上任取一点 $\xi_i(\xi_i \in [x_{i-1}, x_i])$，作乘积 $f(\xi_i) \Delta x_i (i = 1, 2, \cdots)$，并作和 $S = \sum_{i=1}^{n} f(\xi_i) \Delta x_i$，记 $\lambda = \max\{\Delta x_1, \Delta x_2, \cdots, \Delta x_n\}$. 如果不论对$[a,b]$怎样的分法，也不论在小区间$[x_{i-1}, x_i]$上点 ξ_i 怎样的取法，只要当 $\lambda \to 0$ 时，和 S 总趋于确定的极限 I，我们就称这个极限 I 为函数 $f(x)$ 在区间$[a,b]$上的**定积分**，记为
$$\int_a^b f(x) \mathrm{d}x = I = \lim_{\lambda \to 0} \sum_{i=1}^{n} f(\xi_i) \Delta x_i.$$

这时，称 $f(x)$ 为**被积函数**；x 为**积分变量**；a, b 分别为积分的**下限**和**上限**；$f(x)\mathrm{d}x$ 为**积分表达式**；$\int$ 为**积分号**；$\sum_{i=1}^{n} f(\xi_i) \Delta x_i$ 为**积分和**(Riemann 和).

注意：

(1)积分值仅与被积函数及积分区间有关，而与积分变量的字母无关. 即
$$\int_a^b f(x)\mathrm{d}x = \int_a^b f(t)\mathrm{d}t = \int_a^b f(u)\mathrm{d}u.$$

(2)定义中区间的分法和 ξ_i 的取法是任意的.

(3)当函数 $f(x)$ 在区间 $[a,b]$ 上的定积分存在时，称 $f(x)$ 在区间 $[a,b]$ 上可积.

定积分的存在定理如下(证明略)：

定理 1 当函数 $f(x)$ 在区间 $[a,b]$ 上连续时，则 $f(x)$ 在区间 $[a,b]$ 上可积.

定理 2 设函数 $f(x)$ 在区间 $[a,b]$ 上有界，且只有有限个间断点，则 $f(x)$ 在区间 $[a,b]$ 上可积.

定积分的几何意义如下：

(1) $f(x)>0$, $\int_a^b f(x)\mathrm{d}x$ 表示曲线 $y=f(x)$，直线 $x=a$, $x=b$, x 轴围成的曲边梯形的面积.

(2) $f(x)<0$, $\int_a^b f(x)\mathrm{d}x$ 表示由曲线 $y=f(x)$，直线 $x=a$, $x=b$, x 轴围成的曲边梯形的面积的负值.

例 1 利用定义计算定积分 $\int_0^1 x^2 \mathrm{d}x$.

解 将 $[0,1]$ n 等分，分点为 $x_i=\dfrac{i}{n}$, $i=1,2,\cdots,n$.

第 i 个小区间 $[x_{i-1},x_i]$ 的长度 $\Delta x_i=\dfrac{1}{n}$, $i=1,2,\cdots,n$.

取 $\xi_i=x_i$, $i=1,2,\cdots,n$，则

$$\begin{aligned}\sum_{i=1}^n f(\xi_i)\Delta x_i &= \sum_{i=1}^n \xi_i^2 \Delta x_i = \sum_{i=1}^n x_i^2 \Delta x_i \\ &= \sum_{i=1}^n \left(\frac{i}{n}\right)^2 \cdot \frac{1}{n} = \frac{1}{n^3}\sum_{i=1}^n i^2 \\ &= \frac{1}{n^3}\cdot \frac{n(n+1)(2n+1)}{6} \\ &= \frac{1}{6}\left(1+\frac{1}{n}\right)\left(2+\frac{1}{n}\right),\end{aligned}$$

注意到 $\lambda\to 0$ 即是 $n\to\infty$，从而

$$\begin{aligned}\int_0^1 x^2 \mathrm{d}x &= \lim_{\lambda\to 0}\sum_{i=1}^n \xi_i^2 \Delta x_i \\ &= \lim_{n\to\infty}\frac{1}{6}\left(1+\frac{1}{n}\right)\left(2+\frac{1}{n}\right)=\frac{1}{3}.\end{aligned}$$

例 2 利用定义计算定积分 $\int_1^2 \dfrac{1}{x}\mathrm{d}x$.

解 在 $[1,2]$ 中插入分点 $q, q^2, \cdots, q^{n-1}$，

第 i 个小区间为 $[q^{i-1}, q^i]$, $i=1,2,\cdots,n$.

小区间的长度 $\Delta x_i = q^i - q^{i-1} = q^{i-1}(q-1)$.

取 $\xi_i = q^{i-1}$, $i = 1, 2, \cdots, n$, 则

$$\sum_{i=1}^{n} f(\xi_i) \Delta x_i = \sum_{i=1}^{n} \frac{1}{\xi_i} \Delta x_i = \sum_{i=1}^{n} \frac{1}{q^{i-1}} q^{i-1} (q-1)$$

$$= \sum_{i=1}^{n} (q-1) = n(q-1).$$

取 $q^n = 2$, 即 $q = 2^{\frac{1}{n}}$, $\sum_{i=1}^{n} f(\xi_i) \Delta x_i = n(2^{\frac{1}{n}} - 1)$, 因为

$$\lim_{x \to +\infty} x(2^{\frac{1}{x}} - 1) = \lim_{x \to +\infty} \frac{2^{\frac{1}{x}} - 1}{\frac{1}{x}} = \ln 2,$$

所以

$$\lim_{n \to \infty} n(2^{\frac{1}{n}} - 1) = \ln 2,$$

$$\int_1^2 \frac{1}{x} dx = \lim_{\lambda \to 0} \sum_{i=1}^{n} \frac{1}{\xi_i} \Delta x_i = \lim_{n \to \infty} n(2^{\frac{1}{n}} - 1) = \ln 2.$$

例 3 将和式极限

$$\lim_{n \to \infty} \frac{1}{n} \left[\sin \frac{\pi}{n} + \sin \frac{2\pi}{n} + \cdots + \sin \frac{(n-1)\pi}{n} \right]$$

表示成定积分.

解 原式 $= \lim_{n \to \infty} \frac{1}{n} \left[\sin \frac{\pi}{n} + \sin \frac{2\pi}{n} + \cdots + \sin \frac{(n-1)\pi}{n} + \sin \frac{n\pi}{n} \right]$

$$= \lim_{n \to \infty} \frac{1}{n} \sum_{i=1}^{n} \sin \frac{i}{n} \pi = \frac{1}{\pi} \lim_{n \to \infty} \sum_{i=1}^{n} \left(\sin \frac{i\pi}{n} \right) \cdot \frac{\pi}{n}$$

$$= \frac{1}{\pi} \int_0^{\pi} \sin x \, dx.$$

注:此极限也可表示为

原式 $= \lim_{n \to \infty} \sum_{i=1}^{n} \sin \frac{i}{n} \pi \cdot \frac{1}{n} = \int_0^1 \sin(\pi x) dx.$

§5.1.3 定积分的性质与中值定理

由定积分的意义知:

(1) 当 $a = b$ 时, $\int_a^b f(x) dx = 0$;

(2) 当 $a > b$ 时, $\int_a^b f(x) dx = -\int_b^a f(x) dx$.

在下面的性质中,假定定积分都存在,且不考虑积分上下限的大小.

性质 1 $\int_a^b [f(x) \pm g(x)] dx = \int_a^b f(x) dx \pm \int_a^b g(x) dx.$

证明 $\int_a^b [f(x) \pm g(x)] dx = \lim_{\lambda \to 0} \sum_{i=1}^{n} [f(\xi_i) \pm g(\xi_i)] \Delta x_i$

$$= \lim_{\lambda \to 0} \sum_{i=1}^{n} f(\xi_i) \Delta x_i \pm \lim_{\lambda \to 0} \sum_{i=1}^{n} g(\xi_i) \Delta x_i$$
$$= \int_a^b f(x) \mathrm{d}x \pm \int_a^b g(x) \mathrm{d}x.$$

此性质可以推广到有限多个函数作和的情况.

性质 2 $\int_a^b kf(x)\mathrm{d}x = k\int_a^b f(x)\mathrm{d}x$ (k 为常数).

证明 $\int_a^b kf(x)\mathrm{d}x = \lim_{\lambda \to 0} \sum_{i=1}^{n} kf(\xi_i) \Delta x_i = \lim_{\lambda \to 0} k \sum_{i=1}^{n} f(\xi_i) \Delta x_i$
$$= k \lim_{\lambda \to 0} \sum_{i=1}^{n} f(\xi_i) \Delta x_i = k \int_a^b f(x) \mathrm{d}x.$$

性质 3 假设 $a < c < b$, 有
$$\int_a^b f(x)\mathrm{d}x = \int_a^c f(x)\mathrm{d}x + \int_c^b f(x)\mathrm{d}x.$$

证明 由于函数 $f(x)$ 在 $[a,b]$ 上可积, 无论把 $[a,b]$ 怎样划分, 积分和的极限总是不变的. 因此, 在分区间 $[a,b]$ 时, 可以使 c 永远是个分点. 那么 $[a,b]$ 上的积分和等于 $[a,c]$ 上的积分和加上 $[c,b]$ 上的积分和, 记为 $\sum_{[a,b]} f(\xi_i) \Delta x_i = \sum_{[a,c]} f(\xi_i) \Delta x_i + \sum_{[c,b]} f(\xi_i) \Delta x_i$.

令 $\lambda \to 0$, 上式两端同时取极限, 即得 $\int_a^b f(x)\mathrm{d}x = \int_a^c f(x)\mathrm{d}x + \int_c^b f(x)\mathrm{d}x$.

补充: 不论 a, b, c 的相对位置如何, 上式总成立.

例如, 若 $a < b < c$, 有
$$\int_a^c f(x)\mathrm{d}x = \int_a^b f(x)\mathrm{d}x + \int_b^c f(x)\mathrm{d}x,$$
则有
$$\int_a^b f(x)\mathrm{d}x = \int_a^c f(x)\mathrm{d}x - \int_b^c f(x)\mathrm{d}x$$
$$= \int_a^c f(x)\mathrm{d}x + \int_c^b f(x)\mathrm{d}x.$$

说明: 定积分对于积分区间具有可加性.

性质 4 $\int_a^b 1 \cdot \mathrm{d}x = \int_a^b \mathrm{d}x = b - a.$

性质 5 如果在区间 $[a,b]$ 上 $f(x) \geqslant 0$, 则
$$\int_a^b f(x)\mathrm{d}x \geqslant 0 \quad (a < b).$$

证明 因为 $f(x) \geqslant 0$, 所以 $f(\xi_i) \geqslant 0$, $i = 1, 2, \cdots, n$.

因为 $\Delta x_i \geqslant 0$, 所以 $\sum_{i=1}^{n} f(\xi_i) \Delta x_i \geqslant 0$, $\lambda = \max\{\Delta x_1, \Delta x_2, \cdots, \Delta x_n\}$, 则
$$\int_a^b f(x)\mathrm{d}x = \lim_{\lambda \to 0} \sum_{i=1}^{n} f(\xi_i) \Delta x_i \geqslant 0.$$

性质 5 的推论:

(1) 如果在区间 $[a,b]$ 上 $f(x) \leqslant g(x)$, 则
$$\int_a^b f(x)\mathrm{d}x \leqslant \int_a^b g(x)\mathrm{d}x \quad (a < b).$$

证明 因为 $f(x) \leqslant g(x)$，所以 $g(x) - f(x) \geqslant 0$，则
$$\int_a^b [g(x) - f(x)] \mathrm{d}x \geqslant 0,$$
$$\int_a^b g(x) \mathrm{d}x - \int_a^b f(x) \mathrm{d}x \geqslant 0,$$
于是
$$\int_a^b f(x) \mathrm{d}x \leqslant \int_a^b g(x) \mathrm{d}x.$$

(2) $\left| \int_a^b f(x) \mathrm{d}x \right| \leqslant \int_a^b |f(x)| \mathrm{d}x \ (a < b).$

证明 因为 $-|f(x)| \leqslant f(x) \leqslant |f(x)|$，所以
$$-\int_a^b |f(x)| \mathrm{d}x \leqslant \int_a^b f(x) \mathrm{d}x \leqslant \int_a^b |f(x)| \mathrm{d}x,$$
即
$$\left| \int_a^b f(x) \mathrm{d}x \right| \leqslant \int_a^b |f(x)| \mathrm{d}x.$$

说明：$|f(x)|$ 在区间 $[a, b]$ 上的可积性是显然的.

性质 6 设 M 及 m 分别是函数 $f(x)$ 在区间 $[a, b]$ 上的最大值及最小值，则
$$m(b - a) \leqslant \int_a^b f(x) \mathrm{d}x \leqslant M(b - a).$$

证明 因为 $m \leqslant f(x) \leqslant M$，所以
$$\int_a^b m \mathrm{d}x \leqslant \int_a^b f(x) \mathrm{d}x \leqslant \int_a^b M \mathrm{d}x,$$
$$m(b - a) \leqslant \int_a^b f(x) \mathrm{d}x \leqslant M(b - a).$$

此性质也叫定积分估值定理，可用于估计积分值的大致范围.

性质 7（定积分中值定理） 如果函数 $f(x)$ 在闭区间 $[a, b]$ 上连续，则在积分区间 $[a, b]$ 上至少存在一个点 ξ，使
$$\int_a^b f(x) \mathrm{d}x = f(\xi)(b - a) \ (a \leqslant \xi \leqslant b).$$

证明 因为
$$m(b - a) \leqslant \int_a^b f(x) \mathrm{d}x \leqslant M(b - a),$$
所以
$$m \leqslant \frac{1}{b - a} \int_a^b f(x) \mathrm{d}x \leqslant M.$$

由闭区间上连续函数的介值定理知，在区间 $[a, b]$ 上至少存在一个点 ξ，使
$$f(\xi) = \frac{1}{b - a} \int_a^b f(x) \mathrm{d}x,$$
即
$$\int_a^b f(x) \mathrm{d}x = f(\xi)(b - a).$$

积分中值公式的几何解释如下：

在区间 $[a, b]$ 上至少存在一个点 ξ，使得以区间 $[a, b]$ 为底边，以曲线 $y = f(x)$ 为曲边的曲边梯形的面积等于同一底边而高为 $f(\xi)$ 的一个矩形的面积，如图 5.5 所示.

例 4 比较积分值 $\int_0^{-2} e^x dx$ 和 $\int_0^{-2} x dx$ 的大小.

解 令 $f(x) = e^x - x$, $x \in [-2, 0]$.

因为 $f(x) > 0$, 所以

$$\int_{-2}^0 (e^x - x) dx > 0,$$

即

$$\int_{-2}^0 e^x dx > \int_{-2}^0 x dx,$$

于是

$$\int_0^{-2} e^x dx < \int_0^{-2} x dx.$$

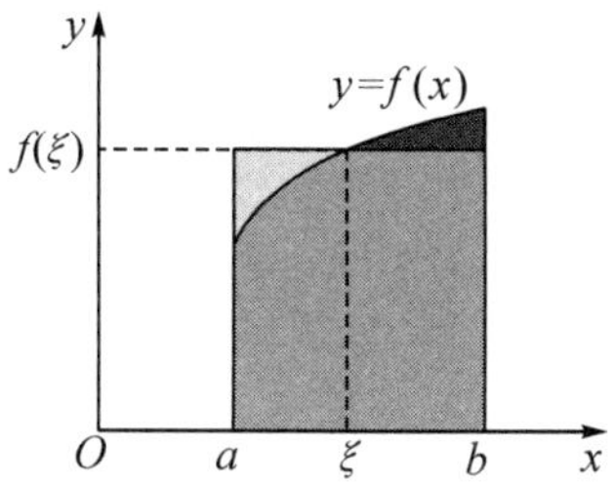

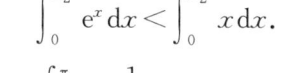

图 5.5

例 5 估计积分 $\int_0^\pi \dfrac{1}{3 + \sin^3 x} dx$ 的值.

解 $f(x) = \dfrac{1}{3 + \sin^3 x}$, $\forall x \in [0, \pi]$, $0 \leqslant \sin^3 x \leqslant 1$, $\dfrac{1}{4} \leqslant \dfrac{1}{3 + \sin^3 x} \leqslant \dfrac{1}{3}$, 则

$$\int_0^\pi \dfrac{1}{4} dx \leqslant \int_0^\pi \dfrac{1}{3 + \sin^3 x} dx \leqslant \int_0^\pi \dfrac{1}{3} dx,$$

所以

$$\dfrac{\pi}{4} \leqslant \int_0^\pi \dfrac{1}{3 + \sin^3 x} dx \leqslant \dfrac{\pi}{3}.$$

例 6 估计积分 $\int_{\pi/4}^{\pi/2} \dfrac{\sin x}{x} dx$ 的值.

解 $f(x) = \dfrac{\sin x}{x}$, $x \in [\dfrac{\pi}{4}, \dfrac{\pi}{2}]$, 则

$$f'(x) = \dfrac{x \cos x - \sin x}{x^2} = \dfrac{\cos x (x - \tan x)}{x^2} < 0.$$

$f(x)$ 在 $[\dfrac{\pi}{4}, \dfrac{\pi}{2}]$ 上单调下降, 故 $x = \dfrac{\pi}{4}$ 为最大点, $x = \dfrac{\pi}{2}$ 为最小点, $M = f(\dfrac{\pi}{4}) = \dfrac{2\sqrt{2}}{\pi}$, $m = f(\dfrac{\pi}{2}) = \dfrac{2}{\pi}$.

因为 $b - a = \dfrac{\pi}{2} - \dfrac{\pi}{4} = \dfrac{\pi}{4}$, 所以

$$\dfrac{2}{\pi} \cdot \dfrac{\pi}{4} \leqslant \int_{\pi/4}^{\pi/2} \dfrac{\sin x}{x} dx \leqslant \dfrac{2\sqrt{2}}{\pi} \cdot \dfrac{\pi}{4},$$

故

$$\dfrac{1}{2} \leqslant \int_{\pi/4}^{\pi/2} \dfrac{\sin x}{x} dx \leqslant \dfrac{\sqrt{2}}{2}.$$

例 7 设 $f(x)$ 可导, 且 $\lim\limits_{x \to +\infty} f(x) = 1$, 求 $\lim\limits_{x \to +\infty} \int_x^{x+2} t \sin \dfrac{3}{t} f(t) dt$.

解 由积分中值定理知, 有 $\xi \in [x, x+2]$, 使

$$\int_x^{x+2} t \sin \dfrac{3}{t} f(t) dt = \xi \sin \dfrac{3}{\xi} f(\xi)(x + 2 - x),$$

$$\lim_{x \to +\infty} \int_x^{x+2} t \sin \dfrac{3}{t} f(t) dt = 2 \lim_{\xi \to +\infty} \xi \sin \dfrac{3}{\xi} f(\xi) = 2 \lim_{\xi \to +\infty} 3 f(\xi) = 6.$$

由 $f(x) + g(x)$ 或 $f(x)g(x)$ 在 $[a, b]$ 上可积, 不能断言 $f(x)$, $g(x)$ 在 $[a, b]$ 上都

可积. 如：
$$f(x)=\begin{cases}1, & x\text{ 为有理数},\\ 0, & x\text{ 为无理数},\end{cases} \quad g(x)=\begin{cases}0, & x\text{ 为有理数},\\ 1, & x\text{ 为无理数}.\end{cases}$$

显然 $f(x)+g(x)$ 和 $f(x)g(x)$ 在 $[0,1]$ 上可积，但 $f(x)$, $g(x)$ 在 $[0,1]$ 上都不可积.

习题 5-1

1. 利用定积分的定义计算由抛物线 $y=x^2+1$，两直线 $x=a$，$x=b(b>a)$ 及横轴所围成的图形的面积.

2. 利用定积分的定义计算积分 $\int_a^b x\,\mathrm{d}x\ (a<b)$.

3. 利用定积分的几何意义说明下列等式.

(1) $\int_0^1 \sqrt{1-x^2}\,\mathrm{d}x = \dfrac{\pi}{4}$；

(2) $\int_{-\frac{\pi}{2}}^{\frac{\pi}{2}} \cos x\,\mathrm{d}x = 2\int_0^{\frac{\pi}{2}} \cos x\,\mathrm{d}x$.

4. 求下列两积分的大小关系.

(1) $\int_0^1 x^2\,\mathrm{d}x$ 与 $\int_0^1 x^3\,\mathrm{d}x$；

(2) $\int_1^2 \ln x\,\mathrm{d}x$ 与 $\int_1^2 (\ln x)^2\,\mathrm{d}x$；

(3) $\int_0^1 \mathrm{e}^x\,\mathrm{d}x$ 与 $\int_0^1 (x+1)\,\mathrm{d}x$.

5. 估计积分 $\int_{\frac{\sqrt{3}}{3}}^{\sqrt{3}} x\operatorname{arccot} x\,\mathrm{d}x$ 的值.

6. 证明不等式：$\int_1^2 \sqrt{x+1}\,\mathrm{d}x \geqslant \sqrt{2}$.

7. 用定积分的定义和性质求极限.

(1) $\lim\limits_{n\to\infty}\left(\dfrac{1}{n+1}+\dfrac{1}{n+2}+\cdots+\dfrac{1}{2n}\right)$；

(2) $\lim\limits_{n\to\infty}\int_0^{\frac{\pi}{4}} \sin^n x\,\mathrm{d}x$.

8. 证明：若函数 $f(x)$ 在 $[a,b]$ 上连续，$g(x)$ 在 $[a,b]$ 上可积且不变号，则至少存在一点 $\xi\in[a,b]$，使得 $\int_a^b f(x)g(x)\,\mathrm{d}x = f(\xi)\int_a^b g(x)\,\mathrm{d}x$.

§5.2　微积分基本公式

§5.2.1　积分上限函数及其导数

原函数的概念与定积分的概念，是作为两个完全不同的概念引入的. 现在要在它们之间建立一定的关系,通过这个关系,定积分的计算问题就随着解决了.

设函数 $f(x)$ 在区间 $[a,b]$ 上连续,并且设 x 为 $[a,b]$ 上的一点,即

$$\int_a^x f(x)\mathrm{d}x = \int_a^x f(t)\mathrm{d}t.$$

如果上限 x 在区间 $[a,b]$ 上任意变动,则对于每一个取定的 x 值,定积分都有一个对应的值,所以它在 $[a,b]$ 上定义了一个函数,记 $\Phi(x) = \int_a^x f(t)\mathrm{d}t$. 这就是**积分上限函数**(变上限积分函数).

下面介绍积分上限函数的性质.

定理 1 如果 $f(x)$ 在 $[a,b]$ 上连续,则积分上限函数 $\Phi(x) = \int_a^x f(t)\mathrm{d}t$ 在 $[a,b]$ 上具有导数,且它的导数是 $\Phi'(x) = \dfrac{\mathrm{d}}{\mathrm{d}x}\int_a^x f(t)\mathrm{d}t = f(x)\,(a \leqslant x \leqslant b)$,如图 5.6 所示.

证明 $\Phi(x+\Delta x) = \int_a^{x+\Delta x} f(t)\mathrm{d}t$,

$$\begin{aligned}\Delta \Phi &= \Phi(x+\Delta x) - \Phi(x)\\ &= \int_a^{x+\Delta x} f(t)\mathrm{d}t - \int_a^x f(t)\mathrm{d}t\\ &= \int_a^x f(t)\mathrm{d}t + \int_x^{x+\Delta x} f(t)\mathrm{d}t - \int_a^x f(t)\mathrm{d}t\\ &= \int_x^{x+\Delta x} f(t)\mathrm{d}t.\end{aligned}$$

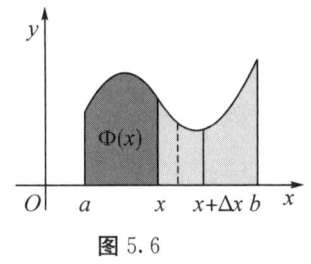

图 5.6

由积分中值定理,得 $\Delta\Phi = f(\xi)\Delta x$, ξ 在 x 与 $x+\Delta x$ 之间,$\dfrac{\Delta\Phi}{\Delta x} = f(\xi)$,$\lim\limits_{\Delta x\to 0}\dfrac{\Delta\Phi}{\Delta x} = \lim\limits_{\Delta x\to 0}f(\xi)$,$\Delta x \to 0$,$\xi \to x$,所以 $\Phi'(x) = f(x)$.

定理 1 的重要意义在于:

(1)肯定了连续函数的原函数是存在的;

(2)初步揭示了积分学中的定积分与原函数之间的联系.

从这个定理知道 $\Phi(x)$ 是连续函数 $f(x)$ 的一个原函数.因此也证明了下面的定理.

定理 2(原函数存在定理) 在区间 $[a,b]$ 上连续的函数 $f(x)$ 的原函数一定存在.

定理 3 如果 $f(t)$ 连续,$a(x)$,$b(x)$ 可导,则 $F(x) = \int_{a(x)}^{b(x)} f(t)\mathrm{d}t$ 的导数 $F'(x)$ 为

$$F'(x) = \dfrac{\mathrm{d}}{\mathrm{d}x}\int_{a(x)}^{b(x)} f(t)\mathrm{d}t = f[b(x)]b'(x) - f[a(x)]a'(x).$$

证明 $F(x) = \left(\int_{a(x)}^0 + \int_0^{b(x)}\right) f(t)\mathrm{d}t = \int_0^{b(x)} f(t)\mathrm{d}t - \int_0^{a(x)} f(t)\mathrm{d}t$,

故 $$F'(x) = f[b(x)]b'(x) - f[a(x)]a'(x).$$

例 1 求 $\lim\limits_{x\to 0}\dfrac{\int_{\cos x}^1 \mathrm{e}^{-t^2}\mathrm{d}t}{x^2}$.

分析:这是 $\dfrac{0}{0}$ 型不定式,应用洛必达法则.

解 $\dfrac{\mathrm{d}}{\mathrm{d}x}\int_{\cos x}^1 \mathrm{e}^{-t^2}\mathrm{d}t = -\dfrac{\mathrm{d}}{\mathrm{d}x}\int_1^{\cos x} \mathrm{e}^{-t^2}\mathrm{d}t = -\mathrm{e}^{-\cos^2 x}\cdot(\cos x)' = \sin x\cdot \mathrm{e}^{-\cos^2 x}$,

$$\lim_{x \to 0} \frac{\int_{\cos x}^{1} e^{-t^2} dt}{x^2} = \lim_{x \to 0} \frac{\sin x \cdot e^{-\cos^2 x}}{2x} = \frac{1}{2e}.$$

例 2 设 $f(x)$ 在 $(-\infty, +\infty)$ 内连续，且 $f(x) > 0$. 证明函数 $F(x) = \dfrac{\int_0^x t f(t) dt}{\int_0^x f(t) dt}$ 在 $(0, +\infty)$ 内为单调增加函数.

证明 $\dfrac{d}{dx} \int_0^x t f(t) dt = x f(x)$，$\dfrac{d}{dx} \int_0^x f(t) dt = f(x)$，

$$F'(x) = \frac{x f(x) \int_0^x f(t) dt - f(x) \int_0^x t f(t) dt}{\left(\int_0^x f(t) dt \right)^2} = \frac{f(x) \int_0^x (x - t) f(t) dt}{\left(\int_0^x f(t) dt \right)^2},$$

因为 $f(x) > 0, x > 0$，所以 $\int_0^x f(t) dt > 0$.

因为 $(x - t) f(t) > 0$，所以 $\int_0^x (x - t) f(t) dt > 0$.

因此 $F'(x) > 0, x > 0$. 故 $F(x)$ 在 $(0, +\infty)$ 内为单调增加函数.

例 3 设 $f(x)$ 在 $[0, 1]$ 上连续，且 $f(x) < 1$. 证明 $2x - \int_0^x f(t) dt = 1$ 在 $[0, 1]$ 上只有一个解.

证明 令 $F(x) = 2x - \int_0^x f(t) dt - 1$，

$F(0) = -1 < 0$，

$F(1) = 1 - \int_0^1 f(t) dt = \int_0^1 [1 - f(t)] dt > 0$，由闭区间上连续函数的介值定理知 $F(x) = 0, x \in [0, 1]$ 有根.

因为 $f(x) < 1$，所以 $F'(x) = 2 - f(x) > 0$，$F(x)$ 在 $[0, 1]$ 上为单调增加函数.

所以 $F(x) = 0$，即原方程，在 $[0, 1]$ 上只有一个解.

§5.2.2 牛顿—莱布尼茨公式

定理 4(微积分基本公式) 如果 $F(x)$ 是连续函数 $f(x)$ 在区间 $[a, b]$ 上的一个原函数，则

$$\int_a^b f(x) dx = F(b) - F(a) = [F(x)]_a^b.$$

证明 因为已知 $F(x)$ 是 $f(x)$ 的一个原函数，又因为 $\Phi(x) = \int_a^x f(t) dt$ 也是 $f(x)$ 的一个原函数，所以 $F(x) - \Phi(x) = C, x \in [a, b]$.

令 $x = a$ 得 $F(a) - \Phi(a) = C$.

因为 $\Phi(a) = \int_a^a f(t) dt = 0$，所以 $F(a) = C$，$F(x) - \int_a^x f(x) dx = C$，从而

$$\int_a^x f(t)dt = F(x) - F(a).$$

令 $x = b$，则 $\int_a^b f(x)dx = F(b) - F(a) = \left[F(x)\right]_a^b$.

微积分基本公式表明：一个连续函数在区间 $[a, b]$ 上的定积分等于它的任意一个原函数在区间 $[a, b]$ 上的增量. 这样就将求定积分问题转化为求原函数的问题.

注意 当 $a > b$ 时，$\int_a^b f(x)dx = F(b) - F(a)$ 仍成立.

例 4 求 $\int_0^{\frac{\pi}{2}} (2\cos x + \sin x - 1)dx$.

解 原式 $= \left[2\sin x - \cos x - x\right]\Big|_0^{\frac{\pi}{2}} = 3 - \frac{\pi}{2}$.

例 5 设 $f(x) = \begin{cases} 2x, & 0 \leqslant x \leqslant 1, \\ 5, & 1 < x \leqslant 2, \end{cases}$ 求 $\int_0^2 f(x)dx$.

解 $\int_0^2 f(x)dx = \int_0^1 f(x)dx + \int_1^2 f(x)dx$.

在 $[1, 2]$ 上规定，当 $x = 1$ 时，$f(x) = 5$.

原式 $= \int_0^1 2x\,dx + \int_1^2 5\,dx = 6$.

例 6 求 $\int_{-2}^2 \max\{x, x^2\}dx$.

解 由图 5.7 可知
$$f(x) = \max\{x, x^2\} = \begin{cases} x^2, & -2 \leqslant x \leqslant 0, \\ x, & 0 \leqslant x \leqslant 1, \\ x^2, & 1 \leqslant x \leqslant 2. \end{cases}$$

原式 $= \int_{-2}^0 x^2\,dx + \int_0^1 x\,dx + \int_1^2 x^2\,dx = \frac{11}{2}$.

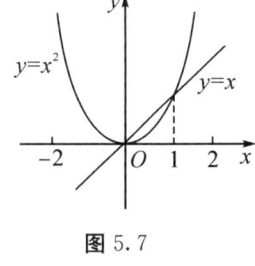

图 5.7

例 7 求 $\int_{-2}^{-1} \frac{1}{x}dx$.

解 当 $x < 0$ 时，$\frac{1}{x}$ 的一个原函数是 $\ln|x|$，则
$$\int_{-2}^{-1} \frac{1}{x}dx = \left[\ln|x|\right]_{-2}^{-1} = \ln 1 - \ln 2 = -\ln 2.$$

例 8 计算曲线 $y = \sin x$ 在 $[0, \pi]$ 上与 x 轴所围成的平面图形的面积(如图 5.8 所示).

解 面积 $A = \int_0^\pi \sin x\,dx = \left[-\cos x\right]_0^\pi = 2$.

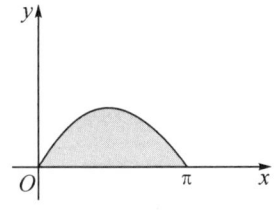

图 5.8

例 9 求 $\int_0^{\frac{\pi}{2}} \sqrt{1 - \sin 2x}\,dx$.

解 原式 $= \int_0^{\frac{\pi}{2}} |\sin x - \cos x|dx$
$= \int_0^{\frac{\pi}{4}} (\cos x - \sin x)dx + \int_{\frac{\pi}{4}}^{\frac{\pi}{2}} (\sin x - \cos x)dx$
$= 2\sqrt{2} - 2$.

例 10 已知 $f(x) = x^2 - x\int_0^2 f(x)\mathrm{d}x + \int_0^1 f(x)\mathrm{d}x$，求 $f(x)$.

解 令 $\int_0^2 f(x)\mathrm{d}x = a$，$\int_0^1 f(x)\mathrm{d}x = b$，有 $f(x) = x^2 - ax + b$，则

$$a = \int_0^2 f(x)\mathrm{d}x = \int_0^2 (x^2 - ax + b)\mathrm{d}x = \left[\frac{1}{3}x^3 - \frac{1}{2}ax^2 + bx\right]_0^2 = \frac{8}{3} - 2a + 2b$$

$$b = \int_0^1 f(x)\mathrm{d}x = \int_0^1 (x^2 - ax + b)\mathrm{d}x = \left[\frac{1}{3}x^3 - \frac{1}{2}ax^2 + bx\right]_0^1 = \frac{1}{3} - \frac{1}{2}a + b$$

由上面两个式子得，$\begin{cases} 3a - 2b = \dfrac{8}{3} \\ a = \dfrac{2}{3} \end{cases}$ 解之得 $\begin{cases} a = \dfrac{2}{3}, \\ b = -\dfrac{1}{3}. \end{cases}$

所以有
$$f(x) = x^2 - \frac{2}{3}x - \frac{1}{3}.$$

例 11 设 $f(x)$ 在 $[a, b]$ 上连续，且严格单调增加. 证明：$(a+b)\int_a^b f(x)\mathrm{d}x < 2\int_a^b x f(x)\mathrm{d}x$.

证明 作辅助函数 $F(x) = (a+x)\int_a^x f(t)\mathrm{d}t - 2\int_a^x t f(t)\mathrm{d}t$，则

$$F'(x) = \int_a^x f(t)\mathrm{d}t + (a+x)f(x) - 2xf(x)$$

$$= \int_a^x [f(t) - f(x)]\mathrm{d}t.$$

由于 $f(x)$ 在 $[a, b]$ 上严格单调增加且连续，而 $t < x$，有 $f(t) < f(x)$，即 $f(t) - f(x) < 0$.

从而 $F'(x) = \int_a^x [f(t) - f(x)]\mathrm{d}t < 0 \; (x > a)$.

所以 $F(x)$ 在 $[a, b]$ 上严格单调减少. 又 $F(a) = 0$，且 $b > a$，

所以 $F(b) < F(a) = 0$.

即：
$$(a+b)\int_a^b f(x)\mathrm{d}x < 2\int_a^b x f(x)\mathrm{d}x.$$

习题 5-2

1. 求下列函数的导数.

(1) 设函数 $y = y(x)$ 由方程 $\int_0^y \mathrm{e}^t \mathrm{d}t + \int_0^x \cos t \, \mathrm{d}t = 0$ 所确定，求 $\dfrac{\mathrm{d}y}{\mathrm{d}x}$；

(2) 设 $\begin{cases} x = \int_1^{t^2} u \ln u \, \mathrm{d}u, \\ y = \int_{t^2}^1 u^2 \ln u \, \mathrm{d}u, \end{cases} t > 1$，求 $\dfrac{\mathrm{d}^2 y}{\mathrm{d}x^2}$；

(3) $\dfrac{\mathrm{d}}{\mathrm{d}x}\displaystyle\int_{\sin x}^{\cos x}\cos(\pi t^2)\mathrm{d}t$;

(4) 设 $g(x)=\displaystyle\int_0^{x^2}\dfrac{\mathrm{d}x}{1+x^3}$，求 $g''(1)$.

2. 求下列极限.

(1) $\displaystyle\lim_{x\to+\infty}\dfrac{\left(\int_0^x \mathrm{e}^{2t^2}\mathrm{d}t\right)^2}{\int_0^x \mathrm{e}^{4t^4}\mathrm{d}t}$；

(2) $\displaystyle\lim_{x\to+0}\dfrac{\int_0^{x^{\frac{1}{2}}}(1-\cos t^2)\mathrm{d}t}{x^{\frac{5}{2}}}$.

3. 计算下列各定积分.

(1) $\displaystyle\int_1^2\left(x^2+\dfrac{1}{x^2}\right)\mathrm{d}x$；

(2) $\displaystyle\int_{-\frac{1}{2}}^{\frac{1}{2}}\dfrac{\mathrm{d}x}{\sqrt{1-x^2}}$；

(3) $\displaystyle\int_{-1}^0\dfrac{3x^4+3x^2+1}{x^2+1}\mathrm{d}x$；

(4) $\displaystyle\int_0^{2\pi}|\sin x|\mathrm{d}x$.

4. 设 $f(x)$ 为连续函数，证明：$\displaystyle\int_0^x f(t)(x-t)\mathrm{d}t=\int_0^x\left(\int_0^t f(u)\mathrm{d}u\right)\mathrm{d}t$.

5. 求函数 $f(x)=\displaystyle\int_0^x\dfrac{3t+1}{t^2-t+1}\mathrm{d}t$ 在区间 $[0,1]$ 上的最大值与最小值.

6. 设 $f(x)=\begin{cases}\dfrac{1}{2}\sin x, & \text{当}\ 0\leqslant x\leqslant\pi\ \text{时},\\ 0, & \text{当}\ x<0\ \text{或}\ x>\pi\ \text{时},\end{cases}$ 求 $\varphi(x)=\displaystyle\int_0^x f(t)\mathrm{d}t$ 在 $(-\infty,+\infty)$ 内的表达式.

§5.3 定积分的积分法

§5.3.1 定积分的换元法

在不定积分计算中，已介绍过换元积分法. 计算某些定积分时，可以先利用换元法计算出不定积分，然后再求出定积分的数值. 但这样往往显得比较繁琐，若直接采用定积分换元法，就比较简单. 下面介绍定积分换元法的定理.

定理 1 设

(1) $f(x)$ 在 $[a,b]$ 上连续；

(2) 函数 $x=\varphi(t)$ 在 $[\alpha,\beta]$（或区间 $[\beta,\alpha]$）上有连续导数；

(3) 当 t 在区间 $[\alpha,\beta]$（或区间 $[\beta,\alpha]$）上变化时，$x=\varphi(t)$ 的值在 $[a,b]$ 上变化，且 $\varphi(\alpha)=a$，$\varphi(\beta)=b$.

则有
$$\int_a^b f(x)\mathrm{d}x=\int_\alpha^\beta f[\varphi(t)]\varphi'(t)\mathrm{d}t.$$

证明 设 $F(x)$ 是 $f(x)$ 的一个原函数，$\displaystyle\int_a^b f(x)\mathrm{d}x=F(b)-F(a)$.

因为 $\Phi(t)=F[\varphi(t)]$，$\Phi'(t)=\dfrac{\mathrm{d}F}{\mathrm{d}x}\cdot\dfrac{\mathrm{d}x}{\mathrm{d}t}=f(x)\varphi'(t)=f[\varphi(t)]\varphi'(t)$，所以 $\Phi(t)$ 是

$f[\varphi(t)]\varphi'(t)$ 的一个原函数.
$$\int_\alpha^\beta f[\varphi(t)]\varphi'(t)\mathrm{d}t = \Phi(\beta)-\Phi(\alpha), \quad \varphi(\alpha)=a, \quad \varphi(\beta)=b.$$
$$\Phi(\beta)-\Phi(\alpha)=F[\varphi(\beta)]-F[\varphi(\alpha)]=F(b)-F(a).$$
$$\int_a^b f(x)\mathrm{d}x = F(b)-F(a)=\Phi(\beta)-\Phi(\alpha)=\int_\alpha^\beta f[\varphi(t)]\varphi'(t)\mathrm{d}t.$$

注意 当 $\alpha > \beta$ 时，换元公式仍成立.

应用换元公式时应注意：

(1)用 $x=\varphi(t)$ 把变量 x 换成新变量 t 时，积分限也相应地改变.

(2)求出 $f[\varphi(t)]\varphi'(t)$ 的一个原函数 $\Phi(t)$ 后，不必像计算不定积分那样需要把 $\Phi(t)$ 变换成原变量 x 的函数，而只要把新变量 t 的上、下限分别代入 $\Phi(t)$，然后相减就行了.

例 1 计算 $\int_0^{\frac{\pi}{2}} \cos^5 x \sin x \mathrm{d}x$.

解 令 $t=\cos x$；$\mathrm{d}t = -\sin x \mathrm{d}x$，$x=\frac{\pi}{2}$ 时 $t=0$；$x=0$ 时 $t=1$.

$$\int_0^{\frac{\pi}{2}} \cos^5 x \sin x \mathrm{d}x = -\int_1^0 t^5 \mathrm{d}t = \left[\frac{t^6}{6}\right]_0^1 = \frac{1}{6}.$$

例 2 计算 $\int_0^\pi \sqrt{\sin^3 x - \sin^5 x}\, \mathrm{d}x$.

解 因为 $f(x) = \sqrt{\sin^3 x - \sin^5 x} = |\cos x|(\sin x)^{\frac{3}{2}}$，所以

$$\int_0^\pi \sqrt{\sin^3 x - \sin^5 x}\, \mathrm{d}x = \int_0^\pi |\cos x|(\sin x)^{\frac{3}{2}} \mathrm{d}x$$

$$= \int_0^{\frac{\pi}{2}} \cos x (\sin x)^{\frac{3}{2}} \mathrm{d}x - \int_{\frac{\pi}{2}}^\pi \cos x (\sin x)^{\frac{3}{2}} \mathrm{d}x$$

$$= \int_0^{\frac{\pi}{2}} (\sin x)^{\frac{3}{2}} \mathrm{d}\sin x - \int_{\frac{\pi}{2}}^\pi (\sin x)^{\frac{3}{2}} \mathrm{d}\sin x$$

$$= \left[\frac{2}{5}(\sin x)^{\frac{5}{2}}\right]_0^{\frac{\pi}{2}} - \left[\frac{2}{5}(\sin x)^{\frac{5}{2}}\right]_{\frac{\pi}{2}}^\pi = \frac{4}{5}.$$

例 3 计算 $\int_{\sqrt{e}}^{e^{\frac{3}{4}}} \frac{\mathrm{d}x}{x\sqrt{\ln x(1-\ln x)}}$.

解 原式 $= \int_{\sqrt{e}}^{e^{\frac{3}{4}}} \frac{\mathrm{d}(\ln x)}{\sqrt{\ln x(1-\ln x)}}$

$$= \int_{\sqrt{e}}^{e^{\frac{3}{4}}} \frac{\mathrm{d}(\ln x)}{\sqrt{\ln x}\sqrt{(1-\ln x)}} = 2\int_{\sqrt{e}}^{e^{\frac{3}{4}}} \frac{\mathrm{d}\sqrt{\ln x}}{\sqrt{1-(\sqrt{\ln x})^2}}$$

$$= 2\left[\arcsin(\sqrt{\ln x})\right]_{\sqrt{e}}^{e^{\frac{3}{4}}} = \frac{\pi}{6}.$$

例 4 计算 $\int_0^a \frac{1}{x+\sqrt{a^2-x^2}}\mathrm{d}x\,(a>0)$.

解 令 $x=a\sin t$，$\mathrm{d}x = a\cos t \mathrm{d}t$.

$x=a$ 时 $t=\frac{\pi}{2}$，$x=0$ 时 $t=0$.

原式 $= \int_0^{\frac{\pi}{2}} \dfrac{a\cos t}{a\sin t + \sqrt{a^2(1-\sin^2 t)}} dt$

$= \int_0^{\frac{\pi}{2}} \dfrac{\cos t}{\sin t + \cos t} dt = \dfrac{1}{2} \int_0^{\frac{\pi}{2}} (1 + \dfrac{\cos t - \sin t}{\sin t + \cos t}) dt$

$= \dfrac{1}{2} \cdot \dfrac{\pi}{2} + \dfrac{1}{2} \left[\ln|\sin t + \cos t| \right]_0^{\frac{\pi}{2}} = \dfrac{\pi}{4}.$

例 5 当 $f(x)$ 在 $[-a, a]$ 上连续，则有 $\int_{-a}^{a} f(x) dx = \int_0^a [f(x) + f(-x)] dx$. 特别地：

(1) $f(x)$ 为偶函数，则 $\int_{-a}^{a} f(x) dx = 2\int_0^a f(x) dx$；

(2) $f(x)$ 为奇函数，则 $\int_{-a}^{a} f(x) dx = 0$.

证明 $\int_{-a}^{a} f(x) dx = \int_{-a}^{0} f(x) dx + \int_0^a f(x) dx.$

在 $\int_{-a}^{0} f(x) dx$ 中令 $x = -t$, $dx = -dt$. 当 $x = -a$, $t = a$; 当 $x = 0$, $t = 0$.

$\int_{-a}^{0} f(x) dx = -\int_a^0 f(-t) dt = \int_0^a f(-t) dt.$ $\therefore \int_{-a}^{a} f(x) dx = \int_0^a [f(x) + f(-x)] dx$

(1) $f(x)$ 为偶函数，则 $f(-t) = f(t)$,

$\int_{-a}^{a} f(x) dx = \int_{-a}^{0} f(x) dx + \int_0^a f(x) dx = 2\int_0^a f(t) dt;$

(2) $f(x)$ 为奇函数，则 $f(-t) = -f(t)$,

$\int_{-a}^{a} f(x) dx = \int_{-a}^{0} f(x) dx + \int_0^a f(x) dx = 0.$

例 6 计算 $\int_{-1}^{1} \dfrac{2x^2 + x\cos x}{1 + \sqrt{1-x^2}} dx.$

解 原式 $= \int_{-1}^{1} \dfrac{2x^2}{1 + \sqrt{1-x^2}} dx + \int_{-1}^{1} \dfrac{x\cos x}{1 + \sqrt{1-x^2}} dx$

$= 4\int_0^1 \dfrac{x^2}{1 + \sqrt{1-x^2}} dx = 4\int_0^1 \dfrac{x^2(1 - \sqrt{1-x^2})}{1 - (1-x^2)} dx$

$= 4\int_0^1 (1 - \sqrt{1-x^2}) dx = 4 - 4\int_0^1 \sqrt{1-x^2} dx$

$= 4 - \pi.$

例 7 若 $f(x)$ 在 $[0, 1]$ 上连续，证明：

(1) $\int_0^{\frac{\pi}{2}} f(\sin x) dx = \int_0^{\frac{\pi}{2}} f(\cos x) dx$；

(2) $\int_0^{\pi} xf(\sin x) dx = \dfrac{\pi}{2} \int_0^{\pi} f(\sin x) dx = \pi \int_0^{\frac{\pi}{2}} f(\sin x) dx.$

由此计算 $\int_0^{\pi} \dfrac{x\sin x}{1 + \cos^2 x} dx.$

证明 (1) 设 $x = \dfrac{\pi}{2} - t$, 则 $dx = -dt$, $x = 0$ 时 $t = \dfrac{\pi}{2}$, $x = \dfrac{\pi}{2}$ 时 $t = 0$.

$$\int_0^{\frac{\pi}{2}} f(\sin x)\mathrm{d}x = -\int_{\frac{\pi}{2}}^{0} f\left[\sin\left(\frac{\pi}{2}-t\right)\right]\mathrm{d}t = \int_0^{\frac{\pi}{2}} f(\cos t)\mathrm{d}t = \int_0^{\frac{\pi}{2}} f(\cos x)\mathrm{d}x;$$

(2) 设 $x = \pi - t$，则 $\mathrm{d}x = -\mathrm{d}t$，$x=0$ 时 $t=\pi$，$x=\pi$ 时 $t=0$.

$$\int_0^{\pi} xf(\sin x)\mathrm{d}x = -\int_{\pi}^{0} (\pi-t)f[\sin(\pi-t)]\mathrm{d}t$$

$$= \int_0^{\pi} (\pi-t)f(\sin t)\mathrm{d}t$$

$$= \pi\int_0^{\pi} f(\sin t)\mathrm{d}t - \int_0^{\pi} tf(\sin t)\mathrm{d}t$$

$$= \pi\int_0^{\pi} f(\sin x)\mathrm{d}x - \int_0^{\pi} xf(\sin x)\mathrm{d}x,$$

所以 $\int_0^{\pi} xf(\sin x)\mathrm{d}x = \dfrac{\pi}{2}\int_0^{\pi} f(\sin x)\mathrm{d}x$

$$= \frac{\pi}{2}\left[\int_0^{\frac{\pi}{2}} f(\sin x)\mathrm{d}x + \int_{\frac{\pi}{2}}^{\pi} f(\sin x)\mathrm{d}x\right]$$

$$= \frac{\pi}{2}\left[\int_0^{\frac{\pi}{2}} f(\sin x)\mathrm{d}x + \int_0^{\frac{\pi}{2}} f(\sin x)\mathrm{d}x\right]\mathrm{d}t$$

$$= \pi\int_0^{\frac{\pi}{2}} f(\sin x)\mathrm{d}x.$$

$$\int_0^{\pi} \frac{x\sin x}{1+\cos^2 x}\mathrm{d}x = \frac{\pi}{2}\int_0^{\pi} \frac{\sin x}{1+\cos^2 x}\mathrm{d}x$$

$$= -\frac{\pi}{2}\int_0^{\pi} \frac{1}{1+\cos^2 x}\mathrm{d}(\cos x) = -\frac{\pi}{2}\Big[\arctan(\cos x)\Big]_0^{\pi}$$

$$= -\frac{\pi}{2}\left(-\frac{\pi}{4}-\frac{\pi}{4}\right) = \frac{\pi^2}{4}.$$

§5.3.2 定积分的分部积分法

设函数 $u(x)$，$v(x)$ 在区间 $[a,b]$ 上具有连续导数，则有

$$\int_a^b u\,\mathrm{d}v = \Big[uv\Big]_a^b - \int_a^b v\,\mathrm{d}u, \text{ 或 } \int_a^b u \cdot v'\,\mathrm{d}x = \Big[u \cdot v\Big]_a^b - \int_a^b u' \cdot v\,\mathrm{d}x.$$

这就是定积分的分部积分公式.

推导 因为 $(uv)' = u'v + uv'$，$\int_a^b (uv)'\,\mathrm{d}x = \Big[uv\Big]_a^b$，而

$$\Big[uv\Big]_a^b = \int_a^b u'v\,\mathrm{d}x + \int_a^b uv'\,\mathrm{d}x,$$

所以

$$\int_a^b u\,\mathrm{d}v = \Big[uv\Big]_a^b - \int_a^b v\,\mathrm{d}u.$$

例8 计算 $\int_0^{\frac{1}{2}} \arcsin x\,\mathrm{d}x$.

解 令 $u = \arcsin x$，$\mathrm{d}v = \mathrm{d}x$，则 $\mathrm{d}u = \dfrac{\mathrm{d}x}{\sqrt{1-x^2}}$，$v = x$，所以

$$\int_0^{\frac{1}{2}} \arcsin x \, dx = \left[x \arcsin x \right]_0^{\frac{1}{2}} - \int_0^{\frac{1}{2}} \frac{x \, dx}{\sqrt{1-x^2}}$$

$$= \frac{1}{2} \cdot \frac{\pi}{6} + \frac{1}{2} \int_0^{\frac{1}{2}} \frac{1}{\sqrt{1-x^2}} d(1-x^2)$$

$$= \frac{\pi}{12} + \left[\sqrt{1-x^2} \right]_0^{\frac{1}{2}} = \frac{\pi}{12} + \frac{\sqrt{3}}{2} - 1.$$

例 9 计算 $\int_0^{\frac{\pi}{4}} \frac{x \, dx}{1+\cos 2x}$.

解 因为 $1+\cos 2x = 2\cos^2 x$, 所以

$$\int_0^{\frac{\pi}{4}} \frac{x \, dx}{1+\cos 2x} = \int_0^{\frac{\pi}{4}} \frac{x \, dx}{2\cos^2 x} = \int_0^{\frac{\pi}{4}} \frac{x}{2} d(\tan x)$$

$$= \frac{1}{2} \left[x \tan x \right]_0^{\frac{\pi}{4}} - \frac{1}{2} \int_0^{\frac{\pi}{4}} \tan x \, dx$$

$$= \frac{\pi}{8} - \frac{1}{2} \left[\ln \sec x \right]_0^{\frac{\pi}{4}} = \frac{\pi}{8} - \frac{\ln 2}{4}.$$

例 10 计算 $\int_0^1 \frac{\ln(1+x)}{(2+x)^2} dx$.

解 $\int_0^1 \frac{\ln(1+x)}{(2+x)^2} dx = -\int_0^1 \ln(1+x) d \frac{1}{2+x}$

$$= -\left[\frac{\ln(1+x)}{2+x} \right]_0^1 + \int_0^1 \frac{1}{2+x} d\ln(1+x)$$

$$= -\frac{\ln 2}{3} + \int_0^1 \frac{1}{2+x} \cdot \frac{1}{1+x} dx$$

$$= -\frac{\ln 2}{3} + \left[\ln(1+x) - \ln(2+x) \right]_0^1$$

$$= \frac{5}{3} \ln 2 - \ln 3.$$

例 11 设 $f(x) = \int_1^{x^2} \frac{\sin t}{t} dt$, 求 $\int_0^1 x f(x) dx$.

解 因为 $\frac{\sin t}{t}$ 没有初等形式的原函数, 无法直接求出 $f(x)$, 所以采用分部积分法.

$$\int_0^1 x f(x) dx = \frac{1}{2} \int_0^1 f(x) d(x^2)$$

$$= \frac{1}{2} \left[x^2 f(x) \right]_0^1 - \frac{1}{2} \int_0^1 x^2 df(x)$$

$$= \frac{1}{2} f(1) - \frac{1}{2} \int_0^1 x^2 f'(x) dx.$$

因为 $f(x) = \int_1^{x^2} \frac{\sin t}{t} dt$, $f(1) = \int_1^1 \frac{\sin t}{t} dt = 0$, $f'(x) = \frac{\sin x^2}{x^2} \cdot 2x = \frac{2\sin x^2}{x}$, 所以

$$\int_0^1 x f(x) dx = \frac{1}{2} f(1) - \frac{1}{2} \int_0^1 x^2 f'(x) dx$$

$$= -\frac{1}{2} \int_0^1 2x \sin x^2 dx = -\frac{1}{2} \int_0^1 \sin x^2 dx^2$$

$$=\frac{1}{2}\left[\cos x^2\right]_0^1 = \frac{1}{2}(\cos 1 - 1).$$

例 12 设 $f''(x)$ 在 $[0,1]$ 上连续，且 $f(0)=1$, $f(2)=3$, $f'(2)=5$，求 $\int_0^1 xf''(2x)dx$.

解 $\int_0^1 xf''(2x)dx = \frac{1}{2}\int_0^1 x\,df'(2x)$

$$= \frac{1}{2}\left[xf'(2x)\right]_0^1 - \frac{1}{2}\int_0^1 f'(2x)dx$$

$$= \frac{1}{2}f'(2) - \frac{1}{4}\left[f(2x)\right]_0^1$$

$$= \frac{5}{2} - \frac{1}{4}[f(2) - f(0)] = 2.$$

例 13 设 $f(x) = \int_0^x e^{-y^2+2y}dy$，求 $\int_0^1 (x-1)^2 f(x)dx$.

解 原式 $= \int_0^1 (x-1)^2 \left[\int_0^x e^{-y^2+2y}dy\right]dx$

$$= \left[\frac{1}{3}(x-1)^3 \int_0^x e^{-y^2+2y}dy\right]_0^1 - \int_0^1 \frac{1}{3}(x-1)^3 e^{-x^2+2x}dx$$

$$= -\frac{1}{6}\int_0^1 (x-1)^2 e^{-(x-1)^2+1} d[(x-1)^2]$$

$$\xrightarrow{\diamondsuit (x-1)^2=u} -\frac{e}{6}\int_1^0 u e^{-u} du$$

$$= \frac{1}{6}(e-2).$$

例 14 证明定积分公式（Wallis 公式）

$$I_n = \int_0^{\frac{\pi}{2}} \sin^n x\,dx = \int_0^{\frac{\pi}{2}} \cos^n x\,dx = \frac{n-1}{n}I_{n-2} \qquad (n\text{ 为大于零的自然数})$$

$$= \begin{cases} \dfrac{n-1}{n} \cdot \dfrac{n-3}{n-2} \cdot \cdots \cdot \dfrac{3}{4} \cdot \dfrac{1}{2} \cdot \dfrac{\pi}{2}, & n \text{ 为正偶数}, \\ \dfrac{n-1}{n} \cdot \dfrac{n-3}{n-2} \cdot \cdots \cdot \dfrac{4}{5} \cdot \dfrac{2}{3}, & n \text{ 为大于 1 的正奇数}. \end{cases}$$

证明 $(1)\,I_n = \int_0^{\frac{\pi}{2}} \sin^n x\,dx \qquad (\diamondsuit\, t = \frac{\pi}{2} - x)$

$$= \int_{\frac{\pi}{2}}^0 \sin^n(\frac{\pi}{2}-t)(-dt) = \int_0^{\frac{\pi}{2}} \cos^n t\,dt = \int_0^{\frac{\pi}{2}} \cos^n x\,dx.$$

$(2)\,I_n = \int_0^{\frac{\pi}{2}} \sin^n x\,dx = \int_0^{\frac{\pi}{2}} \sin^{n-1}x\,d(-\cos x)$

$$= -\sin^{n-1}x \cdot \cos x \Big|_0^{\frac{\pi}{2}} + \int_0^{\frac{\pi}{2}} \cos x \cdot (n-1)\sin^{n-2}x \cdot \cos x\,dx$$

$$= (n-1)\int_0^{\frac{\pi}{2}} \sin^{n-2}x(1-\sin^2 x)dx$$

$$= (n-1)(I_{n-2} - I_n),$$

所以 $$I_n = \frac{n-1}{n}I_{n-2}.$$

当 n 为正偶数时,有
$$I_n = \frac{n-1}{n}I_{n-2} = \frac{n-1}{n} \cdot \frac{n-3}{n-2} \cdot \cdots \cdot \frac{3}{4} \cdot \frac{1}{2} \cdot I_0$$
$$= \frac{n-1}{n} \cdot \frac{n-3}{n-2} \cdot \cdots \cdot \frac{3}{4} \cdot \frac{1}{2} \cdot \frac{\pi}{2}.$$

当 n 为大于 1 的奇数时,有
$$I_n = \frac{n-1}{n}I_{n-2} = \frac{n-1}{n} \cdot \frac{n-3}{n-2} \cdot \cdots \cdot \frac{4}{5} \cdot \frac{2}{3} \cdot I_1$$
$$= \frac{n-1}{n} \cdot \frac{n-3}{n-2} \cdot \cdots \cdot \frac{4}{5} \cdot \frac{2}{3}.$$

得证.

习题 5-3

1. 计算下列定积分.

(1) $\int_0^{\frac{\pi}{2}} \sin\varphi\cos^3\varphi\,d\varphi$;

(2) $\int_1^{\sqrt{3}} \frac{dx}{x^2\sqrt{1+x^2}}$;

(3) $\int_{\frac{3}{4}}^1 \frac{dx}{\sqrt{1-x}-1}$;

(4) $\int_{-\frac{\pi}{2}}^{\frac{\pi}{2}} \sqrt{\cos x - \cos^3 x}\,dx$;

(5) $\int_0^\pi \sqrt{1+\cos 2x}\,dx$;

(6) $\int_{-\frac{\pi}{2}}^{\frac{\pi}{2}} 4\cos^4\theta\,d\theta$;

(7) $\int_{-1}^1 (x^2\sqrt{1-x^2} + x^3\sqrt{1+x^2})\,dx$;

(8) $\int_0^2 \max\{x, x^3\}\,dx$;

(9) $\int_0^2 x|x-\lambda|\,dx$($\lambda$ 为参数).

2. 设 $f(x) = \begin{cases} \dfrac{1}{1+x}, & \text{当 } x \geqslant 0 \text{ 时,} \\ \dfrac{1}{1+e^x}, & \text{当 } x < 0 \text{ 时,} \end{cases}$ 求 $\int_0^2 f(x-1)\,dx$.

3. 证明:$\int_0^1 x^m(1-x)^n\,dx = \int_0^1 x^n(1-x)^m\,dx$.

4. 求 $\int_{-\frac{\pi}{4}}^{\frac{\pi}{4}} \frac{dx}{1+\sin x}$.

5. 设 $f(x)$ 在 $[0,1]$ 上连续,证明:$\int_0^{\frac{\pi}{2}} f(|\cos x|)\,dx = \frac{1}{4}\int_0^{2\pi} f(|\cos x|)\,dx$.

6. 计算下列定积分.

(1) $\int_0^1 xe^{-x}\,dx$;

(2) $\int_1^e x\ln x\,dx$;

(3) $\int_0^1 x\arctan x\,dx$;

(4) $\int_1^e \sin(\ln x)\,dx$;

(5) $\int_{\frac{1}{e}}^e |\ln x|\,dx$;

(6) $J(m) = \int_0^\pi x\sin^m x\,dx$($m$ 为自然数);

(7) $\int_0^\pi \sin^{n-1} x \cos(n+1)x \, dx$.

7. 已知 $f(x) = \tan^2 x$，求 $\int_0^{\frac{\pi}{4}} f'(x) \cdot f''(x) \, dx$ 的值.

§5.4 广义积分

§5.4.1 无穷限的广义积分

在一些实际问题中，我们常遇到积分为无穷区间，或者被积函数为无界函数的积分，它们已经不属于前面所说的定积分了. 因此，我们对定积分作如下两种推广，从而形成广义积分的概念.

定义 1 设函数 $f(x)$ 在区间 $[a, +\infty)$ 上连续，对任意的 $b(b > a)$，积分上限函数的极限表达式 $\lim\limits_{b \to +\infty} \int_a^b f(x) \, dx$ 称为函数 $f(x)$ 在无穷区间 $[a, +\infty)$ 上的**广义积分**，记作 $\int_a^{+\infty} f(x) \, dx$，即

$$\int_a^{+\infty} f(x) \, dx = \lim_{b \to +\infty} \int_a^b f(x) \, dx.$$

当 $\lim\limits_{b \to +\infty} \int_a^b f(x) \, dx$ 极限存在时，则称广义积分 $\int_a^{+\infty} f(x) \, dx$ **收敛**；当 $\lim\limits_{b \to +\infty} \int_a^b f(x) \, dx$ 极限不存在时，称广义积分 $\int_a^{+\infty} f(x) \, dx$ **发散**.

设函数 $f(x)$ 在区间 $(-\infty, b]$ 上连续，对任意的 $a(a < b)$，积分下限函数的极限表达式 $\lim\limits_{a \to -\infty} \int_a^b f(x) \, dx$ 称为函数 $f(x)$ 在无穷区间 $(-\infty, b]$ 上的广义积分，记作 $\int_{-\infty}^b f(x) \, dx$，即：

$$\int_{-\infty}^b f(x) \, dx = \lim_{a \to -\infty} \int_a^b f(x) \, dx.$$

当 $\lim\limits_{a \to -\infty} \int_a^b f(x) \, dx$ 极限存在时，则称广义积分 $\int_{-\infty}^b f(x) \, dx$ 收敛；当 $\lim\limits_{a \to -\infty} \int_a^b f(x) \, dx$ 极限不存在时，称广义积分 $\int_{-\infty}^b f(x) \, dx$ 发散.

设函数 $f(x)$ 在区间 $(-\infty, +\infty)$ 上连续，广义积分 $\int_{-\infty}^0 f(x) \, dx$ 与广义积分 $\int_0^{+\infty} f(x) \, dx$ 之和称为函数在无穷区间上的广义积分，记作 $\int_{-\infty}^{+\infty} f(x) \, dx$.

若广义积分 $\int_{-\infty}^0 f(x) \, dx$ 与广义积分 $\int_0^{+\infty} f(x) \, dx$ 均收敛，则称广义积分 $\int_{-\infty}^{+\infty} f(x) \, dx$ 收敛，且广义积分 $\int_{-\infty}^0 f(x) \, dx$ 的值与广义积分 $\int_0^{+\infty} f(x) \, dx$ 的值之和为广义积分 $\int_{-\infty}^{+\infty} f(x) \, dx$ 的值. 即：

$$\int_{-\infty}^{+\infty} f(x) \mathrm{d}x = \int_{-\infty}^{0} f(x) \mathrm{d}x + \int_{0}^{+\infty} f(x) \mathrm{d}x$$
$$= \lim_{a \to -\infty} \int_{a}^{0} f(x) \mathrm{d}x + \lim_{b \to +\infty} \int_{0}^{b} f(x) \mathrm{d}x.$$

若广义积分 $\int_{-\infty}^{0} f(x) \mathrm{d}x$ 与广义积分 $\int_{0}^{+\infty} f(x) \mathrm{d}x$ 至少有一个发散,则称广义积分 $\int_{-\infty}^{+\infty} f(x) \mathrm{d}x$ 发散.

上述定义在无穷区间上的广义积分,又称为无穷积分.

例 1 计算广义积分 $\int_{-\infty}^{+\infty} \dfrac{\mathrm{d}x}{1+x^2}$.

解
$$\int_{-\infty}^{+\infty} \dfrac{\mathrm{d}x}{1+x^2} = \int_{-\infty}^{0} \dfrac{\mathrm{d}x}{1+x^2} + \int_{0}^{+\infty} \dfrac{\mathrm{d}x}{1+x^2}$$
$$= \lim_{a \to -\infty} \int_{a}^{0} \dfrac{1}{1+x^2} \mathrm{d}x + \lim_{b \to +\infty} \int_{0}^{b} \dfrac{1}{1+x^2} \mathrm{d}x$$
$$= \lim_{a \to -\infty} \big[\arctan x\big]_{a}^{0} + \lim_{b \to +\infty} \big[\arctan x\big]_{0}^{b}$$
$$= -\lim_{a \to -\infty} \arctan a + \lim_{b \to +\infty} \arctan b$$
$$= -\left(-\dfrac{\pi}{2}\right) + \dfrac{\pi}{2} = \pi.$$

例 2 计算广义积分 $\int_{\frac{2}{\pi}}^{+\infty} \dfrac{1}{x^2} \sin \dfrac{1}{x} \mathrm{d}x$.

解
$$\int_{\frac{2}{\pi}}^{+\infty} \dfrac{1}{x^2} \sin \dfrac{1}{x} \mathrm{d}x = -\int_{\frac{2}{\pi}}^{+\infty} \sin \dfrac{1}{x} \mathrm{d}\left(\dfrac{1}{x}\right)$$
$$= -\lim_{b \to +\infty} \int_{\frac{2}{\pi}}^{b} \sin \dfrac{1}{x} \mathrm{d}\left(\dfrac{1}{x}\right) = \lim_{b \to +\infty} \left[\cos \dfrac{1}{x}\right]_{\frac{2}{\pi}}^{b}$$
$$= \lim_{b \to +\infty} \left[\cos \dfrac{1}{b} - \cos \dfrac{\pi}{2}\right] = 1.$$

例 3 证明广义积分 $\int_{1}^{+\infty} \dfrac{1}{x^p} \mathrm{d}x$ 当 $p>1$ 时收敛,当 $p \leqslant 1$ 时发散.

证明 (1) $p=1$, $\int_{1}^{+\infty} \dfrac{1}{x^p} \mathrm{d}x = \int_{1}^{+\infty} \dfrac{1}{x} \mathrm{d}x = \big[\ln x\big]_{1}^{+\infty} = +\infty$.

(2) $p \neq 1$, $\int_{1}^{+\infty} \dfrac{1}{x^p} \mathrm{d}x = \left[\dfrac{x^{1-p}}{1-p}\right]_{1}^{+\infty} = \begin{cases} +\infty, & p<1, \\ \dfrac{1}{p-1}, & p>1. \end{cases}$

因此当 $p>1$ 时广义积分收敛,其值为 $\dfrac{1}{p-1}$;当 $p \leqslant 1$ 时广义积分发散.

例 4 证明广义积分 $\int_{a}^{+\infty} \mathrm{e}^{-px} \mathrm{d}x$ 当 $p>0$ 时收敛,当 $p<0$ 时发散.

证明
$$\int_{a}^{+\infty} \mathrm{e}^{-px} \mathrm{d}x = \lim_{b \to +\infty} \int_{a}^{b} \mathrm{e}^{-px} \mathrm{d}x = \lim_{b \to +\infty} \left[-\dfrac{\mathrm{e}^{-px}}{p}\right]_{a}^{b}$$
$$= \lim_{b \to +\infty} \left[\dfrac{\mathrm{e}^{-ap}}{p} - \dfrac{\mathrm{e}^{-pb}}{p}\right] = \begin{cases} \dfrac{\mathrm{e}^{-ap}}{p}, & p>0, \\ \infty, & p<0. \end{cases}$$

即广义积分当 $p>0$ 时收敛,当 $p<0$ 时发散.

§5.4.2 无界函数的广义积分

如果函数 $f(x)$ 在点 $x=a$ 的任一邻域内都无界,则称点 a 为函数 $f(x)$ 的瑕点.

定义 2 设函数 $f(x)$ 在区间 $(a,b]$ 上连续,a 为瑕点,对任意的 $t(a<t<b)$,积分下限函数的极限表达式 $\lim\limits_{t\to a^+}\int_t^b f(x)\mathrm{d}x$ 称为函数 $f(x)$ 在区间 $(a,b]$ 上的**广义积分**,记作 $\int_a^b f(x)\mathrm{d}x$,即

$$\int_a^b f(x)\mathrm{d}x = \lim_{t\to a^+}\int_t^b f(x)\mathrm{d}x = \lim_{\varepsilon\to 0^+}\int_{a+\varepsilon}^b f(x)\mathrm{d}x.$$

当 $\lim\limits_{t\to a^+}\int_t^b f(x)\mathrm{d}x$ 极限存在时,则称广义积分 $\int_a^b f(x)\mathrm{d}x$ **收敛**;当 $\lim\limits_{t\to a^+}\int_t^b f(x)\mathrm{d}x$ 极限不存在时,称广义积分 $\int_a^b f(x)\mathrm{d}x$ **发散**.

设函数 $f(x)$ 在区间 $[a,b)$ 上连续,b 为瑕点,对任意的 $t(a<t<b)$,积分上限函数的极限表达式 $\lim\limits_{t\to b^-}\int_a^t f(x)\mathrm{d}x$ 称为函数 $f(x)$ 在区间 $[a,b)$ 上的广义积分,记作 $\int_a^b f(x)\mathrm{d}x$,即:

$$\int_a^b f(x)\mathrm{d}x = \lim_{t\to b^-}\int_a^t f(x)\mathrm{d}x = \lim_{\varepsilon\to 0^+}\int_a^{b-\varepsilon} f(x)\mathrm{d}x.$$

当 $\lim\limits_{t\to b^-}\int_a^t f(x)\mathrm{d}x$ 极限存在时,则称广义积分 $\int_a^b f(x)\mathrm{d}x$ 收敛;当 $\lim\limits_{t\to b^-}\int_a^t f(x)\mathrm{d}x$ 极限不存在时,称广义积分 $\int_a^b f(x)\mathrm{d}x$ 发散.

设函数 $f(x)$ 在区间 $[a,c),(c,b]$ 上连续,c 为瑕点,广义积分 $\int_a^c f(x)\mathrm{d}x$ 和广义积分 $\int_c^b f(x)\mathrm{d}x$ 之和称为函数在区间 $[a,b]$ 上的广义积分,仍然记作 $\int_a^b f(x)\mathrm{d}x$.

当广义积分 $\int_a^c f(x)\mathrm{d}x$ 与广义积分 $\int_c^b f(x)\mathrm{d}x$ 均收敛时,称广义积分 $\int_a^b f(x)\mathrm{d}x$ 收敛,且广义积分 $\int_a^c f(x)\mathrm{d}x$ 的值与广义积分 $\int_c^b f(x)\mathrm{d}x$ 的值之和就是广义积分 $\int_a^b f(x)\mathrm{d}x$ 的值.

即:

$$\int_a^b f(x)\mathrm{d}x = \int_a^c f(x)\mathrm{d}x + \int_c^b f(x)\mathrm{d}x$$
$$= \lim_{t\to a^+}\int_t^c f(x)\mathrm{d}x + \lim_{t\to b^-}\int_c^t f(x)\mathrm{d}x.$$

当广义积分 $\int_a^c f(x)\mathrm{d}x$ 与广义积分 $\int_c^b f(x)\mathrm{d}x$ 至少有一个发散时,则广义积分 $\int_a^b f(x)\mathrm{d}x$ 发散.

上述无界函数的广义积分称为瑕积分.

例 5 计算广义积分 $\int_0^a \dfrac{\mathrm{d}x}{\sqrt{a^2-x^2}}(a>0)$.

解 因为 $\lim\limits_{x\to a-0}\dfrac{1}{\sqrt{a^2-x^2}}=+\infty$，所以 $x=a$ 为被积函数的瑕点．

$$\int_0^a \dfrac{\mathrm{d}x}{\sqrt{a^2-x^2}}=\lim\limits_{\varepsilon\to +0}\int_0^{a-\varepsilon}\dfrac{\mathrm{d}x}{\sqrt{a^2-x^2}}=\lim\limits_{\varepsilon\to +0}\left[\arcsin\dfrac{x}{a}\right]_0^{a-\varepsilon}$$

$$=\lim\limits_{\varepsilon\to +0}\left[\arcsin\dfrac{a-\varepsilon}{a}-0\right]=\dfrac{\pi}{2}.$$

例 6 证明广义积分 $\int_0^1 \dfrac{1}{x^q}\mathrm{d}x$ 当 $q<1$ 时收敛，当 $q\geqslant 1$ 时发散．

证明 (1) $q=1$，$\int_0^1 \dfrac{1}{x^q}\mathrm{d}x=\int_0^1 \dfrac{1}{x}\mathrm{d}x=\left[\ln x\right]_0^1=+\infty$．

(2) $q\neq 1$，$\int_0^1 \dfrac{1}{x^q}\mathrm{d}x=\left[\dfrac{x^{1-q}}{1-q}\right]_0^1=\begin{cases}+\infty, & q>1,\\ \dfrac{1}{1-q}, & q<1.\end{cases}$

因此，当 $q<1$ 时广义积分收敛，其值为 $\dfrac{1}{1-q}$；当 $q\geqslant 1$ 时广义积分发散．

例 7 计算广义积分 $\int_1^2 \dfrac{\mathrm{d}x}{x\ln x}$．

解 $\int_1^2 \dfrac{\mathrm{d}x}{x\ln x}=\lim\limits_{\varepsilon\to 0+}\int_{1+\varepsilon}^2 \dfrac{\mathrm{d}x}{x\ln x}=\lim\limits_{\varepsilon\to 0+}\int_{1+\varepsilon}^2 \dfrac{\mathrm{d}(\ln x)}{\ln x}=\lim\limits_{\varepsilon\to 0+}\left[\ln(\ln x)\right]_{1+\varepsilon}^2$

$$=\lim\limits_{\varepsilon\to 0+}\left[\ln(\ln 2)-\ln(\ln(1+\varepsilon))\right]=\infty.$$

故原广义积分发散．

例 8 计算广义积分 $\int_0^3 \dfrac{\mathrm{d}x}{(x-1)^{\frac{2}{3}}}$．

解 $\int_0^3 \dfrac{\mathrm{d}x}{(x-1)^{\frac{2}{3}}}=(\int_0^1+\int_1^3)\dfrac{\mathrm{d}x}{(x-1)^{\frac{2}{3}}}$，$x=1$ 为瑕点．

$\int_0^1 \dfrac{\mathrm{d}x}{(x-1)^{\frac{2}{3}}}=\lim\limits_{\varepsilon\to 0+}\int_0^{1-\varepsilon}\dfrac{\mathrm{d}x}{(x-1)^{\frac{2}{3}}}=3$,

$\int_1^3 \dfrac{\mathrm{d}x}{(x-1)^{\frac{2}{3}}}=\lim\limits_{\varepsilon\to 0+}\int_{1+\varepsilon}^3 \dfrac{\mathrm{d}x}{(x-1)^{\frac{2}{3}}}=3\sqrt[3]{2}$,

所以 $\int_0^3 \dfrac{\mathrm{d}x}{(x-1)^{\frac{2}{3}}}=3(1+\sqrt[3]{2})$．

例 9 求积分 $\int_0^1 \dfrac{\ln x}{x-1}\mathrm{d}x$ 的瑕点．

解 积分 $\int_0^1 \dfrac{\ln x}{x-1}\mathrm{d}x$ 可能的瑕点是 $x=0$，$x=1$．

因为 $\lim\limits_{x\to 1^-}\dfrac{\ln x}{x-1}=\lim\limits_{x\to 1^-}\dfrac{1}{x}=1$，所以 $x=1$ 不是瑕点．又因为 $\lim\limits_{x\to 0^+}\dfrac{\ln x}{x-1}=\infty$，所以 $\int_0^1 \dfrac{\ln x}{x-1}\mathrm{d}x$ 的瑕点是 $x=0$．

例 10 计算广义积分 $\int_2^{+\infty}\dfrac{1}{(x+7)\sqrt{x-2}}\mathrm{d}x$．

解 令 $t=\sqrt{x-2}$，则 $x=t^2+2$，$\mathrm{d}x=2t\mathrm{d}t$，所以有

$$\int_2^{+\infty} \frac{1}{(x+7)\sqrt{x-2}} dx = \int_0^{+\infty} \frac{2t}{(t^2+9)t} dt$$
$$= 2\int_0^{+\infty} \frac{1}{t^2+9} dt = \frac{2}{3}\arctan\frac{t}{3}\Big|_0^{+\infty}$$
$$= \frac{\pi}{3}.$$

§5.4.3 广义积分的审敛法与Γ-函数

定理1 设函数 $f(x)$ 在区间 $[a, +\infty)$ 上连续,且 $f(x) \geqslant 0$. 若函数 $\Phi(x) = \int_a^x f(t)dt$ 在 $[a, +\infty)$ 上有界,则广义积分 $\int_a^{+\infty} f(x)dx$ 收敛.

由定理1,对于非负函数的无穷限的广义积分有以下比较审敛原理.

定理2(比较审敛定理) 设函数 $f(x)$, $g(x)$ 在区间 $[a, +\infty)$ 上连续,如果 $0 \leqslant f(x) \leqslant g(x)$ $(a \leqslant x < +\infty)$,并且 $\int_a^{+\infty} g(x)dx$ 收敛,则 $\int_a^{+\infty} f(x)dx$ 也收敛;如果 $0 \leqslant g(x) \leqslant f(x)$ $(a \leqslant x < +\infty)$,并且 $\int_a^{+\infty} g(x)dx$ 发散,则 $\int_a^{+\infty} f(x)dx$ 也发散.

证明 设 $a < b < +\infty$,由 $0 \leqslant f(x) \leqslant g(x)$ 及 $\int_a^{+\infty} g(x)dx$ 收敛,得
$$\int_a^b f(x)dx \leqslant \int_a^b g(x)dx \leqslant \int_a^{+\infty} g(x)dx.$$

即 $\Phi(b) = \int_a^b f(x)dx$ 在 $[a, +\infty)$ 上有上界. 由定理1知 $\int_a^{+\infty} f(x)dx$ 收敛.

如果 $0 \leqslant g(x) \leqslant f(x)$,且 $\int_a^{+\infty} g(x)dx$ 发散,则 $\int_a^{+\infty} f(x)dx$ 必定发散.

因为如果 $\int_a^{+\infty} f(x)dx$ 收敛,由第一部分知 $\int_a^{+\infty} g(x)dx$ 也收敛,这与假设矛盾.

定理3(比较审敛法1) 设函数 $f(x)$ 在区间 $[a, +\infty)$ $(a>0)$ 上连续,且 $f(x) \geqslant 0$. 如果存在常数 $M>0$ 及 $p>1$,使得 $f(x) \leqslant \frac{M}{x^p}$ $(a \leqslant x < +\infty)$,则 $\int_a^{+\infty} f(x)dx$ 收敛;如果存在常数 $N>0$,使得 $f(x) \geqslant \frac{N}{x}$ $(a \leqslant x < +\infty)$,则 $\int_a^{+\infty} f(x)dx$ 发散.

例11 判别广义积分 $\int_1^{+\infty} \frac{dx}{\sqrt[3]{x^4+1}}$ 的收敛性.

解 因为 $0 < \frac{1}{\sqrt[3]{x^4+1}} < \frac{1}{\sqrt[3]{x^4}} = \frac{1}{x^{4/3}}$,$p = \frac{4}{3} > 1$,根据比较审敛法1,广义积分 $\int_1^{+\infty} \frac{dx}{\sqrt[3]{x^4+1}}$ 收敛.

定理4(极限审敛法1) 设函数 $f(x)$ 在区间 $[a, +\infty)$ $(a>0)$ 上连续,且 $f(x) \geqslant 0$. 如果存在常数 $p>1$,使得 $\lim_{x \to +\infty} x^p f(x)$ 存在,则 $\int_a^{+\infty} f(x)dx$ 收敛;如果 $\lim_{x \to +\infty} xf(x) = d > 0$

(或 $\lim\limits_{x\to+\infty}xf(x)=+\infty$)，则 $\int_a^{+\infty}f(x)\mathrm{d}x$ 发散.

例 12 判别广义积分 $\int_1^{+\infty}\dfrac{\mathrm{d}x}{x\sqrt{1+x^2}}$ 的收敛性.

解 因为 $\lim\limits_{x\to+\infty}x^2\dfrac{1}{x\sqrt{1+x^2}}=1$，所给广义积分收敛.

例 13 判别广义积分 $\int_1^{+\infty}\dfrac{x^{3/2}}{1+x^2}\mathrm{d}x$ 的收敛性.

解 因为 $\lim\limits_{x\to+\infty}x\dfrac{x^{3/2}}{1+x^2}=\lim\limits_{x\to+\infty}\dfrac{x^2\sqrt{x}}{1+x^2}=+\infty$，根据极限审敛法 1，所给广义积分发散.

例 14 判别广义积分 $\int_1^{+\infty}\dfrac{\arctan x}{x}\mathrm{d}x$ 的收敛性.

解 $\lim\limits_{x\to+\infty}x\dfrac{\arctan x}{x}=\lim\limits_{x\to+\infty}\arctan x=\dfrac{\pi}{2}$，根据极限审敛法 1，所给广义积分发散.

定义 3 设函数 $f(x)$ 在区间 $[a,+\infty)$ 上连续，如果 $\int_a^{+\infty}|f(x)|\mathrm{d}x$ 收敛，则广义积分 $\int_a^{+\infty}f(x)\mathrm{d}x$ 称为**绝对收敛**.

定理 5 设函数 $f(x)$ 在区间 $[a,+\infty)$ 上连续，如果 $\int_a^{+\infty}|f(x)|\mathrm{d}x$ 收敛，则 $\int_a^{+\infty}f(x)\mathrm{d}x$ 也收敛.

证明 令 $\varphi(x)=\dfrac{1}{2}(f(x)+|f(x)|)$.

因为 $\varphi(x)\geqslant 0$，且 $\varphi(x)\leqslant|f(x)|$，$\int_a^{+\infty}|f(x)|\mathrm{d}x$ 收敛，所以 $\int_a^{+\infty}\varphi(x)\mathrm{d}x$ 也收敛. 但 $f(x)=2\varphi(x)-|f(x)|$，所以 $\int_a^b f(x)\mathrm{d}x=2\int_a^b\varphi(x)\mathrm{d}x-\int_a^b|f(x)|\mathrm{d}x$，即 $\int_a^{+\infty}f(x)\mathrm{d}x=2\int_a^{+\infty}\varphi(x)\mathrm{d}x-\int_a^{+\infty}|f(x)|\mathrm{d}x$. 收敛.

绝对收敛的广义积分 $\int_a^{+\infty}f(x)\mathrm{d}x$ 必定收敛.

例 15 判别广义积分 $\int_a^{+\infty}\mathrm{e}^{-ax}\sin bx\,\mathrm{d}x$ (a,b 都是常数，$a>0$) 的收敛性.

解 因为 $|\mathrm{e}^{-ax}\sin bx|\leqslant\mathrm{e}^{-ax}$，而 $\int_0^{+\infty}\mathrm{e}^{-ax}\mathrm{d}x$ 收敛，所以 $\int_0^{+\infty}|\mathrm{e}^{-ax}\sin bx|\mathrm{d}x$ 收敛. 因此所给广义积分收敛.

定理 6（比较审敛法 2） 设函数 $f(x)$ 在区间 $(a,b]$ 上连续，且 $f(x)\geqslant 0$，$\lim\limits_{x\to a+0}f(x)=+\infty$. 如果存在常数 $M>0$ 及 $q<1$，使得 $f(x)\leqslant\dfrac{M}{(x-a)^q}$ ($a<x\leqslant b$)，则广义积分 $\int_a^b f(x)\mathrm{d}x$ 收敛；如果存在常数 $N>0$ 及 $q\geqslant 1$，使得 $f(x)\geqslant\dfrac{N}{(x-a)^q}$ ($a<x\leqslant b$)，则广义积分 $\int_a^b f(x)\mathrm{d}x$ 发散.

定理 7（极限审敛法 2） 设函数 $f(x)$ 在区间 $(a,b]$ 上连续，且 $f(x)\geqslant 0$，$\lim\limits_{x\to a+0}f(x)=+\infty$. 如果存在常数 $0<q<1$，使得 $\lim\limits_{x\to a+0}(x-a)^q f(x)$ 存在，则广义积分 $\int_a^b f(x)\mathrm{d}x$ 收敛；

如果存在常数 $q \geqslant 1$，使得 $\lim\limits_{x \to a+0}(x-a)^q f(x)=d>0$（或 $\lim\limits_{x \to a+0}(x-a)^q f(x)=+\infty$），则广义积分 $\int_a^b f(x)\mathrm{d}x$ 发散.

例 16 判别广义积分 $\int_1^3 \dfrac{\mathrm{d}x}{\ln x}$ 的收敛性.

解 因为被积函数在点 $x=1$ 的右邻域内无界，且由洛必达法则知
$$\lim_{x \to 1+0}(x-1)\frac{1}{\ln x}=\lim_{x \to 1+0}\frac{1}{\frac{1}{x}}=1>0.$$

根据极限审敛法 2，所给广义积分发散.

例 17 判别广义积分 $\int_0^1 \dfrac{\sin\frac{1}{x}}{\sqrt{x}}\mathrm{d}x$ 的收敛性.

解 因为 $\left|\dfrac{\sin\frac{1}{x}}{\sqrt{x}}\right| \leqslant \dfrac{1}{\sqrt{x}}$，而 $\int_0^1 \dfrac{\mathrm{d}x}{\sqrt{x}}$ 收敛，根据比较审敛原理，$\int_0^1 \left|\dfrac{\sin\frac{1}{x}}{\sqrt{x}}\right|\mathrm{d}x$ 收敛，从而 $\int_0^1 \dfrac{\sin\frac{1}{x}}{\sqrt{x}}\mathrm{d}x$ 也收敛.

定义 4 $\Gamma(s)=\int_0^{+\infty} \mathrm{e}^{-x}x^{s-1}\mathrm{d}x(s>0)$，称为 Γ-函数.

特点：积分区间为无穷；当 $s-1<0$ 时，被积函数在点 $x=0$ 的右邻域内无界.

设 $I_1=\int_0^1 \mathrm{e}^{-x}x^{s-1}\mathrm{d}x$，$I_2=\int_1^{+\infty} \mathrm{e}^{-x}x^{s-1}\mathrm{d}x$.

(1) 当 $s \geqslant 1$ 时，I_1 是常义积分；当 $0<s<1$ 时，因为 $\mathrm{e}^{-x} \cdot x^{s-1} = \dfrac{1}{x^{1-s}} \cdot \dfrac{1}{\mathrm{e}^x} < \dfrac{1}{x^{1-s}}$，而 $1-s<1$，根据比较审敛法 2，I_1 收敛.

(2) 因为 $\lim\limits_{x \to +\infty} x^2 \cdot (\mathrm{e}^{-x}x^{s-1}) = \lim\limits_{x \to +\infty}\dfrac{x^{s+1}}{\mathrm{e}^x}=0$，根据极限审敛法 1，$I_2$ 也收敛.

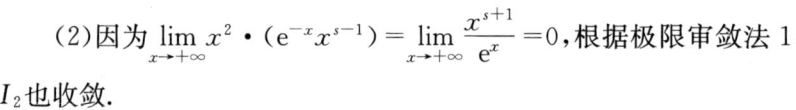

图 5.9

由 (1)、(2) 知，$\int_0^{+\infty} \mathrm{e}^{-x}x^{s-1}\mathrm{d}x$ 对 $s>0$ 均收敛，如图 5.9 所示.

Γ-函数的几个重要性质如下：

(1) 递推公式 $\Gamma(s+1)=s\Gamma(s)(s>0)$.

(2) 当 $s \to +0$ 时，$\Gamma(s) \to +\infty$.

(3) 余元公式 $\Gamma(s)\Gamma(1-s)=\dfrac{\pi}{\sin \pi s}(0<s<1)$. 从而 $\Gamma\left(\dfrac{1}{2}\right)=\sqrt{\pi}$.

(4) 在 $\Gamma(s)=\int_0^{+\infty} \mathrm{e}^{-x}x^{s-1}\mathrm{d}x$ 中，作代换 $x=u^2$，有 $\Gamma(s)=2\int_0^{+\infty}\mathrm{e}^{-u^2}u^{2s-1}\mathrm{d}u$.

习题 5-4

1. 判别下列各广义积分的收敛性，如果收敛，则计算广义积分的值.

(1) $\int_0^{+\infty} e^{-pt}\cosh t\, dt\,(p>1)$;

(2) $\int_{-\infty}^{+\infty} \dfrac{dx}{x^2+2x+2}$;

(3) $\int_0^{+\infty} x^n e^{-x} dx\,(n\text{ 为自然数})$;

(4) $\int_0^2 \dfrac{dx}{(1-x)^2}$;

(5) $\int_1^2 \dfrac{x\,dx}{\sqrt{x-1}}$;

(6) $\int_0^{+\infty} \dfrac{x\ln x}{(1+x^2)^2} dx$;

(7) $\int_0^1 \ln^n x\, dx$.

2. 判别下列广义积分的收敛性.

(1) $\int_0^{+\infty} \dfrac{x^2}{x^4+x^2+1} dx$;

(2) $\int_1^{+\infty} \sin\dfrac{1}{x^2} dx$;

(3) $\int_1^2 \dfrac{dx}{(\ln x)^3}$;

(4) $\int_1^2 \dfrac{dx}{\sqrt[3]{x^2-3x+2}}$.

3. 用 Γ-函数表示下列积分,并指出这些积分的收敛范围.

(1) $\int_0^{+\infty} e^{-x^n} dx\,(n>0)$;

(2) $\int_0^1 \left(\ln\dfrac{1}{x}\right)^p dx$.

§5.5　定积分的应用

§5.5.1　定积分的元素法(微元法)

当所求量 U 符合下列条件:

(1) U 是与一个变量 x 的变化区间 $[a,b]$ 有关的量;

(2) U 对于区间 $[a,b]$ 具有可加性,也就是说,如果把区间 $[a,b]$ 分成许多部分区间,则 U 相应地分成许多部分量,而 U 等于所有部分量之和;

(3) 部分量 ΔU_i 的近似值可表示为 $f(\xi_i)\Delta x_i$;

那么可以考虑用定积分来表达这个量 U.

用定积分求解问题的一般步骤如下:

(1) 根据问题的具体情况,选取一个变量(例如 x)为积分变量,并确定它的变化区间 $[a,b]$;

(2) 设想把区间 $[a,b]$ 分成 n 个小区间,取其中任一小区间并记为 $[x,x+dx]$,求出相应于这小区间的部分量 ΔU 的近似值. 如果 ΔU 能近似地表示为 $[a,b]$ 上的一个连续函数在 x 处的值 $f(x)$ 与 dx 的乘积,就把 $f(x)dx$ 称为量 U 的元素或微元且记作 dU,即
$$dU=f(x)dx;$$

(3) 以所求量 U 的元素 $f(x)dx$ 为被积表达式,在区间 $[a,b]$ 上作定积分,得
$$U=\int_a^b f(x)dx,$$

这即为所求量 U 的积分表达式.

这个方法通常叫做元素法或微元法. 其应用范围很广泛. 接下来介绍元素法在几何及物理上的一些应用:平面图形的面积,体积,平面曲线的弧长,功,水压力,引力,平均值等.

§5.5.2 平面图形的面积

1. 直角坐标系情形

由定积分的几何意义及元素法,图 5.10 中的曲边梯形和较复杂平面图形的面积可用定积分表示.

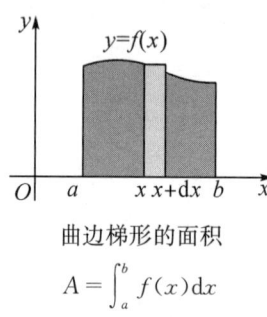
曲边梯形的面积
$$A = \int_a^b f(x)\,\mathrm{d}x$$

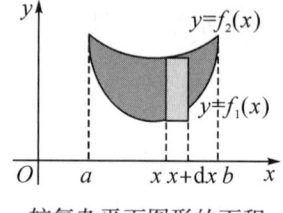
较复杂平面图形的面积
$$A = \int_a^b [f_2(x) - f_1(x)]\,\mathrm{d}x$$

图 5.10

例 1 计算由两条抛物线 $y^2 = x$ 和 $y = x^2$ 所围成的图形的面积.

解 如图 5.11 所示,两曲线的交点是 $(0, 0)$,$(1, 1)$.
选 x 为积分变量,$x \in [0, 1]$,面积元素
$$\mathrm{d}A = (\sqrt{x} - x^2)\,\mathrm{d}x.$$
$$A = \int_0^1 (\sqrt{x} - x^2)\,\mathrm{d}x = \left[\frac{2}{3}x^{\frac{3}{2}} - \frac{x^3}{3}\right]_0^1 = \frac{1}{3}.$$

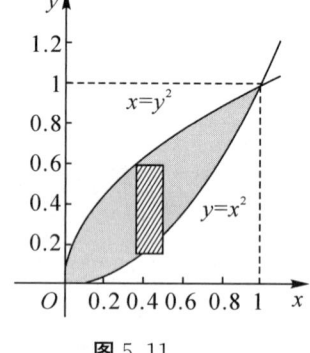

图 5.11

例 2 计算由曲线 $y = x^3 - 6x$ 和 $y = x^2$ 所围成的图形的面积.

解 如图 5.12 所示,两曲线的交点满足
$$\begin{cases} y = x^3 - 6x \\ y = x^2 \end{cases}$$
得交点 $(0, 0)$,$(-2, 4)$,$(3, 9)$.

选 x 为积分变量,$x \in [-2, 3]$.
(1) $x \in [-2, 0]$,$\mathrm{d}A_1 = (x^3 - 6x - x^2)\,\mathrm{d}x$;
(2) $x \in [0, 3]$,$\mathrm{d}A_2 = (x^2 - x^3 + 6x)\,\mathrm{d}x$.
于是所求面积 $A = A_1 + A_2$,即
$$A = \int_{-2}^0 (x^3 - 6x - x^2)\,\mathrm{d}x + \int_0^3 (x^2 - x^3 + 6x)\,\mathrm{d}x = \frac{253}{12}.$$

例 3 计算由曲线 $y^2 = 2x$ 和直线 $y = x - 4$ 所围成的图形的面积.

解 如图 5.13 所示,两曲线的交点满足
$$\begin{cases} y^2 = 2x \\ y = x - 4 \end{cases}$$
得交点 $(2, -2)$,$(8, 4)$.

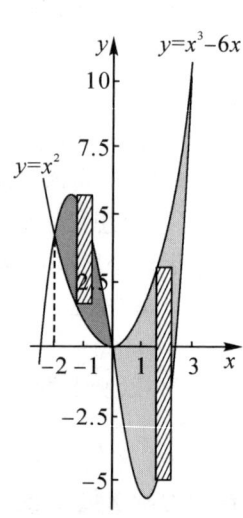

图 5.12

选 y 为积分变量，$y \in [-2, 4]$.

$dA = \left(y + 4 - \dfrac{y^2}{2}\right) dy$, $A = \displaystyle\int_{-2}^{4} dA = 18$.

如果曲边梯形的曲边为参数方程 $\begin{cases} x = \varphi(t), \\ y = \psi(t), \end{cases}$

t_1 和 t_2 对应曲线起点与终点的参数值，在 $[t_1, t_2]$（或 $[t_2, t_1]$）上 $x = \varphi(t)$ 具有连续导数，$y = \psi(t)$ 连续. 则曲边梯形的面积为

$$A = \int_{t_1}^{t_2} \psi(t) \varphi'(t) dt.$$

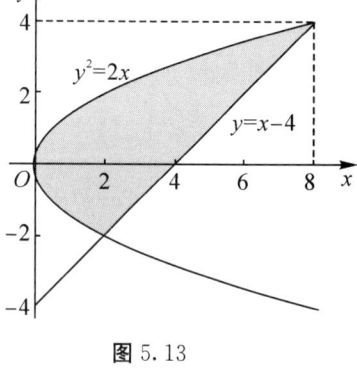

图 5.13

例 4 求椭圆 $\dfrac{x^2}{a^2} + \dfrac{y^2}{b^2} = 1$ 的面积.

解 如图 5.14 所示，椭圆的参数方程为 $\begin{cases} x = a\cos t, \\ y = b\sin t. \end{cases}$

由对称性知，总面积等于 4 倍第一象限部分面积.

$A = 4 \displaystyle\int_0^a y\, dx = 4 \int_{\frac{\pi}{2}}^0 b\sin t\, d(a\cos t) = 4ab \int_0^{\frac{\pi}{2}} \sin^2 t\, dt = \pi ab$.

2. 极坐标系情形

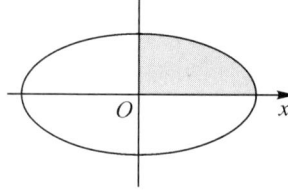

图 5.14

设由曲线 $r = \varphi(\theta)$ 及射线 $\theta = \alpha$，$\theta = \beta$ 围成一曲边扇形，如图 5.15 所示，求其面积. 这里，$\varphi(\theta)$ 在 $[\alpha, \beta]$ 上连续，且 $\varphi(\theta) \geq 0$. 将区间 $[\alpha, \beta]$ 细分成很多小区间，取一代表区间 $[\theta, \theta + d\theta]$，则在该区间上对应的面积元素 $dA = \dfrac{1}{2}[\varphi(\theta)]^2 d\theta$.

由元素法，面积元素 $dA = \dfrac{1}{2}[\varphi(\theta)]^2 d\theta$，曲边扇形的面积 $A = \displaystyle\int_\alpha^\beta \dfrac{1}{2}[\varphi(\theta)]^2 d\theta$.

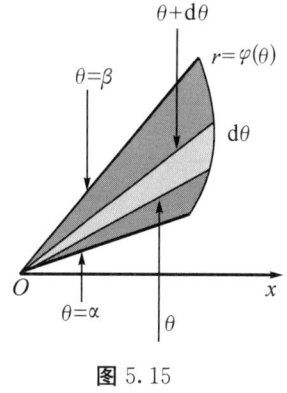

图 5.15

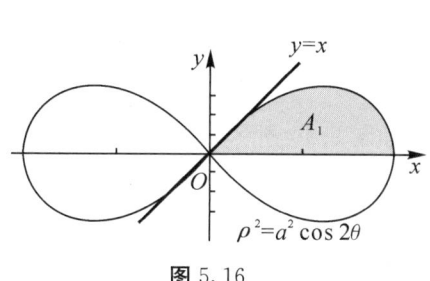

图 5.16

例 5 求双纽线 $\rho^2 = a^2 \cos 2\theta$ 所围平面图形的面积.

解 如图 5.16 所示，由对称性知总面积等于 4 倍第一象限部分面积.

$$A = 4A_1, \quad A = 4\int_0^{\frac{\pi}{4}} \dfrac{1}{2} a^2 \cos 2\theta\, d\theta = a^2.$$

例 6 求心形线 $r = a(1 + \cos\theta)$ 所围平面图形的面积（$a > 0$）.

解 $dA = \frac{1}{2}a^2(1+\cos\theta)^2 d\theta$.

如图 5.17 所示，利用对称性知

$$A = 2 \cdot \frac{1}{2}a^2 \int_0^\pi (1+\cos\theta)^2 d\theta$$

$$= a^2 \int_0^\pi (1+2\cos\theta+\cos^2\theta) d\theta$$

$$= a^2 \left[\frac{3}{2}\theta + 2\sin\theta + \frac{1}{4}\sin2\theta\right]_0^\pi = \frac{3}{2}\pi a^2.$$

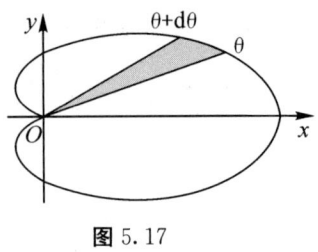

图 5.17

§5.5.3 体积

1. 旋转体的体积

旋转体就是由一个平面图形绕这平面内一条直线旋转一周而成的立体. 这条直线称为旋转体的旋转轴.

一般地，如果旋转体是由连续曲线 $y=f(x)$，直线 $x=a$，$x=b$ 及 x 轴所围成的曲边梯形绕 x 轴旋转一周而成的立体，则其体积根据元素法，可用定积分表示.

如图 5.18 所示，取积分变量为 x，$x \in [a,b]$.

在 $[a,b]$ 上任取小区间 $[x, x+dx]$，取以 dx 为底的窄曲边梯形绕 x 轴旋转而成的薄片的体积为体积元素，即

$$dV = \pi[f(x)]^2 dx.$$

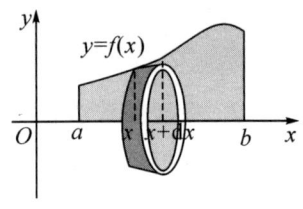

图 5.18

旋转体的体积为

$$V = \int_a^b \pi[f(x)]^2 dx.$$

例 7 求星形线 $x^{\frac{2}{3}} + y^{\frac{2}{3}} = a^{\frac{2}{3}}(a>0)$ 绕 x 轴旋转构成旋转体的体积.

解 因为 $y^{\frac{2}{3}} = a^{\frac{2}{3}} - x^{\frac{2}{3}}$，所以 $y^2 = (a^{\frac{2}{3}} - x^{\frac{2}{3}})^3$，$x \in [-a, a]$.

旋转体的体积为

$$V = \int_{-a}^a \pi(a^{\frac{2}{3}} - x^{\frac{2}{3}})^3 dx = \frac{32}{105}\pi a^3.$$

类似地，如图 5.19 所示，如果旋转体是由连续曲线 $x = \varphi(y)$，直线 $y=c$，$y=d$ 及 y 轴所围成的曲边梯形绕 y 轴旋转一周而成的立体，则体积为

$$V = \int_c^d \pi[\varphi(y)]^2 dy.$$

例 8 求摆线 $x = a(t - \sin t)$，$y = a(1 - \cos t)$ 的一拱与 $y=0$ 所围成的图形分别绕 x 轴、y 轴旋转构成旋转体的体积.

解 如图 5.20 所示，绕 x 轴旋转的旋转体体积为

$$V_x = \int_0^{2\pi a} \pi y^2(x) dx$$

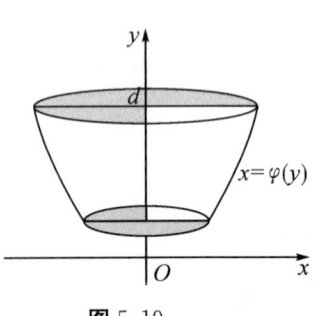

图 5.19

$$\begin{aligned}&= \pi \int_0^{2\pi} a^2(1-\cos t)^2 \cdot a(1-\cos t)\mathrm{d}t\\&= \pi a^3 \int_0^{2\pi} (1-3\cos t+3\cos^2 t-\cos^3 t)\mathrm{d}t\\&= 5\pi^2 a^3.\end{aligned}$$

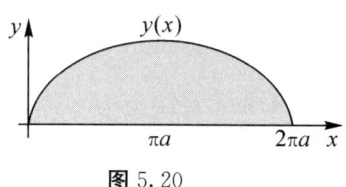

图 5.20

如图 5.21 所示，绕 y 轴旋转的旋转体体积可看做平面图 $OABC$ 与 OBC 分别绕 y 轴旋转构成旋转体的体积之差，即

$$\begin{aligned}V_y &= \int_0^{2a} \pi x_2^2(y)\mathrm{d}y - \int_0^{2a} \pi x_1^2(y)\mathrm{d}y\\&= \pi \int_{2\pi}^{\pi} a^2(t-\sin t)^2 \cdot a\sin t\mathrm{d}t - \pi \int_0^{\pi} a^2(t-\sin t)^2 \cdot a\sin t\mathrm{d}t\\&= -\pi a^3 \int_0^{2\pi} (t-\sin t)^2 \sin t\mathrm{d}t = 6\pi^3 a^3.\end{aligned}$$

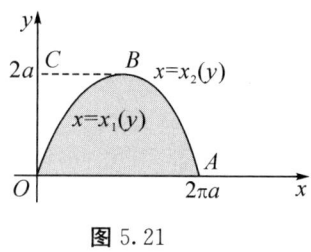

图 5.21

柱壳法 如果旋转体是由连续曲线 $y=f(x)$，直线 $x=a$，$x=b$ 及 x 轴所围成的曲边梯形绕 y 轴旋转一周而成的立体，则体积为

$$V_y = 2\pi \int_a^b |xf(x)|\mathrm{d}x.$$

利用这个公式，可知上例中，有

$$\begin{aligned}V_y &= 2\pi \int_0^{2\pi a} |xf(x)|\mathrm{d}x\\&= 2\pi \int_0^{2\pi} a(t-\sin t) \cdot a(1-\cos t)\mathrm{d}[a(t-\sin t)]\\&= 2\pi a^3 \int_0^{2\pi} (t-\sin t)(1-\cos t)^2 \mathrm{d}t = 6\pi^3 a^3.\end{aligned}$$

例 9 求由曲线 $y=4-x^2$ 及 $y=0$ 所围成的图形绕直线 $x=3$ 旋转构成旋转体的体积.

解 如图 5.22 所示，取积分变量为 y，$y \in [0,4]$. 体积元素为

$$\begin{aligned}\mathrm{d}V &= [\pi \overline{PM}^2 - \pi \overline{QM}^2]\mathrm{d}y\\&= [\pi(3+\sqrt{4-y})^2 - \pi(3-\sqrt{4-y})^2]\mathrm{d}y\\&= 12\pi \sqrt{4-y}\mathrm{d}y.\end{aligned}$$

所以

$$V = 12\pi \int_0^4 \sqrt{4-y}\mathrm{d}y = 64\pi.$$

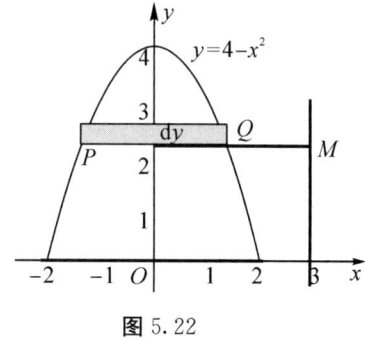

图 5.22

2. 平行截面面积为已知的立体的体积

如果一个立体不是旋转体，但知道该立体上垂直于一定轴的各个截面面积，那么，这个立体的体积也可用定积分来计算.

如图 5.23 所示，取定轴为 x 轴，设立体夹在过点 $x=a$，$x=b$ 且垂直于 x 轴的两个平面之间. $A(x)$ 表示过点 x 且垂直于 x 轴的截面面积，假设 $A(x)$ 为已知连续函数. 取 x 为积分变量，其变化区间为 $[a,b]$，立体中相应于其上任一小区间 $[x,x+\mathrm{d}x]$ 的一薄片的体积，

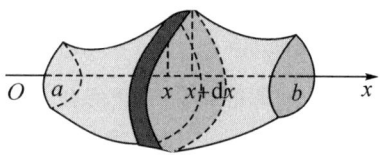

图 5.23

近似于底面积为 $A(x)$，高为 $\mathrm{d}x$ 的扁柱体的体积，即体积元素为
$$\mathrm{d}V = A(x)\mathrm{d}x,$$
从而所求立体体积为
$$V = \int_a^b A(x)\mathrm{d}x.$$

例 10 一平面经过半径为 R 的圆柱体的底圆中心，并与底面交成角 α，计算这个平面截圆柱体所得立体的体积.

解 取坐标系如图 5.24 所示，底圆方程为
$$x^2 + y^2 = R^2.$$
垂直于 x 轴的截面为直角三角形，截面面积为
$$A(x) = \frac{1}{2}(R^2 - x^2)\tan\alpha.$$

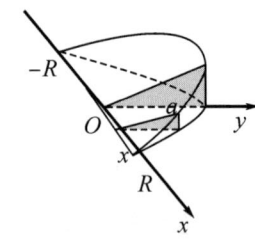

图 5.24

立体体积为
$$V = \frac{1}{2}\int_{-R}^{R}(R^2 - x^2)\tan\alpha \,\mathrm{d}x = \frac{2}{3}R^3\tan\alpha.$$

例 11 求以半径为 R 的圆为底、平行且等于底圆直径的线段为顶、高为 h 的正劈锥体的体积.

解 取坐标系如图 5.25 所示，底圆方程为
$$x^2 + y^2 = R^2.$$
垂直于 x 轴的截面为等腰三角形，截面面积为
$$A(x) = h \cdot y = h\sqrt{R^2 - x^2}.$$

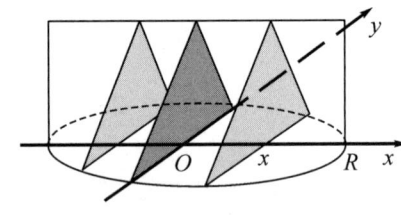

图 5.25

立体体积为
$$V = h\int_{-R}^{R}\sqrt{R^2 - x^2}\,\mathrm{d}x = \frac{1}{2}\pi R^2 h.$$

§5.5.4 平面曲线的弧长

在初等几何中，求圆周长的方法是利用内接正多边形的周长作为圆周长的近似值；再令边数无限增多，取极限，就求出圆周长. 对于平面上一条连续曲线的弧长，也可用类似的方法来计算它的长度.

1. 平面曲线弧长的概念

设 A,B 是曲线弧段的两个端点，在弧上插入分点 $A=M_0,M_1,\cdots,M_i,\cdots,M_{n-1},M_n=B$，并依次连接相邻分点得一内接折线，当分点的数目无限增加且每个小弧段都缩向一点时，此折线的长 $\sum_{i=1}^{n}|M_{i-1}M_i|$ 的极限存在，则称此极限为曲线弧 AB 的弧长，如图 5.26 所示. 并称此弧段 $\overset{\frown}{AB}$ 是可求长的.

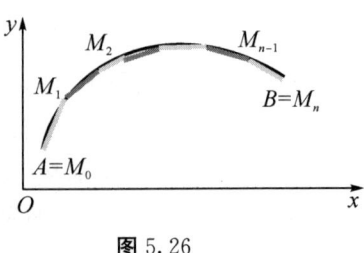

图 5.26

2. 直角坐标情形

设曲线弧为 $y=f(x)(a\leqslant x\leqslant b)$，其中 $f(x)$ 在 $[a,b]$ 上有一阶连续导数．取积分变量为 x，在 $[a,b]$ 上任取小区间 $[x,x+\mathrm{d}x]$，以对应小切线段的长代替小弧段的长，如图 5.27 所示.

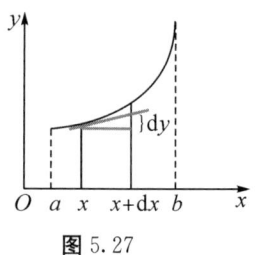

图 5.27

小切线段的长：$\sqrt{(\mathrm{d}x)^2+(\mathrm{d}y)^2}=\sqrt{1+y'^2}\,\mathrm{d}x$.

弧长元素：$\mathrm{d}s=\sqrt{1+y'^2}\,\mathrm{d}x$.

弧长：$s=\displaystyle\int_a^b\sqrt{1+y'^2}\,\mathrm{d}x$.

例 12 计算曲线 $y=\dfrac{2}{3}x^{\frac{3}{2}}$ 上相应于 x 从 a 到 b 的一段弧的长度．

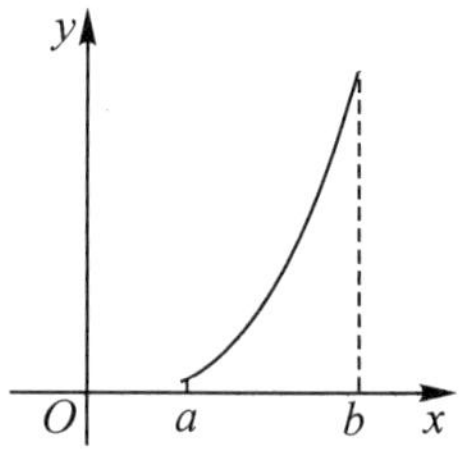

解 如图 5.28 所示，因为 $y'=x^{\frac{1}{2}}$，所以 $\mathrm{d}s=\sqrt{1+(x^{\frac{1}{2}})^2}\,\mathrm{d}x=\sqrt{1+x}\,\mathrm{d}x$，所求弧长为

$$s=\int_a^b\sqrt{1+x}\,\mathrm{d}x=\frac{2}{3}\left[(1+b)^{\frac{3}{2}}-(1+a)^{\frac{3}{2}}\right].$$

例 13 计算曲线 $y=\displaystyle\int_a^{\frac{x}{n}} n\sqrt{\sin\theta}\,\mathrm{d}\theta$ 的弧长 $(0\leqslant x\leqslant n\pi)$.

图 5.28

解 $y'=n\sqrt{\sin\dfrac{x}{n}}\cdot\dfrac{1}{n}=\sqrt{\sin\dfrac{x}{n}}$,

$$s=\int_a^b\sqrt{1+y'^2}\,\mathrm{d}x=\int_0^{n\pi}\sqrt{1+\sin\dfrac{x}{n}}\,\mathrm{d}x\xlongequal{x=nt}\int_0^\pi\sqrt{1+\sin t}\cdot n\,\mathrm{d}t$$

$$=n\int_0^\pi\sqrt{\left(\sin\dfrac{t}{2}\right)^2+\left(\cos\dfrac{t}{2}\right)^2+2\sin\dfrac{t}{2}\cos\dfrac{t}{2}}\,\mathrm{d}t$$

$$=n\int_0^\pi\left(\sin\dfrac{t}{2}+\cos\dfrac{t}{2}\right)\mathrm{d}t=4n.$$

3. 参数方程情形

曲线弧为 $\begin{cases}x=\varphi(t),\\ y=\psi(t),\end{cases}\alpha\leqslant t\leqslant\beta$，其中 $\varphi(t),\psi(t)$ 在 $[\alpha,\beta]$ 上具有连续导数．

$$\mathrm{d}s=\sqrt{(\mathrm{d}x)^2+(\mathrm{d}y)^2}=\sqrt{[\varphi'^2(t)+\psi'^2(t)](\mathrm{d}t)^2}=\sqrt{\varphi'^2(t)+\psi'^2(t)}\,\mathrm{d}t.$$

弧长 $s=\displaystyle\int_\alpha^\beta\sqrt{\varphi'^2(t)+\psi'^2(t)}\,\mathrm{d}t$.

例 14 求星形线 $x^{\frac{2}{3}}+y^{\frac{2}{3}}=a^{\frac{2}{3}}(a>0)$ 的全长．

解 星形线的参数方程为 $\begin{cases}x=a\cos^3 t,\\ y=a\sin^3 t\end{cases}(0\leqslant t\leqslant 2\pi)$.

根据对称性，有

$$s=4s_1\quad(s_1\text{ 为第一象限部分的弧长})$$

$$=4\int_0^{\frac{\pi}{2}}\sqrt{(x')^2+(y')^2}\,\mathrm{d}t=4\int_0^{\frac{\pi}{2}}3a\sin t\cos t\,\mathrm{d}t=6a.$$

例 15 证明正弦线 $y=a\sin x(0\leqslant x\leqslant 2\pi)$ 的弧长等于椭圆 $\begin{cases}x=\cos t,\\ y=\sqrt{1+a^2}\sin t\end{cases}(0\leqslant t\leqslant$

2π)的周长.

证明 设正弦线的弧长等于 s_1,即
$$s_1 = \int_0^{2\pi} \sqrt{1+y'^2}\,\mathrm{d}x = \int_0^{2\pi}\sqrt{1+a^2\cos^2 x}\,\mathrm{d}x = 2\int_0^\pi \sqrt{1+a^2\cos^2 x}\,\mathrm{d}x.$$

设椭圆的周长为 s_2,即
$$s_2 = \int_0^{2\pi}\sqrt{(x')^2+(y')^2}\,\mathrm{d}t.$$

根据椭圆的对称性知
$$\begin{aligned}s_2 &= 2\int_0^\pi \sqrt{(\sin t)^2 + (1+a^2)(\cos t)^2}\,\mathrm{d}t \\ &= 2\int_0^\pi \sqrt{1+a^2\cos^2 t}\,\mathrm{d}t \\ &= 2\int_0^\pi \sqrt{1+a^2\cos^2 x}\,\mathrm{d}x = s_1,\end{aligned}$$

故原结论成立.

4. 极坐标情形

曲线弧为 $r = r(\theta)(\alpha \leqslant \theta \leqslant \beta)$,其中 $\varphi(\theta)$ 在 $[\alpha,\beta]$ 上具有连续导数.

因为 $\begin{cases}x = r(\theta)\cos\theta, \\ y = r(\theta)\sin\theta,\end{cases}(\alpha\leqslant\theta\leqslant\beta)$,所以
$$\mathrm{d}s = \sqrt{(\mathrm{d}x)^2+(\mathrm{d}y)^2} = \sqrt{r^2(\theta)+r'^2(\theta)}\,\mathrm{d}\theta.$$

弧长
$$s = \int_\alpha^\beta \sqrt{r^2(\theta)+r'^2(\theta)}\,\mathrm{d}\theta.$$

例 16 求极坐标系下曲线 $r = a\left(\sin\dfrac{\theta}{3}\right)^3 (a>0, 0\leqslant\theta\leqslant 3\pi)$ 的长.

解 因为 $r' = 3a\left(\sin\dfrac{\theta}{3}\right)^2\cdot\cos\dfrac{\theta}{3}\cdot\dfrac{1}{3} = a\left(\sin\dfrac{\theta}{3}\right)^2\cdot\cos\dfrac{\theta}{3}$,所以
$$\begin{aligned}s &= \int_\alpha^\beta \sqrt{r^2(\theta)+r'^2(\theta)}\,\mathrm{d}\theta \\ &= \int_0^{3\pi}\sqrt{a^2\left(\sin\dfrac{\theta}{3}\right)^6 + a^2\left(\sin\dfrac{\theta}{3}\right)^4\left(\cos\dfrac{\theta}{3}\right)^2}\,\mathrm{d}\theta \\ &= a\int_0^{3\pi}\left(\sin\dfrac{\theta}{3}\right)^2\mathrm{d}\theta = \dfrac{3}{2}\pi a.\end{aligned}$$

例 17 求阿基米德螺丝 $r = a\theta(a>0)$ 上相应于 θ 从 0 到 2π 的弧长.

解 如图 5.29 所示,因为 $r' = a$,所以
$$\begin{aligned}s &= \int_\alpha^\beta\sqrt{r^2(\theta)+r'^2(\theta)}\,\mathrm{d}\theta \\ &= \int_0^{2\pi}\sqrt{a^2\theta^2+a^2}\,\mathrm{d}\theta \\ &= a\int_0^{2\pi}\sqrt{\theta^2+1}\,\mathrm{d}\theta \\ &= \dfrac{a}{2}\left[2\pi\sqrt{1+4\pi^2}+\ln(2\pi+\sqrt{1+4\pi^2})\right].\end{aligned}$$

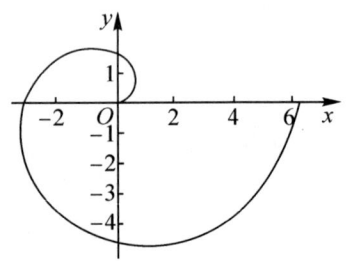

图 5.29

* §5.5.5 物理中的应用

1. 变力沿直线所作的功

由物理学知道,如果物体在做直线运动的过程中有一个不变的力 F 作用在这物体上,且这力的方向与物体的运动方向一致,那么,在物体移动了距离 s 时,力 F 对物体所做的功为

$$W = F \cdot s.$$

如果物体在运动的过程中所受的力是变化的,就不能直接使用此公式,而采用"元素法"思想.

例 18 把一个带 $+q$ 电量的点电荷放在 r 轴上坐标原点处,它产生一个电场. 这个电场对周围的电荷有作用力. 由物理学知道,如果一个单位正电荷放在这个电场中距离原点为 r 的地方,那么电场对它的作用力的大小为 $F = k\dfrac{q}{r^2}$(k 是常数),当这个单位正电荷在电场中从 $r=a$ 处沿 r 轴移动到 $r=b$ 处时,计算电场力 F 对它所做的功.

解 如图 5.30 所示,取 r 为积分变量,$r \in [a,b]$,取任一小区间 $[r, r+dr]$,功元素 $dw = \dfrac{kq}{r^2} dr$,所求功为

$$W = \int_a^b \dfrac{kq}{r^2} dr = kq \left[-\dfrac{1}{r} \right]_a^b = kq \left(\dfrac{1}{a} - \dfrac{1}{b} \right).$$

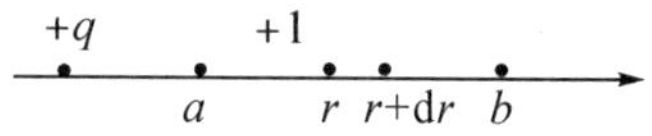

如果要考虑将单位电荷移到无穷远处,则

$$W = \int_a^{+\infty} \dfrac{kq}{r^2} dr = kq \left[-\dfrac{1}{r} \right]_a^{+\infty} = \dfrac{kq}{a}.$$

图 5.30

例 19 用铁锤把钉子钉入木板,设木板对铁钉的阻力与铁钉进入木板的深度成正比,铁锤在第一次锤击时将铁钉击入 1 厘米,若每次锤击所做的功相等,问第 n 次锤击时又将铁钉击入多少?

解 设木板对铁钉的阻力为

$$f(x) = kx,$$

第一次锤击时所做的功为

$$W_1 = \int_0^1 f(x) dx = \dfrac{k}{2}.$$

设 n 次击入的总深度为 h 厘米,n 次锤击所做的总功为

$$W_h = \int_0^h f(x) dx = \int_0^h kx \, dx = \dfrac{kh^2}{2}.$$

依题意知,每次锤击所做的功相等. 则

$W_h = nW_1$,即 $\dfrac{kh^2}{2} = n \cdot \dfrac{k}{2}$,解得 n 次击入的总深度为 $h = \sqrt{n}$,从而第 n 次击入的深度为 $\sqrt{n} - \sqrt{n-1}$.

2. 引力

由物理学知道,质量分别为 m_1, m_2,相距为 r 的两个质点间的引力的大小为 $F =$

$k\dfrac{m_1 m_2}{r^2}$，其中 k 为引力系数，引力的方向沿着两质点的连线方向．

如果要计算一根细棒对一个质点的引力，那么，由于细棒上各点与该质点的距离是变化的，且各点对该质点的引力方向也是变化的，就不能用此公式计算，应考虑用元素法求解．

例 20 有一长度为 l、线密度为 ρ 的均匀细棒，在其中垂线上距棒 a 单位处有一质量为 m 的质点 M，计算该棒对质点 M 的引力．

解 建立如图 5.31 所示的坐标系，取 y 为积分变量，$y \in \left[-\dfrac{l}{2}, \dfrac{l}{2}\right]$，取任一小区间 $[y, y+\mathrm{d}y]$，将对应小段近似看成质点，小段的质量为 $\rho \mathrm{d}y$，小段与质点的距离为 $r = \sqrt{a^2 + y^2}$，引力大小为 $\mathrm{d}F = k\dfrac{m\rho \mathrm{d}y}{a^2 + y^2}$，水平方向的分力元素

$$\mathrm{d}F_x = -k\dfrac{am\rho \mathrm{d}y}{(a^2+y^2)^{\frac{3}{2}}},$$

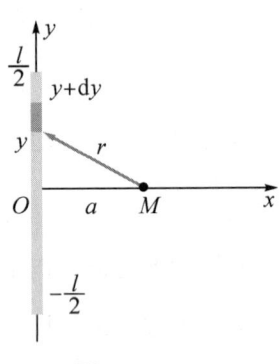

图 5.31

则

$$F_x = -\int_{-\frac{l}{2}}^{\frac{l}{2}} k\dfrac{am\rho \mathrm{d}y}{(a^2+y^2)^{\frac{3}{2}}} = \dfrac{-2km\rho l}{a(4a^2+l^2)^{\frac{1}{2}}}.$$

由对称性知，引力在铅直方向分力为 $F_y = 0$．

3. 水压力与功

例 21 一半圆柱形蓄水池，高为 5 m，底半径为 3 m，池内盛满了水．
(1) 求矩形侧面所受的水压力．
(2) 若要把池内的水全部从顶面吸出，最少需要做多少功？

解 建立如图 5.32 所示的坐标系，取 y 为积分变量，$y \in [0, 5]$，取小区间 $[y, y+\mathrm{d}y]$．

(1) 这一薄层水的压力为 $9.8 \times (5-y) \times 1 \times 6\mathrm{d}y$，所以矩形侧面所受的水压力为

$$F = \int_0^5 9.8 \times (5-y) \times 6 \mathrm{d}y$$
$$= 735 (\mathrm{kN}).$$

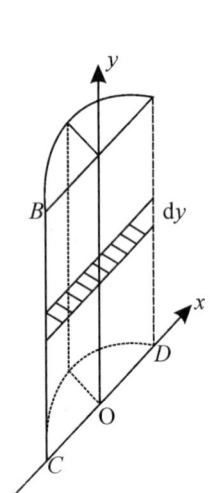

图 5.32

(2) 这一薄层水的重力为 $9.8 \times \dfrac{1}{2}\pi \times 3^2 \mathrm{d}y$，功元素为

$$\mathrm{d}w = (5-y) \times 9.8 \times \dfrac{1}{2}\pi \times 3^2 \mathrm{d}y,$$

所以

$$w = \int_0^5 44.1\pi(5-y)\mathrm{d}y \approx 1732 (\mathrm{kJ}).$$

习题 5-5

1. 计算面积．
(1) 由曲线 $y = \mathrm{e}^x$，$y = \mathrm{e}$ 及 y 轴所围成平面区域的面积；

(2) 由曲线 $y=3-x^2$ 及直线 $y=2x$ 所围成平面区域的面积；

(3) 由曲线 $y=x\sqrt{1-x^2}$，$y=1$，$x=-1$，$x=1$ 所围成平面区域的面积；

(4) 计算 $y^2=2x$ 与 $y=x-4$ 所围的区域面积；

(5) 由曲线 $y=e^x$，$y=e^{-x}$ 与直线 $x=1$ 所围成平面区域的面积.

2. 求由下列曲线所围成的图形的面积.

(1) $y=\dfrac{1}{x}$ 与直线 $y=x$ 及 $x=2$；

(2) $y=x^2$ 与直线 $y=x$ 及 $y=2x$；

(3) $r=2a(2+\cos\theta)$；

(4) 摆线 $x=a(t-\sin t)$，$y=a(1-\cos t)(0\leqslant t\leqslant 2\pi)$ 及 x 轴；

(5) $r=3\cos\theta$ 及 $r=1+\cos\theta$ 的公共部分.

3. 求抛物线 $y=-x^2+4x-3$ 及其在点 $(0,-3)$ 和 $(3,0)$ 处的切线所围成的图形的面积.

4. 求位于曲线 $y=e^x$ 下方，该曲线过原点的切线的左方与 x 轴上方之间的图形的面积.

5. 求由抛物线 $y^2=4ax$ 与过焦点的弦所围成的图形面积的最小值.

6. 抛物线 $y^2=4ax$ 及直线 $x=x_0(x_0>0)$ 所围成的图形绕 x 轴旋转而成的立体的体积.

7. $y=a\cosh\dfrac{x}{a}$，$x=0$，$x=a$，$y=0$ 所围成的图形绕 x 轴旋转而成的立体的体积 V.

8. 求摆线 $x=a(t-\sin t)$，$y=a(1-\cos t)$ 的一拱，$y=0$，绕直线 $y=2a$ 旋转所成旋转体的体积.

9. 求 $x^2+y^2=a^2$ 绕 $x=-b(b>a>0)$ 旋转所成旋转体的体积.

10. 设有一截锥体，其上、下底均为椭圆，椭圆的轴长分别为 $2A$，$2B$ 和 $2a$，$2b$，高为 h，求这截锥体的体积.

11. 设直线 $y=ax+b$ 与直线 $x=0$，$x=1$ 及 $y=0$ 所围成的梯形面积等于 A，试求 a，b 使这个梯形绕 y 轴旋转所得体积最小.

12. 计算弧长.

(1) 曲线 $y=\ln x$ 上相应于 $\sqrt{3}\leqslant x\leqslant\sqrt{8}$ 的一段弧长；

(2) 渐伸线 $x=a(\cos t+t\sin t)$，$y=a(\sin t-t\cos t)$ 上相应于 t 从 0 变到 π 的一段弧长；

(3) 曲线 $r\theta=1$ 自 $\theta=\dfrac{3}{4}$ 至 $\theta=\dfrac{4}{3}$ 一段弧长.

13. 计算半立方抛物线 $y^2=\dfrac{2}{3}(x-1)^3$ 被抛物线 $y^2=\dfrac{x}{3}$ 截得的一段弧的长度.

14. 计算星形线 $x=a\cos^3 t$，$y=a\sin^3 t$ 的全长.

15. 求心形线 $r=a(1+\cos\theta)$ 的全长.

16. 证明：曲线 $y=\sin x(0\leqslant x\leqslant 2\pi)$ 的弧长等于椭圆 $x^2+2y^2=2$ 的周长.

17. 直径为 20 cm，高为 80 cm 的圆柱体内充满压强为 10 N/cm² 的蒸汽，设温度保持不变,要使蒸汽体积缩小一半,问需要做多少功?

18. 一物体按规律 $x=ct^3$ 作直线运动,媒质的阻力与速度的平方成正比,计算物体由 $x=0$ 移至 $x=a$ 时,克服媒质阻力所做的功.

19. 设有一半径为 R,中心角为 φ 的圆弧形细棒,其线密度为常数 ρ,在圆心处有一质量为 m 的质点 M,试求这细棒对质点 M 的引力.

20. 有一等腰梯形闸门,它的两条底边各长 10 m 和 6 m,高为 20 m,较长的底边与水面相齐,计算闸门的一侧所受的水压力.

21. 半径为 r 的球沉入水中,球的上部与水面相切,球的比重与水相同,现将球从水中取出,需要做多少功?

总复习题五

◀ A 组

1. 设函数 $f(x)$ 在 $[a,b]$ 上可积,$\Phi(x)=\int_a^x f(t)\mathrm{d}t$. 则下列说正确的是( ).

A. $\Phi(x)$ 在 $[a,b]$ 上可导 B. $\Phi(x)$ 在 $[a,b]$ 上连续

C. $\Phi(x)$ 在 $[a,b]$ 上不可导 D. $\Phi(x)$ 在 $[a,b]$ 上不连续

2. 考虑一元函数 $f(x)$ 的下列四条性质:

(1) $f(x)$ 在 $[a,b]$ 上连续.

(2) $f(x)$ 在 $[a,b]$ 上可导.

(3) $f(x)$ 在 $[a,b]$ 上可积.

(4) $f(x)$ 在 $[a,b]$ 上存在原函数.

以 $P \Rightarrow Q$ 表示由性质 P 可推出性质 Q,则有( ).

A. (1)⇒(3)⇒(2) B. (2)⇒(1)⇒(4)

C. (3)⇒(2)⇒(4) D. (4)⇒(1)⇒(3)

3. 设 $f(x)=\begin{cases}-x, & x\in[0,1]\\ 1+x, & x\in[-1,0)\end{cases}$,$F(x)=\int_{-1}^x f(t)\mathrm{d}t$. 则在点 $x=0$ 处 $F(x)$ ( )

A. 无定义 B. 有定义,但不连续

C. 连续但不可导 D. 可导

4. 设 $f(x)=\begin{cases}\cos x, & x\geqslant 0\\ \sin x, & x\leqslant 0\end{cases}$,$g(x)=\begin{cases}x\sin\dfrac{1}{x}, & x\neq 0\\ 0, & x=0\end{cases}$,则在区间 $(-1,1)$ 上

A. $f(x)$ 与 $g(x)$ 都存在原函数

B. $f(x)$ 与 $g(x)$ 都不存在原函数

C. $f(x)$ 存在原函数但 $g(x)$ 不存在原函数

D. $f(x)$ 不存在原函数但 $g(x)$ 存在原函数

5. 设 $f(x)$ 在 $[a,b]$ 上非负,在 (a,b) 内 $f''(x)>0$,$f'(x)<0$,$I_1=\dfrac{b-a}{2}[f(a)+f(b)]$,$I_2=\int_a^b f(x)\mathrm{d}x$,$I_3=(b-a)f(b)$. 则 I_1,I_2,I_3 的大小关系为( )

A. $I_1\leqslant I_2\leqslant I_3$ B. $I_2\leqslant I_3\leqslant I_1$

C. $I_1 \leqslant I_3 \leqslant I_2$ D. $I_3 \leqslant I_2 \leqslant I_1$

6. 设 $\Phi(x) = \int_0^x \sin(x-t)dt$. 则 $\Phi'(x) = ($ $)$

   A. $\cos x$ B. $-\sin x$

   C. $\sin x$ D. 0

7. 定积分 $\int_{-1}^{1} x^{2022}(e^x - e^{-x})dx$ 的值为(   )

   A. $2021!\ (e - e^{-1})$ B. $2022!\ (e - e^{-1})$

   C. $2023!\ (e - e^{-1})$ D. 0

8. 设 $f(x) = \int_0^{\sin x} \sin t^2 dt$, $g(x) = x^3 + x^4$. 则当 $x \to 0$ 时, $f(x)$ 是 $g(x)$ 的(   )无穷小量.

   A. 同阶但非等价   B. 等价

   C. 高阶   D. 低阶

9. 设 $f(x)$ 在 $[a,b]$ 上可导,且 $f'(x) > 0$. 若 $\Phi(x) = \int_a^x f(t)dt$. 则下列说法正确的是(   ).

   A. $\Phi(x)$ 在 $[a,b]$ 上单调减少   B. $\Phi(x)$ 在 $[a,b]$ 上单调增加

   C. $\Phi(x)$ 在 $[a,b]$ 上为凹函数   D. $\Phi(x)$ 在 $[a,b]$ 上为凸函数

10. 设 $f(x)$ 在 $[0,1]$ 上连续且单调增加,$f\left(\dfrac{1}{2}\right) = 0$,$\Phi(x) = \int_0^x f(t)dt$. 则下列说法正确的是(   ).

   A. $\Phi(x)$ 在 $[0,1]$ 上单调减少   B. $\Phi(x)$ 在 $[0,1]$ 上单调增加

   C. $\Phi(x)$ 在 $[0,1]$ 内有极大值   D. $\Phi(x)$ 在 $[0,1]$ 内有极小值

11. 函数 $f(x) = \int_0^x \dfrac{1}{x}(t^2 - t)dt\ (x > 0)$ 的最小值为(   ).

   A. -1 B. $-\dfrac{3}{16}$

   C. $-\dfrac{1}{2}$ D. 0

12. 若 $[x]$ 表示不超过 x 的最大整数,n 为正整数,则积分 $\int_0^n [x]dx$ 的值为(   ).

   A. 0   B. $\dfrac{n(n-1)}{2}$

   C. $\dfrac{n(n+1)}{2}$ D. $\dfrac{n^2}{2}$

13. 设 $F(x) = \int_x^{x+2\pi} e^{\sin t} \sin t\, dt$. 则 $F(x)$(   ).

   A. 为正常数   B. 为负常数

   C. 恒为零   D. 不恒为常数

14. 设 $f(x)$ 连续. 则在下列选项中必为偶函数的是(   ).

   A. $\int_0^x t[f(t) + f(-t)]dt$ B. $\int_0^x t[f(t) - f(-t)]dt$

C. $\int_0^x f(t^2)\mathrm{d}t$ D. $\int_0^x f^2(t)\mathrm{d}t$

15. 设 $f(x)$ 为已知连续函数, $t>0$, $s>0$. 则积分 $\int_0^{\frac{s}{t}} tf\left(\dfrac{t}{s}x\right)\mathrm{d}x$ 的值（ ）.

 A. 与 s 及 t 均有关   B. 与 s 有关与 t 无关
 C. 与 s 无关与 t 有关   D. 与 s 及 t 均无关

16. 设 $f(x)$ 是周期为 l 的连续函数, a 为常数. 则下列选项中必为周期函数的是（ ）.

 A. $\int_a^x f(t)\mathrm{d}t$ B. $\int_a^{x+l} f(t)\mathrm{d}t$
 C. $\int_a^x f(t+l)\mathrm{d}t$ D. $\int_x^{x+a} f(t)\mathrm{d}t$

17. 设 $f(x)$ 连续, 则 $\lim\limits_{h\to 0}\dfrac{1}{h}\int_a^x [f(t+h)-f(t)]\mathrm{d}t$ 的值为（ ）.

 A. $f(a)$ B. $f(x)$
 C. $f(x)+f(a)$ D. $f(x)-f(a)$

18. 设 $\alpha(x)=\int_0^{5x}\dfrac{\sin t}{t}\mathrm{d}t$, $\beta(x)=\int_0^{\sin x}(1+t)^{\frac{1}{t}}\mathrm{d}t$. 则当 $x\to 0$ 时, $\alpha(x)$ 是 $\beta(x)$ 的（ ）.

 A. 高阶无穷小   B. 低阶无穷小
 C. 等价无穷小   D. 同阶但非等价无穷小

19. 设 $f(x)$ 是连续偶函数, a 是常数. 则（ ）.

 A. $\int_a^x\left[\int_0^u tf(t)\mathrm{d}t\right]\mathrm{d}u$ 必是奇函数
 B. $\int_0^x\left[\int_a^u f(t)\mathrm{d}t\right]\mathrm{d}u$ 必是奇函数
 C. $\int_0^x\left[\int_a^u tf(t)\mathrm{d}t\right]\mathrm{d}u$ 必是奇函数
 D. $\int_a^x\left[\int_0^u f(t)\mathrm{d}t\right]\mathrm{d}u$ 必是奇函数

20. 设 $f(x)$ 是连续偶函数, $\int_1^2 f(x)\mathrm{d}x=1$, $F(t)=\int_1^t\left[f(y)\int_y^t f(x)\mathrm{d}x\right]\mathrm{d}y$. 则 $F'(2)=$（ ）.

 A. $2f(2)$ B. $f(2)$
 C. 0 D. $-f(2)$

21. 下列广义积分收敛的是（ ）.

 A. $\int_e^{+\infty}\dfrac{\ln x}{x}\mathrm{d}x$ B. $\int_e^{+\infty}\dfrac{x}{x\ln x}\mathrm{d}x$
 C. $\int_e^{+\infty}\dfrac{1}{x(\ln x)^2}\mathrm{d}x$ D. $\int_e^{+\infty}\dfrac{1}{x\sqrt{\ln x}}\mathrm{d}x$

22. 下列广义积分发散的是（ ）.

 A. $\int_{-1}^1 \dfrac{1}{\sin x}\mathrm{d}x$ B. $\int_{-1}^1 \dfrac{1}{\sqrt{1-x^2}}\mathrm{d}x$

C. $\int_0^{+\infty} e^{-x^2} dx$ D. $\int_2^{+\infty} \dfrac{1}{x(\ln x)^2} dx$

23. 曲线 $y = \ln x$ 与 x 轴及直线 $x = \dfrac{1}{e}$, $x = e$ 所围成的图形面积为(　　).

A. $e - \dfrac{1}{e}$ B. $2 - \dfrac{2}{e}$

C. $e - \dfrac{2}{e}$ D. $e + \dfrac{1}{e}$

24. 设曲线 $y = x^2$ 与 $y = cx^3$ 所围成的图形面积为 $\dfrac{2}{3}$. 则 c 的取值为(　　).

A. $\dfrac{1}{3}$ B. $\dfrac{1}{2}$

C. 1 D. 2

25. 曲线 $y = \dfrac{2}{3} x^{\frac{3}{2}}$ 上相应于 x 从 3 到 8 的一段弧的长度为(　　).

A. $\dfrac{28}{3}$ B. $\dfrac{38}{3}$

C. 6 D. 9

26. 由曲线 $y = \sin^{\frac{3}{2}} x (0 \leqslant x \leqslant \pi)$ 与 x 轴围成的图形绕 x 轴旋转所成的旋转体的体积为(　　).

A. $\dfrac{2}{3}$ B. $\dfrac{4}{3}$

C. $\dfrac{2}{3}\pi$ D. $\dfrac{4}{3}\pi$

27. 设 $f(x)$, $g(x)$ 在区间 $[a, b]$ 上连续, 且 $g(x) < f(x) < m$ (m 为常数), 则曲线 $y = f(x)$, $y = g(x)$, $x = a$, $x = b$ 所围平面图形绕直线 $y = m$ 旋转而成的旋转体体积 A 为(　　).

A. $\int_a^b \pi [2m - f(x) + g(x)][f(x) - g(x)] dx$

B. 若 $f(x)$, $g(x)$ 可导, 且 $f'(x) \geqslant g'(x)$, $f(b) = g(b)$, 则 $A = \int_a^b [f(x) - g(x)] dx$

C. 若 $f(x)$, $g(x)$ 可导, 且 $f'(x) \leqslant g'(x)$, $f(b) = g(b)$, 则 $A = \int_a^b [f(x) - g(x)] dx$

D. $\int_a^b \pi [m - f(x) - g(x)][f(x) - g(x)] dx$

28. 双纽线 $(x^2 + y^2)^2 = x^2 - y^2$ 所围成图形的面积可用定积分表示为(　　).

A. $2 \int_0^{\frac{\pi}{4}} \cos 2\theta d\theta$ B. $4 \int_0^{\frac{\pi}{4}} \cos 2\theta d\theta$

C. $2 \int_0^{\frac{\pi}{4}} \sqrt{\cos 2\theta} d\theta$ D. $\dfrac{1}{2} \int_0^{\frac{\pi}{4}} (\cos 2\theta)^2 d\theta$

29. 有一线密度为 ρ, 半径为 1 的半圆形物件. 如果引力常数为 G, 则它对圆心处质量为 m 的质点的引力大小为(　　).

A. $\pi \rho m G$ B. $2\pi \rho m G$
C. $2\rho m G$ D. $4\rho m G$

◀ B 组

1. 利用定积分求下列和的极限值.

(1) $\lim\limits_{n \to \infty}(\dfrac{1}{n+1} + \dfrac{1}{n+2} + \cdots + \dfrac{1}{n+n})$;

(2) $\lim\limits_{n \to \infty}(\dfrac{n}{n^2+1^2} + \dfrac{n}{n^2+2^2} + \cdots + \dfrac{n}{n^2+n^2})$;

(3) $\lim\limits_{n \to \infty}\dfrac{1}{n}(\sqrt{1+\dfrac{1}{n}} + \sqrt{1+\dfrac{2}{n}} + \cdots + \sqrt{1+\dfrac{n}{n}})$;

(4) $\lim\limits_{n \to \infty}\sum\limits_{i=1}^{n}\dfrac{1}{n}\tan\dfrac{i}{n}$.

2. 估计定积分值.

(1) 证明: $\dfrac{2}{3} \leqslant \int_0^1 \dfrac{1}{\sqrt{2+x-x^2}}\mathrm{d}x < \dfrac{1}{\sqrt{2}}$;

(2) 证明: $\dfrac{\sqrt{\pi}}{80}\pi^2 < \int_0^{\frac{\pi}{4}} x\sqrt{\tan x}\,\mathrm{d}x < \dfrac{\pi^2}{32}$.

3. 变限积分与求导.

(1) $\dfrac{\mathrm{d}}{\mathrm{d}x}\int_a^b \sin^2 x\,\mathrm{d}x$;

(2) $\dfrac{\mathrm{d}}{\mathrm{d}a}\int_a^b \sin(x^2)\,\mathrm{d}x$;

(3) $\dfrac{\mathrm{d}}{\mathrm{d}x}\int_{x^2}^{x^3}\dfrac{1}{\sqrt{1+t^4}}\,\mathrm{d}t$;

(4) $\dfrac{\mathrm{d}}{\mathrm{d}x}\int_{\sin x}^{\cos x}\cos(\pi x^2)\,\mathrm{d}x$;

(5) $\lim\limits_{x \to 0^+}\dfrac{\int_0^{\sin x}\sqrt{\tan x}\,\mathrm{d}x}{\int_0^{\tan x}\sqrt{\sin x}\,\mathrm{d}x}$;

(6) $\lim\limits_{x \to \infty}\dfrac{\int_0^x \sqrt{1+t^4}\,\mathrm{d}t}{x^3}$.

4. 计算下列定积分的值.

(1) $\int_4^9 \dfrac{\sqrt{x}}{\sqrt{x}-1}\,\mathrm{d}x$;

(2) $\int_0^1 \dfrac{x^2}{(1+x^2)^3}\,\mathrm{d}x$;

(3) $\int_1^{\mathrm{e}^3}\dfrac{\mathrm{d}x}{x\sqrt{1+\ln x}}$;

(4) $\int_1^{\sqrt{2}}\dfrac{\sqrt{1+x^2}}{x^2}\,\mathrm{d}x$;

(5) $\int_{\frac{\pi}{4}}^{\frac{\pi}{3}}\dfrac{x}{\sin^2 x}\,\mathrm{d}x$;

(6) $\int_0^1 x\arctan x\,\mathrm{d}x$;

(7) $\int_0^{\pi}\dfrac{x\sin x}{1+\cos^2 x}\,\mathrm{d}x$;

(8) $\int_1^{16}\arctan\sqrt{\sqrt{x}-1}\,\mathrm{d}x$;

(9) $\int_{-1}^{1}(x^3+1)\sqrt{1-x^2}\,\mathrm{d}x$;

(10) $\int_0^3 \mathrm{sgn}(x-x^3)\,\mathrm{d}x$.

5. 计算下列反常积分.

(1) $\int_1^{+\infty}\dfrac{\mathrm{d}x}{x^2(x+1)}$;

(2) $\int_0^{+\infty}\dfrac{x\mathrm{e}^{-x}}{(1+\mathrm{e}^{-x})^2}\,\mathrm{d}x$;

(3) $\int_3^{+\infty} \dfrac{\mathrm{d}x}{(x-1)^4 \sqrt{x^2-2x}}$;

(4) $\int_0^{+\infty} \dfrac{1}{(1+x^2)^2}\mathrm{d}x$;

(5) $\int_0^{\frac{\pi}{2}} \ln\sin x \,\mathrm{d}x$;

(6) $\int_0^1 \dfrac{1}{(2-x)\sqrt{1-x}}\mathrm{d}x$.

6. 求下列直角坐标方程所表示的曲线围成的面积.

(1) $ax = y^2$, $ay = x^2$ ($a > 0$);

(2) $y = x^2$, $x + y = 2$;

(3) $y = x$, $y = x + \sin^2 x$, $0 \leqslant x \leqslant \pi$;

(4) $y = |\lg x|$, $y = 0$, $x = \dfrac{1}{10}$, $x = 10$.

7. 求参数方程 $x = t - \sin t$, $y = 1 - \cos t$ ($0 \leqslant t \leqslant 2\pi$) 及 $y = 0$ 所表示的曲线围成的面积.

8. 求由极坐标方程 $r = 3\sin 3\theta$ ($0 \leqslant \theta \leqslant \pi$) 所表示的曲线围成的面积.

9. 设由 $y = \sin x$, $y = 0$ ($0 \leqslant x \leqslant \pi$) 所围图形.

(1) 绕 x 轴旋转一周;

(2) 绕 y 轴旋转一周.

求所成旋转体的体积.

10. 求 $y = x^2$ 从 $x = 0$ 到 $x = 2$ 一段绕 $y = -1$ 旋转一周所成旋转体的体积.

11. 求曲线的弧长.

(1) $y = \ln x$, $\sqrt{3} \leqslant x \leqslant \sqrt{8}$;

(2) $r = 2(1 + \cos\theta)$, $0 \leqslant \theta \leqslant 2\pi$.

第 6 章 微分方程

在许多实际问题中,会遇到复杂的运动过程,表达运动规律的函数往往不能直接得到,但是根据问题所给的条件,有时可以得到含有自变量与未知函数及其导数(微分)的关系式,这样的关系式叫作微分方程. 微分方程建立后,对它进行研究,即找出这个未知函数,这就是解微分方程. 本章主要介绍微分方程的一些基本概念和几种常用的微分方程的解法.

§6.1 微分方程的基本概念

§6.1.1 微分方程基本概念

下面我们通过几何和物理学中的几个具体例子来阐明微分方程的基本概念.

例 1 已知曲线上任一点处的切线斜率等于这点横坐标的 2 倍,试建立曲线满足的关系式.

解 根据导数的几何意义,我们知道所求曲线应满足关系

$$\frac{dy}{dx} = 2x. \tag{6.1}$$

例 2 质量为 m 的物体只受重力的作用而自由降落,试建立物体所经过的路程 s 与时间 t 的关系.

解 把物体降落的铅垂线取作 s 轴,其指向朝下(朝向地心). 设物体在时刻 t 的位置为 $s=s(t)$. 物体受重力 $F=mg$ 的作用而自由下落,物体下落运动的加速度 $a=\dfrac{d^2 s}{dt^2}$.

由牛顿第二定律 $F=ma$,得物体在下落过程中满足的关系式为

$$m\frac{d^2 s}{dt^2} = mg$$

或

$$\frac{d^2 s}{dt^2} = g. \tag{6.2}$$

上述例子中的方程都是微分方程.

一般来说,凡表示未知函数与未知函数的导数(微分)以及自变量之间的关系式,叫作**微分方程**;如果未知函数是一元函数,则相应的微分方程称为**常微分方程**,而倘若未知函

数是多元函数，相应的微分方程则称为**偏微分方程**. 本章我们只研究常微分方程.

微分方程中出现的未知函数的最高阶导数的阶数，叫作**微分方程的阶**.

如方程(6.1)是一阶微分方程，方程(6.2)是二阶微分方程.

下述方程也是微分方程.
$$y' = xy, \quad y'' + 2y' - 3y = e^x, \quad (t^2 + x)dt + xdx = 0.$$

如果把某个函数以及它的导数代入微分方程，能使该方程成为恒等式，则这个函数称为**微分方程的解**，或者说，满足微分方程的函数称为微分方程的解.

几何上，微分方程的解称为**微分方程的积分曲线**.

如例 1 中 $y = x^2 + C$ 是
$$\frac{\mathrm{d}y}{\mathrm{d}x} = 2x$$
的解，其中 C 是一个任意常数.

例 2 中 $s = \frac{1}{2}gt^2 + C_1 t + C_2$ 是
$$\frac{\mathrm{d}^2 s}{\mathrm{d}t^2} = g$$
的解，其中 C_1, C_2 是两个独立的任意常数.

这两个解中包含的独立任意常数的个数，分别与对应的微分方程的阶数相同. 我们把这样的解称为**微分方程的通解**.

根据具体问题的需要，有时需确定通解中的任意常数，如上述例子中的 C_1, C_2. 设微分方程的未知函数为 $y = y(x)$.

如果微分方程是一阶的，通常用来确定任意常数的条件为
$$x = x_0, \quad y = y_0,$$
或写成
$$y|_{x=x_0} = y_0.$$
式中，x_0, y_0 都是给定的值.

如果微分方程是二阶的，通常用来确定任意常数的条件为
$$x = x_0, \quad y = y_0, \quad y' = y'_0,$$
或写成
$$y|_{x=x_0} = y_0, \quad y'|_{x=x_0} = y'_0.$$
式中，x_0, y_0, y'_0 都是给定的值. 这样的条件叫作**初值条件**.

求微分方程的一个解，使得它满足预先给定的初值条件，我们称这样的问题为**微分方程的初值问题**.

通解中的任意常数确定后，所得出的解叫作**微分方程的特解**.

例 3 图 6.1 是由电阻 R 及电容 E 串联成的闭合电路，微分方程 $RE\dfrac{\mathrm{d}u}{\mathrm{d}t} + u = u_e$ 描述了电容器充电时电容上电压 u 变化率与外加电压 u_e 的关系，当电容器放电(外加电压 $u_e = 0$)，电压 u 逐渐变低到零时，相应的微分方程为 $RE\dfrac{\mathrm{d}u}{\mathrm{d}t} + u = 0$. 验证函数 $u = Ce^{-\frac{t}{RE}}$ 为放电方程 $RE\dfrac{\mathrm{d}u}{\mathrm{d}t} + u = 0$ 的通解；$u = u_e + Ce^{-\frac{t}{RE}}$ 是充电方程 $RE\dfrac{\mathrm{d}u}{\mathrm{d}t} + u = u_e$ 的通解.

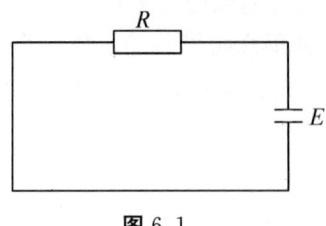

图 6.1

解 由题设条件 $u = Ce^{-\frac{t}{RE}}$，有
$$\frac{du}{dt} = -\frac{C}{RE}e^{-\frac{t}{RE}},$$
将 $\frac{du}{dt}$ 和 u 的表达式代入方程 $RE\frac{du}{dt} + u$，得
$$-Ce^{-\frac{t}{RE}} + Ce^{-\frac{t}{RE}} = 0,$$
故 $u = Ce^{-\frac{t}{RE}}$ 为放电方程 $RE\frac{du}{dt} + u = 0$ 的通解.

由题设条件 $u = u_e + Ce^{-\frac{t}{RE}}$，有
$$\frac{du}{dt} = -\frac{C}{RE}e^{-\frac{t}{RE}},$$
将 $\frac{du}{dt}$ 和 u 的表达式代入方程 $RE\frac{du}{dt} + u$，得
$$-Ce^{-\frac{t}{RE}} + Ce^{-\frac{t}{RE}} + u_e = u_e,$$
故 $u = u_e + Ce^{-\frac{t}{RE}}$ 为充电方程 $RE\frac{du}{dt} + u = u_e$ 的通解.

例4 验证：函数 $x = C_1\cos kt + C_2\sin kt$ 是微分方程 $\frac{d^2x}{dt^2} + k^2x = 0$ 的解. 并求满足初始条件 $x|_{t=0} = A$，$\frac{dx}{dt}\Big|_{t=0} = 0$ 的特解.

解 由题设条件
$$\frac{dx}{dt} = -kC_1\sin kt + kC_2\cos kt,$$
$$\frac{d^2x}{dt^2} = -k^2C_1\cos kt - k^2C_2\sin kt,$$
将 $\frac{d^2x}{dt^2}$ 和 x 的表达式代入原方程，得
$$-k^2(C_1\cos kt + C_2\sin kt) + k^2(C_1\cos kt + C_2\sin kt) \equiv 0.$$
故 $x = C_1\cos kt + C_2\sin kt$ 是原方程的通解.

将初值条件 $x|_{t=0} = A$ 代入通解，得
$$C_1 = A,$$
将初值条件 $\frac{dx}{dt}\Big|_{t=0} = 0$ 代入通解，得
$$C_2 = 0,$$

所求特解为
$$x = A\cos kt.$$

§6.1.2 微分方程解的存在性

形如 $y'=f(x,y)$ 的方程，有时不一定能方便地求出满足初值条件的解，那我们能否断定它有满足初值条件的解存在呢？如果知道方程的解存在，它的解又是否唯一呢？

已知一阶微分方程 $y'=f(x,y)$ 和初值条件 (x_0,y_0)，是否存在唯一的特解 $y=y(x)$，使 $y(x_0)=y_0$. 下面介绍的定理可回答此问题.

定理 1 对于微分方程
$$\frac{\mathrm{d}y}{\mathrm{d}x} = f(x,y)$$
和初值条件
$$y(x_0) = y_0,$$
如果 $f(x,y)$ 在矩形区域 $D:|x-x_0|\leqslant a,|y-y_0|\leqslant b$ 内连续，且存在常数 $L>0$，使得对于 y 适合利普希茨条件，即
$$|f(x,y_1)-f(x,y_2)|\leqslant L|y_1-y_2|,$$
则初值问题在区间 $I=[x_0-h,x_0+h]$ 上存在唯一解 $y=y(x)$，其中常数
$$h = \min\left(a,\frac{b}{M}\right),\quad M > \max_{(x,y)\in D}|f(x,y)|.$$

习题 6-1

1. 什么叫微分方程的阶？下列方程哪些是微分方程？并指出它的阶数.

(1) $y'=2x+6$； (2) $y=2x+6$；

(3) $\dfrac{\mathrm{d}^2 y}{\mathrm{d}x^2}=4y+x$； (4) $x^2-2x=0$；

(5) $x^2\mathrm{d}y+y^2\mathrm{d}x=0$； (6) $y(y')^2=1$；

(7) $\dfrac{\mathrm{d}^2 y}{\mathrm{d}x^2}+2x+\left(\dfrac{\mathrm{d}y}{\mathrm{d}x}\right)^5=0$； (8) $y^2-3y+2=0$；

(9) $3y^{(4)}+7y^{(3)}+8y'-15y^5=2t^3+t+1$；

(10) $y'''+8(y')^4+7y^8=\mathrm{e}^{2t}$.

2. 验证下列函数（C 为任意常数）是否为相应微分方程的解？是通解还是特解？

(1) $\dfrac{\mathrm{d}y}{\mathrm{d}x}-2y=0$，$y=\sin x$，$y=\mathrm{e}^x$，$y=C\mathrm{e}^{2x}$；

(2) $4y'=2y-x$，$y=\dfrac{1}{2}x+1$，$y=C\mathrm{e}^{-\frac{1}{2}x}$，$y=C\mathrm{e}^{\frac{1}{2}x}+\dfrac{x}{2}+1$；

(3) $xy\mathrm{d}x+(1+x^2)\mathrm{d}y=0$，$y^2(1+x^2)=C$；

(4) $y''-9y=x+\dfrac{1}{2}$，$y=5\cos 3x+\dfrac{x}{9}+\dfrac{1}{8}$；

(5) $x^2 y''' = 2y'$, $y = \ln x + x^3$.

3. 验证 $x = 2(\sin 2t - \sin 3t)$ 为 $\dfrac{d^2 x}{dt^2} + 4x = 10\sin 3t$ 的满足初值条件 $x|_{t=0} = 0$，$x'|_{t=0} = -2$ 的特解.

4. 求下列微分方程的特解.

(1) $\begin{cases} \dfrac{dy}{dt} = \sin \omega t, \\ y|_{t=0} = 0; \end{cases}$
(2) $\begin{cases} y' = \dfrac{1}{x}, \\ y|_{x=e} = 0; \end{cases}$

(3) $\begin{cases} \dfrac{d^2 y}{dx^2} = 6x, \\ y|_{x=0} = 0,\ y'|_{x=0} = 2. \end{cases}$

5. 一曲线通过点 $(1, 0)$，且曲线上任意点 $M(x, y)$ 处切线斜率为 x^2，求曲线的方程.

6. 试证：如果一曲线上各点处的曲率都等于零，此曲线一定是直线.

7. 已知一物体运动的加速度 a 按正弦规律变化，即
$$a = A\sin\dfrac{2\pi}{T}t,$$
且初速度为零，试求速度 v 承受时间的变化规律.

§6.2 一阶微分方程

一阶微分方程是含 x，y 及 y' 的方程，它的一般形式为
$$F(x, y, y') = 0.$$
最简单的一阶微分方程为
$$\dfrac{dy}{dx} = f(x),$$
改写为
$$dy = f(x)dx,$$
将两边积分得出通解
$$y = \int f(x)dx = F(x) + C.$$

若微分方程满足条件
$$y|_{x=x_0} = y_0,$$
将它代入方程的通解，确定出任意常数 C，即可得出方程的特解.

下面介绍两种类型的一阶微分方程的解法.

§6.2.1 可分离变量的微分方程

在一阶微分方程

$$\frac{dy}{dx} = F(x, y)$$

中，如果函数 $F(x, y)$ 可分解为两个连续函数 $f(x)$ 和 $g(y)$ 的乘积，即

$$\frac{dy}{dx} = f(x)g(y) \tag{6.3}$$

或

$$M_1(x)M_2(y)dx + N_1(x)N_2(y)dy = 0, \tag{6.4}$$

式中，$M_1(x)$，$N_1(x)$，$M_2(y)$，$N_2(y)$ 分别是 x 或 y 的连续函数，则称该微分方程叫作**可分离变量的微分方程**.

对于方程(6.3)，当 $g(y) \neq 0$ 时，用 $\dfrac{dx}{g(y)}$ 乘方程的两端，得

$$\frac{dy}{g(y)} = f(x)dx,$$

这叫作**分离变量**，将上式两端分别积分，便得微分方程的通解为

$$\int \frac{dy}{g(y)} = \int f(x)dx + C \quad (C \text{ 为任意常数}).$$

式(6.3)中若 $g(y) = 0$ 有实根 y_0，则 $y = y_0$（常值函数）也是式(6.3)的解.

对于方程 (6.4)，当 $N_1(x)M_2(y) \neq 0$ 时，我们用 $\dfrac{1}{N_1(x)M_2(y)}$ 乘方程(6.4)的两端，即得已分离变量的方程为

$$\frac{M_1(x)}{N_1(x)}dx + \frac{N_2(y)}{M_2(y)}dy = 0,$$

两端分别积分，即得方程(6.4)的通解为

$$\int \frac{M_1(x)}{N_1(x)}dx + \int \frac{N_2(y)}{M_2(y)}dy = C \quad (C \text{ 为任意常数}).$$

如果 $N_1(x)M_2(y) = 0$，即若 $N_1(x) = 0$ 有实根 x_0，则 $x = x_0$（常值函数）也是方程 (6.4) 的解；若 $M_2(y) = 0$ 有实根 y_0，则 $y = y_0$（常值函数）也是方程(6.4)的解.

例1 求微分方程 $\dfrac{dy}{dx} = -\dfrac{x}{y}$ 的通解和满足初值条件 $y|_{x=0} = 1$ 的特解.

解 将原方程分离变量，改写为

$$ydy = -xdx,$$

将两边分别积分，得通解为

$$\frac{1}{2}y^2 = -\frac{1}{2}x^2 + C,$$

即

$$x^2 + y^2 = 2C,$$

或

$$x^2 + y^2 = a^2 \quad (a \text{ 是任意常数}).$$

将初值条件 $y|_{x=0} = 1$ 代入通解 $x^2 + y^2 = a^2$，得 $a^2 = 1$，于是特解为

$$x^2 + y^2 = 1.$$

方程的通解为圆心在原点的一族同心圆，其特解是该圆族中过 $(0, 1)$ 点的单位圆.

例 2 求方程 $(1+y^2)dx - x(1+x^2)ydy = 0$ 的通解.

解 用 $x(1+x^2)(1+y^2)$ 除方程的两边,得

$$\frac{dx}{x(1+x^2)} - \frac{ydy}{1+y^2} = 0.$$

两边分别积分得

$$\int \frac{dx}{x(1+x^2)} - \int \frac{ydy}{1+y^2} = C_1,$$

因为

$$\int \frac{dx}{x(1+x^2)} = \int \left(\frac{1}{x} - \frac{x}{1+x^2}\right)dx = \ln|x| - \frac{1}{2}\ln(1+x^2),$$

$$\int \frac{ydy}{1+y^2} = \frac{1}{2}\ln(1+y^2),$$

所以

$$\ln|x| - \frac{1}{2}\ln(1+x^2) - \frac{1}{2}\ln(1+y^2) = C_1,$$

即

$$\ln \frac{x^2}{(1+x^2)(1+y^2)} = 2C_1,$$

也即

$$\frac{x^2}{(1+x^2)(1+y^2)} = e^{2C_1} = \frac{1}{C},$$

由此得出通解为

$$(1+x^2)(1+y^2) = Cx^2.$$

此外还有解 $x=0$.

例 3 衰变问题:衰变速度与未衰变原子含量 M 成正比,已知 $M|_{t=0} = M_0$,求衰变过程中铀含量 $M(t)$ 随时间 t 变化的规律.

解 衰变速度为 $\frac{dM}{dt}$,由题设条件有

$$\frac{dM}{dt} = -\lambda M \quad (\lambda > 0, 衰变系数),$$

将原方程分离变量,改写为

$$\frac{dM}{M} = -\lambda dt,$$

两边分别积分得

$$\int \frac{dM}{M} = \int -\lambda dt,$$

所以

$$\ln M = -\lambda t + \ln C,$$

由此得出通解为

$$M = Ce^{-\lambda t}.$$

将初值条件 $M|_{t=0} = M_0$ 代入通解 $M = Ce^{-\lambda t}$,得

$$M_0 = Ce^0 = C,$$

因此,衰变过程中铀含量 $M(t)$ 随时间 t 变化的规律为

$$M = M_0 e^{-\lambda t}.$$

有些微分方程从形式上看不是可分离变量方程,但只要作适当的变量代换,就可将它们化为可分离变量方程. 下面介绍两种常见的此类微分方程的解法.

1. $\dfrac{dy}{dx} = f(ax + by)$

作变量代换 $z = ax + by$,两端对 x 求导,得

$$\frac{dz}{dx} = a + b\frac{dy}{dx},$$

因 $\dfrac{dy}{dx} = f(z)$,故得

$$\frac{dz}{dx} = a + bf(z)$$

或

$$\frac{dz}{a + bf(z)} = dx.$$

这样,方程

$$\frac{dy}{dx} = f(ax + by) \tag{6.5}$$

已化为可分离变量方程,两端分别积分,得

$$x = \int \frac{dz}{a + bf(z)} + C.$$

例 4 求微分方程 $\dfrac{dy}{dx} = \dfrac{1}{x - y} + 1$ 的通解.

解 作变量代换 $z = x - y$,两端对 x 求导,得

$$\frac{dz}{dx} = 1 - \frac{dy}{dx}, \quad \frac{dy}{dx} = \frac{1}{z} + 1,$$

于是

$$\frac{dz}{dx} = 1 - \frac{1}{z} - 1,$$

化简为

$$z\,dz = -dx.$$

两端分别积分得

$$z^2 = -2x + C,$$

从而方程的通解为

$$(x - y)^2 = -2x + C.$$

2. 一阶齐次微分方程

形如

$$\frac{dy}{dx} = \varphi\left(\frac{y}{x}\right) \tag{6.6}$$

的方程称为**一阶齐次微分方程**.

对方程(6.6)作变换代换 $\dfrac{y}{x} = u$,$y = ux$,两端对 x 求导,得

$$\frac{dy}{dx} = u + x\frac{du}{dx},$$

由方程(6.6)有

$$\frac{dy}{dx} = \varphi(u),$$

于是
$$u + x\frac{du}{dx} = \varphi(u),$$

分离变量得
$$\frac{du}{\varphi(u) - u} = \frac{dx}{x}.$$

方程(6.6)已化为可分离变量方程，两边分别积分得
$$\int \frac{du}{\varphi(u) - u} = \ln|x| + C.$$

求出积分后，再用 $\frac{y}{x}$ 代替 u，便得方程(6.6)的通解．

例 5 求方程 $ydx - (x + \sqrt{x^2 + y^2})dy = 0$ 的通解．

解 将方程改写为
$$\frac{dx}{dy} = \frac{x + \sqrt{x^2 + y^2}}{y}.$$

当 $y > 0$ 时，有
$$\frac{x + \sqrt{x^2 + y^2}}{y} = \frac{x}{y} + \sqrt{\left(\frac{x}{y}\right)^2 + 1} = \varphi\left(\frac{x}{y}\right).$$

故原方程为齐次微分方程．

作变量代换
$$u = \frac{x}{y},$$

则
$$x = uy,$$

两端微分得
$$dx = udy + ydu$$

代入方程，化简可得
$$\frac{dy}{y} = \frac{du}{\sqrt{u^2 + 1}}.$$

两端分别积分得
$$\ln|y| = \ln(u + \sqrt{u^2 + 1}) + \ln C_1,$$

即
$$u + \sqrt{u^2 + 1} = \frac{y}{C}, \text{ 其中 } C = \pm C_1.$$

从而得
$$u - \sqrt{u^2 + 1} = -\frac{C}{y}.$$

将 $u = \frac{x}{y}$ 代入并整理，得方程的通解为
$$y^2 = 2C\left(x + \frac{C}{2}\right).$$

当 $y < 0$ 时，同理可得．

§6.2.2 一阶线性微分方程

在一阶微分方程中，如果方程中未知函数和未知函数的导数都是一次的，则此类方程称为**一阶线性微分方程**．

一阶线性微分方程的一般形式为

$$y' + P(x)y = Q(x), \tag{6.7}$$

式中，$P(x)$，$Q(x)$ 都是 x 的已知连续函数.

若 $Q(x) \equiv 0$，方程(6.7)变成

$$y' + P(x)y = 0, \tag{6.8}$$

称为**一阶线性齐次微分方程**.

若 $Q(x) \not\equiv 0$，方程(6.7) 称为**一阶线性非齐次微分方程**.

1. 一阶线性齐次微分方程的通解

$$\frac{dy}{dx} + P(x)y = 0$$

是可分离变量方程，$y \neq 0$ 时可改写为

$$\frac{dy}{y} = -P(x)dx.$$

将两边积分得

$$\ln|y| = -\int P(x)dx + C_1.$$

由此 $y = \pm e^{-\int P(x)dx + C_1} = \pm e^{C_1} \cdot e^{-\int P(x)dx} = C \cdot e^{-\int P(x)dx}$ $(C = \pm e^{C_1})$

若 $C = 0$，正好是特解 $y = 0$.

一阶线性齐次微分方程的通解为

$$y = e^{-\int P(x)dx + C_1} = Ce^{-\int P(x)dx} \quad (C \text{ 为任意常数}).$$

2. 一阶线性非齐次微分方程的通解

在§6.1.1中我们讨论的放电方程 $RE\dfrac{du}{dt} + u = 0$ 是一阶线性齐次微分方程，它的通解是 $Ce^{-\frac{t}{RE}}$；充电方程 $RC\dfrac{du}{dt} + u = u_e$ 是一阶线性非齐次微分方程，它的通解是 $u_e + Ce^{-\frac{t}{RE}}$. 这里放电方程是充电方程相应的齐次微分方程，它们的通解相差一个常数 u_e，而且不难看出常值函数 $u = u_e$ 也是非齐次微分方程 $RE\dfrac{du}{dt} + u = u_e$ 的一个解. 这个事实不是偶然的，一般来说有下述定理.

定理1 一阶线性非齐次微分方程的通解，等于它的任意一个特解加上与其相应的一阶线性齐次微分方程的通解.

证明 设 y_1 是方程(6.7)的一个特解，即

$$y_1' + P(x)y_1 = Q(x).$$

又设 y_2 是方程(6.8)的一个通解，即

$$y_2' + P(x)y_2 = 0,$$

则对 $y = y_1 + y_2$，有

$$\begin{aligned} y' + P(x)y &= (y_1 + y_2)' + P(x)(y_1 + y_2) \\ &= [y_1' + P(x)y_1] + [y_2' + P(x)y_2] \\ &= Q(x) + 0 = Q(x). \end{aligned}$$

因此 $y_1 + y_2$ 是方程(6.7)的解. 又因为 y_2 是方程(6.8)的通解，它已包含一个任意常数，所以 $y_1 + y_2$ 就是非齐次微分方程(6.7)的通解，也就是说，非齐次微分方程的通解等于相

应的齐次微分方程的通解与非齐次微分方程的任一特解之和.

前面已求得齐次微分方程 $y'+P(x)y=0$ 的通解为

$$y = Ce^{-\int P(x)dx}. \tag{6.9}$$

式中，C 为任意常数.

现在设想非齐次微分方程 $y'+P(x)y=Q(x)$ 也有这种形式的解，但其中 C 不是常数，而是某个 x 的函数，即

$$y = C(x)e^{-\int P(x)dx}. \tag{6.10}$$

确定 $C(x)$ 之后，可得非齐次微分方程的通解.

将式(6.10)及它的导数

$$y' = C'(x)e^{-\int P(x)dx} - C(x)P(x)e^{-\int P(x)dx}$$

代入方程(6.7)中，得

$$C'(x)e^{-\int P(x)dx} - C(x)P(x)e^{-\int P(x)dx} + C(x)P(x)e^{-\int P(x)dx} = Q(x).$$

即

$$C'(x)e^{-\int P(x)dx} = Q(x)$$

或

$$C'(x) = Q(x)e^{\int P(x)dx}.$$

两端积分得

$$C(x) = \int Q(x)e^{\int P(x)dx}dx + C_1,$$

所以一阶线性非齐次微分方程的通解为

$$y = e^{-\int P(x)dx}\left[\int Q(x)e^{\int P(x)dx}dx + C_1\right]. \tag{6.11}$$

上述将相应齐次微分方程通解中任意常数 C 换为函数 $C(x)$，这种求非齐次微分方程通解的方法，叫作**常数变易法**.

从式(6.11)可以看出，方程(6.7)的通解由两项组成，其中一项 $Ce^{-\int P(x)dx}$ 是相应的齐次线性微分方程(6.8)的通解，另一项为 $e^{-\int P(x)dx}\int Q(x)e^{\int P(x)dx}dx$，正好是式(6.11)中任意常数 $C_1=0$ 的情形，即是方程(6.7)的一个特解. 可以验证它是方程(6.7)的一个特解.

例6 求方程 $xy'+y=e^x(x>0)$ 的通解.

解
$$y'+\frac{y}{x}=\frac{e^x}{x}, \quad P(x)=\frac{1}{x}, \quad Q(x)=\frac{e^x}{x}.$$

先求

$$\int P(x)dx = \int \frac{1}{x}dx = \ln x.$$

故

$$e^{\int P(x)dx} = e^{\ln x} = x.$$

由式(6.13)可得通解为

$$y = \frac{1}{x}\left(\int \frac{e^x}{x}x\,dx + C\right) = \frac{1}{x}\left(\int e^x dx + C\right) = \frac{1}{x}(e^x + C).$$

例7 解方程 $\dfrac{dy}{dx}-\dfrac{2y}{x+1}=(x+1)^{\frac{5}{2}}$.

解
$$P(x)=\frac{-2}{x+1}, \quad Q(x)=(x+1)^{\frac{5}{2}}.$$

先求
$$\int P(x)\mathrm{d}x = -2\int \frac{\mathrm{d}x}{x+1} = -2\ln|x+1|,$$
$$\mathrm{e}^{\int P(x)\mathrm{d}x} = \mathrm{e}^{-2\ln|x+1|} = (x+1)^{-2},$$
$$\mathrm{e}^{-\int P(x)\mathrm{d}x} = (x+1)^2.$$

方程的通解为
$$\begin{aligned}y &= (x+1)^2\left[\int (x+1)^{\frac{5}{2}}\cdot(x+1)^{-2}\mathrm{d}x + C\right]\\ &= (x+1)^2\left[\int (x+1)^{\frac{1}{2}}\mathrm{d}x + C\right]\\ &= (x+1)^2\left[\frac{2}{3}(x+1)^{\frac{3}{2}} + C\right]\\ &= \frac{2}{3}(x+1)^{\frac{7}{2}} + C(x+1)^2.\end{aligned}$$

例 8 如图 6.2 所示，平行于 y 轴的动直线被曲线 $y = f(x)$ 与 $y = x^3 (x \geqslant 0)$ 截下的线段 PQ 之长数值上等于阴影部分的面积，求曲线 $f(x)$.

解 阴影部分的面积为
$$S = \int_0^x y\mathrm{d}x,$$
线段 PQ 之长为
$$PQ = x^3 - y.$$
由题意

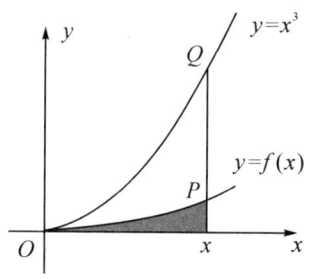

图 6.2

$$\int_0^x y\mathrm{d}x = \sqrt{(x^3-y)^2},$$
两边求导得
$$y' + y = 3x^2,$$
这是一个一阶线性非齐次微分方程，其中，
$$P(x) = 1,\quad Q(x) = 3x^2.$$
先求 $\int P(x)\mathrm{d}x = \int 1\mathrm{d}x = x.$
故方程的通解为
$$y = \mathrm{e}^{-x}\left(C + \int 3x^2\mathrm{e}^x\mathrm{d}x\right) = C\mathrm{e}^{-x} + 3x^2 - 6x + 6,$$
由 $y|_{x=0} = 0$，得 $C = -6$，所求曲线为
$$y = 3(-2\mathrm{e}^{-x} + x^2 - 2x + 2).$$

下面我们讨论一个本身不是线性微分方程，但经过适当变换可化为线性微分方程的伯努利微分方程.

伯努利(Bernoulli)微分方程：
$$y' + P(x)y = Q(x)y^n, \tag{6.12}$$
式中，$P(x)$，$Q(x)$ 是 x 的连续函数，$n(n \neq 0,1)$ 是任意常数.

方程(6.12)不是线性微分方程. 设 $y\neq 0$, 以 y^n 除以方程(6.12)两端, 得
$$y^{-n}y' + P(x)y^{1-n} = Q(x), \qquad (6.13)$$
令 $u=y^{1-n}$, 对 x 求导, 则得
$$u' = (1-n)y^{-n}y',$$
代入式(6.12)得
$$u' + (1-n)P(x)u = (1-n)Q(x).$$

这是关于新未知函数 u 和 u' 的非齐次线性微分方程. 由此不难求得伯努利微分方程的通解.

例 9 求方程 $xy'-4y=2x^2\sqrt{y}$ ($x\neq 0$, $y>0$) 的通解.

解 将原方程改写为
$$y' - \frac{4}{x}y = 2xy^{\frac{1}{2}}.$$

这是一个伯努利微分方程, 因 $n=\frac{1}{2}$, 故作代换
$$u = y^{1-\frac{1}{2}} = y^{\frac{1}{2}}, \quad u' = \frac{1}{2}y^{-\frac{1}{2}}y',$$

代入原方程, 并整理, 得非齐次微分方程为
$$u' - \frac{2}{x}u = x,$$

它的通解为
$$u = x^2(\ln|x|+C),$$

将 u 换成 $y^{\frac{1}{2}}$, 得原方程的通解为
$$y = x^4(\ln|x|+C)^2.$$

习题 6-2

1. 用分离变量法求下列一阶微分方程的通解.

(1) $y' = e^y \sin x$;

(2) $y' = \dfrac{x^2}{\cos 2y}$;

(3) $x\dfrac{dy}{dx} - y\ln y = 0$;

(4) $(e^{x+y} - e^x)dx + (e^{x+y} + e^y)dy = 0$;

(5) $y' = \sqrt{\dfrac{1-y^2}{1-x^2}}$;

(6) $\sqrt{1-y^2}\,dx + y\sqrt{1-x^2}\,dy = 0$;

(7) $(xy^2+x)dx + (y-x^2y)dy = 0$;

(8) $y\ln x\,dx + x\ln y\,dy = 0$;

(9) $\sec^2 x \cdot \tan y\,dx + \sec^2 y \cdot \tan x\,dy = 0$;

(10) $xy(y-xy') = x+yy'$;

(11) $y^2 dx + y dy = x^2 y dy - dx$;

(12) $\sqrt{1+y^2}\ln x\,dx + dy + \sqrt{1+y^2}\,dx = 0$.

2. 将下列方程化为可分离变量方程, 并求解.

(1) $x^2 y' + y^2 = xyy'$; （提示：令 $y = xu(x)$）

(2) $xy' = y \ln \dfrac{y}{x}$;

(3) $\left(x + y\cos\dfrac{y}{x}\right) = xy'\cos\dfrac{y}{x}$;

(4) $(y + xy^2)\mathrm{d}x + (x - x^2 y)\mathrm{d}y = 0$. （提示：令 $xy = u(x)$）

3. 下列方程中哪些是线性方程？是齐次还是非齐次的？

(1) $\dfrac{\mathrm{d}y}{\mathrm{d}x} - y - 1 = 0$;　　　　(2) $y' + xy^2 = 0$;

(3) $xy' + y = 0$;　　　　(4) $y' = \tan y$;

(5) $3x^2 + 5y - 5y' = 0$;　　　　(6) $x\left(\dfrac{\mathrm{d}x}{\mathrm{d}t} + 2\right) = t^3$;

(7) $y' = \ln x$;　　　　(8) $y' - \dfrac{3y}{x} = x$.

4. 解下列线性微分方程.

(1) $y' + x^2 y = 0$;　　　　(2) $\dfrac{\mathrm{d}y}{\mathrm{d}x} + 4y + 5 = 0$;

(3) $\dfrac{\mathrm{d}y}{\mathrm{d}x} + y = \mathrm{e}^{-x}$, $y\big|_{x=0} = 5$;　　　　(4) $y' = -2xy + x\mathrm{e}^{-x^2}$;

(5) $xy' + y - \mathrm{e}^{2x} = 0$, $y\big|_{x=\frac{3}{2}} = 2\mathrm{e}$;　　　　(6) $y'\cos^2 x + y - \tan x = 0$;

(7) $y' - 2xy = \mathrm{e}^{x^2}\cos x$;　　　　(8) $xy' - y = \dfrac{x}{\ln x}$;

(9) $(x^2 - 1)y' + 2xy - \cos x = 0$;

(10) $\dfrac{\mathrm{d}s}{\mathrm{d}x} - s\tan x = \sec x$, $s\big|_{x=0} = 0$;

(11) $(1 + x^2)y' - 2xy = (1 + x^2)^2$;

(12) $x^2 \mathrm{d}y + (12xy - x + 1)\mathrm{d}x = 0$.

5. 求下列伯努利微分方程的通解.

(1) $x\dfrac{\mathrm{d}y}{\mathrm{d}x} - 4y = x^2\sqrt{y}$;　　　　(2) $y' - \dfrac{1}{x}y = x^2 y^2$.

6. 一潜水艇在水中下降时，所受阻力与下降速度成正比，若潜水艇由静止状态开始下降，求其下降速度与时间的关系.

7. 设有一通过坐标原点的曲线，其上任一点的切线斜率等于 $\dfrac{\sqrt{1-y^2}}{1+x^2}$，求这曲线的方程.

§6.3　二阶微分方程

前面我们讨论了几种一阶微分方程的求解问题，但在科学和工程技术中，有许多实际问题归结为高阶微分方程，其中二阶常系数线性微分方程有着广泛的应用，本节我们将着重讨论这类方程的解法.

§6.3.1 特殊二阶微分方程

1. $y''=f(x)$ 型

如 $\dfrac{\mathrm{d}^2 y}{\mathrm{d}x^2}=-g$ 属此型,只要积分两次就可得出通解. 通解中包含两个任意常数,可由初始条件确定这两个任意常数.

例 1 求微分方程 $y''=\mathrm{e}^{2x}-\cos x$ 的通解.

解 对所给方程积分,得
$$y'=\frac{1}{2}\mathrm{e}^{2x}-\sin x+C_1,$$
再对上面的方程积分,得方程的通解为
$$y=\frac{1}{4}\mathrm{e}^{2x}+\cos x+C_1 x+C_2.$$

例 2 质量为 m 的质点受力 F 的作用沿 Ox 轴做直线运动. 设力 $F=F(t)$ 在开始时刻 $t=0$ 时 $F(0)=F_0$,随着时间 t 的增大,力 F 均匀地减小,直到 $t=T$ 时,$F(T)=0$. 如果开始时质点位于原点,且初速度为零,求这质点的运动规律.

解 设 $x=x(t)$ 表示在时刻 t 时质点的位置,根据牛顿第二定律,质点运动的微分方程为
$$m\frac{\mathrm{d}^2 x}{\mathrm{d}t^2}=F(t). \tag{6.14}$$
由题设,力 $F(t)$ 随 t 增大而均匀地减小,且 $t=0$ 时,$F(0)=F_0$,所以 $F(t)=F_0-kt$;又当 $t=T$ 时,$F(T)=0$,从而
$$F(t)=F_0\left(1-\frac{t}{T}\right).$$
于是方程(6.14)可以写成
$$\frac{\mathrm{d}^2 x}{\mathrm{d}t^2}=\frac{F_0}{m}\left(1-\frac{t}{T}\right). \tag{6.15}$$
其初始条件为
$$x\big|_{t=0}=0, \quad \frac{\mathrm{d}x}{\mathrm{d}t}\bigg|_{t=0}=0.$$
把式(6.15)两端积分,得
$$\frac{\mathrm{d}x}{\mathrm{d}t}=\frac{F_0}{m}\int\left(1-\frac{t}{T}\right)\mathrm{d}t,$$
即
$$\frac{\mathrm{d}x}{\mathrm{d}t}=\frac{F_0}{m}\left(t-\frac{t^2}{2T}\right)+C_1. \tag{6.16}$$
将条件 $\dfrac{\mathrm{d}x}{\mathrm{d}t}\bigg|_{t=0}=0$ 代入式(6.16),得
$$C_1=0,$$
于是式(6.16)变为

$$\frac{\mathrm{d}x}{\mathrm{d}t} = \frac{F_0}{m}\left(t - \frac{t^2}{2T}\right). \tag{6.17}$$

把式(6.17)两端积分,得

$$x = \frac{F_0}{m}\left(\frac{t^2}{2} - \frac{t^3}{6T}\right) + C_2,$$

将条件 $x|_{t=0} = 0$ 代入上式,得

$$C_2 = 0.$$

于是所求质点的运动规律为

$$x = \frac{F_0}{m}\left(\frac{t^2}{2} - \frac{t^3}{6T}\right), \quad 0 \leqslant t \leqslant T.$$

2. $y'' = f(x, y')$ 型

这种类型方程右端不显含未知函数 y,可先把 y' 看作未知函数.

作代换 $y' = P(x)$,则 $y'' = P'(x)$. 这样原方程 $y'' = f(x, y')$ 可化为一阶微分方程

$$P'(x) = f(x, P(x)).$$

它是关于未知函数 $P(x)$ 的一阶微分方程,这种方法叫作降阶法. 解一阶微分方程可求出其通解为

$$P = P(x, C_1).$$

由关系式 $y' = P(x)$ 即得原方程的通解(通解中含有两个任意常数)为

$$y = \int P(x, C_1)\mathrm{d}x + C_2.$$

例 3 求方程 $y'' - y' = \mathrm{e}^x$ 的通解.

解 令 $y' = P(x)$,则 $y'' = \dfrac{\mathrm{d}P}{\mathrm{d}x}$,原方程化为

$$\frac{\mathrm{d}P}{\mathrm{d}x} - P = \mathrm{e}^x.$$

这是一阶线性非齐次微分方程. 由 §6.2.2 式(6.11)得通解为

$$\frac{\mathrm{d}y}{\mathrm{d}x} = P(x) = \mathrm{e}^x(x + C_1),$$

故原方程的通解为

$$y = \int \mathrm{e}^x(x + C_1)\mathrm{d}x = x\mathrm{e}^x - \mathrm{e}^x + C_1\mathrm{e}^x + C_2 = \mathrm{e}^x(x - 1 + C_1) + C_2.$$

例 4 设有一均匀、柔软的绳索,两端固定,绳索仅受重力的作用而下垂. 试问该绳索在平衡状态时是怎样的曲线?

解 设绳索的最低点为 A. 取 y 轴通过点 A 铅直向上,并取 x 轴水平向右,且 $|OA|$ 等于某个定值(这个定值将在以后说明). 设绳索曲线的方程为 $y = \varphi(x)$. 考察绳索上点 A 到另一点 $M(x, y)$ 间的一段弧 $\overparen{AM}$,设其长为 s. 假定绳索的线密度为 ρ,则弧 $\overparen{AM}$ 所受重力为 $\rho g s$. 由于绳索是柔软的,因而在点 A 处的张力沿水平的切线方向,其大小设为 H;在点 M 处的张力沿该点处的切线方向,设其倾角为 θ,其大小为 T(如图

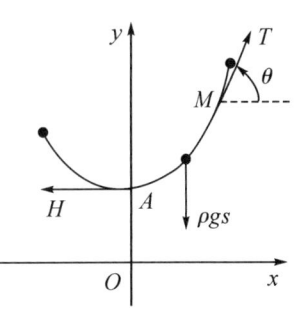

图 6.3

6.3所示). 因作用于弧段$\overset{\frown}{AM}$的外力相互平衡, 把作用于弧$\overset{\frown}{AM}$上的力沿铅直及水平两方向分解, 得

$$T\sin\theta = \rho gs, \quad T\cos\theta = H.$$

将此两式相除, 得

$$\tan\theta = \frac{1}{a}s \quad \left(a = \frac{H}{\rho g}\right).$$

由于 $\tan\theta = y'$, $s = \int_0^x \sqrt{1+y'^2}\,dx$, 代入上式即得

$$y' = \frac{1}{a}\int_0^x \sqrt{1+y'^2}\,dx.$$

将上式两端对 x 求导, 便得 $y = \varphi(x)$ 满足的微分方程为

$$y'' = \frac{1}{a}\sqrt{1+y'^2}. \tag{6.18}$$

取原点 O 到点 A 的距离为定值 a, 即 $|OA| = a$, 那么初始条件为

$$y\big|_{x=0} = a, \quad y'\big|_{x=0} = 0.$$

下面来解方程(6.18).

方程(6.18)属于 $y'' = f(x, y')$ 的类型. 设 $y' = p$, 则

$$y'' = \frac{dp}{dx}.$$

代入方程(6.18), 并分离变量, 得

$$\frac{dp}{\sqrt{1+p^2}} = \frac{dx}{a}.$$

两端积分得

$$\ln(p + \sqrt{1+p^2}) = \frac{x}{a} + C_1. \tag{6.19}$$

把条件 $y'\big|_{x=0} = p\big|_{x=0} = 0$ 代入式(6.19), 得

$$C_1 = 0.$$

于是式(6.19)变为

$$\ln(p + \sqrt{1+p^2}) = \frac{x}{a},$$

解得

$$p = \frac{1}{2}(e^{\frac{x}{a}} - e^{-\frac{x}{a}}),$$

即

$$y' = \frac{1}{2}(e^{\frac{x}{a}} - e^{-\frac{x}{a}}).$$

积分上式两端得

$$y = \frac{a}{2}(e^{\frac{x}{a}} + e^{-\frac{x}{a}}) + C_2. \tag{6.20}$$

将条件 $y\big|_{x=0} = a$ 代入式(6.20), 得

$$C_2 = 0.$$

于是该绳索的形状可由曲线方程

$$y = \frac{a}{2}(e^{\frac{x}{a}} + e^{-\frac{x}{a}}) = a\operatorname{ch}\frac{x}{a}$$

来表示. 这条曲线称为悬链线, 是第1章提及的双曲函数.

3. $y'' = f(y, y')$ 型

这种类型方程右端不显含自变量 x.

若作代换 $y' = P(x)$, $y'' = \dfrac{\mathrm{d}P}{\mathrm{d}x}$, 代入原方程, 则方程中 $P'(x) = f(y, p)$ 含三个变量, 即 x, P, y, 将无法求解. 故令
$$y' = P(y),$$
则
$$y'' = \frac{\mathrm{d}P}{\mathrm{d}y} \frac{\mathrm{d}y}{\mathrm{d}x} = \frac{\mathrm{d}P}{\mathrm{d}y} P,$$
从而方程化为
$$P \frac{\mathrm{d}P}{\mathrm{d}y} = f(y, P).$$

这是关于未知函数 $P(y)$ 的一阶微分方程, 视 y 为自变量, P 是 y 的函数, 设所求出的通解为 $P = P(y, C_1)$. 再由关系式 $\dfrac{\mathrm{d}y}{\mathrm{d}x} = P$, 得
$$\frac{\mathrm{d}y}{\mathrm{d}x} = P(y, C_1).$$

用分离变量法解此方程, 可得原方程的通解为
$$y = y(x, C_1, C_2).$$

例 5 求方程 $yy'' - y'^2 = 0$ 的通解.

解 作代换 $y' = P(y)$, 则 $y'' = P'(y)P(y)$, 原方程化为
$$yP \frac{\mathrm{d}P}{\mathrm{d}y} - P^2 = 0.$$
分离变量得
$$\frac{\mathrm{d}P}{P} = \frac{\mathrm{d}y}{y},$$
积分得
$$P = C_1 y,$$
(其中 $C_1 = 0$ 时, $P = 0$ 是特解) 即
$$\frac{\mathrm{d}y}{\mathrm{d}x} = C_1 y,$$
再分离变量, 求积分, 得通解为
$$y = C_2 \mathrm{e}^{C_1 x}.$$

例 6 一个离地面很高的物体, 受地球引力的作用由静止开始落向地面. 求它落到地面时的速度和所需的时间(不计空气阻力).

解 取连接地球中心与该物体的直线为 y 轴, 其方向铅直向上, 取地球的中心为原点 O(如图 6.4 所示).

设地球的半径为 R, 物体的质量为 m, 物体开始下落时与地球中心的距离为 $l(l > R)$, 在时刻 t 物体所在位置为 $y = \varphi(t)$, 于是速度为 $v(t) = \dfrac{\mathrm{d}y}{\mathrm{d}t}$. 根据万有引力定律, 即得微分方程为
$$m \frac{\mathrm{d}^2 y}{\mathrm{d}t^2} = -\frac{GmM}{y^2},$$

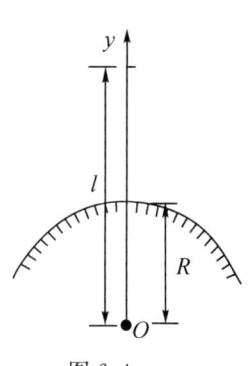

图 6.4

即
$$\frac{d^2 y}{dt^2} = -\frac{GM}{y^2}. \tag{6.21}$$

式中,M 为地球的质量,G 为引力常数. 因为当 $y=R$ 时,$\frac{d^2 y}{dt^2}=-g$(这里取负号是由于物体运动加速度的方向与 y 轴的正向相反的缘故),因为 $g=\frac{GM}{R^2}$,$GM=gR^2$. 于是方程 (6.21) 变为

$$\frac{d^2 y}{dt^2} = -\frac{gR^2}{y^2}, \tag{6.22}$$

初始条件为
$$y|_{t=0} = l, \quad y'|_{t=0} = 0.$$

先求物体到达地面时的速度. 由 $\frac{dy}{dt}=v(y)$,得

$$\frac{d^2 y}{dt^2} = \frac{dv}{dt} = \frac{dv}{dy} \cdot \frac{dy}{dt} = v\frac{dv}{dy}.$$

代入方程(6.22)并分离变量,得

$$v\,dv = -\frac{gR^2}{y^2}dy.$$

两端积分得
$$v^2 = \frac{2gR^2}{y} + C_1.$$

把初始条件代入上式,得
$$C_1 = -\frac{2gR^2}{l}.$$

于是
$$v^2 = 2gR^2\left(\frac{1}{y}-\frac{1}{l}\right), \quad v = -R\sqrt{2g\left(\frac{1}{y}-\frac{1}{l}\right)}. \tag{6.23}$$

这里取负号是由于物体运动的方向与 y 轴的正向相反的缘故.

在式(6.23)中令 $y=R$,就得到物体到达地面时的速度为

$$v = -\sqrt{\frac{2gR(l-R)}{l}}.$$

下面来求物体落到地面所需的时间. 由式(6.23)有

$$\frac{dy}{dt} = v = -R\sqrt{2g\left(\frac{1}{y}-\frac{1}{l}\right)},$$

分离变量得
$$dt = -\frac{1}{R}\sqrt{\frac{l}{2g}}\sqrt{\frac{y}{l-y}}\,dy.$$

两端积分(对右端积分利用置换 $y=l\cos^2 u$,$u\in(0,\frac{\pi}{2})$),得

$$t = \frac{1}{R}\sqrt{\frac{l}{2g}}\left(\sqrt{ly-y^2}+l\arccos\sqrt{\frac{y}{l}}\right)+C_2. \tag{6.24}$$

由条件 $y|_{t=0}=l$,得
$$C_2 = 0.$$

于是式(6.24)变为

$$t = \frac{1}{R}\sqrt{\frac{l}{2g}}\left(\sqrt{ly-y^2} + l\arccos\sqrt{\frac{y}{l}}\right).$$

在上式中令 $y=R$，便得到物体到达地面所需的时间为

$$t = \frac{1}{R}\sqrt{\frac{l}{2g}}\left(\sqrt{lR-R^2} + l\arccos\sqrt{\frac{R}{l}}\right).$$

§6.3.2 二阶线性微分方程

如果一个二阶微分方程中出现的未知函数及未知函数的一阶、二阶导数都是一次的，这个方程称为二阶线性微分方程. 它的一般形式为

$$y'' + P_1(x)y' + P_2(x)y = f(x). \tag{6.25}$$

式中，$P_1(x), P_2(x), f(x)$ 都是 x 的连续函数. 若 $f(x)\equiv 0$，方程(6.25)变为

$$y'' + P_1(x)y' + P_2(x)y = 0, \tag{6.26}$$

方程(6.26)称为**二阶齐次线性微分方程**.

特别地，若 $P_1(x), P_2(x)$ 分别为常数 p, q 时，方程(6.25)、(6.26)变为

$$y'' + py' + qy = f(x) \tag{6.27}$$

和

$$y'' + py' + qy = 0. \tag{6.28}$$

方程(6.28)称为**二阶常系数齐次线性微分方程**，方程(6.27)称为**二阶常系数非齐次线性微分方程**.

现在我们讨论二阶线性微分方程具有的一些基本性质. 事实上，二阶线性微分方程的这些性质，对于 n 阶线性微分方程也成立.

定理 1 设 y_1, y_2 是二阶齐次线性微分方程(6.26)

$$y'' + P_1(x)y' + P_2(x)y = 0$$

的两个解，则 y_1, y_2 的线性组合 $y=C_1y_1+C_2y_2$ 也是方程(6.26)的解，其中 C_1, C_2 是任意常数.

证明 由假设有

$$y_1'' + P_1y_1' + P_2y_1 \equiv 0, \quad y_2'' + P_1y_2' + P_2y_2 \equiv 0.$$

将 $y=C_1y_1+C_2y_2$ 代入方程(6.26)有

$$(C_1y_1+C_2y_2)'' + P_1(C_1y_1+C_2y_2)' + P_2(C_1y_1+C_2y_2)$$
$$= C_1(y_1''+P_1y_1'+P_2y_1) + C_2(y_2''+P_1y_2'+P_2y_2)$$
$$= 0.$$

由此看出，如果 $y_1(x), y_2(x)$ 是方程(6.26)的解，那么 $C_1y_1(x)+C_2y_2(x)$ 就是方程(6.26)含有两个任意常数的解. 它是否为方程(6.26)的通解呢？为了解决这个问题，需引入两个函数线性无关的概念.

如果 $y_1(x), y_2(x)$ 中的任一个都不是另一个的非零常数倍，也就是说，$\dfrac{y_1(x)}{y_2(x)}$ 不恒等于非零常数，则称 $y_1(x)$ 和 $y_2(x)$ 是线性无关的.

在定理 1 中已知，若 y_1, y_2 为方程(6.26)的解，则 $C_1y_1+C_2y_2$ 也是方程(6.26)的解.

但必须注意,并不是任意两个解的组合都是方程(6.26)的通解. 因为若 $y_1 = ky_2$ (k 为非零常数),则
$$y = C_1 y_1 + C_2 y_2 = C_1 k y_2 + C_2 y_2 = (C_1 k + C_2) y_2.$$

这样上式实际上只含一个任意常数 $C = C_1 k + C_2$,y 就不是二阶方程(6.26)的通解. 于是我们有下面的定理.

定理 2 如果 $y_1(x)$,$y_2(x)$ 是方程(6.26)的两个线性无关的解,则
$$y = C_1 y_1 + C_2 y_2 \quad (C_1, C_2 \text{ 为任意常数})$$
是方程(6.26)的通解.

有了这个定理,求二阶齐次线性微分方程的通解问题就转化为求它的两个线性无关的特解的问题.

定理 3 设 $y_1(x)$ 是二阶非齐次线性微分方程(6.25)
$$y'' + P_1(x) y' + P_2(x) y = f(x)$$
的一个特解,$y_2(x)$ 是相应齐次线性微分方程(6.26)的通解,则
$$Y = y_1(x) + y_2(x)$$
是方程(6.25)的通解.

证明 因为 $y_1(x)$ 是方程(6.25)的解,即
$$y_1'' + P_1(x) y_1' + P_2(x) y_1 = f(x),$$
又 $y_2(x)$ 是方程(6.26)的解,即
$$y_2'' + P_1(x) y_2' + P_2(x) y_2 = 0.$$
对 $Y = y_1 + y_2$ 有
$$\begin{aligned} y'' + P_1(x) y' + P_2(x) y &= (y_1 + y_2)'' + P_1(x)(y_1 + y_2)' + P_2(x)(y_1 + y_2) \\ &= [y_1'' + P_1(x) y_1' + P_2(x) y_1] + [y_2'' + P_1(x) y_2' + P_2(x) y_2] \\ &= f(x) + 0 \\ &= f(x). \end{aligned}$$
因此 $y_1 + y_2$ 是方程(6.25)的解. 又因 y_2 是方程(6.26)的通解,在其中含有两个独立任意常数,故 $y_1 + y_2$ 也含有两个任意常数,所以它就是方程(6.25)的通解.

定理 4 如果 $Y(x) = y_1(x) + \mathrm{i} y_2(x)$ (其中 $\mathrm{i} = \sqrt{-1}$) 是方程
$$y'' + P_1(x) y' + P_2(x) y = f_1(x) + \mathrm{i} f_2(x) \tag{6.29}$$
的解,则 $y_1(x)$ 与 $y_2(x)$ 分别是方程
$$y'' + P_1(x) y' + P_2(x) y = f_1(x),$$
$$y'' + P_1(x) y' + P_2(x) y = f_2(x)$$
的解.

证明 i 是虚单位,可看作常数,故 $y = y_1 + \mathrm{i} y_2$ 对 x 的一阶及二阶导数为
$$y' = y_1' + \mathrm{i} y_2',$$
$$y'' = y_1'' + \mathrm{i} y_2'',$$
代入方程(6.29),得
$$\begin{aligned} & (y_1'' + \mathrm{i} y_2'') + P_1(x)(y_1' + \mathrm{i} y_2') + P_2(x)(y_1 + \mathrm{i} y_2) \\ &= [y_1'' + P_1(x) y_1' + P_2(x) y_1] + \mathrm{i} [y_2'' + P_1(x) y_2' + P_2(x) y_2] \\ &= f_1(x) + \mathrm{i} f_2(x). \end{aligned}$$

因为两个复数相等是指它们的实部和虚部分别相等，所以有
$$y_1'' + P_1(x)y_1' + P_2(x)y_1 = f_1(x),$$
$$y_2'' + P_1(x)y_2' + P_2(x)y_2 = f_2(x).$$

定理 5 设 $y_1(x)$ 及 $y_2(x)$ 分别是方程
$$y'' + P_1(x)y' + P_2(x)y = f_1(x),$$
$$y'' + P_1(x)y' + P_2(x)y = f_2(x)$$
的解，则 $y_1(x)+y_2(x)$ 是方程
$$y'' + P_1(x)y' + P_2(x)y = f_1(x) + f_2(x)$$
的解.

这个定理请读者自己证明.

例 7 求方程 $y'' - \dfrac{x}{x-1}y' + \dfrac{1}{x-1}y = 0\,(x \neq 1)$ 满足初值条件 $y|_{x=0}=3$，$y'|_{x=0}=2$ 的特解.

解 由观察得出 $y_1 = x$，$y_2 = e^x$ 是方程的两个线性无关的特解；由定理 2 知，方程的通解为
$$y = C_1 x + C_2 e^x,$$
求导得
$$y' = C_1 + C_2 e^x.$$
由初值条件得出
$$3 = C_2,$$
$$2 = C_1 + C_2,$$
解得
$$C_1 = -1, \quad C_2 = 3.$$
于是方程满足初值条件的特解为
$$y = -x + 3e^x.$$

例 8 已知 $y_1(x) = e^x$ 是齐次方程 $y'' - 2y' + y = 0$ 的解，求非齐次方程 $y'' - 2y' + y = \dfrac{1}{x}e^x$ 的通解.

解 令 $y = e^x u$，则 $y' = e^x(u'+u)$，$y'' = e^x(u''+2u'+u)$，代入非齐次方程，得
$$e^x(u'' + 2u' + u) - 2e^x(u' + u) + e^x u = \frac{1}{x}e^x,$$
即
$$e^x u'' = \frac{1}{x}e^x, \quad u'' = \frac{1}{x}.$$

这里不需再作变换去化为一阶线性方程，只要直接积分，便得
$$u' = C + \ln|x|,$$
再积分得
$$u = C_1 + Cx + x\ln|x| - x,$$
即
$$u = C_1 + C_2 x + x\ln|x| \quad (C_2 = C - 1).$$
于是所求通解为
$$y = C_1 e^x + C_2 x e^x + x e^x \ln|x|.$$

§6.3.3 二阶常系数线性微分方程

在生产实践和科学实验中，有时需要研究力学系统或电路系统的问题. 在一定条件

下，这类问题的解决归结为二阶微分方程的研究. 在这类微分方程中，经常遇到的是线性微分方程. 如力学系统的机械振动等问题，都是最常见的问题.

例 9 弹簧的振动问题.

我们把弹簧作为简化了的振动系统来说明振动现象的基本特征.

在一垂直挂着的弹簧下端，系一质量为 m 的重物，弹簧伸长一段后，就会处于平衡状态. 如果用力将重物向下拉，松开手后，弹簧就会上、下振动，那么在运动中重物的位置随时间的变化规律怎样呢？要想直接找出这个规律是困难的，但却容易建立它的微分方程.

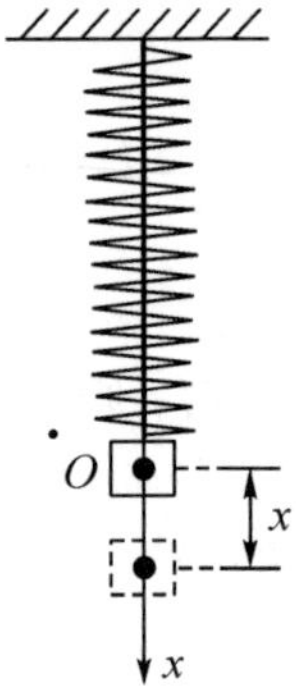

如图 6.5 所示，设平衡位置为坐标原点 O，运动开始后重物在某一时刻 t 离开平衡位置的位移为 x.

①如果不计摩擦阻力和介质阻力，则物体在任意位置所受的力只有弹簧的恢复力 f，由力学可知，f 与位移 x 成正比，即

$$f = -cx.$$

图 6.5

式中，$c>0$，是比例系数，称为弹簧刚度，负号表示恢复力和位移 x 反向.

由牛顿第二定律，得

$$m\frac{d^2 x}{dt^2} = -cx.$$

设 $\omega^2 = \dfrac{c}{m}(\omega>0)$，则方程化为

$$\frac{d^2 x}{dt^2} + \omega^2 x = 0. \tag{6.30}$$

式(6.30)代表的振动称为无阻尼的自由振动或**简谐振动**.

②实际上，物体振动总要受到阻力的影响，例如摩擦力、介质阻力等. 实验证明，在运动速度不大的情况下，阻力 R 与速度成正比，而阻力的方向与物体运动的方向相反，设比例系数 $\mu>0$，则

$$R = -\mu\frac{dx}{dt}.$$

在这种情况下，物体所受的总外力为弹簧的恢复力及阻力之和，则物体运动的微分方程为

$$m\frac{d^2 x}{dt^2} = -cx - \mu\frac{dx}{dt}. \tag{6.31}$$

设 $\dfrac{c}{m} = \omega^2 (\omega>0)$，$\dfrac{\mu}{m} = 2n>0$，方程(6.31)化为

$$\frac{d^2 x}{dt^2} + 2n\frac{dx}{dt} + \omega^2 x = 0. \tag{6.32}$$

式(6.32)代表的振动称为**阻尼自由振动**.

③外力仅在系统开始振动时作用的振动称为自由振动，但有些振动系统受到周期性外力的持续作用，这种振动称为强迫振动. 如电话耳机中的膜片或各种乐器的共鸣器部分的振动就是这种情形. 设外力方向是铅直的，且是正弦周期函数

$$f(t) = H\sin Pt,$$

也可用余弦周期函数 $f(t) = H\cos Pt$.

此时物体运动方程为
$$m\frac{d^2x}{dt^2} = -cx + H\sin Pt$$
或
$$m\frac{d^2x}{dt^2} = -cx - \mu\frac{dx}{dt} + H\sin Pt.$$

令 $\frac{H}{m} = h$，则有

$$\frac{d^2x}{dt^2} + \omega^2 x = h\sin Pt \tag{6.33}$$

或

$$\frac{d^2x}{dt^2} + 2n\frac{dx}{dt} + \omega^2 x = h\sin Pt. \tag{6.34}$$

式(6.33)是无阻尼强迫振动的微分方程，式(6.34)是有阻尼的强迫振动的微分方程.
式(6.30)、(6.32)、(6.33)、(6.34)均为二阶常系数线性微分方程.

已知二阶常系数非齐次线性微分方程的一般形式为

$$y'' + py' + qy = f(x), \tag{6.35}$$

式中，p，q 为常数.

若 $f(x) \equiv 0$，则式(6.35)变为

$$y'' + py' + qy = 0, \tag{6.36}$$

方程(6.36)称为**二阶常系数齐次线性微分方程**.

1. 二阶常系数齐次线性微分方程的解法

由 §6.3.2 定理 2 知，要求 $y'' + py' + qy = 0$ 的通解，只需求出它的两个线性无关的特解. 为此，需进一步观察方程(6.36)的特点：它的左端是 y''，py' 和 qy 三项之和，而右端为 0，什么样的函数具有这个特点呢？如果某个函数和它的二阶导数、一阶导数都是同一函数的倍数，则有可能合并为 0，这自然使我们想到指数函数 $e^{\lambda x}$. 下面我们验证这种想法.

设方程(6.36)有指数形式的特解 $y = e^{\lambda x}$（λ 为待定常数），将

$$y = e^{\lambda x}, \quad y' = \lambda e^{\lambda x}, \quad y'' = \lambda^2 e^{\lambda x}$$

代入方程(6.36)，有

$$\lambda^2 e^{\lambda x} + p\lambda e^{\lambda x} + q e^{\lambda x} = 0,$$

即

$$e^{\lambda x}(\lambda^2 + p\lambda + q) = 0.$$

因 $e^{\lambda x} \neq 0$，故必有

$$\lambda^2 + p\lambda + q = 0, \tag{6.37}$$

这是一元二次代数方程，它有两个根

$$\lambda_{1,2} = \frac{-p \pm \sqrt{p^2 - 4q}}{2}.$$

因此只要 λ_1 和 λ_2 分别为方程(6.37)的根，则 $y_1 = e^{\lambda_1 x}$，$y_2 = e^{\lambda_2 x}$ 就是方程(6.36)的特解，代数方程(6.37)称为微分方程(6.36)的**特征方程**，它的根称为**特征根**.

下面分三种情况讨论方程(6.36)的通解.

①特征方程有两个相异实根的情形.

若 $p^2-4q>0$，则
$$\lambda_1 = \frac{-p+\sqrt{p^2-4q}}{2}, \quad \lambda_2 = \frac{-p-\sqrt{p^2-4q}}{2}$$

为两个不相等的实根，这时
$$y_1 = e^{\lambda_1 x}, \quad y_2 = e^{\lambda_2 x}$$

就是方程(6.36)的两个特解，由于 $\dfrac{y_1}{y_2}=\dfrac{e^{\lambda_1 x}}{e^{\lambda_2 x}}=e^{(\lambda_1-\lambda_2)x}\neq$ 常数，所以 y_1,y_2 线性无关，故方程(6.36)的通解为
$$y = C_1 e^{\lambda_1 x} + C_2 e^{\lambda_2 x}.$$

例10 求 $y''+3y'-4y=0$ 的通解.

解 特征方程为
$$\lambda^2 + 3\lambda - 4 = (\lambda+4)(\lambda-1) = 0,$$
特征根为 $\quad\lambda_1 = -4, \quad \lambda_2 = 1.$
故方程的通解为 $\quad y = C_1 e^{-4x} + C_2 e^x.$

②特征方程有等根的情形.

若 $p^2-4q=0$，则 $\lambda_1=\lambda_2=-\dfrac{p}{2}$，这时仅得到方程(6.36)的一个特解 $y_1=e^{\lambda_1 x}$，要求通解，还需找一个与 $y_1=e^{\lambda_1 x}$ 线性无关的特解 y_2.

既然 $\dfrac{y_2}{y_1}\neq$ 常数，则必有 $\dfrac{y_2}{y_1}=u(x)$，其中 $u(x)$ 为待定函数.

设
$$y_2 = u(x)e^{\lambda_1 x}, \quad y_2' = e^{\lambda_1 x}[\lambda_1 u(x) + u'(x)],$$
$$y_2'' = e^{\lambda_1 x}[\lambda_1^2 u(x) + 2\lambda_1 u'(x) + u''(x)],$$

代入方程(6.36)整理后得
$$e^{\lambda_1 x}[u''(x) + (2\lambda_1+p)u'(x) + (\lambda_1^2+p\lambda_1+q)u(x)] = 0.$$

因 $e^{\lambda_1 x}\neq 0$，且因 λ_1 为特征方程(6.37)的重根，故 $\lambda_1^2+p\lambda_1+q=0$ 及 $2\lambda_1+p=0$，于是上式变为 $u''(x)=0$. 即若 $u(x)$ 满足 $u''(x)=0$，则 $y_2=u(x)e^{\lambda_1 x}$ 是方程(6.36)的另一特解.

对 $u''(x)=0$ 积分两次，得 $u(x)=D_1 x+D_2$，其中 D_1,D_2 是任意常数. 我们取最简单的 $u(x)=x$（即令 $D_1=1, D_2=0$），于是 $y_2=xe^{\lambda_1 x}$ 且 $\dfrac{y_2}{y_1}=\dfrac{xe^{\lambda_1 x}}{e^{\lambda_1 x}}=x\neq$ 常数，故方程(6.36)的通解为
$$y = C_1 e^{\lambda_1 x} + C_2 x e^{\lambda_1 x} = (C_1+C_2 x)e^{\lambda_1 x}.$$

例11 求方程 $\dfrac{d^2 s}{dt^2}+2\dfrac{ds}{dt}+s=0$ 满足初值条件 $s|_{t=0}=4, \left.\dfrac{ds}{dt}\right|_{t=0}=-2$ 的特解.

解 特征方程为 $\quad \lambda^2+2\lambda+1=0,$
特征根为 $\quad \lambda_1=\lambda_2=-1,$
故方程通解为 $\quad s=e^{-t}(C_1+C_2 t).$

以初值条件 $s|_{t=0}=4$ 代入上式定出 $C_1=4$，从而

$$s = \mathrm{e}^{-t}(4 + C_2 t).$$

由 $\dfrac{\mathrm{d}s}{\mathrm{d}t} = \mathrm{e}^{-t}(C_2 - 4 - C_2 t)$，以初值条件 $\left.\dfrac{\mathrm{d}s}{\mathrm{d}t}\right|_{t=0} = -2$ 代入得 $-2 = C_2 - 4$，定出 $C_2 = 2$. 所求特解为

$$s = \mathrm{e}^{-t}(4 + 2t).$$

③特征方程有一对共轭复根的情形.

若 $p^2 - 4q < 0$，特征方程(6.37)有两个复根

$$\lambda_1 = \alpha + \mathrm{i}\beta,$$
$$\lambda_2 = \alpha - \mathrm{i}\beta,$$

式中，

$$\alpha = -\frac{p}{2}, \quad \beta = \frac{\sqrt{4q - p^2}}{2}.$$

方程(6.36)有两个特解

$$y_1 = \mathrm{e}^{(\alpha + \mathrm{i}\beta)x}, \quad y_2 = \mathrm{e}^{(\alpha - \mathrm{i}\beta)x}.$$

它们是线性无关的，故方程(6.33)的通解为

$$y = C_1 \mathrm{e}^{(\alpha + \mathrm{i}\beta)x} + C_2 \mathrm{e}^{(\alpha - \mathrm{i}\beta)x}.$$

这是复函数形式的解. 为了把它表示成实函数形式的解，我们利用欧拉公式(下册教材级数部份将给出推导过程)

$$\mathrm{e}^{(\alpha \pm \mathrm{i}\beta)x} = (\cos\beta x \pm \mathrm{i}\sin\beta x)\mathrm{e}^{\alpha x},$$

故有

$$\frac{y_1 + y_2}{2} = \mathrm{e}^{\alpha x}\cos\beta x, \quad \frac{y_1 - y_2}{2\mathrm{i}} = \mathrm{e}^{\alpha x}\sin\beta x.$$

由§6.3.2定理1知，$\mathrm{e}^{\alpha x}\cos\beta x$ 及 $\mathrm{e}^{\alpha x}\sin\beta x$ 也是方程(6.36)的特解，并且是线性无关的. 因此方程(6.36)的通解的实函数形式为

$$y = \mathrm{e}^{\alpha x}(A_1 \cos\beta x + A_2 \sin\beta x).$$

例12 求无阻尼自由振动的微分方程

$$\frac{\mathrm{d}^2 x}{\mathrm{d}t^2} + \omega^2 x = 0$$

的通解.

解 特征方程为

$$\lambda^2 + \omega^2 = 0,$$

它有两个复根

$$\lambda_i = \pm \mathrm{i}\omega \quad (i = 1, 2).$$

故方程的通解为

$$x = C_1 \cos\omega t + C_2 \sin\omega t.$$

在工程上，为了便于应用，通常将这个通解表示为如下形式：

$$x = C_1 \cos\omega t + C_2 \sin\omega t$$
$$= \sqrt{C_1^2 + C_2^2}\left(\frac{C_1}{\sqrt{C_1^2 + C_2^2}}\cos\omega t + \frac{C_2}{\sqrt{C_1^2 + C_2^2}}\sin\omega t\right), \tag{6.38}$$

令
$$A=\sqrt{C_1^2+C_2^2}, \quad \sin\varphi=\frac{C_1}{\sqrt{C_1^2+C_2^2}},$$
则
$$\cos\varphi=\frac{C_2}{\sqrt{C_1^2+C_2^2}}.$$

再利用三角公式
$$\sin(\alpha+\beta)=\sin\alpha\cos\beta+\sin\beta\cos\alpha,$$

式(6.38)可写为
$$x=A\sin(\omega t+\varphi),$$

式中,A,φ 为常数.

在力学中,ω 称为角频率,A 称为振幅,φ 称为初相角,其大小与初值条件有关.

综上所述,求二阶段常系数齐次线性微分方程
$$y''+py'+qy=0 \tag{6.39}$$
的通解的步骤如下:

第一步 写出微分方程(6.39)的特征方程
$$r^2+pr+q=0. \tag{6.40}$$

第二步 求出特征方程(6.40)的两个根 r_1,r_2.

第三步 根据特征方程(6.40)的两个根的不同情形,按照下表写出微分方程(6.39)的通解:

特征方程 $r^2+pr+q=0$ 的两个根 r_1,r_2	微分方程 $y''+py'+qy=0$ 的通解
两个不相等的实根 r_1,r_2	$y=C_1 e^{r_1 x}+C_2 e^{r_2 x}$
两个相等的实根 $r_1=r_2$	$y=(C_1+C_2 x)e^{r_1 x}$
一对共轭复根 $r_{1,2}=\alpha\pm i\beta$	$y=e^{\alpha x}(C_1\cos\beta x+C_2\sin\beta x)$

2. 二阶常系数非齐次线性微分方程的解法

由§6.3.2定理3知,要求方程(6.35)的通解,只需求它的一个特解和它相应的齐次微分方程的通解. 而求齐次微分方程通解的问题已解决,因此这里只需求非齐次微分方程的一个特解.

怎样求非齐次微分方程的一个特解呢? 显然此特解与方程(6.35)的右端函数 $f(x)$($f(x)$叫作自由项)有关,因此必须针对 $f(x)$ 作具体分析. 力学和电学问题中常见的自由项 $f(x)$ 为 x 的多项式、指数函数和三角函数,对于这些函数,可以用待定系数法来求方程(6.35)的特解.

下面将 $f(x)$ 常见的形式列出.

① $f(x)=\varphi(x)$.

② $f(x)=\varphi(x)e^{rx}$.

③ $f(x)=\varphi(x)e^{\alpha x}\cos\beta x$ 或 $f(x)=\varphi(x)e^{\alpha x}\sin\beta x$,其中 $\varphi(x)$ 是一个 x 的多项式,α,β 是实常数.

事实上,上述三种形式可归结为下述形式 ($r=\alpha+i\beta$):
$$f(x)=\varphi(x)e^{(\alpha+i\beta)x}=\varphi(x)e^{\alpha x}(\cos\beta x+i\sin\beta x).$$

形式①和②是它的特殊情形,而形式③只是其实部或虚部.

因此，由 §6.3.2 定理 4 知，可以先求方程
$$y'' + py' + qy = \varphi(x)e^{(\alpha+i\beta)x} = \varphi(x)e^{\alpha x}(\cos\beta x + i\sin\beta x)$$
的特解，然后取其实部（或虚部）即为③所要求的特解．因此，我们仅讨论右端具有形式
$$f(x) = \varphi(x)e^{rx}$$
的情形（其中 r 是复常数 $r = \alpha + i\beta$），则上述三种情况全包含在内了．

设方程(6.35)的右端为
$$f(x) = \varphi(x)e^{rx}.$$
式中，$\varphi(x)$ 是 x 的 m 次多项式，r 是复常数（特殊情况下可以为 0，这时 $f(x) = \varphi(x)$）．

由于方程(6.35)的系数是常数，再考虑到 $f(x)$ 的形状，可以设想方程(6.35)有形如
$$Y(x) = Q(x)e^{rx}$$
的特解，其中 $Q(x)$ 是待定多项式，这种假设是否合理要看能否定出多项式的次数及其系数，为此，把 $Y(x)$ 代入方程(6.35)，由于
$$Y'(x) = Q'(x)e^{rx} + rQ(x)e^{rx},$$
$$Y''(x) = Q''(x)e^{rx} + 2rQ'(x)e^{rx} + r^2Q(x)e^{rx},$$
得
$$[Q''(x)e^{rx} + 2rQ'(x)e^{rx} + r^2Q(x)e^{rx}] + p[Q'(x)e^{rx} + rQ(x)e^{rx}] + qQ(x)e^{rx} \equiv \varphi(x)e^{rx},$$
即
$$Q''(x) + (2r + p)Q'(x) + (r^2 + pr + q)Q(x) \equiv \varphi(x). \tag{6.41}$$

显然，为了要使这个恒等式成立，必须要求恒等式的左端的次数与 $\varphi(x)$ 的次数相等且同次项的系数也相等，故用比较系数法可定出 $Q(x)$ 的系数．

(i) r 不是特征方程的根，即
$$r^2 + pr + q \neq 0.$$
这时式(6.41)左端的次数就是 $Q(x)$ 的次数，它应与 $\varphi(x)$ 的次数相同，即 $Q(x)$ 是 m 次多项式，所以特解的形式为
$$Y(x) = (A_0 x^m + A_1 x^{m-1} + \cdots + A_m)e^{rx} = Q(x)e^{rx}.$$
式中，$m + 1$ 个系数 $A_0, A_1, \cdots, A_m$ 可由式(6.41)通过比较同次项的系数求得．

(ii) r 是特征方程的单根，即
$$r^2 + pr + q = 0, \quad 2r + p \neq 0.$$
这时式(6.41)左端的最高次数由 $Q'(x)$ 决定，如果 $Q(x)$ 仍是 m 次多项式，则式(6.41)左端是 $m-1$ 次多项式，为了使左端是一个 m 次多项式，可以找形式如下的特解：
$$Y(x) = x(A_0 x^m + A_1 x^{m-1} + \cdots + A_m)e^{rx} = xQ(x)e^{rx},$$
式中，$m + 1$ 个系数可由
$$[xQ(x)]'' + (2r + p)[xQ(x)]' \equiv \varphi(x) \tag{6.42}$$
比较同次项的系数而确定．

(iii) r 是特征方程的二重根，即
$$r^2 + pr + q = 0, \quad 2r + p = 0.$$
如果 $Q(x)$ 仍是 m 次多项式，则式(6.41)左端是 $m-2$ 次多项式，为使左端是一个 m 次多项式，可以找形式如
$$Y(x) = x^2(A_0 x^m + A_1 x^{m-1} + \cdots + A_m)e^{rx} = x^2 Q(x)e^{rx}$$

的特解,其中 $m+1$ 个系数可由
$$[x^2Q(x)]'' = \varphi(x)$$
比较同次项的系数而确定.

因而,我们得到下面的结果:若方程 $y''+py'+qy=f(x)$ 的右端是 $f(x)=\varphi(x)\mathrm{e}^{rx}$,则具有形式如
$$Y(x) = x^k Q(x)\mathrm{e}^{rx}$$
的特解,其中 $Q(x)$ 是与 $\varphi(x)$ 同次的多项式. 如果 r 是相应齐次微分方程的特征根,则式中的 k 是特征根的重数;如果 r 不是特征根,则 $k=0$.

例 13 求 $2y''+y'+5y=x^2+3x+2$ 的一特解(即 e^{rx} 中 $r=0$).

解 因为相应的齐次方程的特征根不为 0,令方程的特解 $Y(x)=ax^2+bx+c$,其中 a,b,c 是待定系数. 将 $Y'=2ax+b$,$Y''=2a$ 代入原方程,得
$$4a+(2ax+b)+5(ax^2+bx+c)=x^2+3x+2$$
或
$$5ax^2+(2a+5b)x+(4a+b+5c)=x^2+3x+2.$$
比较系数,得联立方程
$$\begin{cases}5a=1,\\ 2a+5b=3,\\ 4a+b+5c=2.\end{cases}$$
解之,得
$$a=\frac{1}{5},\quad b=\frac{13}{25},\quad c=\frac{17}{125}.$$
方程的特解为
$$Y=\frac{1}{5}x^2+\frac{13}{25}x+\frac{17}{125}.$$

例 14 求 $y''-3y'+2y=x\mathrm{e}^x$ 的通解.

解 因相应齐次微分方程的特征方程为
$$\lambda^2-3\lambda+2=0,$$
$$\lambda_1=2,\quad \lambda_2=1,$$
因此相应齐次微分方程的通解为
$$C_1\mathrm{e}^{2x}+C_2\mathrm{e}^x.$$

再求非齐次微分方程的特解,因 $r=1$ 是特征方程的单根,故设特解为
$$Y=x(ax+b)\mathrm{e}^x,$$
求出其导数,代入非齐次微分方程,得
$$-2ax+(2a-b)=x.$$
比较系数,得
$$\begin{cases}-2a=1,\\ 2a-b=0.\end{cases}$$
解之,得 $a=-\dfrac{1}{2}$,$b=-1$,因此非齐次微分方程的特解为
$$Y=x\left(-\frac{1}{2}x-1\right)\mathrm{e}^x.$$
所以非齐次微分方程的通解为
$$y=C_1\mathrm{e}^{2x}+C_2\mathrm{e}^x+x\left(-\frac{1}{2}x-1\right)\mathrm{e}^x.$$

例 15 求 $y''+6y'+9y=5\mathrm{e}^{-3x}$ 的一特解.

解 特征方程 $\lambda^2+6\lambda+9=0$, 特征根为
$$\lambda_1=\lambda_2=-3=r,$$
即 -3 为特征方程的二重根. 故设特解为
$$Y=Ax^2\mathrm{e}^{-3x},$$
由
$$Y'=2Ax\mathrm{e}^{-3x}-3Ax^2\mathrm{e}^{-3x}=\mathrm{e}^{-3x}(2Ax-3Ax^2),$$
$$Y''=(2A-12Ax+9Ax^2)\mathrm{e}^{-3x},$$
代入原方程整理, 得 $A=\dfrac{5}{2}$, 即
$$Y=\frac{5}{2}x^2\mathrm{e}^{-3x}.$$

例 16 求解方程 $y''-y=3\mathrm{e}^{2x}$.

解 特征方程 $\lambda^2-1=0$ 有两个实根 $\lambda_1=1,\lambda_2=-1$, 故对应齐次方程的通解为 $C_1\mathrm{e}^x+C_2\mathrm{e}^{-x}$, 原方程的右端 $f(x)=3\mathrm{e}^{2x}$ 的多项式部分是零次的, 且 2 不是特征根, 故特解的多项式部分也是零次的, 设
$$Y=A\mathrm{e}^{2x},$$
代入原方程得
$$3A\mathrm{e}^{2x}=3\mathrm{e}^{2x},$$
于是 $A=1$. 因此求得特解为 $Y=\mathrm{e}^{2x}$, 从而原方程的通解为
$$y=C_1\mathrm{e}^x+C_2\mathrm{e}^{-x}+\mathrm{e}^{2x}.$$

例 17 求解方程 $y''-y=4x\sin x$.

解 特征方程 $\lambda^2-1=0$ 的特征根为
$$\lambda_1=1,\quad \lambda_2=-1.$$
所以对应齐次微分方程的通解为
$$y=C_1\mathrm{e}^x+C_2\mathrm{e}^{-x}.$$
原方程右端 $f(x)=4x\sin x$ 是 $4x\mathrm{e}^{\mathrm{i}x}=4x(\cos x+\mathrm{i}\sin x)$ 的虚部, 故求特解时可先考虑方程
$$y''-y=4x\mathrm{e}^{\mathrm{i}x}. \tag{6.43}$$
这里 i 不是特征根, 故令
$$Y^*=(Ax+B)\mathrm{e}^{\mathrm{i}x},$$
代入方程(6.43), 并整理, 得
$$[-2(Ax+B)+2\mathrm{i}A]\mathrm{e}^{\mathrm{i}x}=4x\mathrm{e}^{\mathrm{i}x},$$
消去 $\mathrm{e}^{\mathrm{i}x}$, 并比较系数, 得
$$\begin{cases}-2A=4,\\-2B+2\mathrm{i}A=0.\end{cases}$$
解之, 得 $A=-2,B=-2\mathrm{i}$. 即得方程(6.43)的特解为
$$\begin{aligned}Y^*&=(-2x-2\mathrm{i})\mathrm{e}^{\mathrm{i}x}\\&=(-2x-2\mathrm{i})(\cos x+\mathrm{i}\sin x)\\&=-2[(x\cos x-\sin x)+\mathrm{i}(x\sin x+\cos x)],\end{aligned}$$
取其虚部, 即得原方程的特解为
$$Y=-2x\sin x-2\cos x.$$

因此，原方程的通解为
$$y = C_1 e^x + C_2 e^{-x} + (-2x\sin x - 2\cos x).$$

例 18 求解方程 $y'' - y = 3e^{2x} + 4x\sin x$.

解 由 §6.3.2 定理 5，可先将原方程分解为
$$y'' - y = 3e^{2x},$$
$$y'' - y = 4x\sin x.$$

在例 16 及例 17 中已分别求得这两个方程的特解为 $Y_1 = e^{2x}$ 及 $Y_2 = -2(x\sin x + \cos x)$，故所求方程的特解为
$$Y_1 + Y_2 = e^{2x} - 2(x\sin x + \cos x),$$
于是所求方程的通解为
$$y = C_1 e^x + C_2 e^{-x} + e^{2x} - 2(x\sin x + \cos x).$$

3. n 阶常系数线性微分方程

上面讨论常系数二阶齐次和非齐次线性微分方程时，所用的方法可以推广到常系数 n 阶齐次和非齐次线性微分方程. 现将结果叙述如下.

设方程
$$y^{(n)} + p_1 y^{(n-1)} + p_2 y^{(n-2)} + \cdots + p_n y = f(x), \tag{6.44}$$
式中，诸系数 $p_1, p_2, \cdots, p_n$ 均为常系数 n 阶非齐次线性微分方程.

写出方程(6.44)对应的齐次线性微分方程为
$$y^{(n)} + p_1 y^{(n-1)} + p_2 y^{(n-2)} + \cdots + p_n y = 0, \tag{6.45}$$
用 $e^{\lambda x}$ 代换 y，得
$$(\lambda^n + p_1 \lambda^{n-1} + p_2 \lambda^{n-2} + \cdots + p_n) e^{\lambda x} = 0,$$
因 $e^{\lambda x} \neq 0$，故有
$$\lambda^n + p_1 \lambda^{n-1} + p_2 \lambda^{n-2} + \cdots + p_n = 0. \tag{6.46}$$
方程(6.46)称为方程(6.45)的**特征方程**. 如果 r 是方程(6.46)的一个根，则 $e^{\lambda x}$ 是方程(6.45)的一个特解.

(1) 特征方程有 n 个相异实根 $\lambda_1, \lambda_2, \cdots, \lambda_n$ 时，方程(6.45)的 n 个线性无关的特解为
$$e^{\lambda_1 x}, e^{\lambda_2 x}, \cdots, e^{\lambda_n x}.$$

(2) 特征方程的 k 重根 λ 对应着 k 个线性无关的特解
$$e^{\lambda x}, x e^{\lambda x}, \cdots, x^{k-1} e^{\lambda x}.$$

(3) 特征方程的每一对共轭复根 $\lambda_1 = \alpha + i\beta$ 及 $\lambda_2 = \alpha - i\beta$ 对应的复值解 $e^{\lambda x}$ 的实部和虚部给出方程(6.45)的两个线性无关的实值解
$$e^{\alpha x}\cos\beta x, \quad e^{\alpha x}\sin\beta x.$$

由情形(2)和(3)，可得 k 重共轭复根对应的特解情形.

对于非齐次线性微分方程(6.44)，先求出它的一个特解，再加上对应齐次线性微分方程(6.45)的通解，就得到非齐次微分方程(6.44)的通解. 特解的求法与二阶非齐次线性微分方程的求法同理.

根据特征方程的根，可以写出其对应的微分方程的解如下：

特征方程的根	微分方程通解中的对应项
单实根 r	给出一项：$C\mathrm{e}^{rx}$
一对单复根 $r_{1,2}=\alpha\pm\mathrm{i}\beta$	给出两项：$\mathrm{e}^{\alpha x}(C_1\cos\beta x+C_2\sin\beta x)$
k 重实根 r	给出 k 项：$\mathrm{e}^{rx}(C_1+C_2x+\cdots+C_kx^{k-1})$
一对 k 重复根 $r_{1,2}=\alpha\pm\mathrm{i}\beta$	给出 $2k$ 项：$\mathrm{e}^{\alpha x}[(C_1+C_2x+\cdots+C_kx^{k-1})\cos\beta x+(D_1+D_2x+\cdots+D_kx^{k-1})\sin\beta x]$

例 19 求方程 $y^{(4)}-4y'''+10y''-12y'+5y=\mathrm{e}^x\sin 2x$ 的通解.

解 ①求对应齐次线性微分方程的通解.

$$y^{(4)}-4y'''+10y''-12y'+5y=0,$$

特征方程为 $\lambda^4-4\lambda^3+10\lambda^2-12\lambda+5=0$，特征根为 $1,1,1\pm 2\mathrm{i}$.
对应齐次线性微分方程的通解为

$$\begin{aligned}y&=\mathrm{e}^x(C_1+C_2x)+\mathrm{e}^x(C_3\cos 2x+C_4\sin 2x)\\&=\mathrm{e}^x(C_1+C_2x+C_3\cos 2x+C_4\sin 2x).\end{aligned}$$

②求非齐次方程的一个特解 y^*.

原方程右端 $f(x)=\mathrm{e}^x\sin 2x$ 是 $\mathrm{e}^{(1+2\mathrm{i})x}=\mathrm{e}^x\cos 2x+\mathrm{i}\mathrm{e}^x\sin 2x$ 的虚部. 故求特解时，可以先考虑方程

$$y^{(4)}-4y'''+10y''-12y'+5y=\mathrm{e}^{(1+2\mathrm{i})x} \tag{1}$$

这里 $1+2\mathrm{i}$ 是单重特征根. 令 $Y=Ax\mathrm{e}^{rx}$，其中 $r=1+2\mathrm{i}$.

计算 $Y',Y'',Y''',Y^{(4)}$，并将 $Y',Y'',Y''',Y^{(4)}$ 代入方程(1)，并整理，得

$$[(4Ar^3-12Ar^2+20Ar-12A)+(Ar^4-4Ar^3+10Ar^2-12Ar+5A)x]\mathrm{e}^{rx}=\mathrm{e}^{rx}.$$

约掉 e^{rx}，并代入 $r=1+2\mathrm{i}$，得

$$A(-16\mathrm{i})=1.$$

解得 $A=\dfrac{1}{16}\mathrm{i}$，即方程(1)的特解为

$$\begin{aligned}Y&=\frac{1}{16}\mathrm{i}x\mathrm{e}^{(1+2\mathrm{i})x}=\frac{1}{16}\mathrm{i}x[\mathrm{e}^x\cos 2x+\mathrm{i}\mathrm{e}^x\sin 2x]\\&=-\frac{1}{16}x\mathrm{e}^x\sin 2x+\frac{1}{16}\mathrm{i}x\mathrm{e}^x\cos 2x.\end{aligned}$$

取其虚部，即得原方程的特解为

$$y=\frac{1}{16}x\mathrm{e}^x\cos 2x.$$

因此，原方程的通解为

$$y=(C_1+C_2x)\mathrm{e}^x+C_3\mathrm{e}^x\cos 2x+C_4\mathrm{e}^x\sin 2x+\frac{1}{16}x\mathrm{e}^x\cos 2x.$$

另解：因 $1\pm 2\mathrm{i}$ 是特征方程的一对共轭复根，故设

$$y^*=x\mathrm{e}^x(A\cos 2x+B\sin 2x),$$

代入原方程就能定出常数 A,B（请读者自己演算）.

$$A=\frac{1}{16},B=0$$

4. 欧拉微分方程.

在应用上常遇见一种线性微分方程，其形式为
$$x^n y^{(n)} + p_1 x^{n-1} y^{(n-1)} + \cdots + p_{n-1} x y' + p_n y = f(x), \tag{6.47}$$
式中，$p_1, p_2, \cdots, p_n$ 为常数. 方程(6.47)称为**欧拉(Euler)微分方程**.

方程(6.47)可以化为常系数线性微分方程来求解. 为此，令
$$x = e^t, \quad t = \ln x.$$

有
$$y' = \frac{dy}{dx} = \frac{dy}{dt} \cdot \frac{dt}{dx} = \frac{1}{x} \frac{dy}{dt},$$

$$y'' = \frac{d}{dx}\left(\frac{1}{x}\frac{dy}{dt}\right) = -\frac{1}{x^2}\frac{dy}{dt} + \frac{1}{x}\frac{d}{dx}\left(\frac{dy}{dt}\right)$$
$$= -\frac{1}{x^2}\frac{dy}{dt} + \frac{1}{x^2}\frac{d^2 y}{dt^2} = \frac{1}{x^2}\left(\frac{d^2 y}{dt^2} - \frac{dy}{dt}\right),$$

$$y''' = \frac{d}{dx}\left\{\frac{1}{x^2}\left(\frac{d^2 y}{dt^2} - \frac{dy}{dt}\right)\right\}$$
$$= -\frac{2}{x^3}\left(\frac{d^2 y}{dt^2} - \frac{dy}{dt}\right) + \frac{1}{x^2}\frac{d}{dx}\left(\frac{d^2 y}{dt^2} - \frac{dy}{dt}\right)$$
$$= -\frac{2}{x^3}\left(\frac{d^2 y}{dt^2} - \frac{dy}{dt}\right) + \frac{1}{x^2}\left(\frac{1}{x}\frac{d^3 y}{dt^3} - \frac{1}{x}\frac{d^2 y}{dt^2}\right)$$
$$= \frac{1}{x^3}\left(\frac{d^3 y}{dt^3} - 3\frac{d^2 y}{dt^2} + 2\frac{dy}{dt}\right),$$
……

用记号 $D = \dfrac{d}{dt}$，则

$$xy' = \frac{dy}{dt} = Dy,$$

$$x^2 y'' = \frac{d^2 y}{dt^2} - \frac{dy}{dt} = D(D-1)y,$$

$$x^3 y''' = \frac{d^3 y}{dt^3} - 3\frac{d^2 y}{dt^2} + 2\frac{dy}{dt} = D(D-1)(D-2)y,$$
……

一般地，
$$x^k y^{(k)} = D(D-1)\cdots(D-k+1)y.$$

代入方程(6.47)，则得以 t 为自变量的常系数线性微分方程. 它的特征方程是把式(6.47)的左边各 $x^k y^{(k)}$ 换写为
$$\lambda(\lambda-1)\cdots(\lambda-k+1), \quad k=1,2,\cdots,n,$$
把最后一项中的 y 换成 1，然后令整个式子等于零.

例 20　求方程 $x^3 y''' + x^2 y'' - 4xy' = 3x^2$ 的通解.

解　设 $x = e^t$，或 $t = \ln x$，原方程化为
$$D(D-1)(D-2)y + D(D-1)y - 4Dy = 3e^{2t},$$
特征方程为
$$\lambda(\lambda-1)(\lambda-2) + \lambda(\lambda-1) - 4\lambda = 0,$$

化简得 $$\lambda^3 - 2\lambda^2 - 3\lambda = 0,$$
特征根为 $\lambda_1 = 0$, $\lambda_2 = -1$, $\lambda_3 = 3$.

对应的齐次微分方程的通解为
$$y = C_1 + C_2 e^{-t} + C_3 e^{3t}$$
$$= C_1 + \frac{C_2}{x} + C_3 x^3.$$

非齐次微分方程的特解为
$$y^* = A e^{2t} = A x^2,$$

代入原方程定出常数 $A = -\dfrac{1}{2}$, 故 $y^* = -\dfrac{x^2}{2}$. 于是,方程的通解为
$$y = C_1 + \frac{C_2}{x} + C_3 x^3 - \frac{x^2}{2}.$$

习题 6-3

1. 求下列二阶微分方程的通解.
   (1) $y'' = 2x + \cos x$;
   (2) $xy'' = y' \ln y'$;
   (3) $y'' - \dfrac{y'}{x} = 0$;
   (4) $\dfrac{1}{(y')^2} y'' = \dfrac{1}{y}$;
   (5) $y'' = y'(1 + y'^2)$.

2. 验证下列函数 $y_1(x)$ 和 $y_2(x)$ 是否为所给微分方程的解. 若是,能否由它们组成通解? 通解如何?
   (1) $y'' + y' - 2y = 0$, $y_1(x) = e^x$, $y_2(x) = 2e^x$;
   (2) $y'' + y = 0$, $y_1(x) = \cos x$, $y_2(x) = \sin x$;
   (3) $y'' - 4y' + 4y = 0$, $y_1 = e^{2x}$, $y_2 = x e^{2x}$.

3. 求下列微分方程的通解.
   (1) $y'' - 5y' + 6y = 0$;
   (2) $2y'' + y' - y = 0$;
   (3) $y'' - 2y' + y = 0$;
   (4) $y'' + 2y' + 5y = 0$;
   (5) $3y'' - 2y' - 8y = 0$;
   (6) $y'' + y = 0$;
   (7) $y'' + y' = 0$;
   (8) $y'' + 6y' + 13y = 0$;
   (9) $4y'' - 20y' + 25y = 0$;
   (10) $2y'' + 5y' + 2y = 0$;
   (11) $4\dfrac{d^2 s}{dt^2} - 8\dfrac{ds}{dt} + 5s = 0$;
   (12) $\dfrac{d^2 s}{dt^2} - 4\dfrac{ds}{dt} + 4s = 0$;
   (13) $y'' - 2\sqrt{3} y' + 3y = 0$.

4. 求下列微分方程的特解.
   (1) $y'' - 4y' + 3y = 0$, $y|_{x=0} = 6$, $y'|_{x=0} = 10$;
   (2) $y'' - 3y' - 4y = 0$, $y|_{x=0} = 0$, $y'|_{x=0} = -5$;
   (3) $y'' + 4y' + 29y = 0$, $y|_{x=0} = 0$, $y'|_{x=0} = 15$;
   (4) $4y'' + 4y' + y = 0$, $y|_{x=0} = 2$, $y'|_{x=0} = 0$;
   (5) $2y'' + 3y = 2\sqrt{6} y'$, $y|_{x=0} = 0$, $y'|_{x=0} = 1$.

5. 方程 $y''+9y=0$ 的一条积分曲线通过点 $(\pi,-1)$，且在该点和直线 $y+1=x-\pi$ 相切，求此曲线.

6. 一质点的加速度为 $a=-2v-5s$，以初速 $v_0=12$ m/s 由原点出发，试求质点的运动方程.

7. 求下列非齐次微分方程的一个特解.

(1) $y''-4y'+3y=1$；　　　　　　　　(2) $2y''+5y'=5x^2-2x-1$；

(3) $y''+a^2y=\mathrm{e}^{ax}(a\neq 0)$；　　　　　　(4) $y''-2y=4x^2\mathrm{e}^x$；

(5) $y''+2y'+5y=f(x)$，若 $f(x)$ 等于①x^3-2x+4，②$2\mathrm{e}^{3x}$，③$\cos x$；

(6) $y''-4y'+4y=8\mathrm{e}^{2x}$.

8. 求下列非齐次微分方程的通解.

(1) $y''-7y'+6y=4$；　　　　　　　　(2) $y''+y=4x^3$；

(3) $y''-2y'-3y=6\mathrm{e}^{2x}$；　　　　　　(4) $y''+2y'+y=3\mathrm{e}^{-x}$；

(5) $y''+2y'+5y=-\cos 2x$；　　　　　(6) $y''-7y'+6y=\sin x$；

(7) $y''+4y=2\sin 2x$；　　　　　　　(8) $y''+9y=4\cos 3x$；

(9) $y''-4y'+4y=f(x)$，若 $f(x)$ 等于①e^{-x}，②$3\mathrm{e}^{2x}$，③$2\sin x \cdot \cos x$，④$\mathrm{e}^{-x}+3\mathrm{e}^{2x}+2\sin x \cdot \cos x$；

(10) $y''+y=f(x)$，若 $f(x)$ 等于①x，②$\cos x$，③$\mathrm{e}^{2x}\cos 3x$，④$x+\cos x+\mathrm{e}^{2x}\cos 3x$.

9. 设质量为 m 的物体在冲击力作用下得到初速 v_0 在一水平面上滑动，作用于物体的摩擦力为 $-km$. 问物体能滑多远(其中 k 为比例系数)？

10. 物体由静止状态开始运动，其规律为 $x''+ax'=g$（其中 a,g 为非零常数），求 x 与 t 的函数关系.

11. 质点作直线运动，其加速度为 $a=-s+\cos t$，且当 $t=0$ 时，$s=0$，$s'=1$，求该质点的运动方程.

12. 在间隔 $\left(-\dfrac{\pi}{2},\dfrac{\pi}{2}\right)$ 内确定曲线，使其与 x 轴相切于坐标原点，而在任一点的曲率 $K=\cos x$.

总复习题六

◀ A 组

一、选择题

1. 设有微分方程

(1) $(y'')^2+5y'-y+x=0$，

(2) $y''+5y'+4y^2-8x=0$，

(3) $(3x+2)\mathrm{d}x+(x-y)\mathrm{d}y=0$，则(　　).

A. 方程(1)是线性微分方程　　　　B. 方程(2)是线性微分方程

C. 方程(3)是线性微分方程　　　　D. 它们都不是线性微分方程

2. 函数 $y(x)$ 是方程 $xy'+y-y^2\ln x=0$ 的解，且当 $x=1$ 时，$y=1$，则当 $x=\mathrm{e}$ 时，$y=(\quad)$.

A. $\dfrac{1}{e}$ B. $\dfrac{1}{2}$

C. 2   D. e

3. 微分方程 $y' + \dfrac{2y}{x} + x = 0$, 满足 $y(2) = 0$ 的特解是 $y = ($ $)$.

   A. $\dfrac{4}{x^2} - \dfrac{x^2}{4}$ B. $\dfrac{x^2}{4} - \dfrac{4}{x^2}$

   C. $x^2(\ln 2 - \ln x)$ D. $x^2(\ln x - \ln 2)$

4. 方程 $y'' - y' = 0$ 的通解是(   ).

   A. $e^x + C_1 x + C^2$ B. $C_1 x + C_2$

   C. $C_1 e^x + C_2$ D. $C_1 x^2 + C_2 x$

5. 微分方程 $x\mathrm{d}y - y\mathrm{d}x = y^2 e^y \mathrm{d}y$ 的通解是(   ).

   A. $y = x(e^x + C)$ B. $x = y(e^y + C)$

   C. $y = x(C - e^x)$ D. $x = y(C - e^y)$

6. 微分方程 $xy'^2 - 2yy' + x = 0$ 与 $x^2 y'' - xy' + y = 0$ 的阶数分别是(   ).

   A. 1,1   B. 1,2

   C. 2,1   D. 2,2

7. 微分方程 $y'' - 4y' + 4y = xe^{2x}$ 具有的特解形式为(   ).

   A. $(Ax + B)e^{2x}$ B. $(Ax^2 + Bx)e^{2x}$

   C. $(Ax^3 + Bx^2)e^{2x}$ D. $Ax^3 e^{2x}$

8. 微分方程 $\begin{cases} y' + 2xy = xe^{-x^2} \\ y(0) = 1 \end{cases}$ 的特解为(   ).

   A. $e^{-x^2}\left(\dfrac{x}{2} + 1\right)$ B. $e^{-x^2}\left(\dfrac{x^2}{2} + 1\right)$

   C. $e^{-x^2}\left(1 - \dfrac{x}{2}\right)$ D. $e^{-x^2}\left(1 - \dfrac{x^2}{2}\right)$

二、填空题

1. 微分方程 $yy' = \dfrac{\sqrt{y^2 - 1}}{1 + x^2}$ 的通解为_____.

2. 方程 $y' \sin x = y \ln y$ 满足初始条件 $y\left(\dfrac{\pi}{2}\right) = e$ 的特解是_____.

3. 以 $y = C_1 e^{-x} + C_2 e^{2x}$ 为通解的二阶常系数线性齐次微分方程为_____.

4. 微分方程 $xy'' + y' = 0$ 的通解为 $y = $_____.

三、解答题

1. 求下列微分方程的通解.

(1) $y \ln x \mathrm{d}x + x \ln y \mathrm{d}y = 0$;   (2) $yy' + e^{y^2 + 3x} = 0$;

(3) $y' + \sin\dfrac{x+y}{2} = \sin\dfrac{x-y}{2}$;   (4) $y' - e^{x-y} + e^x = 0$;

(5) $y'' - x\ln x = 0$;   (6) $y''' = \sin x - \cos x$;

(7) $y'' = \dfrac{2xy'}{x^2 + 1}$;   (8) $y'' = \dfrac{y'}{x}$.

(9) $y' + \dfrac{y}{1+x} = e^{-x}$;　　　　　　　(10) $y' + yx = x$;

(11) $(1+x^2)y' + y(x - \sqrt{1+x^2}) = 0$;　　(12) $xy' = 4(4 + \sqrt{y})$;

(13) $2xyy' = 2y^2 + \sqrt{y^4 + x^4}$;　　　　(14) $xy'' + y' = \ln x$;

(15) $yy'' - 2(y')^2 = 0$;　　　　　　　　(16) $y'' - m^2 y = e^{-mx}\ (m \ne 0)$;

(17) $y'x\ln x + y = 2\ln x$;　　　　　　　(18) $2y' + y = y^3(x-1)$;

(19) $y'' + 3y' + 2y = \sin 2x + 2\cos 2x$;　(20) $y'' + 5y' + 6y = e^{-x} + e^{-2x}$.

2. 求下列微分方程满足初始条件的特解.

(1) $\sin y \cos x\, dy - \cos y \sin x\, dx = 0,\ y(0) = \dfrac{\pi}{4}$;

(2) $y' + y\cos x = \sin x \cos x,\ y(0) = 1$;

(3) $xy' - \dfrac{y}{1+x} = x,\ y(1) = 1$;

(4) $y'' - 3y' - 4y = 0,\ y(0) = 0,\ y'(0) = -5$;

(5) $9y'' + 6y' + y = 0,\ y(0) = 3,\ y'(0) = 0$;

(6) $y'' + 25y = 0,\ y(0) = 2,\ y'(0) = 5$.

3. 求一曲线,曲线上各点处的切线、切点到原点的连线及 x 轴可以围成一个以 x 轴为底的等腰的三角形,且通过点 $(1,2)$.

4. 一船从河边 A 点驶向对岸码头 O 点,设河宽 $OA = a$,水流速度为 w,船的速度为 v,如果船总是往 O 点的方向前进,试求船的路线.

5. 试求 $y'' = x$ 的经过点 $M(0,1)$ 且在此点与直线 $y = \dfrac{1}{2}x + 1$ 相切的积分曲线.

◀ B 组

1. 选择题.

(1) (1998) 已知函数 $y = y(x)$ 在任意点 x 处的增量 $\Delta y = \dfrac{y\Delta x}{1+x^2} + \alpha$,且当 $\Delta x \to 0$ 时,α 是 Δx 的高阶无穷小,$y(0) = \pi$,则 $y(1) = ($　　$)$.

(A) 2π　　　　(B) π　　　　(C) $e^{\frac{\pi}{4}}$　　　　(D) $\pi e^{\frac{\pi}{4}}$

(2) (2016) 若 $y = (1+x^2)^2 - \sqrt{1+x^2}$ 和 $y = (1+x^2)^2 + \sqrt{1+x^2}$ 是微分方程 $y' + p(x)y = q(x)$ 的两个解,则 $q(x) = ($　　$)$.

(A) $3x(1+x^2)$　　　　　　　　(B) $-3x(1+x^2)$

(C) $\dfrac{2}{1+x^2}$　　　　　　　　(D) $-\dfrac{x}{1+x^2}$

(3) (2023) 若微分方程 $y'' + ay' + by = 0$ 的解在 $(-\infty, +\infty)$ 上有界,则 ($　　$).

(A) $a < 0,\ b > 0$　　　　　　　(B) $a > 0,\ b > 0$

(C) $a = 0,\ b > 0$　　　　　　　(D) $a = 0,\ b < 0$

2. 填空题 (2014)

微分方程 $xy' + y(\ln x - \ln y) = 0$ 满足条件 $y(1) = e^3$ 的解为 $y =$ ＿＿＿＿＿.

3. 求满足方程 $f(x+y)=\dfrac{f(x)+f(y)}{1-f(x)f(y)}$ 的函数 $f(x)$，已知 $f'(0)$ 存在.

4. 如图 6.6 所示，设河边点 O 的正对岸为点 A，河宽 $OA=h$，两岸为平行直线，水流速度大小为 a，一鸭子从点 A 游向点 O，设鸭子（在静水中）的速度大小为 $b(b>a)$，且鸭子游动方向始终朝着点 O，求鸭子游动的轨迹方程.

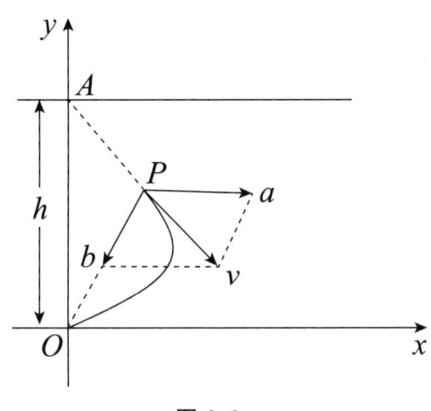

图 6.6

5. 设 $f(x)=\cos x-\displaystyle\int_0^x(x-t)f(t)\mathrm{d}t$，其中 $f(x)$ 连续，求 $f(x)$ 的表达式.

6. 如图 6.7 所示，位于坐标原点 P_0 的我舰向位于 x 轴上点 $Q_0(1,0)$ 处的敌舰发射制导鱼雷，使鱼雷永远对准敌舰. 设敌舰以最大速度 v_0 沿平行于 y 轴的直线行驶，又设鱼雷的速度为 $5v_0$，求鱼雷的航迹曲线方程. 问：敌舰行驶多远时将被鱼雷击中？（为计算便利起见，设 P_0Q_0 距离为 1）

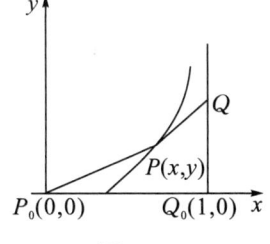

图 6.7

7. (2016) 设函数 $y(x)$ 满足 $y''+2y'+ky=0$，其中 $0<k<1$.

(1) 证明反常积分 $\displaystyle\int_0^{+\infty}y(x)\mathrm{d}x$ 收敛.

(2) 若 $y(0)=1$，$y'(0)=1$，求 $\displaystyle\int_0^{+\infty}y(x)\mathrm{d}x$ 的值.

8. (1988) 设函数 $y=y(x)$ 在 $(-\infty,+\infty)$ 内具有二阶导数，且 $y'\neq 0$，$x=x(y)$ 是 $y=y(x)$ 的反函数.

(1) 试将 $x=x(y)$ 所满足的微分方程 $\dfrac{\mathrm{d}^2x}{\mathrm{d}y^2}+(y+\sin x)\left(\dfrac{\mathrm{d}x}{\mathrm{d}y}\right)^3=0$ 变换为 $y=y(x)$ 满足的微分方程.

(2) 求变换后的微分方程满足初始条件 $y(0)=0$，$y'(0)=\dfrac{3}{2}$ 的解.

Mathematica 与微积分计算简介

Mathematica 是一款功能强大的数学软件。它集成了强大计算、可视化和编程功能，在微积分计算领域有着卓越的表现。它凭借符号计算系统和数值计算能力，能够处理从基础到复杂的各类微积分问题，以下将以极限计算、导数计算、积分计算、泰勒展开和微分方程求解等为例，详细介绍其在微积分计算中的应用。

一、极限计算

在 Mathematica 中，使用 Limit 函数计算极限，基本格式为 Limit[expr, x->a]，其中 expr 是关于变量 x 的表达式，x->a 表示 x 趋近于 a。例如，计算函数 $\frac{x^2-1}{x-1}$ 当 x 趋近于 1 时的极限，输入代码：

Limit[(x^2-1)/(x-1), x->1]

对于单侧极限，左极限使用 Limit[expr, x->a, Direction->-1]，右极限使用 Limit[expr, x->a, Direction->1]。如计算函数 $\frac{1}{x}$ 当 x 趋近于 0 的右极限，代码为：

Limit[1/x, x->0, Direction->1]

二、导数计算

Mathematica 通过 D 函数求导数，语法为 D[expr, x]，表示对 expr 关于 x 求一阶导数。若求函数 x^3+2x^2+3x+4 的一阶导数，可输入：

D[x^3+2*x^2+3*x+4, x]

求高阶导数时，使用 D[expr, {x, n}]，n 为导数阶数。例如，求上述函数的二阶导数，代码为：

D[x^3+2*x^2+3*x+4, {x, 2}]

对于多元函数偏导数，如求函数 $f(x,y)=x^2y+3xy^2$ 关于 x 的偏导数，输入

D[x^2*y+3*x*y^2, x]

求关于 y 的偏导数，则输入

D[x^2*y+3*x*y^2, y]

三、积分计算

（一）不定积分

计算不定积分借助 Integrate 函数，格式为 Integrate[expr, x]。例如，计算函数 $2x$ 的不定积分，代码如下：

Integrate[2 * x, x]

（二）定积分

定积分计算同样使用 Integrate 函数，语法为 Integrate[expr, {x, a, b}]，a、b 分别是积分下限和上限。比如，计算函数 x^2 在区间 $[1,2]$ 上的定积分，输入：

Integrate[x^2, {x, 1, 2}]

对于多重积分，以二重积分为例，计算函数 $f(x,y)=xy$ 在区域 x 从 0 到 1，y 从 0 到 2 上的积分，代码为

Integrate[x * y, {x, 0, 1}, {y, 0, 2}]

四、泰勒展开

Mathematica 使用 Series 函数进行泰勒展开，基本语法是 Series[expr, {x, a, n}]，表示将 expr 在 x=a 处展开到 n 阶（包含 n 阶项）。如将函数 $\cos(x)$ 在 $x=0$ 处展开到 5 阶，代码如下：

Series[Cos[x], {x, 0, 5}]

需要注意的是，Series 函数的结果会包含高阶无穷小项 O[x]^6，若仅需获取多项式部分，可使用 Normal 函数，如

Normal[Series[Cos[x], {x, 0, 5}]]

五、微分方程

（一）符号求解

通过 DSolve 函数求解符号微分方程，对于一阶微分方程，格式为 DSolve[{eqn, cond}, y[x], x]，eqn 是微分方程，cond 是初始条件，y[x] 表示未知函数，x 是自变量。例如，求解一阶微分方程 $y'=2x$，初始条件 $y(0)=1$，输入：

DSolve[{y'[x]==2 * x, y[0]==1}, y[x], x]

对于高阶微分方程，只需按阶数书写导数形式。如求解二阶微分方程 $y''-2y'+y=0$，初始条件 $y(0)=0$，$y'(0)=1$，代码为：

DSolve[{y''[x]-2 * y'[x]+y[x]==0, y[0]==0, y'[0]==1}, y[x], x]

（二）数值求解

当符号求解困难时，可采用 NDSolve 函数进行数值求解，语法为

NDSolve[{eqn, cond}, y, {x, xmin, xmax}]

例如，求解微分方程$y'=-2y+2\cos(t)\sin(t)$在区间$[0,5]$上，初始条件$y(0)=0$的数值解，代码如下：

sol=NDSolve[{y'[t]==-2*y[t]+2*Cos[t]*Sin[t], y[0]==0},

y, {t, 0, 5}];

Plot[Evaluate[y[t]/. sol], {t, 0, 5}]

NDSolve 的结果是一个插值函数，通过 Evaluate 和替换操作，结合 Plot 函数可直观展示数值解的图像。

Mathematica 以其丰富的函数和强大的计算能力，为微积分问题的解决提供了高效、准确的途径，无论是学术研究还是工程应用，都能成为科研与学习的得力工具。

以上介绍了 Mathematica 计算微积分的常用方法。更多的用法，可参考 Mathematica 相关的工具书或教材，例如软件主要开发者 STEVEN WOLFRAM 亲自写的《MATHEMATICA 全书》。

附录 2 几种常用平面曲线

1. 直角坐标或参数方程表示的几种常用曲线

(1) 概率曲线 $y = e^{-x^2}$

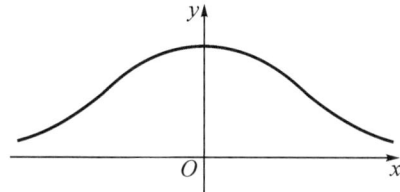

(2) 箕舌线 $y = \dfrac{8a^3}{x^2 + 4a^2}$

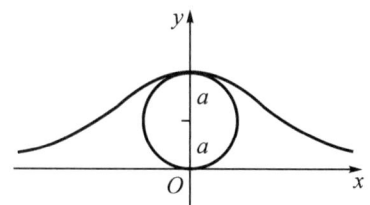

(3) 曼叶线 $y^2(2a - x) = x^3$

(4) 笛卡儿叶形线 $x^3 + y^3 - 3axy = 0$

或 $x = \dfrac{3at}{1+t^3},\ y = \dfrac{3at^2}{1+t^3}$

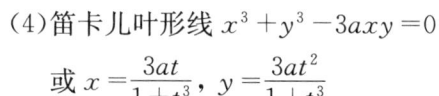

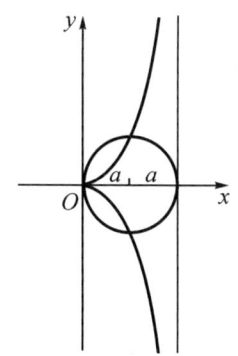

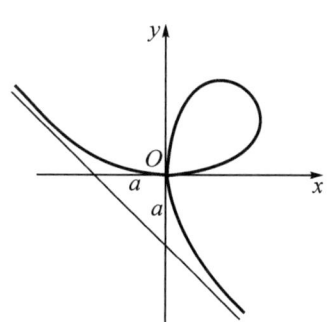

(5) 星形线 $x^{\frac{2}{3}}+y^{\frac{2}{3}}=a^{\frac{2}{3}}$

或 $x=a\cos^3\theta$, $y=a\sin^3\theta$

(6) 摆线 $x=a(\theta-\sin\theta)$, $y=a(1-\cos\theta)$

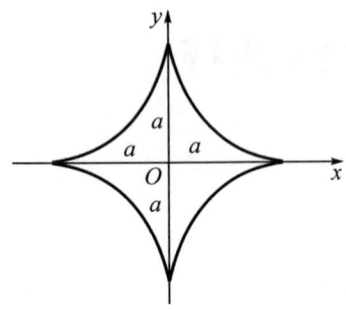
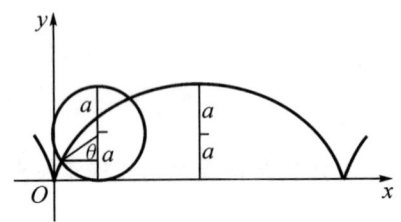

2. 极坐标方程表示的几种常用曲线

(7) 圆 $r=2a\cos\theta$

(8) 圆 $r=2a\sin\theta$

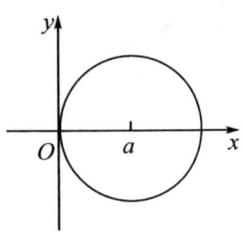
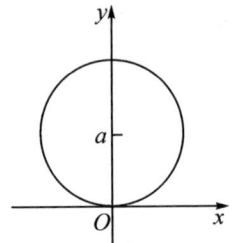

(9) 心形线 $r=a(1-\cos\theta)$

(10) 阿基米德螺线 $r=a\theta$

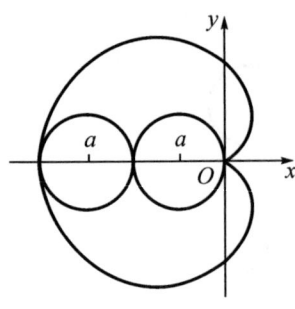
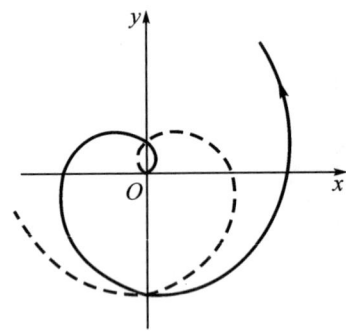

(11) 对数螺线 $r=e^{a\theta}$

(12) 双曲螺线 $r\theta=a$

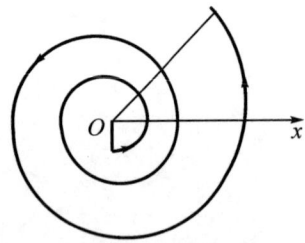
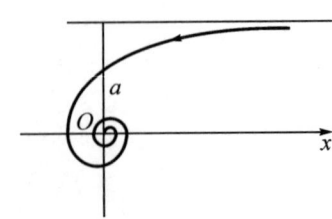

（13）伯努利双纽线 $r^2 = a^2 \sin 2\theta$

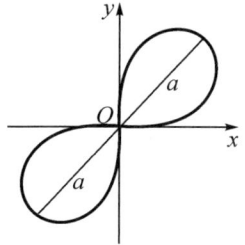

（14）伯努利双纽线 $r^2 = a^2 \cos 2\theta$

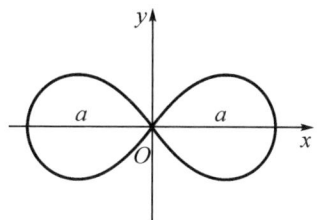

（15）三叶玫瑰线 $r = a\cos 3\theta$

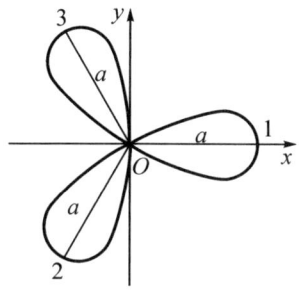

（16）三叶玫瑰线 $r = a\sin 3\theta$

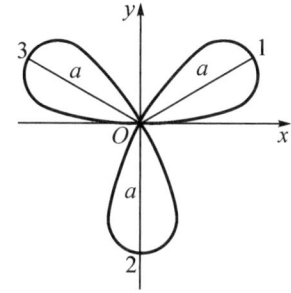

（17）四叶玫瑰线 $r = a\sin 2\theta$

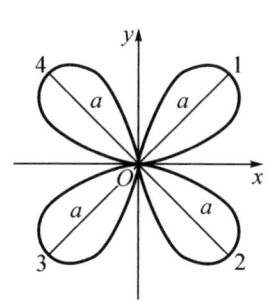

（18）四叶玫瑰线 $r = a\cos 2\theta$

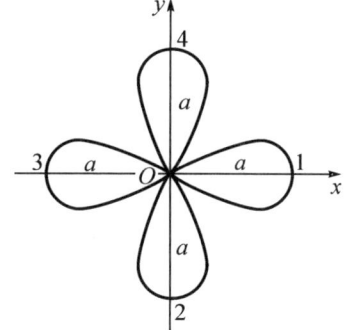

附录3　基本初等函数图像与性质

1. 幂函数 $y = x^a$（a 为常数）

最常见的几个幂函数的定义域及图形.

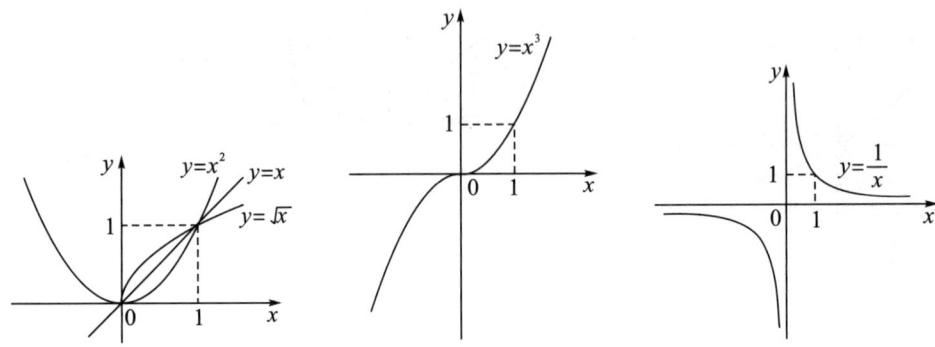

(1)当 a 为正整数时，函数的定义域为区间 $x \in (-\infty, +\infty)$，他们的图形都经过原点，并当 $a > 1$ 时在原点处与 x 轴相切. 且 a 为奇数时，图形关于原点对称；a 为偶数时，图形关于 y 轴对称.

(2)当 a 为负整数时。函数的定义域为除去 $x = 0$ 的所有实数.

(3)当 a 为正有理数 $\dfrac{m}{n}$ 时，n 为偶数时函数的定义域为 $(0, +\infty)$，n 为奇数时函数的定义域为 $(-\infty, +\infty)$，函数的图形均经过原点和 $(1,1)$.

如果 $m > n$，图形与 x 轴相切；如果 $m < n$，图形与 y 轴相切. 且 m 为偶数时，跟 y 轴对称；m, n 均为奇数时，跟原点对称.

(4)当 a 为负有理数时，n 为偶数时，函数的定义域为大于零的一切实数；n 为奇数时，定义域为去除 $x = 0$ 以外的一切实数.

2. 指数函数 $y = a^x$（a 是常数且 $a > 0$，$a \neq 1$），$x \in (-\infty, +\infty)$

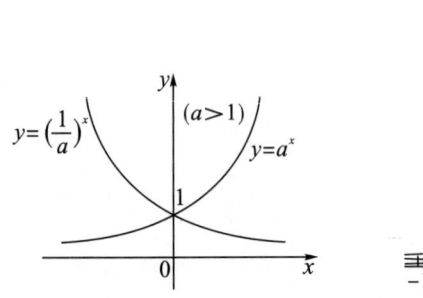
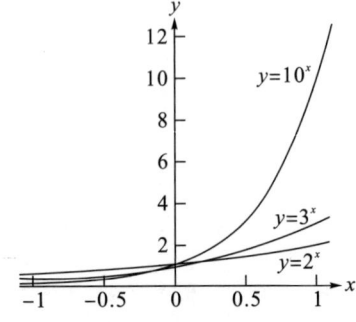

图形过点$(0,1)$,$a>1$时,单调增加;$0<a<1$时,单调减少.

3. 对数函数 $y=\log_a x$(a 是常数且 $a>0$,$a\neq 1$),$x\in(0,+\infty)$

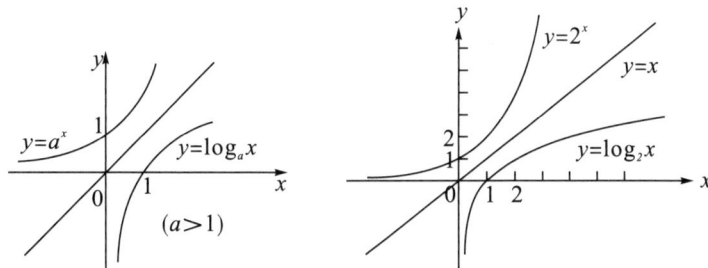

4. 三角函数

正弦函数 $y=\sin x$,$x\in(-\infty,+\infty)$,$y\in[-1,1]$.

余弦函数 $y=\cos x$,$x\in(-\infty,+\infty)$,$y\in[-1,1]$.

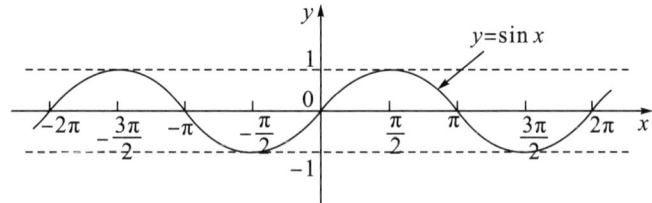

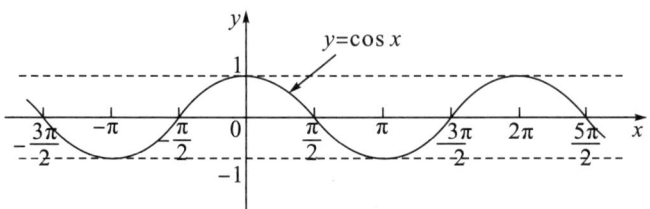

正切函数 $y=\tan x$,$x\neq k\pi+\dfrac{\pi}{2}$,$k\in\mathbf{Z}$,$y\in(-\infty,+\infty)$.

余切函数 $y=\cot x$,$x\neq k\pi$,$k\in\mathbf{Z}$,$y\in(-\infty,+\infty)$.

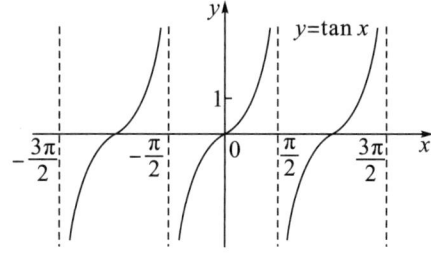 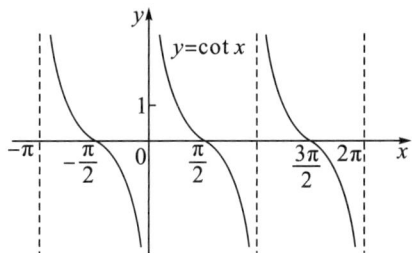

5. 反三角函数

反正弦函数 $y=\arcsin x$,$x\in[-1,1]$,$y\in\left[-\dfrac{\pi}{2},\dfrac{\pi}{2}\right]$.

反余弦函数 $y=\arccos x$,$x\in[-1,1]$,$y\in[0,\pi]$.

反正切函数 $y=\arctan x$,$x\in(-\infty,+\infty)$,$y\in\left[-\dfrac{\pi}{2},\dfrac{\pi}{2}\right]$.

反余切函数　$y=\operatorname{arccot}x$, $x\in(-\infty,+\infty)$, $y\in(0,\pi)$.

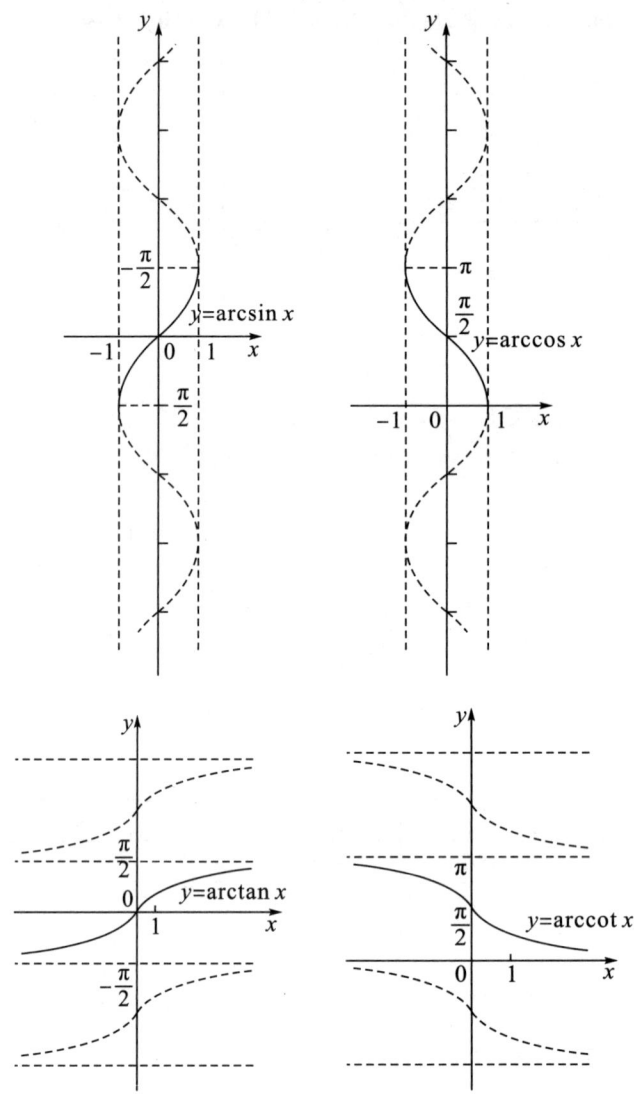

附录4 三角函数公式

1. 函数关系

$\cot\alpha = \dfrac{1}{\tan\alpha}$, $\sec\alpha = \dfrac{1}{\cos\alpha}$, $\csc\alpha = \dfrac{1}{\sin\alpha}$

$\sin^2\alpha + \cos^2\alpha = 1$, $\tan^2\alpha + 1 = \sec^2\alpha$, $\cot^2\alpha + 1 = \csc^2\alpha$

2. 变换公式

和差角公式:

$\sin(\alpha \pm \beta) = \sin\alpha\cos\beta \pm \cos\alpha\sin\beta$

$\cos(\alpha \pm \beta) = \cos\alpha\cos\beta \mp \sin\alpha\sin\beta$

$\tan(\alpha \pm \beta) = \dfrac{\tan\alpha \pm \tan\beta}{1 \mp \tan\alpha \cdot \tan\beta}$

$\cot(\alpha \pm \beta) = \dfrac{\cot\alpha \cdot \cot\beta \mp 1}{\cot\beta \pm \cot\alpha}$

和差化积公式:

$\sin\alpha + \sin\beta = 2\sin\dfrac{\alpha+\beta}{2}\cos\dfrac{\alpha-\beta}{2}$

$\sin\alpha - \sin\beta = 2\cos\dfrac{\alpha+\beta}{2}\sin\dfrac{\alpha-\beta}{2}$

$\cos\alpha + \cos\beta = 2\cos\dfrac{\alpha+\beta}{2}\cos\dfrac{\alpha-\beta}{2}$

$\cos\alpha - \cos\beta = -2\sin\dfrac{\alpha+\beta}{2}\sin\dfrac{\alpha-\beta}{2}$

积化和差公式:

$\cos\alpha\cos\beta = \dfrac{1}{2}[\cos(\alpha-\beta) + \cos(\alpha+\beta)]$

$\sin\alpha\sin\beta = \dfrac{1}{2}[\cos(\alpha-\beta) - \cos(\alpha+\beta)]$

$\sin\alpha\cos\beta = \dfrac{1}{2}[\sin(\alpha-\beta) + \sin(\alpha+\beta)]$

倍角公式:

$\sin 2\alpha = 2\sin\alpha\cos\alpha$

$\cos 2\alpha = \cos^2\alpha - \sin^2\alpha = 2\cos^2\alpha - 1 = 1 - 2\sin^2\alpha$

$\tan 2\alpha = \dfrac{2\tan\alpha}{1 - \tan^2\alpha}$

$\cot 2\alpha = \dfrac{\cot^2\alpha - 1}{2\cot\alpha}$

$\sin 3\alpha = 3\sin\alpha - 4\sin^3\alpha$

$\cos 3\alpha = 4\cos^3\alpha - 3\cos\alpha$

$\tan 3\alpha = \dfrac{3\tan\alpha - \tan^3\alpha}{1 - 3\tan^2\alpha}$

降幂公式:

$\sin^2\alpha = \dfrac{1}{2}(1 - \cos 2\alpha)$, $\cos^2\alpha = \dfrac{1}{2}(1 + \cos 2\alpha)$

$\sin^3\alpha = \dfrac{1}{4}(3\sin\alpha - \sin 3\alpha)$, $\cos^3\alpha = \dfrac{1}{4}(3\cos\alpha + \cos 3\alpha)$

附录5 希腊字母表

A α:阿尔法 Alpha   B β:贝塔 Beta
Γ γ:伽玛 Gamma   Δ δ:德尔塔 Delta
Ε ε:艾普西龙 Epsilon   Z ζ:泽塔 Zeta
Η η:依塔 Eta   Θ θ:西塔 Theta
Ι ι:艾欧塔 Iota   Κ κ:喀帕 Kappa
Λ λ:拉姆达 Lambda   Μ μ:缪 Mu
Ν ν:纽 Nu   Ξ ξ:克西 Xi
Ο ο:欧米克戎 Omicron   Π π:派 Pi
Ρ ρ:柔 Rho   Σ σ:西格玛 Sigma
Τ τ:套 Tau   Υ υ:宇普西龙 Upsilon
Φ φ:发艾 fai Phi   Χ χ:凯 Chi
Ψ ψ:普赛 Psi   Ω ω:欧米伽 Omega

习题参考答案

第1章

习题 1-1

1. (1) $[-2, -1) \cup (-1, 1) \cup (1, +\infty)$;
   (2) $[-1, 0) \cup (0, 1]$;
   (3) $(-2, 2)$;
   (4) $(-\infty, 1) \cup (1, 2) \cup (2, +\infty)$.

2. $\varphi(\frac{\pi}{6}) = \frac{1}{2}$, $\varphi(\frac{\pi}{4}) = \frac{\sqrt{2}}{2}$, $\varphi(-\frac{\pi}{4}) = \frac{\sqrt{2}}{2}$, $\varphi(-2) = 0$.

3. (1) 奇函数;   (2) 偶函数;
   (3) 奇函数;   (4) 非奇非偶函数.

4. (1) 6π;   (2) 2π;
   (3) 不是周期函数;   (4) 不是周期函数.

5. (1) 在 **R** 上为减函数;
   (2) 在 **R** 上为减函数(注:底数小于1的指数函数单调递减).

6. 略.

7. (1) $y = -\sqrt{x}$ 定义域为 $[0, +\infty)$;
   (2) $y = \lg x - 1$ 定义域为 $(0, +\infty)$;
   (3) $y = \frac{1-x}{1+x}$ 定义域为 $(-\infty, -1) \cup (-1, +\infty)$;
   (4) $y = \sqrt{1+10^x}$ 定义域为 **R**;
   (5) $y = \pi - \arcsin x$, $x \in [-1, 1]$;
   (6) $y = \frac{1}{3}\left(2\pi + \arccos \frac{x}{2}\right)$, $x \in [-2, 2]$.

8. (1) $y = \sin u$, $u = 3x$ 复合而成;
   (2) $y = u^2$, $u = \cos v$, $v = 3x+1$ 复合而成;
   (3) $y = \ln u$, $u = 1+x^2$ 复合而成;
   (4) $y = 2^u$, $u = \arctan v$, $v = x^2$ 复合而成.

9. $f(\cos x) = 2 + 2\cos^2 x$.

10. $\frac{x+1}{x+2}$ $(x \neq -1, x \neq -2)$.

11. $V = \dfrac{\alpha^2 R^3 \sqrt{4\pi^2 - \alpha^2}}{24\pi^2}$.

12. 略.

13. 略.

14. $L = \dfrac{S_o}{h} + \dfrac{2-\cos 40°}{\sin 40°} h$, $h \in (0, \sqrt{S_0 \tan 40°})$.

15. (1) $p = \begin{cases} 90, & 0 \leqslant x \leqslant 100, \\ 90 - 0.01(x-100), & 100 < x < 1600, \\ 75, & x \geqslant 1600; \end{cases}$

(2) $L = (p-60)x = \begin{cases} 30x, & 0 \leqslant x \leqslant 100, \\ 31x - 0.01x^2, & 100 < x < 1600, \\ 15x, & x \geqslant 1600; \end{cases}$

(3) $L = 21000$(元).

习题 1-2

1. 略.

2. 略.

3. (1) 0; (2) $\dfrac{1-b}{1-a}$;

   (3) 1; (4) $\dfrac{4}{3}$;

   (5) $\dfrac{1}{3}$; (6) 0;

   (7) 1; (8) 3;

   (9) $\dfrac{1}{2}$.

4. 略.

5. 略.

6. 1.

7. $\dfrac{1}{2}$.

习题 1-3

1. (1) 对; (2) 对;
   (3) 不对; (4) 不对;
   (5) 不对; (6) 对.

2. (1) 不对; (2) 不对;
   (3) 对; (4) 对;
   (5) 对.

3. (1) 2, 1; (2) 不存在;
   (3) 3, 3; (4) 存在, 3.

4. (1)不存在； (2)存在,0；
   (3)不存在.
5. (1)不对； (2)不对.
6. (1)1； (2)∞；
   (3)0； (4)0；
   (5)0； (6)$3a^2$；
   (7)$\frac{1}{4}$； (8)$\frac{4}{3}$；
   (9)$\frac{m}{n}$； (10)6；
   (11)$\frac{n(n+1)}{2}$； (12)$-\frac{1}{2}$；
   (13)$0(n>m)$, $\frac{a_0}{b_0}(n=m)$, $\infty(n<m)$； (14)0；
   (15)-1； (16)1；
   (17)∞； (18)$+\infty$；
   (19)$-\frac{5}{2}$.
7. (1)$\frac{a}{b}$； (2)$\frac{1}{2}$；
   (3)$(-1)^{m-n}\frac{m}{n}$； (4)e^2；
   (5)e^{2a}； (6)e^5.
8. (1)无； (2)无；
   (3)无； (4)水平渐近线 $y=0$；
   (5)水平渐近线 $y=0$； (6)水平渐近线 $y=1$.

习题 1—4

1. ③④②①⑤
2. ①$a=-1$, $b=\frac{1}{2}$； ②$a=1$, $b=\frac{1}{2}$；
   ③$a=\frac{1}{2}$, $b=\frac{1}{2}$； ④$a=\frac{1}{2}$, $b=1$；
   ⑤$a=\sqrt{2}$, $b=\frac{1}{4}$； ⑥$a=1$, $b=2$
3. ①$\frac{1}{8}$； ②$\frac{1}{n}$； ③$\frac{1}{2}$； ④$\frac{1}{2}$； ⑤-1； ⑥$3\ln 2$
4. $a=1$, $b=-1$
5. ①$b\neq 0$, a 任意； ②$a=-5$, $b=0$.
6. 略.
7. ①垂直渐近线 $x=-1$； ②垂直渐近线 $x=\pm 1$；

③垂直渐近线 $x=0$；
④无；
⑤无；
⑥垂直渐近线 $x=-3$.

习题 1-5

1. (1)在 $x=2$ 处间断； (2)在 $x=3$ 处间断；
   (3)连续； (4)在 $x=1$ 处间断.

2. (1)存在； (2)存在；
   (3)是； (4)右连续；
   (5)存在； (6)存在；
   (7)否； (8)不连续；
   (9)没有； (10)否；
   (11)$[-1, 0), (0, 1), (1, 2), (2, 3)$； (12)0；
   (13)2.

3. $f_1(x)$ 在 $x=0$ 连续，$f_2(x)$ 在 $x=0$ 不连续.

4. $a = e - 1$.

5. (1)$x=1, x=2$ 均为第二类间断点；
   (2)$x=\pm 1$ 为第二类间断点；
   (3)$x=0$ 为可去间断点，$x=k\pi (k=\pm 1, \pm 2, \cdots)$ 为第二类间断点；
   (4)$x=0$ 为第二类间断点，$x=1$ 为第一类间断点；
   (5)$x=1$ 为第一类间断点；
   (6)$x=\dfrac{\pi}{2}+k\pi (k=0, \pm 1, \pm 2, \cdots)$ 为第二类间断点；
   (7)$x=0$ 为第二类间断点；
   (8)$x=3$ 为第一类间断点；
   (9)$x=0, x=1$ 为可去间断点，$x=-1$ 为第二类间断点.

6. 略.

7. 略.

8. (1)$\dfrac{1}{4}$； (2)$-\dfrac{1}{2}$；
   (3)1； (4)1；
   (5)$\ln a$； (6)nb^{n-1}；
   (7)e； (8)$0(n>m), 1(n=m), \infty(n<m)$；
   (9)$-\infty$； (10)$\dfrac{1}{2}$.

9. (1)$f(0)=\dfrac{1}{2}$； (2)$f(0)=\dfrac{1}{a}$；
   (3)$f(0)=0$； (4)$f(0)=\dfrac{2}{3}$.

10. 略.

11. 略.

总复习题一

◀ A组

1. $[-3,-1)\cup(1,4]$.

2. $2(1-x^2)$, $x\in[-1,1]$.

3. $\ln\dfrac{x+2}{x-2}$, $x\in(-\infty,-2)\cup(2,+\infty)$.

4. 略.

5. 略.

6. $\dfrac{x}{\sqrt{1+3x^2}}$, 奇函数, 有界.

7. 略.

8. $V=\dfrac{R^3\varphi^2}{24\pi^2}\sqrt{4\pi^2-\varphi^2}$ $(0<\varphi<2\pi)$.

9. $\dfrac{\sqrt{2}}{2}$.

10. $m=6$, $n=12$.

11. ① $x=0$ 为第一类可去间断点, $x=\pm 1$ 为第二类无穷间断点.
    ② $x=0$ 为第一类跳跃间断点, $x=\pm 1$ 为第二类无穷间断点.
    ③ $x=0$, $x=-1$ 是第一类可去间断点; $x=1$ 是第二类无穷间断点.

12. 略.

13. $f(x)$ 以 2 为周期. 当 $-1\leqslant x\leqslant 0$ 时, $f(x)=2x(x+1)$.

14. $-5<a<4$.

15. $mn\leqslant 4$.

16. $\dfrac{-1}{\sqrt{5}-\sqrt{3}-1}$.

17. $0<\delta\leqslant\dfrac{1}{20}$.

18. 略.

19. (1) 1; (2) $\dfrac{21}{5}$; (3) 1; (4) 1; (5) 5; (6) $\dfrac{1}{2}$; (7) 1; (8) $-\dfrac{1}{2}$.

20. (1) $\dfrac{\sqrt{2}+1}{2}$; (2) $\dfrac{3}{2}$; (3) $\dfrac{1}{4}$; (4) -1; (5) $-\dfrac{1}{5}$; (6) $e^{-\frac{2}{3}}$; (7) 0; (8) 1; (9) $\dfrac{2}{\pi}$; (10) e^{-8}; (11) $\dfrac{b}{a}$.

21. ① $\dfrac{1}{6}$; ② -2; ③ 0.

22. ① $x=0$: 无穷间断点; $x=1$: 跳跃间断点.
    ② $x=0$: 跳跃间断点; $x=1$: 无穷间断点.
    ③ $x=0$: 跳跃间断点; $x=1$: 无穷间断点.

◀ **B 组**

1. 略.
2. 略.
3. ① $y = \dfrac{e^x - e^{-x}}{2}$；②在 $\left(-\dfrac{\pi}{2}, -\dfrac{\pi}{4}\right)$ 上，$y = \dfrac{1}{2}(\arctan x - \pi)$；在 $\left(-\dfrac{\pi}{4}, \dfrac{\pi}{4}\right)$ 上，$y = \dfrac{1}{2}\arctan x$；在 $\left(\dfrac{\pi}{4}, \dfrac{\pi}{2}\right)$ 上，$y = \dfrac{1}{2}(\arctan x + \pi)$；③在 $\left(0, \dfrac{\pi}{6}\right]$ 上，$y = \dfrac{1}{3}\arcsin\dfrac{x}{4}$；其余类推.

4. $f(f(x)) = \begin{cases} 1, & x \neq 0 \\ 0, & x = 0 \end{cases}$；$f(g(x)) = g(x)$；$g(f(x)) = \begin{cases} 0, & x \neq 0 \\ 1, & x = 0 \end{cases}$；$g(g(x)) = \begin{cases} 0, & x \neq 1 \\ 1, & x = 1 \end{cases}$.

5. 略.
6. 略.
7. 略.
8. 略.
9. 略.
10. 略.
11. ① $\dfrac{1}{2}(1 + \sqrt{1+4a})$；② $\sqrt{A}$；③ 0；④ $\dfrac{3}{2}$；⑤ $\sqrt{a}$；⑥ 2；⑦ e.
12. 略.
13. 略.
14. a.
15. ① $\dfrac{1}{1-a}$；② $\dfrac{1}{2}$；③ $\dfrac{\sin x}{x}$ $(x \neq 0)$；④ $\dfrac{1}{2}$；⑤ 0；⑥ $(\ln a)^2$；⑦ $\sqrt{6}$；⑧ $\ln 3$.
16. 2.
17. $c = d = e = 0$，$b = -\dfrac{1}{2}$，a 任意.
18. $a = 2(\ln 2 + 1)$，b 任意.
19. $a = 1$，$b = -\dfrac{1}{2}$.
20. $p \leqslant 2$；当 $p = 2$ 时极限为 $\ln a$；当 $p < 2$ 时，极限为 0.
21. $A = 4$.
22. ① $x = 0$ 为无穷间断点；
    ② $x = \pm 1$ 为跳跃间断点；
    ③ $x = 1$ 为跳跃间断点；
    ④ $f = 0$ 连续.
23. 略.
24. 略.
25. 略.

第 2 章

习题 2-1

1. 参见本节例 2、例 3 的方法.
2. 略.
3. (1) $3f'(x_0)$； (2) $2f'(0)$.
4. 只能利用导数定义证明.
5. 切线：$y-1=\dfrac{1}{2\ln 2}(x-2)$；法线：$y-1=-2\ln 2(x-2)$.
6. $v=\dfrac{5\sqrt{41}}{4}$，与水平方向夹角为 $\arctan\dfrac{1}{32}$.
7. (1) 可导； (2) 不可导；
   (3) 可导.
8. $f'(x)=\begin{cases}2x, & x>0,\\ \cos x, & x<0.\end{cases}$
9. 略.
10. $a=b=1, c=-1$.
11. $\dfrac{3}{2}$.
12. $a>0$ 时连续；$a>1$ 时可导.
13. 利用左、右导数的定义可得：$f'_+(a)=\varphi'_+(a)g(a)$，$f'_-(a)=\varphi'_-(a)g(a)$.

习题 2-2

1. (1) $2x-\dfrac{3}{x^2}$； (2) $2^x\ln 2\cdot\ln x+\dfrac{2^x}{x}$；

   (3) $\dfrac{x\cos x-2\sin x}{x^3}$； (4) $3x^2\arctan x+\dfrac{x^3}{1+x^2}$；

   (5) $\ln x\,\mathrm{e}^x+\mathrm{e}^x+x\ln x\,\mathrm{e}^x$； (6) $\sin x+x\cos x-\dfrac{1}{\sqrt{1-x^2}}$；

   (7) $\dfrac{2\sin x-2x\cos x}{(x+\sin x)^2}$； (8) 0；

   (9) $\dfrac{x-(1+x^2)\arctan x}{(1+x^2)x^2}-\dfrac{3}{2\sqrt{x}}$； (10) $-\dfrac{1+\sin x}{(x-\cos x)^2}$.

2. 切线：$y-3x+1=0$；法线：$y+\dfrac{1}{3}x-\dfrac{17}{3}=0$.

3. (1) $\dfrac{\mathrm{e}^x}{1+\mathrm{e}^{2x}}$； (2) $\mathrm{e}^{\arcsin x^2}\cdot\dfrac{2x}{\sqrt{1-x^4}}$；

   (3) $\dfrac{1}{|x|\sqrt{x^2-1}}$； (4) $\dfrac{3}{2\sqrt{x}}\sin^2\sqrt{x}\cdot\cos\sqrt{x}$；

   (5) $-2\tan 2x$； (6) $-\dfrac{2^{\sin\frac{1}{x}}\ln 2\cdot\cos\dfrac{1}{x}}{x^2}$；

(7) $\dfrac{x}{\sqrt{\tan(x^2)}}\sec^2 x^2$;

(8) $-\dfrac{3\cos^2(\ln x)}{x}\sin(\ln x)$;

(9) $\dfrac{1}{x\ln x \cdot \ln\ln x}$;

(10) $\dfrac{3}{\ln 2}\cot 3x$.

4. (1) $\sin x(2-3\sin^2 x)$;

(2) $-\dfrac{1}{\sqrt{x^2+1}}$;

(3) $\dfrac{-1}{\sqrt{2x(1-x)}(1+x)}$;

(4) $\dfrac{-1}{\sqrt{1+x^2}\,(x+\sqrt{1+x^2})}$;

(5) $-\dfrac{1}{1+x^2}$;

(6) $\dfrac{1+3\mathrm{e}^{2x}-2x\mathrm{e}^{2x}}{(1+\mathrm{e}^{2x})^2}$;

(7) $\dfrac{\ln x}{x\sqrt{1+\ln^2 x}}$;

(8) $2^{\arctan\sqrt{x}}\dfrac{\ln 2}{2\sqrt{x}(1+x)}+1$.

5. (1) $[f'(\sin^2 x)-(f'(\cos^2 x)]\sin 2x$;

(2) $f'(f(x^2))\cdot f'(x^2)\cdot 2x$;

(3) $2f(x+\cos x)f'(x+\cos x)\cdot(1-\sin x)$;

(4) $\dfrac{f'(x)f(x)+2f'(2x+1)f(2x+1)}{\sqrt{f^2(x)+f^2(2x+1)}}$.

6. $\dfrac{\mathrm{d}y}{\mathrm{d}x}\big|_{x=0}=-4$.

7. $2g(1)$.

8. 利用 $f'(x)=\lim\limits_{t\to 0}\dfrac{f(x+t)-f(x)}{t}=f(x)\lim\limits_{t\to 0}\dfrac{f\left(1+\dfrac{t}{x}\right)-1}{t}$ 变形可得证.

9. 32.

10. $\dfrac{3}{2}$.

习题 2-3

1. (1) $\dfrac{2}{(1+x^2)^2}$;

(2) $2\mathrm{e}^{-x}\sin x$;

(3) $2\dfrac{3x^2-1}{(1+x^2)^3}$;

(4) $-\dfrac{x}{(1+x^2)^{3/2}}$;

(5) $\dfrac{-1}{(\sqrt{1-x^2})^3}$;

(6) $\dfrac{x}{(1-x^2)^{3/2}}$;

(7) $\dfrac{2+4\sin^2 x}{\cos^4 x}$;

(8) $\dfrac{2x(3+x^2)}{(1+x^2)^2}$.

2. 4.

3. (1) $f(x)$ 在 $x=0$ 处不二阶可导;

(2) $f''(x)=\begin{cases}2\cos 2x, & x>0,\\ 6x, & x<0.\end{cases}$

4. (1) $2f'(1+x^2)+4x^2 f''(1+x^2)$;

(2) $\dfrac{2[f'^2(x)-3f^4(x)f'^2(x)+f^5(x)f''(x)+f(x)f''(x)]}{[1+f^4(x)]^2}$.

5. 略.

6. (1) $2^{n-1}\sin(2x+\dfrac{n-1}{2}\pi)$;

(2) $2^{n-2}\left[(4x^2-n^2+n)\cos\left(2x+\dfrac{n\pi}{2}\right)+4nx\sin\left(2x+\dfrac{n\pi}{2}\right)\right]$;

(3) $n=1$ 时: $\ln(1+x)+\dfrac{x}{1+x}$,

$n=2$ 时: $\dfrac{2+x}{(1+x)^2}$,

$n>2$ 时: $\dfrac{(-1)^n(n-2)!\cdot(x+n)}{(1+x)^n}$;

(4) $e^x(x^2+2nx+n^2-n)$;

(5) $\dfrac{1}{8}\dfrac{(-1)^n n!}{(x-1)^{n+1}}-\dfrac{3}{8}\dfrac{(-1)^n\cdot 3^n\cdot n!}{(3x+5)^{n+1}}$;

(6) $\dfrac{1}{2}\left[5^n\sin\left(5x+\dfrac{n\pi}{2}\right)-\sin\left(x+\dfrac{n\pi}{2}\right)\right]$.

7. $y^{(19)}(0)=-18!$; $y^{(20)}(0)=0$.

8. 略.
9. 略.
10. 略.

习题 2-4

1. (1) $\dfrac{e^x+y}{e^y-x}$;   (2) $-\dfrac{x^2+y^2+y}{x^2+y^2-x}$;

(3) $-\dfrac{y+1}{y}$;   (4) $\dfrac{y-2x}{2y+x}$.

2. 切线: $y-\dfrac{2}{e}x-1=0$; 法线: $y+\dfrac{e}{2}x-1=0$.

3. (1) $\dfrac{y(2e^y-2x-ye^y)}{(e^y-x)^3}$;   (2) $-2\dfrac{1+y^2}{y^5}$;

(3) $\dfrac{10x^2+10y^2}{(x-2y)^3}$;   (4) $\dfrac{-1}{y^3}$.

4. (1) $2(e^t+1)$; $\dfrac{2e^t}{e^t-1}$,   (2) $-\tan\dfrac{\theta}{2}$, $-\dfrac{1}{4}\dfrac{1}{\cos^4\dfrac{\theta}{2}}$;

(3) t, $\dfrac{1}{f''(t)}$;   (4) $\dfrac{t^2+2t+1}{t^2+2}$, $-2\dfrac{(t^2+1)(t-2)(t+1)}{(t^2+2)^3}$;

(5) $-\dfrac{1}{2}\dfrac{1-3t^2}{t}$, $-\dfrac{1}{4}\dfrac{3t^2+1}{t^3}$.

5. (1) $\left(\dfrac{x}{1+x}\right)^x\left[\ln\dfrac{x}{1+x}+\dfrac{1}{1+x}\right]$;

(2) $x^{e^x}\cdot e^x\cdot\dfrac{x\ln x+1}{x}$;

(3) $\dfrac{\sqrt[3]{x-1}(x^2+2)^4}{(x+1)^3}\left[\dfrac{1}{3(x-1)}+\dfrac{8x}{x^2+2}-\dfrac{3}{x+1}\right]$;

(4) $\sqrt{x\sin x\sqrt{1+\mathrm{e}^{2x}}}\left[\dfrac{1}{2x}+\dfrac{1}{2}\cot x+\dfrac{1}{2}\dfrac{\mathrm{e}^{2x}}{1+\mathrm{e}^{2x}}\right]$.

6. $\dfrac{yx^{y-1}-1}{1-x^y\ln x}$.

7. $\dfrac{2}{\pi}$ m/s.

8. $2\left|\sin\dfrac{t}{2}\right|$；方向与 x 轴正方向夹角为 $\arctan\left(\cot\dfrac{t}{2}\right)$.

9. 法线：$y=\ln 2$；切线：$x=\dfrac{1}{2}$.

10. $\dfrac{10000}{9}\pi$ m/min.

习题 2-5

1. (1) $(1+2x^2)\mathrm{e}^{x^2}\mathrm{d}x$；   (2) $\dfrac{\mathrm{d}x}{(1+x^2)^{\frac{3}{2}}}$；

(3) $\dfrac{\mathrm{d}x}{\sqrt{1+x^2}}$；   (4) $\dfrac{1}{2\sqrt{x}(1+x)}\mathrm{d}x$；

(5) $3\mathrm{e}^{3x}\sec^2(\mathrm{e}^{3x})\mathrm{d}x$；   (6) $-\dfrac{\mathrm{sgn}(x)}{\sqrt{1-x^2}}\mathrm{d}x$；

(7) $\dfrac{-2x}{1+x^4}2^{\arctan\frac{1-x^2}{1+x^2}}\ln 2\mathrm{d}x$；   (8) $\dfrac{2}{x^2-1}\dfrac{1}{\ln 2}\mathrm{d}x$.

2. (1) $\dfrac{x^4}{4}+C$；   (2) $\arctan x+C$；

(3) $\dfrac{1}{2}\mathrm{e}^{x^2}+C$；   (4) $\dfrac{1}{2}\arctan 2x+C$；

(5) $\dfrac{1}{4}\tan 4x+C$；   (6) $\dfrac{1}{2}\ln|1+2x|+C$；

(7) $\dfrac{1}{4}\sin^4 x+C$；   (8) $\dfrac{1}{3}\ln^3 x+C$.

3. (1) $\dfrac{2x+y^2}{3y^2-2xy}$；   (2) $-\dfrac{1+t^2}{2t},\dfrac{(t^2-1)(1+t^2)^2}{4t^3}$.

4. (1) 0.8746；   (2) 1.9995；

(3) 0.5237 弧度；   (4) 0.7904 弧度.

5. 略.

6. 0.5024 m³.

7. 0.5%.

总复习题二

◀ A 组

1. (1) 错，(2) 对，(3) 对，(4) 错，(5) 错，(6) 错，(7) 对，(8) 错，(9) 对.

2. (1)必要,充要；(2)充分；(3)充要.

3. C.

4. $\dfrac{dy}{dx} = \begin{cases} 2xe^{x^4}, & x>0, \\ 0, & x=0, \\ -2xe^{x^4}, & x<0 \end{cases}$.

5. (1) $f'(x) = \begin{cases} \cos x, & x>0, \\ 1, & x\leqslant 0 \end{cases}$; $f''(x) = \begin{cases} -\sin x, & x>0, \\ 0, & x\leqslant 0 \end{cases}$;

  (2) $f'(x) = \begin{cases} \dfrac{2x}{1+x^2}, & x\geqslant 0, \\ 3x^2, & x<0 \end{cases}$; $f''(x) = \begin{cases} 2\dfrac{1-x^2}{(1+x^2)^2}, & x>0, \\ 6x, & x<0 \end{cases}$.

6. $\alpha\leqslant 0$ 时, $f(x)$ 在 $x=0$ 处不连续; $\alpha>0$ 时, $f(x)$ 在 $x=0$ 处连续; $\alpha>1$ 时, $f(x)$ 在 $x=0$ 处可导; $\alpha>2$ 时, $f(x)$ 在 $x=0$ 处导数连续.

7. 56.

8. (1) $\dfrac{\sqrt{1+x^2}(1+\sin x)^2}{(e^x+1)^2\sqrt[3]{1-x^2}}\left[\dfrac{x}{1+x^2}+\dfrac{2\cos x}{1+\sin x}-2\dfrac{e^x}{e^x+1}+\dfrac{2x}{3(1-x^2)}\right]$ $\left(x\neq -\dfrac{\pi}{2}+2k\pi,\ k\in\mathbf{Z}\right)$;

  (2) $\dfrac{-2x}{1+x^4}$; (3) $(1+x^2)^{\frac{1}{1+x^2}}\dfrac{2x}{(1+x^2)^2}[1-\ln(1+x^2)]$; (4) $\dfrac{2x}{\sqrt{x^2-2}|x(1-x^2)|}$.

9. $\dfrac{1}{2}$; $\pm\dfrac{5}{8}$.

10. $-\dfrac{5}{2}$.

11. 1.0067.

12. $\dfrac{(-1)^n 2^{n-2}(n-3)!}{(2x+1)^n}[-8(n-1)^2 x^2-4nx-n^2+n]$.

13. $\dfrac{d^2y}{dt^2}=e^{2t}$.

14. 70 km/h.

15. 100!.

16. 5A.

17. -2, -2.

18. 75, 30.

19. 切线 $y-1=-2\left(x-\dfrac{\pi}{2}\right)$; 法线 $y-1=\dfrac{1}{2}\left(x-\dfrac{\pi}{2}\right)$.

20. $\dfrac{1}{3}$.

21. (1) $y'=x^{\sin x}\left(\cos x\ln x+\dfrac{\sin x}{x}\right)$,

  $y''=x^{\sin x}\left[\left(\cos x\ln x+\dfrac{\sin x}{x}\right)^2-\sin x\ln x+\dfrac{2x\cos x-\sin x}{x^2}\right]$;

  (2) $y'=\dfrac{1}{\sqrt{x^2+1}}$, $y''=-x(x^2+1)^{-\frac{3}{2}}$;

(3) $y' = \dfrac{-2x-6y}{e^y+6x}$,

$y'' = \dfrac{1}{(e^y+6x)^3}\left[-2(e^y+6x)^2 + 12(2x+6y)(e^y+6x) - e^y(2x+6y)^2\right]$;

(4) $y' = 2t$, $y'' = 2(1+t^2)$.

22. (1) $e^{2x}\left[(x^2-1)2^n + 2nx \cdot 2^{n-1} + n(n-1)2^{n-2}\right]$;

(2) $\dfrac{1}{2}(2^n - 4^n)\cos\dfrac{n\pi}{2}$.

◀ B 组

1. 略.

2. $\dfrac{4}{e+1}$.

3. 略.

4. 1.

5. (1) $e^{\frac{x}{\ln(1+x^2)}}\dfrac{(1+x^2)\ln(1+x^2) - 2x^2}{(1+x^2)\ln^2(1+x^2)}$,

(2) $x=0$ 为第二类无穷间断点.

6. 略.

7. $f^{(2n+1)}(0) = 0$, $f^{(2n)}(0) = \dfrac{(2n)!}{n!}$.

8. 略.

9. $g'(2) = \dfrac{1}{4}$, $g''(2) = -\dfrac{3}{32}$.

10. 切线 $y = 2(x-1)$, 法线 $y = -\dfrac{1}{2}(x-1)$.

11. 3, -1.

12. $f(0) = 0$, $f'(0) = 2$, $f(1) = -1$, $f'(1) = 2$.

13. $y' = -1$, 切线为 $y = -x$, $y''(0) = 2$.

14. -2.

15. $f'(t) = (te^{2t})' = (1+2t)e^{2t}$.

16. $c = 0$, $b = 1$, $a = -\dfrac{1}{2}$.

17. 略.

18. 略.

19. 略.

20. 提示：利用导数定义及极限保序性.

第 3 章

习题 3-1

1. 代入 $\dfrac{f(b)-f(a)}{b-a} = f'(\xi)$, 解方程得 $\xi = \dfrac{a+b}{2}$.

2. 利用罗尔定理和多项式根与次数的关系.

3. 对函数 $f(x)=a_1x+a_2x^2+\cdots+a_nx^n$ 用罗尔定理.

4. 利用拉格朗日中值定理几何意义和罗尔定理.

5. 拉格朗日中值定理.

6. 略.

7. 设 $F(x)=\dfrac{f(x)}{e^x}$ 即可.

8. 构造三个区间用连续函数零点定理,再利用本节推论 1 反证.

9. 连续用 n 次柯西中值定理.

10. 作 $F(x)=e^{-\mu x}f(x)$,用罗尔定理.

11. 证明部分用拉格朗日中值定理,$f(x)=\begin{cases}x^2\sin\dfrac{1}{x},& x>0\\ 0,& x\leq 0\end{cases}$,有 $f'_+(0)=0$,但 $f'(0+0)$ 振荡不存在.

习题 3-2

1. (1) $\begin{cases}\dfrac{\cos a}{2a},& a\neq 0,\\ \infty,& a=0;\end{cases}$ (2) $\dfrac{1}{3}$;

　 (3) 1;   (4) 1;

　 (5) $\dfrac{1}{2}$;   (6) $\dfrac{1}{2}$;

　 (7) 1;   (8) e^{-1};

　 (9) $+\infty$;   (10) $\dfrac{1}{30}$.

2. 连续.

3. $f(x)=\begin{cases}\dfrac{xe^x-e^x+1}{x^2},& x>0\\ \dfrac{1}{2},& x\leq 0\end{cases}$,$f'(x)$ 在 $x=0$ 处连续.

4. 0.

5. $f''_+(0)=-\dfrac{1}{3}$,$f''_-(0)=0$,不二阶可导.

习题 3-3

1. $f(x)=\dfrac{\pi}{4}+\dfrac{x-1}{2}-\dfrac{(x-1)^2}{4}+R_2(x)$,$R_2(x)=-\dfrac{1}{3}\dfrac{1-3\theta^2 x^2}{(1+\theta^2 x^2)^3}(x-1)^3$,$0<\theta<1$ 或 $R_2(x)=o((x-1)^2)$.

2. $f(x)=11+22(x-2)+21(x-2)^2+8(x-2)^3+(x-2)^4$.

3. $f(x)=\ln 2+\dfrac{(x-2)}{2}-\dfrac{(x-2)^2}{2\cdot 2^2}+\dfrac{(x-2)^3}{3\cdot 2^3}-\cdots+\dfrac{(-1)^{n+1}(x-2)^n}{n\cdot 2^n}+o((x-2)^n))$.

4. $\sin\dfrac{1}{2}\approx 0.479.$

5. 3.07232，误差不超过 10^{-6}.

6. (1) $-\dfrac{1}{2}$； (2) $\dfrac{1}{2}$；

   (3) 2； (4) $-\dfrac{1}{2}$.

7. 由于 $f(x)$ 在 0 处可任意阶 Taylor 展开：$f(x) = \dfrac{f^{(n+1)}(\xi)}{(n+1)!} x^{n+1}$，所以 $|f(x)| \leqslant \dfrac{M}{(n+1)!} |x|^{n+1}$，再用 $\lim\limits_{n\to\infty} \dfrac{|x|^{n+1}}{(n+1)!} = 0$，有 $f(x) \equiv 0$.

8. 略.

9. 4 阶.

10. $f(0) = -1$，$f'(0) = -\dfrac{2}{5}$，$f''(0) = \dfrac{66}{25}$.

习题 3-4

1. $f(x) = \begin{cases} -\sin x, & x \leqslant 0 \\ x^2, & x > 0 \end{cases}$，$x = 0$ 为 $f(x)$ 单调区间分隔点且 $(0, f(0))$ 为曲线的拐点.

2. $[0, 1]$ 时间段，作用力阻止质点远离起点；$\left[1, \dfrac{7}{3}\right]$ 时间段，作用力推动质点返回起点；$\left[\dfrac{7}{3}, \dfrac{11}{3}\right]$ 时间段，作用力变成阻止质点进一步返回；$\left[\dfrac{11}{3}, +\infty\right)$ 时间段，质点在作用力推动下远离起点.

3. $f(x)$ 在 $(-\infty, 3]$ 单减，在 $[3, +\infty)$ 单增；在 $(-\infty, 0]$ 和 $[2, +\infty)$ 上为凹；在 $[0, 2]$ 上为凸；拐点为 $(0, 10)$ 和 $(2, -6)$.

4. $f(x)$ 在 $(-\infty, 0]$，$[1, 2]$ 上单减；在 $[0, 1]$，$[2, +\infty)$ 上单增. $f(x)$ 在 $(-\infty, 0]$，$\left[0, \dfrac{3}{2}\right]$ 为凸函数；在 $\left[\dfrac{3}{2}, +\infty\right)$ 为凹函数；拐点为 $(0, 6)$ 和 $\left(\dfrac{3}{2}, \dfrac{21}{2}\right)$

5. 略.

6. 略.

7. 1.

习题 3-5

1. (1) 水平：$y = 1$，竖直：$x = 1$，$x = 2$；

   (2) 水平：$y = 0$；

   (3) 水平：$y = \dfrac{1}{4}$，竖直：$x = \dfrac{1}{2}$；

   (4) 竖直：$x = \dfrac{1}{3}$，斜：$y = \dfrac{1}{6} x + \dfrac{5}{9}$；

   (5) 竖直：$x = -2$，斜：$y = x - 2$.

2.

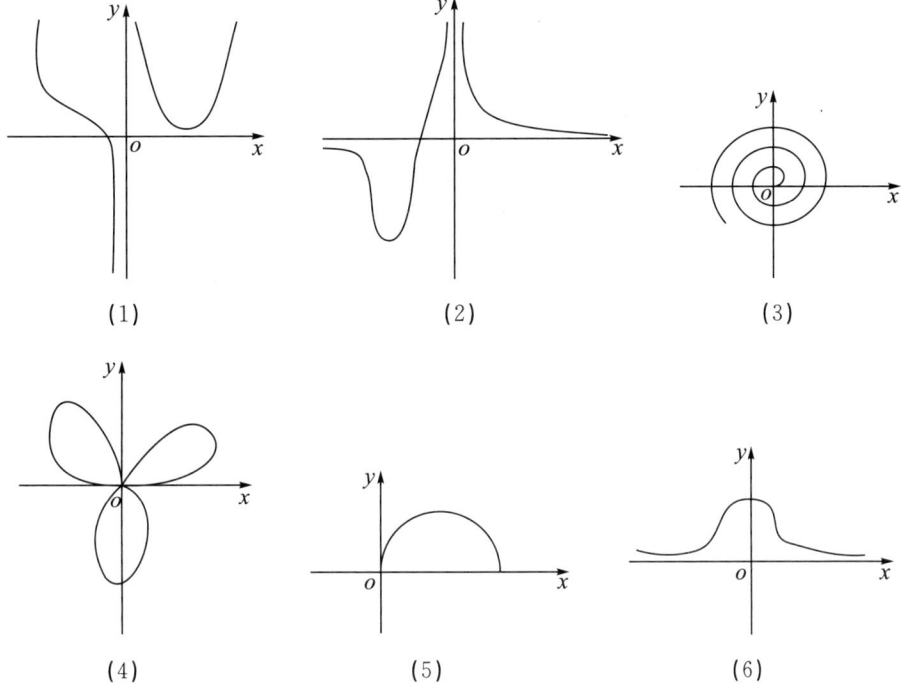

(1)　　　　　　　(2)　　　　　　　(3)

(4)　　　　　　　(5)　　　　　　　(6)

3. 切线：$y+x-e^{\frac{\pi}{2}}=0$；法线：$y-x-e^{\frac{\pi}{2}}=0$.

4. $\begin{cases} x=c+\rho\cos\theta \\ y=\rho\sin\theta \end{cases}$，椭圆和双曲线方程均为 $\rho=\dfrac{b^2}{a-c\cos\theta}$.

5. 切线：$y-x+\dfrac{3\sqrt{3}-5}{4}=0$；法线：$y+x+\dfrac{1-\sqrt{3}}{4}=0$.

习题 3-6

1. (1) $f(0)=0$ 极小值；

　(2) $f\left(\dfrac{12}{5}\right)=\dfrac{1}{2}\sqrt{\dfrac{41}{5}}$ 极大值；

　(3) $f(-2)=-\dfrac{1}{2}$ 极小值，$f(0)=\dfrac{1}{2}$ 极大值；

　(4) $y=4$ 为极大值，$y=3$ 为极小值.

2. (1) 最大值 11，最小值 -14；

　(2) 最大值 $\dfrac{3}{2}-\ln 2$，最小值 -1.

3. $a=2$；极大值；$f\left(\dfrac{\pi}{3}\right)=\sqrt{3}$.

4. $a>\dfrac{1}{e}$ 时无根；$0<a<\dfrac{1}{e}$ 时有两个实根；$a=\dfrac{1}{e}$ 时只有 $x=e$ 一个根.

5. 略.

6. (1) $A\left(-1,\dfrac{1}{e}\right)$，$D\left(\dfrac{1}{2},\dfrac{1}{e}\right)$；

　(2) 存在.

7. $\dfrac{1}{2}$.

8. 底半径 $r = \sqrt[3]{\dfrac{500}{\pi}}$，高 $h = 2\sqrt[3]{\dfrac{500}{\pi}}$.

9. $(\sqrt{2}, \dfrac{1}{2})$.

10. 产量 $Q = \dfrac{d-b}{2(e+a)}$.

11. 利用皮亚诺余项的泰勒展开式.

习题 3-7

1. (1) $ds = \sqrt{1+9x^4}\,dx$; (2) $ds = \sqrt{1+4e^{4x}}\,dx$;

   (3) $ds = \dfrac{1}{\sqrt{1-x^2}}\,dx$; (4) $ds = \sqrt{2+8t^2}\,dt$;

   (5) $ds = d\theta$; (6) $ds = a\sqrt{1+\theta^2}\,d\theta$.

2. 略.

3. $(x+4)^2 + \left(y - \dfrac{7}{2}\right)^2 = \dfrac{125}{4}$.

4. $(\dfrac{\sqrt{2}}{2}, -\dfrac{1}{2}\ln 2)$ 处曲率半径最小，$\rho = \dfrac{3\sqrt{3}}{2}$.

5. 略.

习题 3-8

1. $\dfrac{39}{256}$.

2. 1.73205.

3. 0.32.

总复习题三

◀ A 组

1. C 2. D 3. B 4. B 5. D 6. C 7. B 8. B 9. B 10. A 11. C 12. B 13. C
14. C 15. C 16. D 17. C

◀ B 组

1. $a > \dfrac{1}{e}$ 时无根；$a = \dfrac{1}{e}$ 时刚好一个根；$0 < a < \dfrac{1}{e}$ 时两个根.

2. $(\dfrac{16}{3}, \dfrac{256}{9})$，$S_{\max} = \dfrac{4096}{27}$.

3. (1) 2; (2) $\dfrac{2}{\pi}$;

   (3) e^2; (4) -2;

   (5) $\dfrac{112}{9}$; (6) $e^{-\frac{2}{\pi}}$;

(7) 0； (8) $\dfrac{4}{3}$.

4. (1) 考虑 $f(x)=\arctan x+\dfrac{1}{x}$ 单调性；

   (2) 利用 $f(b)=\ln\dfrac{b}{a}-\dfrac{2(b-a)}{a+b}(b>a>0)$ 单调性；

   (3) 求 $f(x)=x^m(a-x)^n$ 的最大值；

   (4) 略；

   (5) 略.

5. 利用三次拉格朗日中值定理.

6. 对 $f(x),f(x^2)$ 分别在区间 $[a^2,b^2]$，$[a,b]$ 上用拉格朗日中值定理.

7. 对 $f(x)$ 在 $x_0=\dfrac{1}{2}$ 展开成二阶 Taylor 公式.

8. $f'(x_0)$.

9. 用拉格朗日中值定理.

10. 用反证法并结合费马引理，以及极值的判定.

11. 对 $F(x)=\mathrm{e}^{-3x}f(x)$ 用罗尔定理，并再用罗尔定理反证根的唯一性.

12. 对 $f(x)$ 在 $\left[a,\dfrac{a+b}{2}\right]$ 用拉格朗日中值定理；对 $f(x),g(x)=x^2$ 在 $\left[\dfrac{a+b}{2},b\right]$ 上用柯西中值定理.

13. $k=1$，曲率圆 $(x-\dfrac{\pi}{2})^2+y^2=1$.

14. $a=\dfrac{4}{3}$，$b=-\dfrac{1}{3}$，5 阶.

15. 略.

16. $f(x)$ 在 $(0,+\infty)$ 上单增.

17. 对 $F(x)=\mathrm{e}^{-x}f(x)$ 用拉格朗日中值定理.

18. 利用费马引理可得证.

19. 15.

20. $f''(x)=\begin{cases}\dfrac{-x^2\sin x-2x\cos x+2\sin x}{x^3}, & x\neq 0,\\ -\dfrac{1}{3}, & x=0.\end{cases}$

21. $f(x_0)=\max\limits_{0\leqslant x\leqslant 1}|f(x)|$，在 x_0 处用 Taylor 公式.

22. $F(t)=f[(1-t)x_1+tx_2]-(1-t)f(x_1)-tf(x_2)$，利用 $F(t)$ 在 $t\in[0,1]$ 为凹函数.

23. 反证并利用 $f(x)=\ln x+\dfrac{2}{x^2}$ 特性.

24. (1) 略；

    (2) 先证 $0<\xi_n<\dfrac{1}{n^2}$ 知极限为 0；

(3) 利用 $f_n(\xi_n) = f_{n+1}(\xi_{n+1}) = 0$ 转化并结合 $f_n(x)$ 单调性；

(4) -2.

25. 由 $x_{n+2} = f(f(x_n))$ 知 $\{x_{2n}\}, \{x_{2n+1}\}$ 收敛，由 $|x_{2n+1} - x_{2n}| = |f'(\xi)||x_{2n} - x_{2n-1}| < L|x_{2n} - x_{2n-1}|$，知 $\lim_{n\to\infty} x_{2n} = \lim_{n\to\infty} x_{2n+1}$.

26. $\begin{cases} f(x) = 0 \\ f'(x) = 0 \end{cases}$ 消去 a，再用 $g(x) = \ln x + \dfrac{1}{3x^3} - \dfrac{1}{3}$ 零点唯一为 $x = 1$，故 $a = -\dfrac{1}{3}$.

第 4 章

习题 4-1

(1) $\dfrac{2}{5} x^{\frac{5}{2}} + C$；

(2) $-\dfrac{2}{3} x^{-\frac{3}{2}} + C$；

(3) $\dfrac{x^3}{3} - \dfrac{3}{2} x^2 + 2x + C$；

(4) $\dfrac{x^3}{3} + \dfrac{2}{5} x^{\frac{5}{2}} - \dfrac{2}{3} x^{\frac{3}{2}} - x + C$；

(5) $2\sqrt{x} - \dfrac{4}{3} x^{\frac{3}{2}} + \dfrac{2}{5} x^{\frac{5}{2}} + C$；

(6) $x - \arctan x + C$；

(7) $2x - \dfrac{5(\frac{2}{3})^x}{\ln 2 - \ln 3} + C$；

(8) $\dfrac{x + \sin x}{2} + C$；

(9) $-(\cot x + \tan x) + C$；

(10) $\dfrac{4(x^2 + 7)}{7\sqrt[4]{x}} + C$；

(11) $\tan x - \arctan x + C$.

习题 4-2

1. (1) $-2\cos\sqrt{t} + C$；

(2) $\dfrac{a^2}{2}\left(\arcsin\dfrac{x}{a} - \dfrac{x}{a^2}\sqrt{a^2 - x^2}\right) + C$；

(3) $a \arcsin\sqrt{\dfrac{x+a}{2a}} - \sqrt{a^2 - x^2} + C$；(4) $\ln|\ln\ln x| + C$；

(5) $-\ln|\cos\sqrt{1+x^2}| + C$；

(6) $\arctan e^x + C$；

(7) $\dfrac{2}{9}(1 + x^3)^{\frac{3}{2}} + C$；

(8) $\dfrac{1}{2}\arctan(\sin^2 x) + C$；

(9) $\dfrac{3}{2}\sqrt[3]{(\sin x - \cos x)^2} + C$；

(10) $\dfrac{1}{2}\arcsin\dfrac{2x}{3} + \dfrac{\sqrt{9 - 4x^2}}{4} + C$；

(11) $\dfrac{x^2}{2} - \dfrac{9}{2}\ln(x^2 + 9) + C$；

(12) $\dfrac{1}{24}\ln\dfrac{x^6}{x^6 + 4} + C$；

(13) $(\arctan\sqrt{x})^2 + C$；

(14) $\ln|xe^x| - \ln|1 + xe^x| + C$；

(15) $-\dfrac{10^{2\arccos x}}{2\ln 10} + C$；

(16) $\dfrac{1}{2}(\ln\tan x)^2 + C$.

2. (1) $\dfrac{1}{2}[\arcsin x + \ln|x + \sqrt{1 - x^2}|] + C$；

(2) $\dfrac{x}{\sqrt{1 + x^2}} + C$；

(3) $\sqrt{2x} - \ln(1+\sqrt{2x}) + C$；

(4) $3a^2 \arctan\sqrt{\dfrac{x}{2a-x}} + (2a-x)^2\sqrt{\dfrac{x}{2a-x}} - \dfrac{5a}{2}\sqrt{x(2a-x)} + C$.

3. (1) $-x\cos x + \sin x + C$；

(2) $x\arcsin x + \sqrt{1-x^2} + C$；

(3) $\dfrac{x^3}{6} + \dfrac{1}{2}x^2\sin x + x\cos x - \sin x + C$；

(4) $-\dfrac{1}{x}\left[(\ln x)^3 + 3(\ln x)^2 + 6\ln x + 6\right] + C$；

(5) $\dfrac{e^{ax}}{a^2+n^2}(a\cos nx + n\sin nx) + C$；

(6) $3e^{\sqrt[3]{x}}(\sqrt[3]{x^2} - 2\sqrt[3]{x} + 2) + C$；

(7) $\dfrac{x}{2}[\cos(\ln x) + \sin(\ln x)] + C$；

(8) $\dfrac{x-1}{2\sqrt{1+x^2}}e^{\arctan x} + C$.

习题 4-3

1. (1) $\dfrac{1}{2}\ln\left|\dfrac{(x+2)^4}{(x+1)(x+3)^3}\right| + C$；

(2) $\dfrac{1}{4}\ln\dfrac{x^4}{(1+x)^2(1+x^2)} - \arctan x + C$；

(3) $\dfrac{\sqrt{2}}{8}\ln\left|\dfrac{x^2+\sqrt{2}x+1}{x^2-\sqrt{2}x+1}\right| + \dfrac{\sqrt{2}}{4}\arctan(\sqrt{2}x+1) + \dfrac{\sqrt{2}}{4}\arctan(\sqrt{2}-1) + C$；

(4) $\dfrac{1}{2\sqrt{3}}\arctan\dfrac{2\tan x}{\sqrt{3}} + C$；

(5) $\dfrac{1}{\sqrt{15}}\arctan\dfrac{3\tan\frac{x}{2}+1}{\sqrt{5}} + C$；

(6) $x - 4\sqrt{x+1} + 4\ln(\sqrt{1+x}+1) + C$；

(7) $\ln\left|\dfrac{\sqrt{1-x}-\sqrt{1+x}}{\sqrt{1-x}+\sqrt{1+x}}\right| + 2\arctan\dfrac{1-x}{1+x} + C$ 或 $\ln\left|\dfrac{1-\sqrt{1-x^2}}{x}\right| - \arcsin x + C$；

(8) $-\dfrac{3}{2}\sqrt[3]{\dfrac{x+1}{x-1}} + C$.

2. (1) $\dfrac{1}{2(1-x)^2} - \dfrac{1}{1-x} + C$；

(2) $\ln|x+\sin x| + C$；

(3) $-\dfrac{\sqrt{(1+x^2)^3}}{3x^3} + \dfrac{\sqrt{1+x^2}}{x} + C$；

(4) $\dfrac{\sin x}{2\cos^2 x} - \dfrac{1}{2}\ln|\sec x + \tan x| + C$；

(5) $\dfrac{x^4}{8(1+x^8)}+\dfrac{1}{8}\arctan x^4+C$;

(6) $\dfrac{2}{1+\tan\dfrac{x}{2}}+x+C$ 或 $\sec x+x-\tan x+C$;

(7) $\ln\dfrac{x}{(\sqrt[6]{x}+1)^6}+C$;

(8) $\dfrac{xe^x}{e^x+1}-\ln(1+e^x)+C$;

(9) $x[\ln(x+\sqrt{1+x^2})]^2-2\sqrt{1+x^2}\ln(x+\sqrt{1+x^2})+2x+C$;

(10) $\dfrac{(\arcsin x)^2}{4}+\dfrac{x}{2}\sqrt{1-x^2}\arcsin x-\dfrac{x^2}{4}+C$;

(11) $\dfrac{1}{2}(\sin x-\cos x)+\dfrac{1}{2\sqrt{2}}\ln\left|\dfrac{1+\sqrt{2}\cos x}{1+\sqrt{2}\sin x}\right|+C$;

(12) $2\arctan\sqrt{\dfrac{x-a}{b-x}}+C$.

总复习题四

◀ A 组

1. B 2. B 3. D 4. C 5. B 6. C 7. A 8. C 9. D 10. C 11. D 12. D 13. AB 14. D 15. D 16. B

◀ B 组

1. $\ln x-\dfrac{1}{4x^4}+C$.

2. $\arcsin x+\ln(x+\sqrt{1+x^2})+C$.

3. $\dfrac{1}{2}e^{2x}-e^x+x+C$.

4. $-(\dfrac{1}{7}\cos^7 x-\dfrac{2}{5}\cos^5 x+\dfrac{1}{3}\cos^3 x)+C$.

5. $\dfrac{1}{a^2-b^2}\sqrt{(a^2-b^2)\sin^2 x+b^2}+C$.

6. $\dfrac{1}{\sqrt{2}}\arctan(\dfrac{\tan x}{\sqrt{2}})+C$.

7. $\dfrac{1}{\sqrt{2}}\arctan\dfrac{x^2-1}{\sqrt{2}x}+C$.

8. $\dfrac{1}{3}\tan^3 x+\tan x+C$.

9. $\ln(1+e^{-x})-e^{-x}+C$.

10. $\dfrac{1}{4}\ln^2\dfrac{1+x}{1-x}+C$.

11. $\dfrac{1}{10\sqrt{2}}\ln\left|\dfrac{x-\sqrt{2}}{x+\sqrt{2}}\right| - \dfrac{1}{5\sqrt{3}}\arctan\dfrac{x}{\sqrt{3}} + C.$

12. $x + \dfrac{1}{6}\ln|x| - \dfrac{9}{2}\ln|x-2| + \dfrac{28}{3}\ln|x-3| + C.$

13. $-\dfrac{1}{3}\cdot\dfrac{1}{x-1} + \dfrac{2}{9}\ln\left|\dfrac{x-1}{x+2}\right| + C.$

14. $\dfrac{1}{6}\ln\dfrac{(x+1)^2}{x^2-x+1} + \dfrac{1}{\sqrt{3}}\arctan\dfrac{2x-1}{\sqrt{3}} + C.$

15. $\dfrac{1}{6}\arctan(x^3) + \dfrac{1}{2}\arctan x + \dfrac{1}{4\sqrt{3}}\ln\left|\dfrac{x^2+\sqrt{3}x+1}{x^2-\sqrt{3}x+1}\right| + C.$

16. $-\dfrac{6+25x^3}{1000}(2-5x^3)^{\frac{5}{3}} + C.$

17. $x - 2\ln(1+\sqrt{1+e^x}) + C.$

18. $\dfrac{x}{\sqrt{1-x^2}} + C.$

19. $\dfrac{3}{4}\ln\dfrac{x\cdot\sqrt[3]{x}}{(1+\sqrt[6]{x})^2(2\sqrt[3]{x}-\sqrt[6]{x}+1)^3} - \dfrac{3}{2\sqrt{7}}\arctan\dfrac{4\sqrt[6]{x}-1}{\sqrt{7}} + C.$

20. $\dfrac{(2-x)\sqrt{1-x^2}}{(1-x)^2} + C.$

21. $-\dfrac{\sqrt{x^2+1}}{2x^2} + \dfrac{1}{2}\ln\dfrac{1+\sqrt{x^2+1}}{x} + C.$

22. $-\dfrac{1}{2}e^{-2x}\left(x^2 + x + \dfrac{1}{2}\right) + C.$

23. $-\dfrac{1}{x}\arcsin x + \ln\dfrac{1-\sqrt{1-x^2}}{x} + C.$

24. $x - \dfrac{1-x^2}{2}\ln\dfrac{1+x}{1-x} + C.$

25. $\dfrac{1}{2}x\sqrt{x^2+a^2} + \dfrac{a^2}{2}\ln(x+\sqrt{a^2+x^2}) + C.$

26. $-e^{-x}\operatorname{arccot}e^x + \dfrac{1}{2}\ln(1+e^{-2x}) + C.$

27. $\dfrac{1}{2}x^2\ln(4+x^4) - x^2 + 2\arctan\left(\dfrac{x^2}{2}\right) + C.$

28. $\dfrac{1}{4}\tan^2\dfrac{x}{2} + \tan\dfrac{x}{2} + \dfrac{1}{2}\ln\left|\tan\dfrac{x}{2}\right| + C.$

29. $\begin{cases} x - \dfrac{1}{3}x^3 + C, & |x| \leqslant 1, \\ x - \dfrac{1}{2}x^2 + \dfrac{1}{6} + C, & x > 1, \\ x - \dfrac{1}{2}x^2 + \dfrac{7}{6} + C, & x < -1. \end{cases}$

30. $\ln(\frac{x}{y})^2 + 3 \cdot \frac{y}{x} + C.$

第 5 章

习题 5−1

1. $\frac{1}{3}(b^3-a^3)+b-a.$

2. $\frac{1}{2}(b^2-a^2).$

3. 略.

4. (1) >; (2) >;
   (3) >.

5. $\frac{\pi}{9} \leqslant \int_{\frac{1}{\sqrt{3}}}^{\sqrt{3}} x\arctan x \, dx \leqslant \frac{2}{3}\pi.$

6. 略.
7. 略.
8. 略.

习题 5−2

1. (1) $\frac{\cos x}{\sin x - 1}$; (2) $-\frac{1}{2t^2 \ln t}$;
   (3) $(\sin x - \cos x) \cdot \cos(\pi \sin^2 x)$; (4) $-2.$

2. (1) 0; (2) $\frac{1}{10}.$

3. (1) $2\frac{5}{6}$; (2) $\frac{\pi}{3}$;
   (3) $\frac{\pi}{4}+1$; (4) 4.

4. 略.

5. $\frac{5\pi}{3\sqrt{3}}$, 0.

6. $\varphi(x) = \begin{cases} 0, & x<0, \\ \frac{1}{2}(1-\cos x), & 0 \leqslant x \leqslant \pi, \\ 1, & x>\pi. \end{cases}$

习题 5−3

1. (1) $\frac{1}{4}$; (2) $\sqrt{2}-\frac{2\sqrt{3}}{3}$;
   (3) $1-2\ln 2$; (4) $\frac{4}{3}$;
   (5) $2\sqrt{2}$; (6) $\frac{3}{2}\pi$;

(7) $\dfrac{\pi}{8}$; 　　　　　　　　　　　(8) $\dfrac{17}{4}$;

(9) 当 $\lambda \leqslant 0$ 时, $\dfrac{8}{3}-2\lambda$; 当 $0<\lambda\leqslant 2$ 时, $\dfrac{8}{3}-2\lambda+\dfrac{\lambda^3}{3}$; 当 $\lambda>2$ 时, $-\dfrac{8}{3}+2\lambda$.

2. $1+\ln(1+e^{-1})$.
3. 略.
4. 2.
5. 略.
6. (1) $1-\dfrac{2}{e}$; 　　　　　　　　(2) $\dfrac{1}{4}(e^2+1)$;

(3) $\dfrac{\pi}{4}-\dfrac{1}{2}$; 　　　　　　　　(4) $\dfrac{e\sin 1-e\cos 1+1}{2}$;

(5) $2\left(1-\dfrac{1}{e}\right)$;

(6) $J(m)=\begin{cases}\dfrac{1\cdot 3\cdot 5\cdots (m-1)}{2\cdot 4\cdot 3\cdots m}\dfrac{\pi}{2}, & m\text{ 为偶数,}\\ \dfrac{2\cdot 4\cdot 6\cdots (m-1)}{1\cdot 3\cdot 5\cdots m}\pi, & m>1\text{ 为奇数;}\end{cases}$

(7) 0. (提示:将余弦函数展成两项,对第一个定积分分部积分)

7. 8.

习题 5-4

1. (1) $\dfrac{P}{P^2-1}$; 　　　　　　　　(2) π;

(3) $n!$; 　　　　　　　　　(4) 发散;

(5) $2\dfrac{2}{3}$; 　　　　　　　　　(6) 0;

(7) $(-1)^n n!$.

2. (1) 收敛; 　　　　　　　　(2) 收敛;

(3) 发散; 　　　　　　　　(4) 收敛.

3. (1) $\dfrac{1}{n}\Gamma\left(\dfrac{1}{n}\right), n>0$; 　　　　(2) $\Gamma(p+1), p>-1$.

习题 5-5

1. (1) 1; 　　　　　　　　　　(2) $\dfrac{32}{3}$;

(3) 2; 　　　　　　　　　　(4) 18;

(5) $e+\dfrac{1}{e}-2$.

2. (1) $\dfrac{3}{2}-\ln 2$; 　　　　　　　(2) $\dfrac{7}{6}$;

(3) $18\pi a^2$; 　　　　　　　　(4) $3\pi a^2$;

(5) $\dfrac{5}{4}\pi$.

3. $\dfrac{9}{4}$.

4. $\dfrac{e}{2}$.

5. $\dfrac{8}{3}a^2$.

6. $2\pi a x_0^2$.

7. $\dfrac{\pi a^3}{2}(1+\text{sh}1\cdot\text{ch}1)$.

8. $7\pi^2 a^3$.

9. $2\pi^2 a^2 b$.

10. $\dfrac{1}{6}\pi h[2(ab+AB)+aB+bA]$.

11. $a=0, b=A$.

12. (1) $1+\dfrac{1}{2}\ln\dfrac{3}{2}$; (2) $\dfrac{a}{2}\pi^2$;

   (3) $\dfrac{5}{12}+\ln\dfrac{3}{2}$.

13. $\dfrac{8}{9}\left[\left(\dfrac{5}{2}\right)^{\frac{3}{2}}-1\right]$.

14. $6a$.

15. $8a$.

16. 略.

17. $800\pi\ln 2$(焦耳).

18. $\dfrac{27}{7}kc^{\frac{2}{3}}a^{\frac{7}{3}}$ (其中 k 为比例常数).

19. 引力的大小为 $\dfrac{2km\rho}{R}\sin\dfrac{\varphi}{2}$，方向为 M 指向弧的中心.

20. 14373 kN.

21. $\dfrac{4}{3}\pi r^4 g$.

总复习题五

◀ A 组

1. B 2. B 3. C 4. D 5. D 6. C 7. D 8. A 9. C 10. D 11. B 12. B 13. A 14. A 15. B 16. D 17. D 18. D 19. C 20. B 21. C 22. A 23. B 24. B 25. B 26. D 27. B 28. A 29. C

◀ B 组

1. (1) $\ln 2$; (2) $\dfrac{\pi}{4}$;

(3) $\dfrac{2}{3}(2\sqrt{2}-1)$;   (4) $-\ln\cos 1$.

2. 略.

3. (1) 0;   (2) $-\sin a^2$;

(3) $\dfrac{3x^2}{\sqrt{1+x^{12}}}-\dfrac{2x}{\sqrt{1+x^8}}$;   (4) $(\sin x-\cos x)\cos(\pi\sin^2 x)$;

(5) 1;   (6) $\dfrac{1}{3}$.

4. (1) $7+2\ln 2$;   (2) $\dfrac{\pi}{32}$;

(3) 2;   (4) $\sqrt{2}-\dfrac{\sqrt{3}}{\sqrt{2}}+\ln\dfrac{\sqrt{2}+\sqrt{3}}{1+\sqrt{2}}$;

(5) $\dfrac{\pi}{36}(9-4\sqrt{3})+\dfrac{1}{2}\ln\dfrac{3}{2}$;   (6) $\dfrac{\pi}{4}-\dfrac{1}{2}$;

(7) $\dfrac{\pi^2}{4}$;   (8) $\dfrac{16}{3}\pi-2\sqrt{3}$;

(9) $\dfrac{\pi}{2}$;   (10) -1.

5. (1) $1-\ln 2$;   (2) $\ln 2$;

(3) $\dfrac{2}{3}-\dfrac{3}{8}\sqrt{3}$;   (4) $\dfrac{\pi}{4}$;

(5) $-\dfrac{\pi}{2}\ln 2$;   (6) $\dfrac{\pi}{2}$.

6. (1) $\dfrac{a^2}{3}$;   (2) $\dfrac{9}{2}$;

(3) $\dfrac{\pi}{2}$;   (4) $\dfrac{99}{10}-\dfrac{81}{10\ln 10}$.

7. 3π.

8. $\dfrac{9\pi}{4}$.

9. $V_x=\dfrac{\pi^2}{2}$, $V_y=2\pi^2$.

10. $\dfrac{206}{15}\pi$.

11. (1) $1+\dfrac{1}{2}\ln\dfrac{3}{2}$;   (2) 16.

第 6 章

习题 6–1

1. 略.
2. 略.
3. 略.

4. (1) $y = \dfrac{1}{\omega}(1-\cos\omega t)$;　　　　(2) $y = \ln|x| - 1$;

(3) $y = x^3 + 2x$.

5. $y = \dfrac{x^3 - 1}{3}$.

6. 略.

7. $v(t) = -\dfrac{TA}{2\pi}\cos\dfrac{2\pi}{T}t + \dfrac{TA}{2\pi}$.

习题 6-2

1. (1) $e^{-y} - \cos x = C$;　　　　(2) $3\sin 2y - 2x^3 = C$;

(3) $y = e^{cx}$;　　　　(4) $(e^y - 1)(e^x + 1) = C$;

(5) $\begin{cases} \arcsin y - \arcsin x = C & |y|<1, |x|<1, \\ y + \sqrt{y^2-1} = C(x + \sqrt{x^2-1}) & |y|>1, |x|>1; \end{cases}$

(6) $\sqrt{1-y^2} - \arcsin x = C$;　　　　(7) $\dfrac{1+y^2}{1-x^2} = C$;

(8) $(\ln y)^2 + (\ln x)^2 = C$;　　　　(9) $\tan x \cdot \tan y = C$;

(10) $\dfrac{y^2 - 1}{1 + x^2} = C$;　　　　(11) $(y^2 + 1)\left|\dfrac{x+1}{x-1}\right| = C$;

(12) $(y + \sqrt{1+y^2})x^x = C$.

2. (1) $y = Ce^{\frac{y}{x}}$;　　　　(2) $\ln\left|\dfrac{y}{x}\right| = Cx + 1$;

(3) $\sin\dfrac{y}{x} - \ln|x| = C$;　　　　(4) $\ln\left|\dfrac{y}{x}\right| + \dfrac{1}{xy} = C$.

3. 略.

4. (1) $y = Ce^{-\frac{x^2}{3}}$;　　　　(2) $y = -\dfrac{5}{4} + Ce^{-4x}$;

(3) $y = e^{-x}(x+5)$;　　　　(4) $y = e^{-x^2}\left(\dfrac{x^2}{2} + C\right)$;

(5) $y = \dfrac{1}{2x}(e^{2x} + 6e - e^3)$;　　　　(6) $y = \tan x + Ce^{-\tan x} - 1$;

(7) $y = e^{x^2}(\sin x + C)$;　　　　(8) $y = x(\ln\ln x + C)$;

(9) $y = \dfrac{1}{x^2 - 1}(\sin x + C)$;　　　　(10) $s = \dfrac{x}{\cos x}$;

(11) $y = (1 + x^2)(x + C)$;　　　　(12) $y = \dfrac{1}{12} - \dfrac{1}{11x} + \dfrac{C}{x^{12}}$.

5. (1) $y = x^4\left(\dfrac{1}{2}\ln x + C\right)^2$;　　　　(2) $y = \dfrac{x}{C - \dfrac{1}{4}x^4}$.

6. $v(t) = \dfrac{mg}{k}(1 - e^{-\frac{k}{m}t})$.

7. $\arcsin y = \arctan x$.

习题 6-3

1. (1) $y = \dfrac{x^3}{3} - \cos x + C_1 x + C_2$; (2) $y = \begin{cases} \dfrac{1}{C_1} e^{C_1 x} + C_2, & C_1 \neq 0, \\ x + C_2, & C_1 = 0; \end{cases}$

   (3) $y = C_1 x^2 + C_2$; (4) $y = C_2 e^{C_1 x}$;

   (5) $\sin(y + C_1) = C_2 e^x$.

2. 略.

3. (1) $y = C_1 e^{2x} + C_2 e^{3x}$; (2) $y = C_1 e^{\frac{1}{2}x} + C_2 e^{-x}$;

   (3) $y = (C_1 + C_2 x) e^x$; (4) $y = e^{-x}(C_1 \cos 2x + C_2 \sin 2x)$;

   (5) $y = C_1 e^{2x} + C_2 e^{-\frac{4}{3}x}$; (6) $y = C_1 \cos x + C_2 \sin x$;

   (7) $y = C_1 + C_2 e^{-x}$; (8) $y = e^{-3x}(C_1 \cos 2x + C_2 \sin 2x)$;

   (9) $y = (C_1 + C_2 x) e^{\frac{5}{2}x}$; (10) $y = C_1 e^{-\frac{1}{2}x} + C_2 e^{-2x}$;

   (11) $s = e^t \left(C_1 \cos \dfrac{t}{2} + C_2 \sin \dfrac{t}{2} \right)$; (12) $s = (C_1 + C_2 t) e^{2t}$;

   (13) $y = (C_1 + C_2 x) e^{\sqrt{3}x}$.

4. (1) $y = 2e^{3x} + 4e^x$; (2) $y = e^{-x} - e^{4x}$;

   (3) $y = 3e^{-2x} \sin 5x$; (4) $y = e^{-\frac{x}{2}}(2 + x)$;

   (5) $y = x e^{\frac{\sqrt{6}}{2}x}$.

5. $y = \cos 3x - \dfrac{1}{3} \sin 3x$.

6. $s = 6 e^{-t} \sin 2t$.

7. (1) $y = \dfrac{1}{3}$; (2) $y = \dfrac{1}{3} x^3 - \dfrac{3}{5} x^2 + \dfrac{7}{25} x$;

   (3) $y = \dfrac{1}{2a^2} e^{ax}$; (4) $y = -4(x^2 + 4x + 10) e^x$;

   (5) ① $y = \dfrac{1}{5} x^3 - \dfrac{6}{25} x^2 - \dfrac{56}{125} x + \dfrac{672}{625}$,

   ② $y = \dfrac{1}{10} e^{3x}$;

   ③ $y = \dfrac{1}{5} \cos x + \dfrac{1}{10} \sin x$; (6) $y = 4x^2 e^{2x}$.

8. (1) $y = C_1 e^x + C_2 e^{6x} + \dfrac{2}{3}$;

   (2) $y = C_1 \cos x + C_2 \sin x + 4x^3 - 24x$;

   (3) $y = C_1 e^{-x} + C_2 e^{3x} - 2 e^{2x}$;

   (4) $y = \left(C_1 + C_2 x + \dfrac{3}{2} x^2 \right) e^{-x}$;

   (5) $y = e^{-x}(C_1 \cos 2x + C_2 \sin 2x) - \dfrac{1}{17} \cos 2x - \dfrac{4}{17} \sin 2x$;

   (6) $y = C_1 e^x + C_2 e^{6x} + \dfrac{7}{74} \cos x + \dfrac{5}{74} \sin x$;

(7) $y = (C_1 - \frac{x}{2})\cos 2x + C_2 \sin 2x$;

(8) $y = C_1 \cos 3x + C_2 \sin 3x + \frac{2}{3}x \sin 3x$;

(9) ① $y = (C_1 + C_2 x)e^{2x} + \frac{1}{9}e^{-x}$,

② $y = (C_1 + C_2 x)e^{2x} + \frac{3}{2}x^2 e^{2x}$,

③ $y = (C_1 + C_2 x)e^{2x} + \frac{1}{8}\cos 2x$,

④ $y = (C_1 + C_2 x)e^{2x} + \frac{1}{9}e^{-x} + \frac{3}{2}x^2 e^{2x} + \frac{1}{8}\cos 2x$;

(10) ① $y = C_1 \cos x + C_2 \sin x + x$,

② $y = C_1 \cos x + C_2 \sin x + \frac{x}{2}\sin x$,

③ $y = C_1 \cos x + C_2 \sin x + \frac{1}{40}e^{2x}(3\sin 3x - \cos 3x)$,

④ $y = C_1 \cos x + C_2 \sin x + x + \frac{x}{2}\sin x + \frac{1}{40}e^{2x}(3\sin 3x - \cos 3x)$.

9. $s = \frac{v_0^2}{2k}$.

10. $x = \frac{g}{a^2}(at + e^{-at} - 1)$.

11. $s = \sin t + \frac{t}{2}\sin t$.

12. $y = -\ln \cos x$.

总复习题六

◀ A 组

一、选择题

1. D   2. B(解为 $y = \frac{1}{\ln x + 1}$)   3. A   4. C   5. D   6. B   7. C   8. B

二、填空题

1. $\sqrt{y^2 - 1} = \arctan x + C$.   2. $y = e^{\tan \frac{x}{2}}$.   3. $y'' - y' - 2y = 0$.

4. $C_1 \ln|x| + C_2$.

三、解答题

1. (1) $\ln^2 x + \ln^2 y = C$;   (2) $3e^{-y^2} - 2e^{3x} = C$;

(3) $\tan \frac{y}{4} = Ce^{-2\sin \frac{x}{2}}$;   (4) $e^x + \ln|1 - e^y| + C = 0$;

(5) $y = \frac{1}{6}x^3 \ln x - \frac{5}{36}x^3 + C_1 x + C_2$;   (6) $y = \cos x + \sin y + \frac{1}{2}C_1 x^2 + C_2 x + C_3$;

(7) $y = C_1(x + \frac{1}{3}x^3) + C_2$;   (8) $y = C_1 x^2 + C_2$.

(9) $y = \dfrac{1}{1+x}[-e^{-x}(2+x)+C]$; (10) $y = 1 + Ce^{-\frac{1}{2}x^2}$;

(11) $y = C\left(\dfrac{x}{\sqrt{1+x^2}}+1\right)$; (12) $2\sqrt{y}-8\ln(4+\sqrt{y})=4\ln|x|+C$;

(13) $\dfrac{y^2+\sqrt{x^4+y^4}}{x^3}=C$; (14) $y = x\ln x - 2x + C_1\ln x + C_2$;

(15) $y = \dfrac{1}{C_1 x + C_2}$ 和 $y = C$; (16) $y = C_1 e^{mx} + C_2 e^{-mx} - \dfrac{x}{2m}e^{-mx}$;

(17) $y\ln x = \ln^2 x + C$; (18) $y = \pm\dfrac{1}{\sqrt{x+Ce^x}}$;

(19) $y = C_1 e^{-2x} + C_2 e^{-x} + \dfrac{1}{4}\sin 2x - \dfrac{1}{4}\cos 2x$;

(20) $y = C_1 e^{-2x} + C_2 e^{-3x} + \dfrac{1}{2}e^{-x} + x e^{-2x}$.

2. (1) $\cos y = \dfrac{\sqrt{2}}{2}\cos x$; (2) $y = 2e^{-\sin x} - 1 + \sin x$;

(3) $y = \dfrac{x}{x+1}(x+1+\ln x)$; (4) $y = e^{-x} - e^{4x}$;

(5) $y = (x+3)e^{-\frac{1}{3}x}$; (6) $y = 2\cos 5x + \sin 5x$.

3. 微分方程为 $y' = -\dfrac{y}{x}$，曲线为 $xy = 2$.

4. 略.

5. $y = \dfrac{1}{6}x^3 + \dfrac{1}{2}x + 1$.

◀ B 组

1. 选择题. (D) (A) (C)

2. $xe^{2x+1}\,(x>0)$

3. $f(x) = \tan[f'(0)x]$

由 $f'(x) = \lim\limits_{\Delta x \to 0}\dfrac{f(x+\Delta x)-f(x)}{\Delta x} = \lim\limits_{\Delta x \to 0}\dfrac{f(\Delta x)}{\Delta x}\cdot\dfrac{1+f^2(x)}{1-f(x)f(\Delta x)} = f'(0)[1+f^2(x)]$

有 $\dfrac{f'(x)}{1+f^2(x)} = f'(0)$，解得.

4. 鸭子轨迹 $x = \dfrac{h}{2}\left[\left(\dfrac{y}{h}\right)^{1-\frac{a}{b}} - \left(\dfrac{y}{h}\right)^{1+\frac{a}{b}}\right]$，$0 \leqslant y \leqslant h$.

将鸭子的运动方向进行直和分解可以得到结果.

5. 两次求导,得 $f''(x) + f(x) = -\cos x$. $f(0)=1, f'(0)=0$,

有 $f(x) = \cos x - \dfrac{x}{2}\sin x$.

6. $y = \dfrac{1}{2}\left[-\dfrac{5}{4}(1-x)^{\frac{4}{5}} + \dfrac{5}{6}(1-x)^{\frac{6}{5}}\right] + \dfrac{5}{24}$. 故舰行至 $\left(1, \dfrac{5}{24}\right)$ 被鱼雷击中.

对鱼雷的运动进行直和分解.

7. (1) $y(x) = C_1 e^{r_1 x} + C_2 e^{r_2 x}$,其中 $r_1 = -1 - \sqrt{1-k}$,$r_2 = -1 + \sqrt{1-k}$,$\displaystyle\int_0^{+\infty} y(x)\,\mathrm{d}x = -\left(\dfrac{C_1}{r_1} + \dfrac{C_2}{r_2}\right)$,收敛.

(2) $\displaystyle\int_0^{+\infty} y(x)\,\mathrm{d}x = \dfrac{3}{k}$.

8. (1) 由 $\dfrac{\mathrm{d}x}{\mathrm{d}y} = \dfrac{1}{y'}$,$\dfrac{\mathrm{d}^2 x}{\mathrm{d}y^2} = -\dfrac{y''}{(y')^3}$ 有 $y'' - y = \sin x$.

(2) $y = e^x - e^{-x} - \dfrac{1}{2}\sin x$.